干热大风环境下
沥青心墙坝设计与施工

柳　莹　李　江　何建新　黄华新　李京阳　等著

黄河水利出版社
·郑州·

图书在版编目(CIP)数据

干热大风环境下沥青心墙坝设计与施工/柳莹等著
.—郑州:黄河水利出版社,2022.3
ISBN 978-7-5509-3254-8

Ⅰ.①干…　Ⅱ.①柳…　Ⅲ.①沥青混凝土心墙-心墙堆石坝-筑坝-研究　Ⅳ.①TV641.4

中国版本图书馆 CIP 数据核字(2022)第 047522 号

组稿编辑:岳晓娟　电话:0371-66020903　E-mail:2250150882@qq.com

出 版 社:黄河水利出版社　　网址:www.yrcp.com
地址:河南省郑州市顺河路黄委会综合楼 14 层　邮政编码:450003
发行单位:黄河水利出版社
发行部电话:0371-66026940、66020550、66028024、66022620(传真)
E-mail:hhslcbs@126.com
承印单位:河南博之雅印务有限公司
开本:787 mm×1 092 mm　1/16
印张:18.75
字数:433 千字
版次:2022 年 3 月第 1 版　　印次:2022 年 3 月第 1 次印刷

定价:168.00 元

《干热大风环境下沥青心墙坝设计与施工》

撰写人员

柳　莹　李　江　何建新　黄华新　李京阳

杨　武　杨玉生　房　晨　林　飞　樊震军

古丽娜　彭兆轩　吴　涛　凤不群　刘　亮

马　军　杨海华　库尔班　杨辉琴　徐　燕

武　清　克里木　王　旭　陈婉丽

前 言

近30年来,随着新疆山区水库的建设发展,沥青心墙坝建设得到了较快的发展,目前全疆共建沥青心墙坝70余座,其中百米级以上12座(在建7座)。然而,新疆地处欧亚大陆腹地,“冷、热、风、干”气候特点是影响该坝型建设的主要环境因素,这给碾压式沥青混凝土心墙坝的设计和施工带来了诸多难题。主要包括:低温环境下沥青混合料降温速度较快,造成心墙碾压质量不易控制,碾压层面结合质量不易保证。高温环境下沥青混合料降温速度较慢,沥青混凝土心墙碾压施工经常出现施工中断情况,严重影响施工进度;同时,沥青混合料的高温碾压也会给沥青心墙带来侧胀量增大、孔隙率增加的问题。大风环境下沥青混合料表面降温较快,影响心墙碾压的密实度;另外,风沙也会给沥青心墙表面带来严重污染,影响碾压层面的结合质量。这些不利环境都会阻碍沥青混凝土心墙坝快速连续施工,如果处理不好,将严重影响心墙的施工质量,给大坝防渗安全带来严重危害。因此,现行规范要求沥青混凝土心墙的碾压一般是在正常气候条件下进行施工,对特殊气候条件下的施工进行了限制,“日降雨量或降雪量宜小于5 mm、风力等级宜小于4级、大气环境温度不宜低于0 ℃”,同时也要求“沥青混凝土心墙进行连续两层碾压时,结合面温度不宜高于90 ℃,且不宜低于70 ℃”。新疆哈密、吐鲁番地区每年春季大风频繁发生,夏季最高温度经常在40 ℃以上,为满足坝体来年度汛安全、施工工期等要求,沥青心墙不可避免地要在干热和大风气候条件下进行施工。

大河沿水库位于新疆维吾尔自治区吐鲁番市大河沿镇北部山区,大坝为碾压式沥青混凝土心墙坝。工程地理位置特殊,地处“百里风区”,年平均8级以上大风108 d,最多可达135 d,最大风速25 m/s,3—6月最为盛行。高温季节为6—8月,平均每年大于40 ℃的天数为53 d,大于45 ℃的天数为5 d,主要在7月。结合本工程施工,进行了干热大风沙气候环境下的沥青心墙坝设计和施工技术研究,结果表明:在大风季节施工时,风的表面降温作用强,严重影响沥青混合料入仓后的温度均匀性;沥青混合料在运输过程中温度散失加快,入仓后的混合料几乎没有时间排气,碾压后沥青混凝土内部气孔明显增多,影响施工质量;由于入仓后沥青混合料表面温度降低过快,在沥青混合料表面容易形成一个硬壳层,影响当前层的碾压效果和与上一层的结合质量;大风环境下空气易裹挟沙尘流动,心墙作业面受扬尘污染,影响施工进度和工程质量。在高温季节施工时,由于心墙沥青混凝土为大体积施工,温度散失缓慢,两侧过渡料形如一层保温层,减缓了心墙的降温过程,虽然心墙与外界环境会产生热交换,但较高的环境温度导致这种热量交换缓慢;连续两层铺筑沥青混凝土心墙时,基层沥青混凝土温度过高,将降低振动碾对上层沥青混合料的压实效果,心墙也会产生较大的侧向变形,造成心墙局部孔隙率增加,影响防渗性能。

本书围绕干热高温、大风环境条件吐鲁番大河沿沥青心墙坝设计施工开展了探索与实践,分为大河沿水利枢纽工程概况、工程布置及建筑物选型、碾压式沥青混凝土心墙坝设计、沥青混凝土配合比设计及试验、沥青混凝土心墙坝现场试验与施工技术、沥青混凝土心墙坝质量控制、大坝安全监测等七个章节。系统总结了干热大风环境下沥青混凝土心墙坝设计、沥青混凝土试验研究、沥青混凝土心墙施工质量控制措施等。

本书的撰写出版得到了湖南省水利水电勘测设计规划研究总院有限公司、吐鲁番市天森水务投资有限公司、中国水电建设集团十五工程局有限公司等单位的大力支持,感谢他们提供的建设数据、图表资料。撰写过程中广泛听取了许多专家、学者的宝贵建议。在本书的撰写过程中,引用了部分文献资料,在此谨向有关作者致谢!同时一并向参与工程勘察设计科研等有关研究报告的编写者致以崇高的敬意!

本书是作者对新疆干热大风环境下沥青心墙坝设计、施工和运行管理的经验总结,并积极吸收国内外最新理论和新技术所著而成的,旨在为同类坝型建设提供技术借鉴和参考。本书坝址比选、坝型比选等所采用的典型案例或比较数据均基于当时的建设水平和批复的初步设计报告,以当前科技水平和技术手段来衡量,难免存在不当之处。当然,这也从一个侧面印证了水利工程勘察设计与建设技术发展进步的速度。由于作者经验、经历和水平,以及撰写时间有限,书中疏忽和不足之处在所难免,敬请读者批评指正。

本书得到了新疆维吾尔自治区自然科学基金(项目编号:2021D01A100)的资助!

作　者

2022 年 2 月

目 录

蓄水后的大河沿水库

大河沿水库施工总布置

大河沿水库防风结构施工现场

过渡料碾压

人工摊铺

查看表观质量

心墙取芯

第1章　大河沿水利枢纽工程概况

1.1　工程概况

大河沿水利枢纽工程位于新疆维吾尔自治区吐鲁番市高昌区大河沿镇北部山区，大河沿河上游。工程主要由挡水大坝、溢洪道、灌溉洞及泄洪放空冲沙兼导流洞组成，是一座具有城镇供水、农业灌溉和重点工业供水任务的综合性水利枢纽工程。

大河沿水库总库容3 024万m^3，为Ⅲ等中型工程，水库正常蓄水位1 615 m，调节库容2 098万m^3，设计灌溉面积6.02万亩（1亩=1/15 hm^2）。挡水建筑物采用沥青混凝土心墙坝，最大坝高75.0 m，大坝为2级建筑物，永久建筑物溢洪道、灌溉洞和泄洪放空冲沙兼导流洞为3级建筑物。工程地震设防烈度为Ⅷ度。工程设计洪水标准为50年一遇，校核洪水标准为1 000年一遇。

大河沿水库工程平面布置见图1-1。

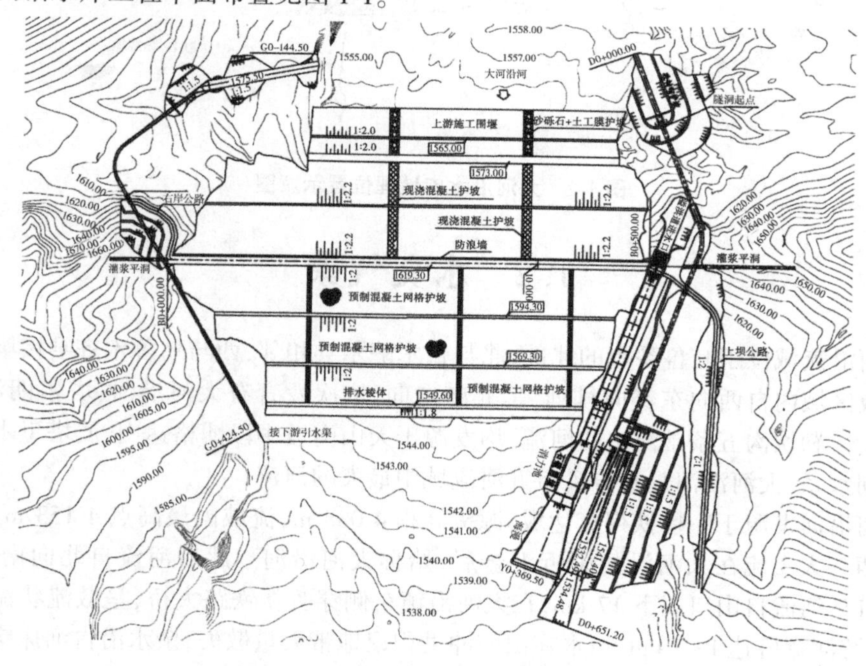

图1-1　大河沿水库工程平面布置

大河沿河是吐鲁番五河中最大的一条河流，发源于海拔4 000 m以上的天山山脉东部博格达山南侧，其上游主要有喀尔勒克艾肯和石窑子艾肯两条较大的支流，流域地形北高南低，上游为枝状水系，山区流域面积724 km^2，河道长39.4 km，平均纵坡58.4‰；三岔口至出山口为中游河段，呈较宽"U"形河谷，全长约19 km，落差504 m，平均纵坡27.6‰；

出山口后为下游河段，无固定河槽，河道呈扇形发散，全长 43.10 km，落差 1 460 m，平均纵坡为 33.2‰。大河沿水文站位于吐鲁番市以北 60 km，地理位置为北纬 43°17′37.31″、东经 88°49′59.99″，基面高程为 1 467.1 m。坝址以上集水面积 713 km^2，河道长度 36.4 km，多年平均径流量 1.01 亿 m^3。大河沿水库地理位置示意见图 1-2。

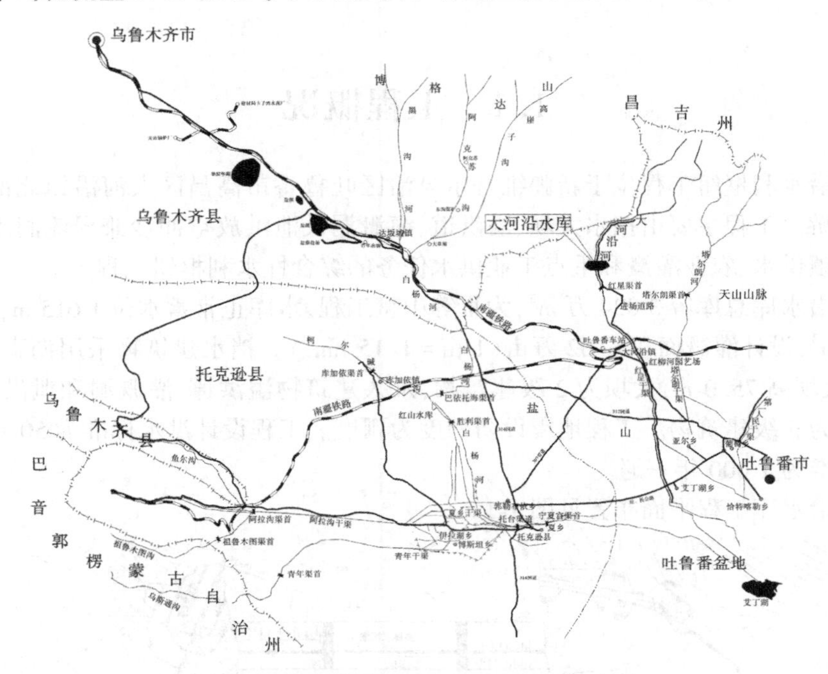

图 1-2 大河沿水库地理位置示意图

1.2 水文气象

大河沿流域位于吐鲁番市的北部，北与吉木萨尔县相邻，西与乌鲁木齐县接壤。吐鲁番市行政区域内自西向东经向排列，呈北南走向，依次发育有大河沿河、塔尔朗河、煤窑沟、黑沟、恰勒坎沟五条常流水的河流，均发源于天山南坡中段博格达山，属塔里木内陆区的艾丁湖水系，大河沿河是吐鲁番市五河流域中最大的河流。

大河沿河发源于库鲁铁列克达坂，源头高程 4 038 m，流域内最高点 4 153 m，河流由东、中、西三大支流在大河沿村附近汇合后，始称大河沿河。此后河流自北向南流约 19 km 出山口，河流自山口以下 17 km，在大河沿镇东侧穿兰新铁路大桥，呈散流状流向东南戈壁，下游河宽可达 1~2 km，河水在山前冲洪积扇地带大量散失；余水沿古河床穿越位于大河沿镇南 19 km 的肯德克低山峡谷后，散失于荒漠中，尾闾为艾丁湖。

大河沿专用水文站位于大河沿镇零公里（红星渠首）处，水文站基面高程为 1 467.072 m，集水面积 724 km^2，河长 39.4 km，河道平均纵坡为 58.4‰。大河沿水库坝址位于水文站（又称零公里、红星渠首）上游约 3 km 的驴达坂处，坝址以上高程为 1 555~4 058 m，集水面积 713 km^2，河长 36.4 km，大河沿流域局部放大见图 1-3。

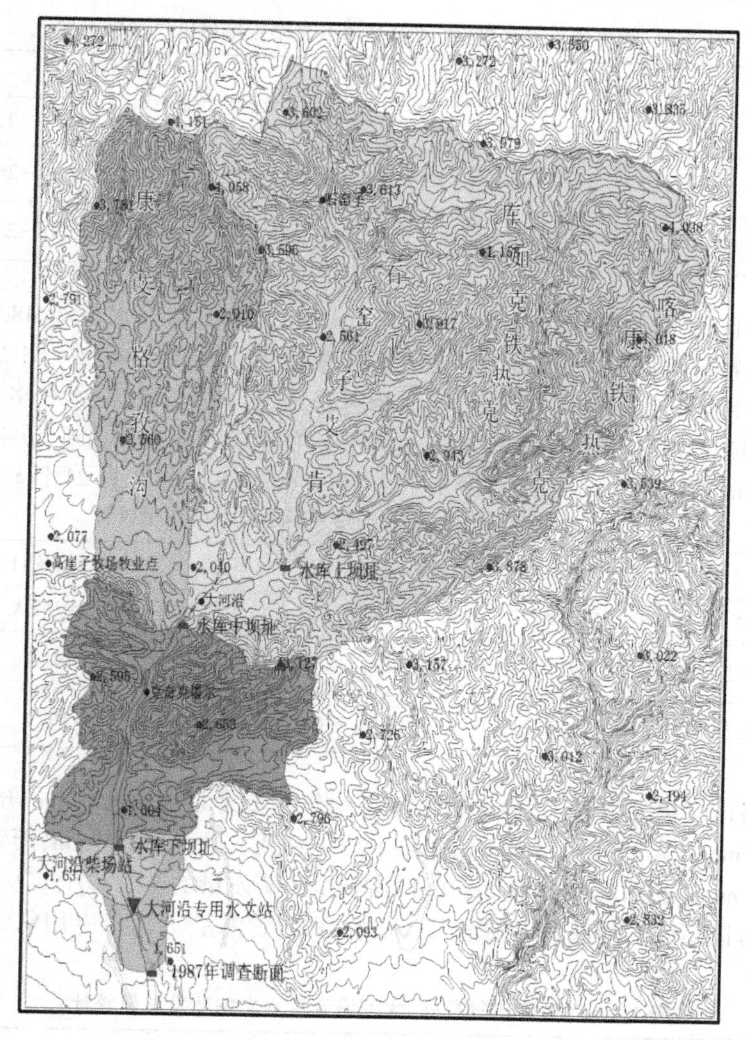

图 1-3 大河沿流域局部放大

吐鲁番市地处欧亚大陆腹地,北、西、南均有高山屏障,地势低洼,冷湿空气不易进入,属独特的温带内陆性干旱荒漠气候,其主要特点是:酷热、干燥、多大风、降雨稀少、蒸发强烈,气温年际变化不大,而日差较大,无霜期长。吐鲁番市多年平均气温为14.7 ℃,最高气温为49.0 ℃,最低气温为-25.2 ℃,有“火洲”之称。大河沿专用气象站多年平均气温为7.7 ℃,最高气温为38.6 ℃,最低气温为-25.0 ℃。见表1-1、表1-2。

表 1-1 吐鲁番市气象站、大河沿专用水文站多年平均气温特征值 单位:℃

站点	月份												年统计				
	1	2	3	4	5	6	7	8	9	10	11	12	平均	最高	年份	最低	年份
吐鲁番	-7.5	0.0	9.9	19.6	26.1	30.9	32.4	30.4	23.6	13.6	3.2	-5.6	14.7	49.0	2017	-25.2	1975
大河沿	-9.9	-4.9	1.6	9.0	16.3	21.2	22.5	21.8	16.0	8.0	-1.1	-8.5	7.7	38.6	2000	-25.0	2001

表 1-2 吐鲁番市气象站、大河沿专用水文站极端最低气温特征值 单位:℃

站点	月份												年最低气温
	1	2	3	4	5	6	7	8	9	10	11	12	
吐鲁番	-18.3	-16.1	-9	1	9.9	6	5	13.4	7.8	-1.8	-17.8	-25.2	-25.2
大河沿	-22.0	-18.4	-21.0	-16.5	-3.2	3.5	3.5	5.0	-5.5	-7.5	-15.0	-25.0	-25.0

吐鲁番市区多年平均降水量仅为 15.8 mm,历年最大年降水量为 48.4 mm(1958年),气候主要特征为四季分明、夏季炎热、冬季寒冷,相对湿度为 40%~43%。大河沿专用水文站气候特征与市区有明显差异,夏季相对凉爽,秋季降温迅速,天气多为晴好;冬季短暂而干冷,风小雪稀。大河沿专用水文站多年平均降水量为 73.3 mm,历年最大年降水量为 119.0 mm(2002 年),最大一日降水量为 18.4 mm(1998 年 8 月 21 日)。见表 1-3。

表 1-3 吐鲁番市气象站、大河沿专用水文站降水量统计 单位:mm

站点	月平均降水量												年统计		
	1	2	3	4	5	6	7	8	9	10	11	12	多年平均	历年最大	日最大
吐鲁番	0.9	0.5	1.2	0.5	0.8	3.2	2.0	2.4	1.4	1.2	0.7	1.2	15.8	48.4	
大河沿	1.8	1.5	1.3	1.6	4.0	17.7	19.0	19.7	5.2	0.2	0.5	0.8	73.3	119.0	18.4

据吐鲁番市气象站资料:吐鲁番市多年平均年总蒸发量 2 606.0 mm,历年最大年蒸发量 3 608.2 mm。大河沿专用水文站多年平均年总蒸发量 3 252.5 mm,历年最大年蒸发量为 3 616.1 mm。蒸发多集中在 5—9 月,占到全年蒸发量的 72%以上。从垂直角度看,蒸发量随着海拔高度的降低而逐渐增大。吐鲁番市气象站、大河沿专用水文站蒸发总量统计见表 1-4。

表 1-4 吐鲁番市气象站、大河沿专用水文站蒸发总量统计 单位:mm

站点	月平均蒸发量												年统计	
	1	2	3	4	5	6	7	8	9	10	11	12	多年平均	年最大
吐鲁番	19.1	51.3	157.0	285.3	393.3	449.7	449.4	373.7	241.4	124.7	51.3	18.6	2 606.0	3 608.2
大河沿	47.6	76.4	160.8	295.3	444.9	517.7	517.1	486.9	347.0	199.6	106.3	52.9	3 252.5	3 616.1

平原区全年盛行东北风,风向季节变化不大。年平均 8 级以上大风 108 d,最多达 135 d,最大风速 25 m/s,出现在 1983 年 4 月 27 日,最大风力 12 级,以 3—6 月最为盛行。主导风向为 E、N,主导风向频率 7%;次多风向为 SE、W、ESE。夏季常出现干热风,风灾是本区域的主要气象灾害之一。吐鲁番市气象站平均、最大风速风向统计见表 1-5。

吐鲁番市最大冻土深 0.79 m,出现在 1984 年 1 月,吐鲁番市气象站最大冻土深统计见表 1-6。

表 1-5　吐鲁番市气象站平均、最大风速风向统计

项目	1 月	2 月	3 月	4 月	5 月	6 月	7 月	8 月	9 月	10 月	11 月	12 月	年平均	年最大风速/(m/s)	年多见风向
平均风速/(m/s)	0.5	0.6	1.1	1.3	1.4	1.4	1.3	1.2	0.9	0.6	0.4	0.4	0.9		
最大风速/(m/s)	5	9.9	12	25	14	19	17	16	15.3	9	15	6.1		25	
年份	1990	2009	1983	1983	—	1982	1984	2003	1983	—	1990	2008	—	1983 年 4 月 27 日	
风向	SE	E	ESE	E	E	W	W	E	E	E	SE	E			E
频率/%	5	6	11	11	9	9	8	7	8	6	5	4			7

表 1-6　吐鲁番市气象站最大冻土深统计

项目	1 月	2 月	3 月	4 月	5 月	6 月	7 月	8 月	9 月	10 月	11 月	12 月	年最大冻土深/cm
最大冻土深/cm	79	69	21	0	0	0	0	0	0	3	25	69	79
年份	1984	1983	1983							1994	1985	1984	1984

大河沿水库坝址位于大河沿专用站上游 13.0 km 处，坝址以上集水面积为 713 km^2，多年平均年径流总量 1.01 亿 m^3，多年平均年悬移质输沙量为 8.89 万 t，多年平均推移质输沙量为 2.22 万 t，总输沙量为 11.11 万 t。

大河沿河属天山南坡山溪性河流，洪水多为暴雨所致，且多以局地性暴雨引发洪水为主。洪水具有突发性、短历时、陡涨陡落、破坏性极大等特点。坝址不同频率洪水流量见表 1-7。

表 1-7　大河沿专用站和下坝址最终设计洪峰流量、洪量成果

项目	各时段洪量频率设计值								
	0.05%	0.10%	0.20%	1%	2%	3.33%	5%	10%	20%
洪峰流量/(m^3/s)	1 785	1 492	1 299	866	688	562	466	314	182
1 日洪量/($\times10^6$ m^3)	81.96	68.75	60.03	40.39	32.31	26.59	22.19	15.16	9.012
3 日洪量/($\times10^6$ m^3)	188.37	159.15	139.77	95.95	77.79	64.84	54.82	38.62	24.05
5 日洪量/($\times10^6$ m^3)	213.68	182.67	161.98	114.82	95.04	80.79	69.66	51.32	34.19
7 日洪量/($\times10^6$ m^3)	239.50	206.54	184.45	133.79	112.36	96.82	84.59	64.21	44.69

1.3　工程地质

1.3.1　工程区地质概况

工程区位于天山山系的博格达山南坡，山体海拔高度为 2 000~4 300 m，属中低山区，山体总体走向呈南北向，在地貌轮廓上呈折线形自北向南由山区向吐鲁番盆地过渡，山坡

陡峻,主峰海拔高程 6 512 m,终年积雪,现代冰川活动较强。

工程区所见地层,古生代、中生代及新生代地层皆有,以古生代地层分布最普遍。在空间分布上,构成了博格达山脉,中生代、新生代地层只分布在山间洼地之中。古生代地层中又以石炭系地层为主,占 60%以上,区内最老的地层是古生代泥盆系上统地层。

区内岩浆活动强烈,均为二叠纪(华力西中期)中—酸性侵入岩,岩性主要为肉红色花岗岩和灰色辉长岩,其次为灰绿色闪长岩、辉长闪长岩。本工程坝址区分布为大范围的肉红色花岗岩之侵入岩,呈岩基产出,近东西向展布,出露长度约为 17 km、宽度 1~2 km。

工程区在大地构造上,属于天山蒙古褶皱系、天山褶皱带中北天山褶皱带的一部分,处于Ⅱ级构造单元——北天山地槽区,在此范围内主要是受多旋回的构造运动所制约,本流域涉及博格达复褶皱与吐鲁番—哈密山间坳陷两个Ⅳ级构造单元,以博格达南缘断裂为界,断裂以北为博格达复褶皱隆起区,以南为吐鲁番—哈密断陷盆地。这两个构造单元内褶皱、断裂发育。

自中、新生代以来,本区仍持续经受构造运动,新构造运动使整个北天山地区在总体上仍处于渐渐上升阶段,吐鲁番—哈密断陷盆地则相对继续下沉,表现为隆起区受侵蚀强烈,中、新生地层仅在山间洼地与断层凹陷区分布。特别是第四纪以来,本区垂直上升和差异升降运动甚为明显,表现为区内“V”字形河谷与多级阶地的形成,且阶地前缘陡立,还表现在深大断裂的活动及地震的频繁性活动。

根据《中国地震动峰值加速度区划图》和《中国地震动反应谱特征周期区划图》,该区地震动峰值加速度为 0.10g,地震动反应谱特征周期为 0.40 s,对应的地震基本烈度为Ⅶ度区。根据地震安全评估,场区地震 50 年超越概率为 10%的地震动峰值加速度为 0.178g,对应的地震基本烈度为Ⅷ度。

区内断层主要为北西向、北东向压扭性断裂与近东西向的压性断裂,近工程区主要有五条断层。

(1)博格达南缘断裂($F_{Ⅰ}$),为山前活动断裂,该断裂为华力西晚期形成,在漫长的中、新生代受燕山运动和喜山运动影响,一直在活动,在河谷两岸形成一系列近东西向的断层崖和断层谷,断层倾向北(上游),倾角 40°~70°,由北向南呈叠瓦式逆冲的断裂组成。断层破碎带宽 200~300 m,为一组密集的挤压带。

(2)$F_{Ⅱ}$断层,在大河沿河左岸呈北东向展布,至下坝址库首处转为近东西向后横切河谷向右岸冲沟延伸至邻谷山麓洪积扇之下,距上坝址左坝肩最近距离约 1.6 km,距坝址右坝肩最近距离 400 m 左右,倾向 SE,倾角 75°,长近 20 km,属压扭性断层,破碎带宽度近 200 m,主要由断层压碎岩、碎块岩、碎裂岩组成,结构密实。未错切下坝址左岸的Ⅳ级阶地,说明上更新统(Q_3)以来未再活动,属非活动性断层。

(3)$F_{Ⅲ}$断层,为$F_{Ⅱ}$分支断层,在上坝址库盆左岸山体内起于$F_{Ⅱ}$断层,由近东西向延伸至上坝址库尾处,横切大河沿干流及其支流后转为北西向延伸,倾向 NE,倾角 65°~80°,长约 8 km,属压扭性断层,破碎带宽度数十米,主要由断层压碎岩、碎块岩、碎裂岩组成,结构密实。未错切干流及支流两岸的Ⅲ级阶地,说明上更新统(Q_3)以来未再活动,属非活动性断层。

(4)$F_{Ⅳ}$断层,为$F_{Ⅱ}$分支断层,$F_{Ⅳ}$断层斜切右坝肩通向下游支流,断层产状为 N75°~

85°W，NE∠75°~85°，破碎带宽达90~100 m，为一组密集的挤压破碎带，主要为断层碎裂岩、碎块岩及压碎岩，夹石英脉条带及团块，充填密实。未错切坝址右岸的Ⅲ级阶地及左岸Ⅳ级阶地，说明上更新统（Q_3）以来未再活动，均属非活动性断层。

（5）F_V断层，为发育在古生代和中生代地层中的断裂，分为南、北两支断层。北支断层发育在石炭系地层之中，表现为石炭系中-下统博格达第二亚组[$(C_{1v}-C_{2b})^b$]逆冲到石炭系上统博格达下亚群第二组（C_{3bg}^{a-2}）之上，在下坝址上游约1 km处横切河谷，倾向北，倾角50°，长近22 km，属压性断层，破碎带宽度近100 m，主要由断层碎块岩与破裂岩组成，结构密实；南支断层为石炭纪地层与侏罗纪地层分界断裂，发育于下坝址下游约1 km左岸山体内。其南、北两支断层经地震评估单位鉴定均为非活动性断层。

1.3.2　水库区工程地质条件

1.3.2.1　地形地貌

水库位于大河沿河中游河段的中低山峡谷区，山顶海拔高程为2 200~3 000 m，峰峦叠嶂，多为圆顶山、猪背山，山势较陡峻，冲沟发育，山体总体走向近南北向。

库区河段为基本对称的“U”形河谷，河床宽度一般为300~400 m，最宽处约500 m，河流坡降陡，平均坡降29.3‰，由北东流向南西，平均年径流量约1.01亿m^3，干流自三岔口由支流汇入后，四季水流不断；三岔口以上支流与干流平时均为伏流，河床表面只有洪流通过，平时无明流。

河床砂卵石厚度一般大于100 m，两岸山坡一般基岩裸露，沿河分布有Ⅰ~Ⅳ级堆积阶地，其中Ⅰ~Ⅱ阶地仅零星残留，Ⅲ~Ⅳ级阶地分布较连续。库区两岸山体切割较剧烈，地形较零乱、单薄。库首两岸均为由上、下游冲沟切割的条形山脊。其中，左岸条形山脊长约4 km，水库正常蓄水位以下山体基岩厚度大于1 km，分水岭高程1 710~1 946 m，高于水库正常蓄水位95 m以上；右岸条形山脊长约5 km，水库正常蓄水位以下山体基岩厚度大于1.4 km，分水岭高程1 715~1 800 m，高于水库正常蓄水位约100 m。

1.3.2.2　地层岩性

库盆基岩构成主要为石炭系上统博格达下亚群第二组（C_{3bg}^{a-2}）地层，系一套火山碎屑岩类，岩性主要为火山角砾岩、集块岩、砂岩、粉砂岩、砂砾岩及灰岩透镜体。库区第四系主要分布有上更新统冲洪积、全新统冲积、洪积、坡积堆积等。其中，上更新统冲洪积（Q_3^{al+pl}）分布于Ⅱ~Ⅳ阶地上，厚度60~70 m；全新统冲积（Q_4^{al}）分布于河床，最厚达185 m；洪积（Q^{pl}）、坡积（Q^{dl}），主要为碎石质土，厚1~10 m，分别分布于冲沟口、坡脚。

1.3.2.3　地质构造

水库区位于博格达南缘断裂（F_I）北侧的博格达复褶皱隆起区，处于博格达南缘断裂（F_I）与F_V南支断层之间，它们均近东西向展布横切河谷。其中博格达南缘断裂（F_I）位于坝址下游约3.8 km，F_V南支断层位于坝轴线上游约1 km的库盆中部。由于库坝区处于近东向展布的博格达南缘断裂（F_I）与F_V断层之间，岩层走向亦近东西向横切河谷，岩层倾角近于直立，多有倒转现象。

1.3.2.4　水文地质条件

据调查，库区内地下水类型为基岩裂隙水和第四系孔隙水。

1. 基岩裂隙水

基岩裂隙水主要赋存于基岩裂隙中，沿裂隙运移，接受大气降水、融雪和上游河水补给。库区上游峡谷两岸均发现有泉水出露，出露高程在2 540 m以上，高于河床面490 m以上，汇集于冲沟向河床排泄；本库区由于处于峡谷出口附近，并处于横切河谷的博格达南缘断裂(F_1)附近的吐哈盆地边缘，库坝区两岸地下水低平，其中左岸近坝库岸基岩裂隙潜水位仅略高于河水位，右岸经右坝肩钻孔稳定地下水位观测，基岩裂隙潜水位低于河水位。

2. 第四系孔隙水

第四系孔隙水主要赋存于河床及漫滩堆积的砂卵砾石层中与两岸阶地冲洪积碎屑砂砾石层中，接受融雪、大气降水、上游河水、两岸基岩裂隙水补给，水量丰富。

1.3.2.5 物理地质现象

库区内的物理地质现象，主要有基岩边坡浅部卸荷松弛变形现象和Ⅳ级阶地陡立前缘的崩塌现象。

1.3.3 坝址区工程地质条件

1.3.3.1 地形地貌

坝址位于峡谷出口段，处于基本对称的"U"形河谷内，河床基岩面呈"V"字形，两侧基岩面坡度为55°~60°，河床面高程1 540~1 555 m，河床面宽260~320 m，河床覆盖层最深处达185 m，平时水面宽4~10 m，水深0.4~0.8 m，大致分二股蜿曲于河滩之中，总体流向由北向南，河床坡降较陡，其纵坡坡度平均为30.4‰，水流湍急。两岸山顶相对高差120~130 m，山坡坡度40°左右，一般基岩裸露。左岸由上、下游冲沟切割山体较单薄。左岸下游及右岸上、下游分布有连续的Ⅳ级阶地，其后缘多为坡洪积物所覆盖。

1.3.3.2 地层岩性及物理特征

1. 地层岩性

坝区基岩为石炭系上统博格达下亚群第二组(C_{3bg}^{a-2})一套火山碎屑岩类，岩性主要为火山角砾岩。

第四系覆盖层主要为：

①上更新统冲洪积堆积(Q_3^{al})，分布于Ⅳ级阶地。堆积为碎屑砂砾石，厚度30~65 m。

②全新统冲积堆积(Q_4^{al})，分布于河床及高漫滩，堆积为含漂石砂卵砾石层，呈"V"形分布于深切河谷内，最大厚度达185 m。

③第四系坡积堆积(Q^{dl})，分布于两岸坡脚及冲沟内，堆积为褐灰色碎、块石夹土，呈松散状，厚度一般为2~5 m。

2. 坝基岩(土)基本物理特征

(1)基岩：属中厚层状夹薄层状构造，岩性火山角砾岩，经室内薄片鉴定，岩石主要由显定向排列的显微叶片状绿泥石、少量石英、不透明铁质等成分组成，呈角砾状结构，其中绿泥石板状角砾含量约占80%，细条状钠长石、叶片状绿泥石等胶结物含量约占20%。室内定名为"中基性火山角砾岩"，经室内岩石物理力学试验，弱风化岩石的饱和抗压强度为55~60 MPa，属中硬岩—坚硬岩。

(2)第四系：河床堆积深厚的含少量漂石砂卵砾石层，最厚度达185 m，结构较密实，层理间夹泥质、砂质壤土条带。

本工程河床坝基含漂石砂卵砾石层级配不良，经现场试验，含漂石砂卵砾石层最小干密度1.62 g/cm^3，最大干密度2.05 g/cm^3，颗粒比重2.70 g/cm^3。河床浅部(0~3.5 m厚)的含漂石砂卵砾石层天然干密度1.90 g/cm^3，相对密度0.71。经物探声波测井，声波纵波波速v_p<1 500 m/s；经物探地震波测试，剪切波波速v_s<300 m/s。3.5 m以下天然干密度2.2 g/cm^3，相对密度0.81，属密实状态，其经物探地震波测井，声波纵波波速v_p在2 200 m/s以上，地震剪切波波速v_s>300 m/s。

坝址两岸Ⅳ级阶地堆积冲洪积层厚度30~50 m。结构较紧密，经对阶地高天然陡坎颗粒筛分，以小于2~40 mm的碎屑砾石为主，大于40 mm的粒径在10%以内，≤0.075 mm的土粒含量少于5%。砾石主要成分为砂岩、硅质粉砂岩、安山岩及火山碎屑岩，磨圆度较差，以次棱角形为主。

1.3.3.3 地质构造

坝区位于博格达南缘断裂(F_{I})与F_{IV}南支断层之间，岩层走向近东西向横切河谷，岩层倾角近于直立，多有倒转现象。岩层产状较稳定，一般为N65°~75°E，SE或NW∠70°~90°。坝址区断层不发育，仅左岸垭口内发现一条规模较小的断层，断层产状为N3°E，SE∠45°，破碎带宽1~2 m，主要为断层碎裂岩、压碎岩，夹石英脉碎块，充填密实。

由于坝址岩层受构造挤压较强，近于直立并有倒转现象，层间挤压破碎夹泥层发育，两岸及河床各钻孔均揭露有层间破碎夹泥层，经声波测井综合分析，一般大约每10 m便至少有一条层间破碎夹泥层，其破碎带宽一般为0.5~1.5 m，充填岩石碎块夹泥，其渗透性明显较正常岩体要强，两岸及河床的基岩浅部沿层破碎夹泥层多为强透水，至弱风化带岩体以下的层间破碎夹泥层透水性较弱，其渗透系数q<5 Lu。

两岸节理主要为：

左岸：①产状N50°~66°E，SE∠75°~80°，倾向坡内偏下游，面平直，延伸较长，频率2~3条/m；②产状N30°~40°W，SW∠70°~80°，倾向下游偏坡外，面平直，延伸较长，频率6~8条/m，沿该组节理发育为卸荷裂隙。

右岸节理主要为：①产状N10°~30°E，SE∠60°~70°，倾向下游偏坡外，面平直，延伸较长，频率5~6条/m，沿该组节理发育为卸荷裂隙；②产状N15°~20°W，NE∠75°~85°，倾向上游偏坡外，面平直，延伸较长，频率1~2条/m。

1.3.3.4 水文地质条件

坝址区地下水类型为第四系孔隙水和基岩裂隙水，前者主要赋存于河床砂卵砾石层中，接受上游河水和大气降水补给，水量较为丰富，纵向坡降较陡、横向坡降较平缓，与下部基岩裂隙水联系密切；后者赋存于基岩裂隙中，沿裂隙运移，接受大气降水、融雪和上游河水补给，水量贫乏，埋藏深，地下潜水位坡降平缓，左、右两岸坝肩处地下潜水位分别埋深达89.7 m、93.5 m，但均略高于河谷潜水位，说明两岸基岩裂隙水向河谷补给。

坝区河水、地下水(基岩裂隙水)化学类型均为HCO_3—Ca·Mg(K+Na)型，属弱碱性水，据《水力发电工程地质勘察规范》(GB 50287—2016)环境水对混凝土腐蚀评价的判别标准：河水、地下水对普通水泥均无各类型腐蚀性。坝区水质分析成果见表1-8。

表 1-8 坝区水质分析成果

水样类型	阳离子含量			阴离子含量					总硬度	游离 CO_2	侵蚀 CO_2	固形物总量	颜色	沉淀	pH值
	Na^+ K^+	Ca^{2+}	Mg^{2+}	Cl^-	SO_4^{2-}	HCO_3^-		CO_3^{2-}							
	mg/L	mg/L	mg/L	mg/L	mg/L	mg/L	mmol/L	mg/L	mg/L	mg/L		mg/L			
河水	15.1	43.3	15.3	4.3	89.3	124.5	2.0	0.0	171.1	1.4	0.0	229.5	无	无	8.2
基岩地下水	17.6	46.5	14.3	8.6	86.4	131.8	2.2	0.0	175.1	3.6	0.0	239.3	无	无	8.1

1.4 干热大风环境特征

吐鲁番地区位于新疆维吾尔自治区中东部,东临哈密,西、南与巴音郭楞毗连,北隔天山与乌鲁木齐及昌吉相接,地处天山支脉博格达山南麓,地势北高南低,盆地自外向内陡然深陷,是中国最低的内陆洼地。

吐鲁番独特的地理环境决定了它与众不同的气候特征,由于地处盆地,地势低凹,四周高山环绕,夏季太阳辐射热量难以散发,增热迅速、散热慢,冷湿空气不易进入,形成了温带内陆性干旱荒漠气候,其主要特点是:热量丰富、极端干燥、高温多风、降雨稀少、蒸发强烈、无霜期长、风大风多。

1.4.1 气温特征

1.4.1.1 平均气温

根据2011—2020年吐鲁番市气温数据分析,吐鲁番市近10年平均气温为16.43 ℃,35 ℃以上气温最长年可持续164 d,40 ℃以上高温可达69 d。近10年极端最高气温达49 ℃,极端最高地面温度达77.7 ℃。吐鲁番市的气温情况见表1-9。

表 1-9 吐鲁番市气温情况

年份	侯平均气温≥20 ℃		年平均气温/℃	最热月平均气温/℃	极端最高气温/℃	最热月平均地面温度/℃	极端最高地面温度/℃	历年各级高温平均日数/d			
	初日/(月-日)	终日/(月-日)						≥30 ℃	≥35 ℃	≥40 ℃	≥45 ℃
2011	04-10	09-27	15.8	34.2	47.8	42.4	—	163	119	64	12
2012	04-26	09-22	15.5	33.5	45.7	41.5	75	159	114	51	2
2013	04-21	09-21	16	32.8	44.9	41.6	76	173	112	44	0
2014	04-27	09-20	15.1	32.5	44.8	40.4	77.5	142	105	44	0

续表 1-9

年份	侯平均气温≥20 ℃		年平均气温/℃	最热月平均气温/℃	极端最高气温/℃	最热月平均地面温度/℃	极端最高地面温度/℃	历年各级高温平均日数/d			
	初日/(月-日)	终日/(月-日)						≥30 ℃	≥35 ℃	≥40 ℃	≥45 ℃
2015	04-08	09-24	16	33.7	47.5	42.6	77.7	152	105	47	12
2016	03-25	10-03	17.6	35.7	46.8	42.9	73.7	164	120	57	5
2017	04-05	09-29	18	37.3	49.0	44.7	76.4	150	120	69	12
2018	04-14	10-04	16.7	34.8	45.7	41.7	74.2	154	107	56	2
2019	04-11	10-16	17.3	35.3	46.8	42	74.1	157	114	56	4
2020	04-05	09-29	16.3	34.1	44.8	42.4	73.7	164	118	42	0
平均			16.43	34.39	46.38	42.22	75.37	158	113	53	5

吐鲁番的高温集中在每年的 6—8 月，其中 7 月最热，大于 45 ℃以上的高温主要集中在 7 月，2015 年共出现了 12 天，有 11 天出现在 7 月。吐鲁番市高温情况见表 1-10。

表 1-10　吐鲁番市≥35 ℃高温日数情况

年份	6 月		7 月		8 月		全年
	日数/d	占总日数/%	日数/d	占总日数/%	日数/d	占总日数/%	日数/d
2011	29	24.4	31	26.05	27	22.69	119
2012	26	22.8	31	27.19	30	26.32	114
2013	26	23.2	30	26.79	30	26.79	112
2014	24	22.9	29	27.62	30	28.57	105
2015	23	21.9	31	29.52	27	25.71	105
2016	29	24.2	29	24.17	30	25.00	120
2017	27	22.5	31	25.83	28	23.33	120
2018	29	27.1	31	28.97	30	28.04	107
2019	28	24.6	31	27.19	31	27.19	114
2020	26	22	31	26.27	28	23.73	118

1.4.1.2　典型月份日平均气温变化

从图 1-4 中可知，7 月平均气温随时间波动变化，气温保持较高状态。近 10 年均值 15 日平均气温最高 35.56 ℃，7 日平均气温最低 32.95 ℃，两者相差 2.61 ℃。

从图 1-5 中可知，8 月平均气温上旬较高，呈现随时间变化逐渐降低的趋势，近 10 年均值 1 日平均气温最高 34.8 ℃，31 日平均气温最低 30.1 ℃，两者相差 4.7 ℃。

从图 1-6 中可知，9 月平均气温呈现随时间变化逐渐降低的趋势，但偶有波动。近 10 年均值 5 日平均气温最高 29.61 ℃，30 日平均气温最低 20.96 ℃，两者相差 8.65 ℃。

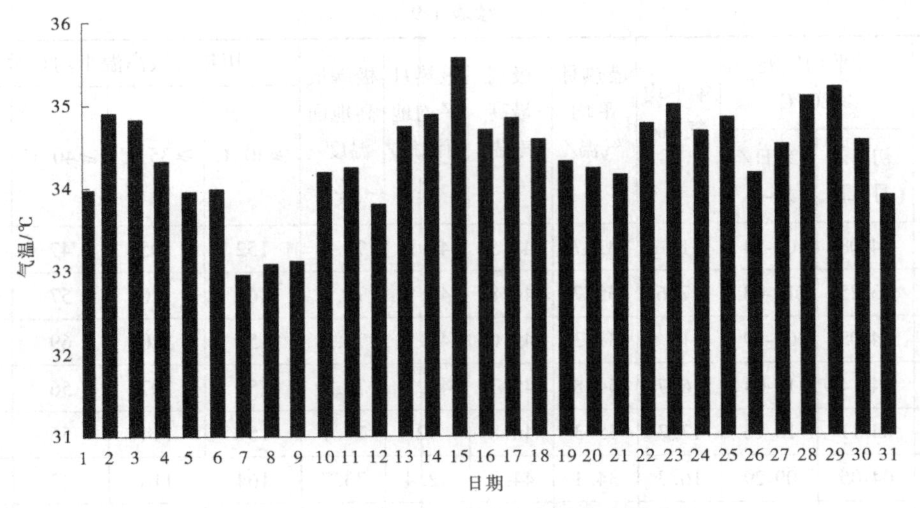

图 1-4　2011—2020 年 7 月多年平均气温月变化

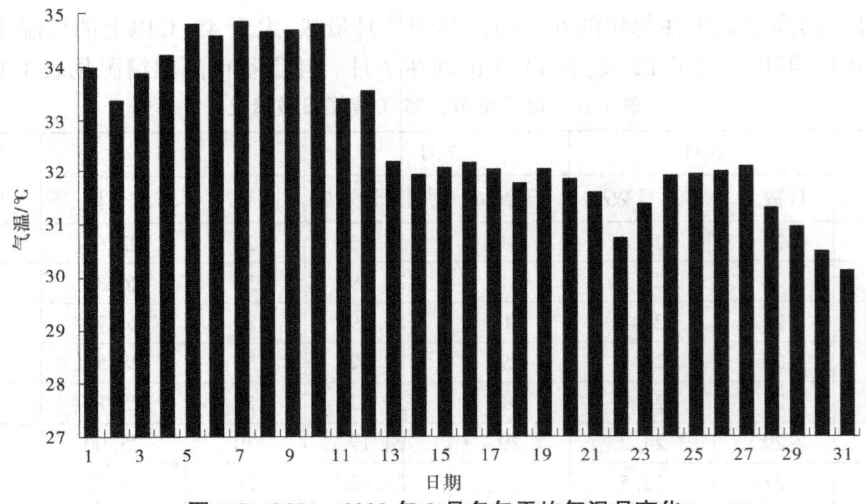

图 1-5　2011—2020 年 8 月多年平均气温月变化

1.4.2　大风气候特征

在我国气象业务观测中规定，极大风速（瞬时风速）达到 8 级以上或最大风速（10 min 风速）达到 6 级以上的风，称为大风，某一天中有大风出现，称为大风天。大风是一种破坏力极强的自然灾害。吐鲁番由于独特的地理位置和特色地形，大风天气频发，春秋季一般风速较大，因为吐鲁番处于沙漠之中，大风也往往会带来沙尘暴，素有"风库"之称。

吐鲁番 2011—2020 年大风日数呈增长趋势，增幅为 16 d/10 a，2018 年大风日数达到最大值，自 2019 年出现下降的趋势，大风天气多发生在 4—9 月，10—11 月次之。

本书按照 16 方位分别统计吐鲁番国家基本站 2011—2020 年每小时 2 min 平均风速的风向、10 min 平均风速的风向发生频率，如图 1-7 所示。2 min 平均风速的风向频率与

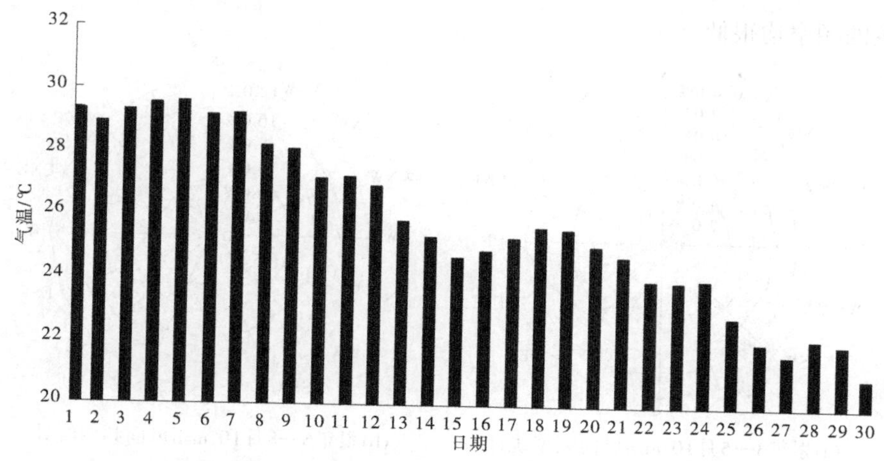

图 1-6　2011—2020 年 9 月多年平均气温月变化

10 min 平均风速的风向频率较为一致，以东风为主(E-SE)，2 min 平均风速的次多风向以西风为主(W-WNW)，10 min 平均风速的次多风向以西北偏西风为主(W-WNW)。

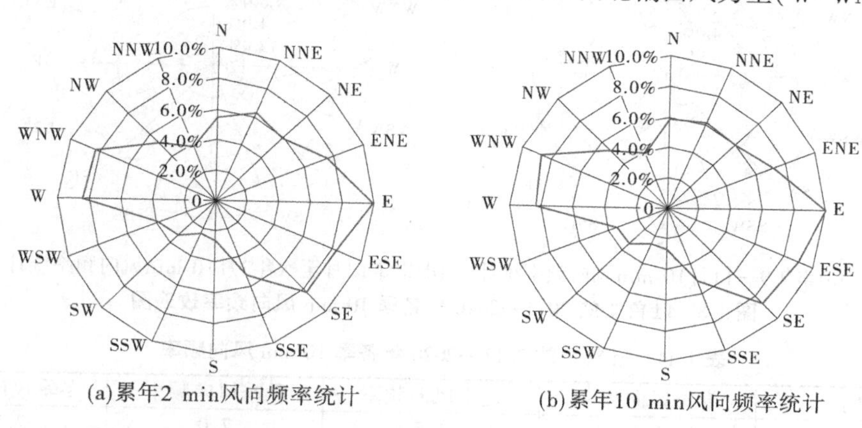

图 1-7　吐鲁番站 2011—2020 年 2 min 与 10 min 风向频率玫瑰图

因最多风向与次多风向差距较小，继续按季节分别统计各风向发生频率，统计得出 2 min 平均风速的风向频率与 10 min 平均风速的风向频率基本一致，以下风向统计以 10 min 平均风速的风向为主。如图 1-8 及表 1-11 所示，吐鲁番站春季、夏季和秋季以偏东风为主(E)，次多风向以偏西风为主(W)，在冬季主导风向以西北偏西为主(WNW)，发生频率为 9.2%，与东南(SE，频率 8.5%)、东北偏北(NNE，频率 8.6%)的风发生次频率很接近，频率差值小于 0.6%。总体来说，吐鲁番站各风向发生的频率季节性变化不大。

继续按小时分别统计各风向发生频率，如图 1-9 所示，10 min 平均风速的风向一天 24 h 中有明显变化，傍晚到夜间主导风向以西风(W)和西北偏北风(WNW)为主，夜间到凌晨西风(W)和西北偏北风(WNW)发生频率逐渐变小，东风(E)发生频率逐渐变大，凌晨到傍晚主导风向由东向(E)往东南方向(SE)移动，傍晚东南风(SE)发生频率逐渐变小，西风(W)发生频率逐渐变大，除了在凌晨 0 时和 1 时北风(N)稍有发生，其他时段南北风发生的频率均很低。

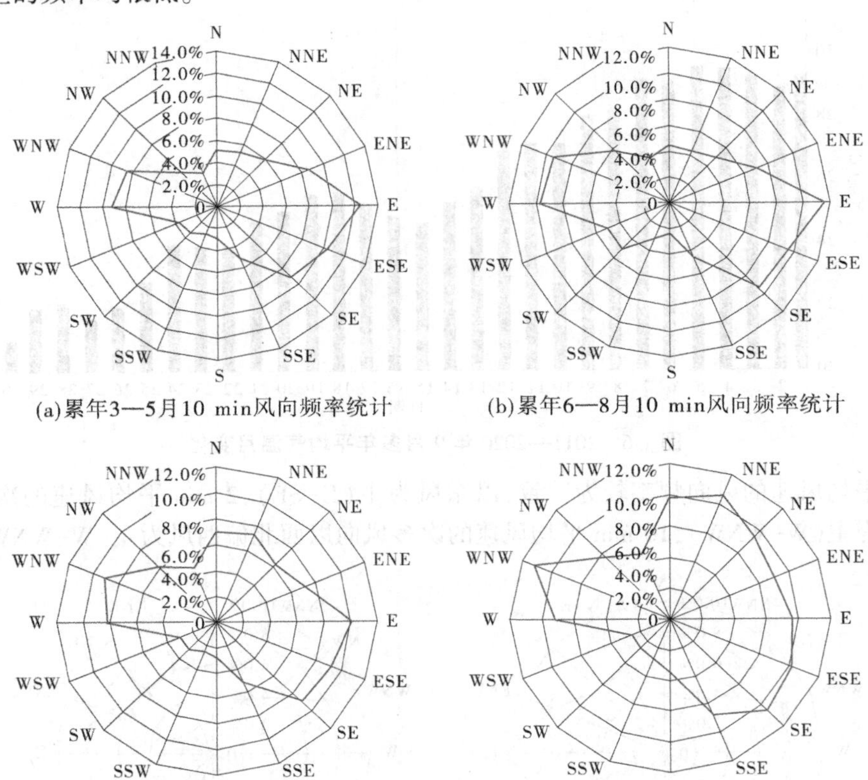

(a)累年3—5月10 min风向频率统计　(b)累年6—8月10 min风向频率统计

(c)累年9—11月10 min风向频率统计　(d)累年12月至次年2月10 min风向频率统计

图 1-8　吐鲁番站 2011—2020 年各季 10 min 风向频率玫瑰图

表 1-11　吐鲁番站 2011—2020 年各季 10 min 风向频率　%

风向	春季风向频率	夏季风向频率	秋季风向频率	冬季风向频率
N	5.1	4.5	7.0	7.8
NNE	5.3	4.4	7.3	8.6
NE	5.9	5.0	6.2	7.5
ENE	8.6	7.1	7.0	7.0
E	12.6	11.5	10.0	7.6
ESE	10.3	9.6	9.1	8.2
SE	9.1	9.4	8.9	8.5
SSE	5.1	4.6	5.1	6.8
S	2.9	2.4	2.8	3.4
SSW	2.7	2.8	2.5	2.8
SW	3.4	5.0	3.0	2.6
WSW	3.6	5.0	3.1	2.6
W	9.2	9.7	8.2	7.2
WNW	8.5	9.4	9.1	9.2
NW	4.5	5.7	6.1	5.7
NNW	3.3	3.8	4.6	4.6

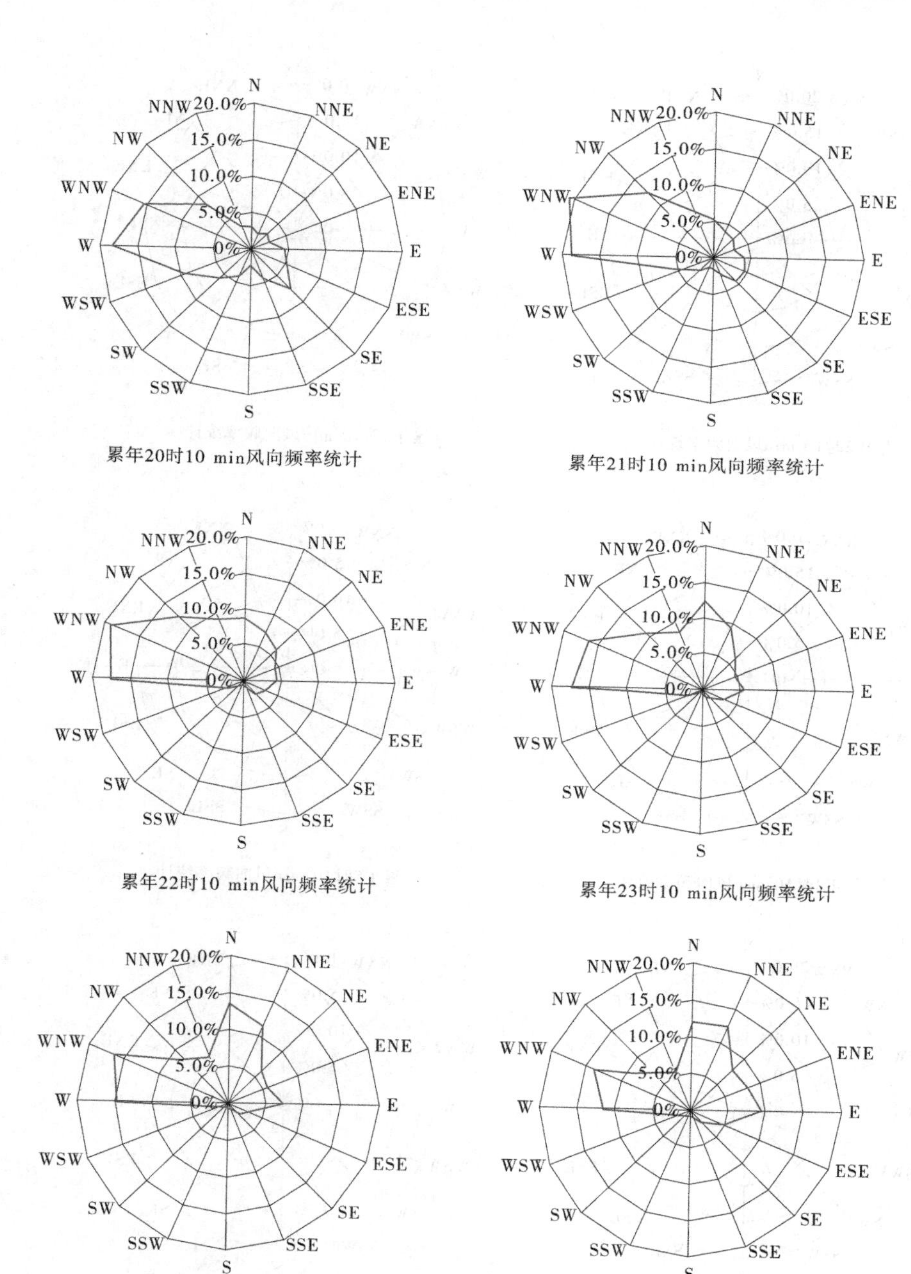

图1-9　吐鲁番站2011—2020年各小时10 min风向频率玫瑰图

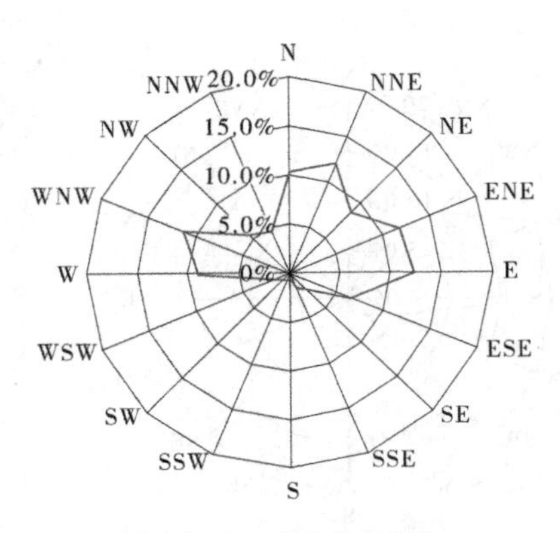

累年2时10 min风向频率统计

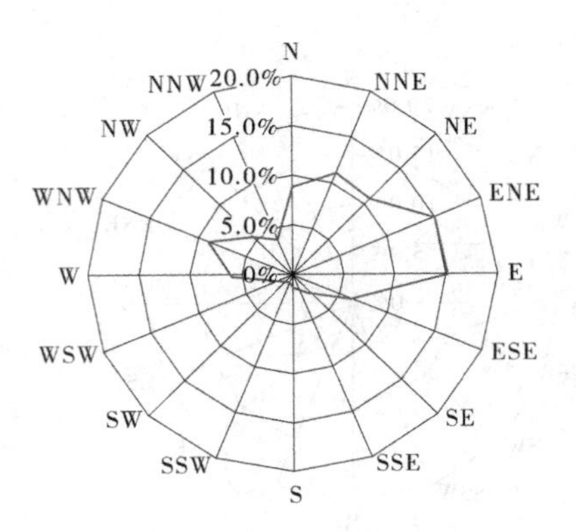

累年3时10 min风向频率统计

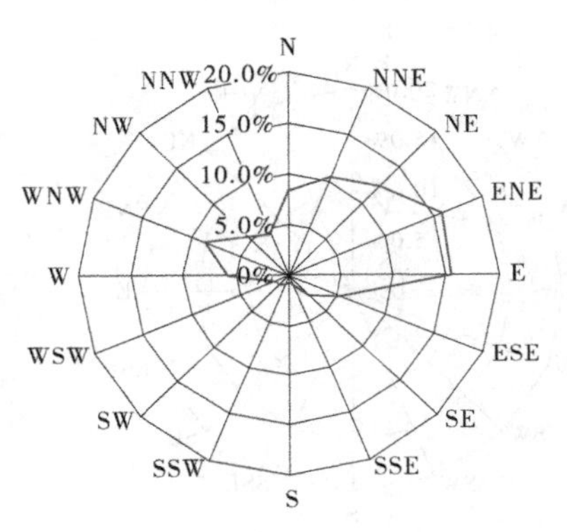

累年4时10 min风向频率统计

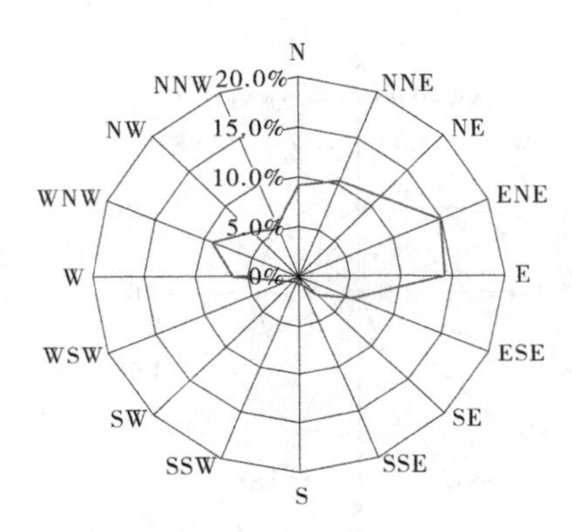

累年5时10 min风向频率统计

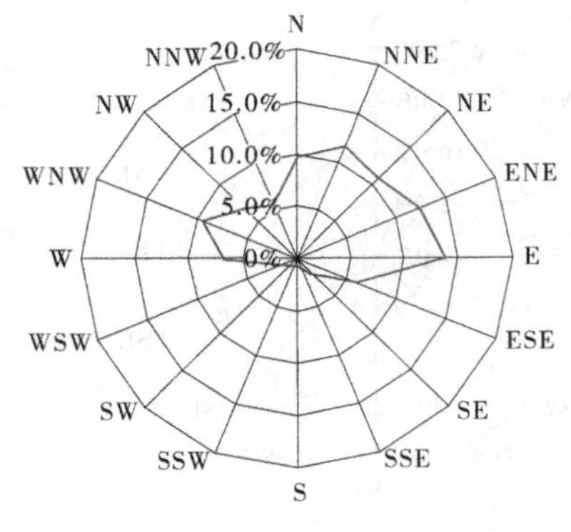

累年6时10 min风向频率统计

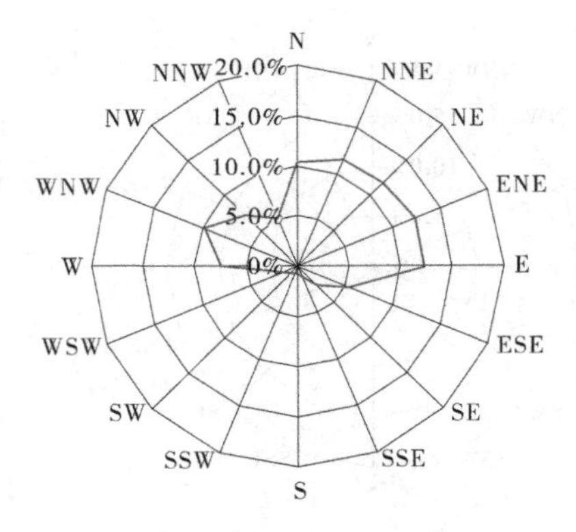

累年7时10 min风向频率统计

续图 1-9

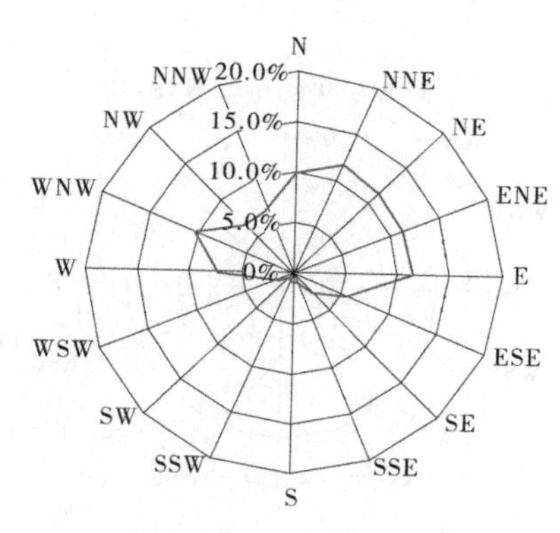

累年8时10 min风向频率统计

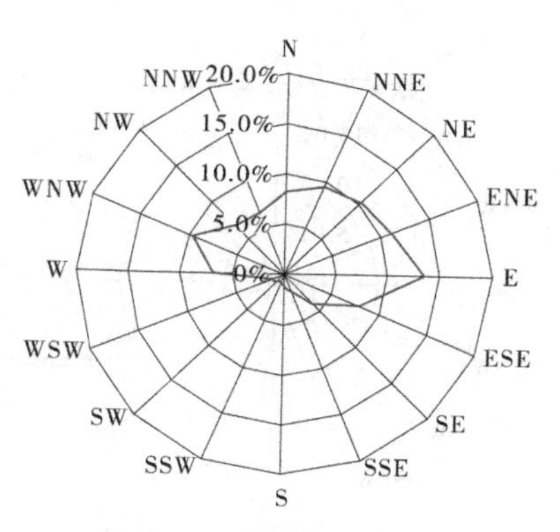

累年9时10 min风向频率统计

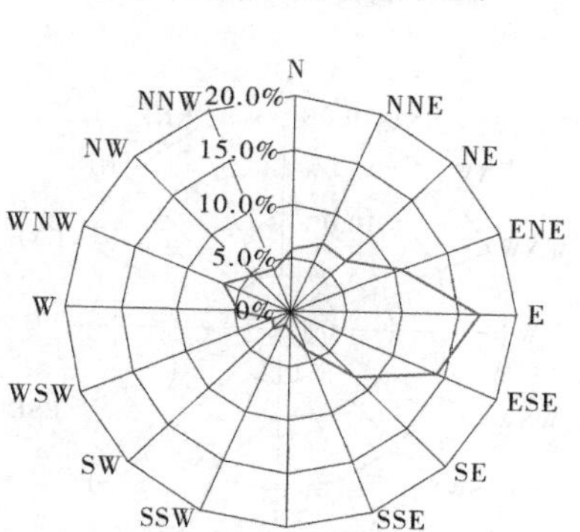

累年10时10 min风向频率统计

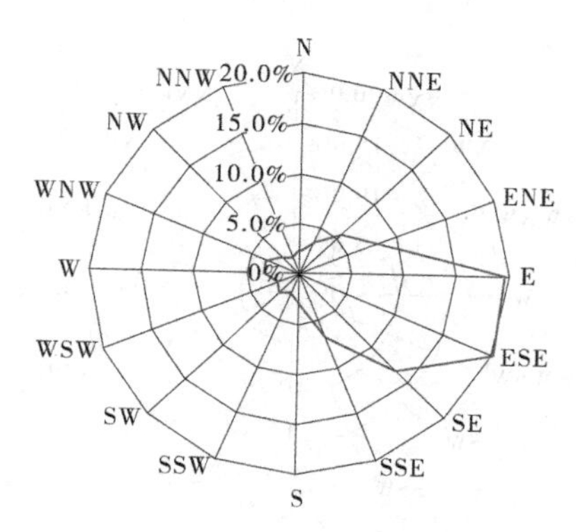

累年11时10 min风向频率统计

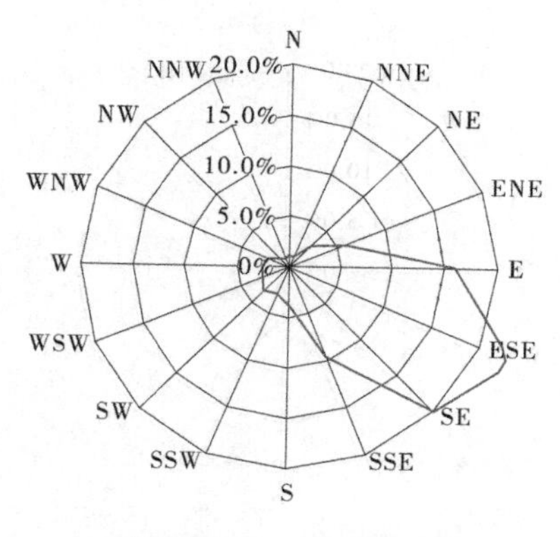

累年12时10 min风向频率统计

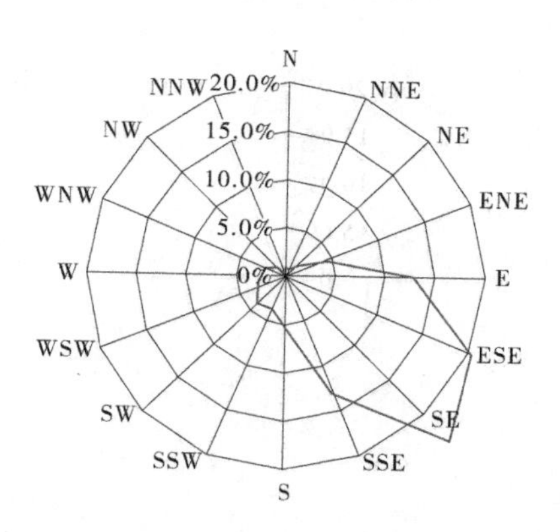

累年13时10 min风向频率统计

续图 1-9

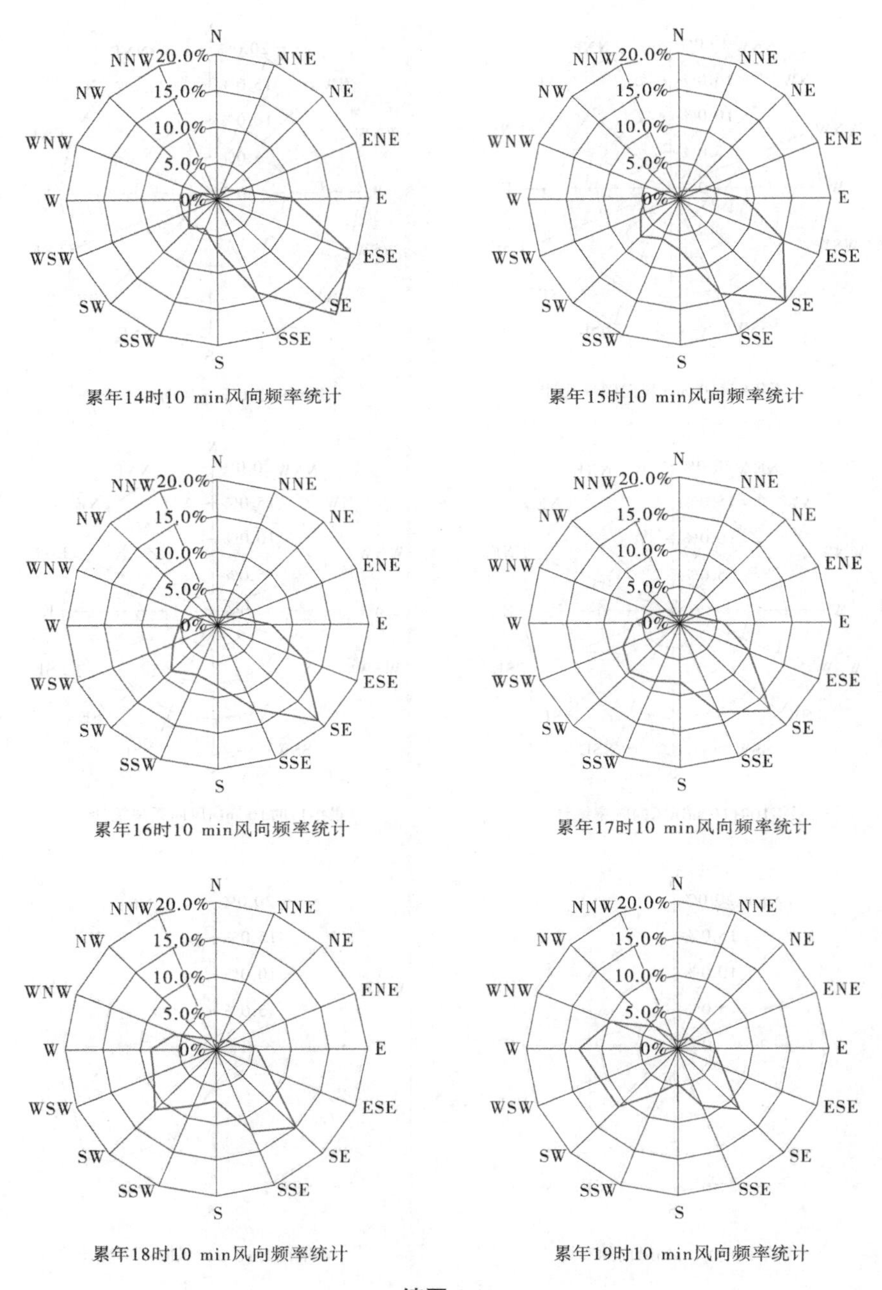

续图 1-9

综上所述,可以看出吐鲁番主导风以东风为主,西风为辅,季节变化不大,日变化较大。(造成日变化大、南北方向风少的原因应当与吐鲁番地形及气温有关。)

第2章　工程布置及建筑物选型

2.1　工程选址

2.1.1　坝址拟定

大河沿河由东、中、西三大支流汇合而成，其中中、西二大支流于三岔口汇合，东向支流于三岔口下游约7.3 km处的康艾格孜汇合。三岔口以上中、西二大支流的流域面积相近，其河谷宽度又分别与汇流后的河谷宽度相近，显然不宜作坝段选择，故本工程坝段只能选择于自三岔口至出山口全长约19 km长的河流山谷地带。

本坝段内两岸冲沟发育，地形切割较剧烈，多不对称，在地形上从上游至下游只有三岔口、康艾格孜、硬柏杨林下游、红山嘴、驴达坂五处地形大致对称、河谷相对较窄，可考虑作坝址选择。经过多次对大河沿河拟建坝址河段实地踏勘，对坝段区域进行相关综合分析，最终在红星渠首上游及三岔口（两河交汇处）下游之间选择了三个坝址进行比较，三个坝址分别命名为上坝址（三岔口坝址）、中坝址（康艾格孜坝址）和下坝址（驴达坂坝址）。坝址地理位置示意见图2-1。

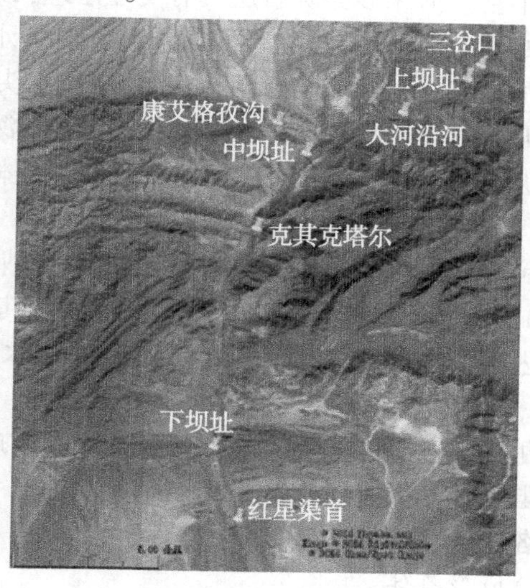

图2-1　坝址地理位置

2.1.1.1　上坝址（三岔口）地质概况

1. 上坝址（三岔口）地形条件

上坝址位于三岔口两河交汇处下游侧，处于基本对称的“U”形河谷内，河床高程2 048~2 058 m，河床宽210~220 m，平时水面宽0.5~4 m，水深0.1~0.5 m，呈多股蜿曲于河滩之中，总体流向由北东流向南西，河床坡降较陡，其纵坡坡度平均为26.6‰，水流湍急。两岸山顶相对高差100~200 m，山坡坡度45°~55°，一般基岩裸露。两岸沿河零星残留有Ⅰ、Ⅱ级阶地，左岸分布有连续的Ⅲ级阶地，其后缘多为坡洪积物所覆盖。

2. 上坝址（三岔口）地质条件

坝区基岩为二叠系下统红雁池组中亚组（P_{1hy}^{b}）的一套颗粒较细的浅海相泥质和灰质沉积、火山碎屑沉积岩，岩性主要有钙质砂岩、钙质粉砂岩、安山质岩屑凝灰岩。

河床、Ⅰ级阶地堆积的全新统冲积（Q_4^{al}）砂卵砾石层厚120~140 m，Ⅱ、Ⅲ级阶地上更新统冲积堆积（Q_3^{al}）碎屑砂砾石厚60~140 m，两岸冲沟及坡脚坡积碎石土厚一般为1~5 m。

坝区位于潘家地背斜构造北翼，基本为一倾向上游的单斜构造，近于横河向。其中左岸岩层产状较稳定，一般为N15°~40°W，NE∠20°~30°；右岸由于断层发育，岩层产状较零乱，总体倾向上游略偏山内，部分略偏山坡外，倾角多为15°~30°。没有区域断层直接通过坝址区，但由于距横切上游河谷的区域性断层$F_{Ⅲ}$较近，其直线距离约2.1 km，坝址区低序次小断层较发育，共发现有11条断层，其破碎带宽多在1 m以内，延伸长度一般少于1 km，断层走向主要为NNW~NNE向，倾角均较陡。

坝址区地下水类型为基岩裂隙水和第四系孔隙水。前者赋存于基岩裂隙中，沿裂隙运移，接受大气降水、融雪和上游河水补给，向河床排泄，埋藏深，经河床钻孔揭露，深埋覆盖层之下的基岩裂隙水具承压性，其承压水头高出孔口8.5 m，孔口涌水流量达514.3 L/min；后者主要赋存于河床砂卵砾石及Ⅱ、Ⅲ级阶地碎屑砂砾石层中，接受上游河水和大气降水补给，水量较为丰富。河床砂卵砾石层具有交互层理，其渗透性存在较为明显的差异，中等透水带与强透水带交互成层，且源于河床上游补给的水力坡降较陡，其孔隙地下水具有明显承压性质，河床各钻孔孔口均有涌水现象，承压水头一般高于孔口0.5~2.5 m，孔口涌水流量10~50 L/min。经沿纵、横向布置的多个河床深孔查明，其承压含水层分布高程不一，相对透水层顶板在纵、横向均为不连续的透镜体，呈十分复杂的交错状分布。

两岸基岩上部属中等至弱透水层，相对不透水层（$q<5$ Lu）埋深不大，在左、右岸坝肩处埋深分别为30 m和36 m左右，但在断层带部位埋深较大。其中，左岸沿F_V断层相对不透水层（$q<5$ Lu）埋深达60 m左右，右岸沿F_V断层相对不透水层（$q<5$ Lu）埋深为40 m左右。

上坝址区内主要有边坡卸荷变形现象和局部小范围的崩塌现象，主要工程地质问题是河床及左岸阶地深厚堆积层的渗漏问题及承压水问题。

2.1.1.2 中坝址（康艾格孜）地质概况

1. 中坝址（康艾格孜）地形条件

中坝址位于康艾格孜支流入河口上游侧的大河沿河干流峡谷内，为基本对称的“U”形河谷，河床面高程1 870~1 890 m，河床宽340~390 m，平时水面宽4~10 m，水深0.4~0.8 m，大致分二股蜿曲于河滩之中，总体流向由北东流向南西，河床坡降较陡，其纵坡坡度平均为32.2‰，水流湍急。两岸山顶相对高差310~330 m，山坡坡度40°左右，一般基岩裸露。左岸分布有连续的Ⅳ级阶地，其后缘多为坡洪积物所覆盖；右岸分布有Ⅲ级阶地

(主要分布于坝址区上、下游河段)。

2. 中坝址(康艾格孜)地质条件

坝区基岩主要为二叠纪(华力西中期)侵入岩(γP^b),岩性为浅肉红色花岗岩,为细至中粒结构,主要矿物成分为石英、钾长石、斜长石、黑云母、角闪石等,在坝区下游右岸有一小型正在开采的磁铁矿点,磁铁矿呈脉状产出于花岗岩体中。

第四系Ⅳ级阶地堆积的上更新统冲洪积(Q_3^{al+pl})碎屑砂砾石,厚度为30~65 m,河床堆积的全新统冲积(Q_4^{al})砂卵砾石层厚度为130~140 m,坡洪积碎石土厚度一般为5~10 m。

坝址区位于潘家地背斜构造南翼的大片华力西中期侵入岩区,节理裂隙较发育,主要有以下三组:①NNE向节理,产状N0°~10°E,NW或SE∠45°~65°,面平直,延伸较长,频率2~3条/m,主要发育于左岸,与山坡呈小角度斜交,倾向坡外或坡内;②NE向卸荷节理,产状N55°~65°E,NW或SE∠60°~75°,面平直,延伸长度一般大于2 m,频率3~5条/m,两岸均较发育,与山坡近于平行,沿其形成卸荷裂隙;③NW向节理,N30°~60°W,NE∠40°~60°,面平直,延伸较长,频率2~4条/m,两岸均较发育,与两岸山坡呈大角度斜交,倾向上游,左岸偏坡外、右岸偏坡内。

有区域性的$F_{Ⅱ}$断层在坝轴线上游600 m左右处横切河床通过,并有其分支断层$F_{Ⅳ}$斜切右坝肩通向下游支流,$F_{Ⅳ}$断层产状为N75°~85°W,NE∠75°~85°,破碎带宽达90~100 m,为一组密集的挤压破碎带,主要为断层碎裂岩、碎块岩及压碎岩,夹石英脉条带及团块,充填密实,经ZK15钻孔压水试验表明,断层破碎带属弱透水中、上带(q=3.8~8.2 Lu)。$F_{Ⅱ}$、$F_{Ⅳ}$断层均未错切坝址右岸的Ⅲ级阶地及左岸Ⅳ级阶地,说明上更新统(Q_3)以来未再活动,均属非活动性断层。

中坝址区水文地质条件较简单,地下水类型为基岩裂隙水和第四系孔隙水。前者赋存于基岩裂隙中,沿裂隙运移,接受大气降水、融雪和上游河水补给,水量贫乏,埋藏深,坡降较平缓;后者主要赋存于河床砂卵砾石及Ⅳ级阶地碎屑砂砾石层中,接受上游河水和大气降水补给,水量较为丰富,坡降平缓,与河水联系密切,水位接近河水位。

中坝址区河床砂卵砾石及Ⅳ级阶地碎屑砂砾石层深厚,根据孔内注水试验:Ⅳ级阶地碎屑砂砾石层渗透系数为$(3.0\sim7.7)\times10^{-3}$ cm/s,属中等透水;河床堆积的砂卵砾石层渗透系数为$(1.2\sim3.4)\times10^{-2}$ cm/s,属强透水层。

两岸山坡基岩除浅表部由于风化裂隙发育,属中等透水层外,一般属于弱透水层上带(5 Lu≤q<10 Lu),相对不透水层(q<5 Lu)埋深不大,左岸山坡为40~46 m深;右岸$F_{Ⅳ}$断层破碎带(宽度达90~100 m),充填较密实,断层上部透水率q=3.4~8.2 Lu,相对不透水层(q<5 Lu)埋深为65 m左右。

两岸地下水位坡降均较平缓,埋藏较深,在左、右岸坝肩处埋深分别为16 m和43 m左右,高于相对不透水层(q<5 Lu)顶板。

坝址区内主要物理地质现象,主要有边坡卸荷变形现象和左岸Ⅳ级阶地陡立前缘的崩塌现象。左岸Ⅳ级阶地前缘为近直立陡坡,坡高30~35 m,由碎屑砾石、砂、间夹砂质壤土条带构成,具弱胶结。由于坡脚受河床洪水淘刷,坡顶出现崩塌裂缝。

中坝址主要工程地质问题是河床及两岸阶地深厚堆积层的渗漏问题,以及右坝肩大规模断层的渗漏、渗透变形及抗滑稳定问题。

2.1.1.3 下坝址(驴达坂)地质概况

1. 下坝址(驴达坂)地形条件

下坝址位于红星渠首上游2.6 km大河沿河出山口附近,为基本对称的"U"形河谷,河床面高程1 540~1 555 m,河床宽260~320 m,平时水面宽4~10 m,水深0.4~0.8 m,大致分二股蜿曲于河滩之中,总体流向由北向南,河床坡降较陡,其纵坡坡度平均为30.4‰,水流湍急。两岸山顶相对高差120~130 m,山坡坡度40°左右,局部基岩裸露,左岸由上、下游冲沟切割山体较单薄。左岸下游及右岸上、下游分布有连续的Ⅳ级阶地,其后缘多为坡洪积物所覆盖。坝区基岩为石炭系上统博格达下亚群第二组(C_{3bg}^{a-2})砂岩、粉砂岩、砂砾岩。

2. 下坝址(驴达坂)地质条件

第四系Ⅳ级阶地堆积的上更新统冲洪积(Q_3^{al})碎屑砂砾石,厚度为30~65 m,河床堆积的全新统冲积(Q_4^{al})砂卵砾石层厚80~150 m,坡积碎石土厚度一般为2~5 m。

坝区位于博格达南缘断裂($F_Ⅰ$)与$F_Ⅴ$南支断层之间,岩层走向近东西向横向河谷,岩层倾角近于直立,多有倒转现象。岩层产状较稳定,一般为N65°~75°E,SE或NW∠70°~90°。坝址区断层不发育,仅左岸垭口内发现一条规模较小的断层,断层产状为N3°E,SE∠45°,破碎带宽1~2 m,主要为断层碎裂岩、压碎岩,夹石英脉碎块,充填密实。由于下坝址岩层受构造挤压较强,近于直立并有倒转现象,层间挤压破碎夹泥层发育。

下坝址区水文地质条件较简单,地下水类型为基岩裂隙水和第四系孔隙水。前者赋存于基岩裂隙中,沿裂隙运移,接受大气降水、融雪和上游河水补给,水量贫乏,埋藏深,坡降较平缓;后者主要赋存于河床砂卵砾石及Ⅳ级阶地碎屑砂砾石层中,接受上游河水和大气降水补给,水量较为丰富,坡降平缓,与河水联系密切,水位接近河水位。

下坝址区河床砂卵砾石及Ⅳ级阶地碎屑砂砾石层深厚,根据孔内注水试验,河床砂卵砾石层渗透系数为$2.1\times10^{-3}\sim5.9\times10^{-2}$ cm/s,属中等透水至强透水层。

两岸山坡基岩除浅表部由于风化裂隙发育,属中等透水层外,一般属弱透水层上带(5 Lu≤q<10 Lu),相对不透水层(q<5 Lu)埋深不大,左岸山坡埋深为40~50 m。

两岸地下水位坡降平缓,埋藏较深,坝肩处地下水位埋深约达60 m,仅略高于河水位。

下坝址区内主要物理地质现象,主要有边坡卸荷变形现象和两岸Ⅳ级阶地陡立前缘的崩塌现象。左岸Ⅳ级阶地前缘为近直立陡坡,坡高40~50 m,由碎屑砾石、砂构成,具弱胶结。由于坡脚受河床洪水淘刷,坡顶出现崩塌裂缝。

综上所述,下坝址主要工程地质问题是河床及两岸阶地深厚堆积层的渗漏问题、左坝肩较单薄山体沿断层的渗漏及渗透变形稳定问题。

2.1.2 坝址比较与选择

上坝址(三岔口坝址)、中坝址(康艾格孜坝址)和下坝址(驴达坂坝址)相距分别为6 km、11 km,三处坝址均具备兴建水库工程的地质条件,总库容近似,调节库容均可满足本工程承担的城镇供水、下游农业灌溉、重点工业供水等各项任务的要求。三处拟定坝址综合比较见表2-1。

表 2-1　上、中、下坝址综合比较

项目		上坝址	中坝址	下坝址	说明
地形地质	河床宽/m	210~220	340~390	260~320	上、下坝址优
	河床覆盖层厚/m	120~140	130~140	80~150	上坝址略优
	地质构造	小区域断层直接通过坝址区	有区域断层直接通过右坝肩和上游坝脚(F_{II}),其破碎带宽度近 100 m	博格达南缘断裂从坝下游 1.5 km 处通过	上坝址优
枢纽布置		1. 坝体长度为 392.0 m,最大坝高 62.1 m。 2. 灌溉隧洞长 479.8 m。 3. 泄洪洞长 490.0 m,地质条件较好。 4. 导流洞长 616.5 m	1. 坝体长度为 655.7 m,最大坝高 70 m。 2. 灌溉隧洞长 872.6 m。 3. 溢洪道长 199.8 m,地质条件较差。 4. 导流洞长 462.1 m	1. 坝体长度为 500 m,最大坝高 77.7 m。 2. 灌溉隧洞长 450.2 m。 3. 溢洪道长 442.0 m,地质条件好。 4. 导流洞长 657.0 m	中坝址最差,上、下坝址较优
施工条件		隧洞导流	隧洞导流,洞短,上坝公路较短	隧洞导流,洞长,上坝公路最短	下坝址优
主要工程量		砂卵石开挖:19.6 m^3 石方开挖:15.0 万 m^3 现浇混凝土:4.96 万 m^3 钢筋:2 574 t 沥青混凝土:1.73 万 m^3 坝体填筑:331.2 万 m^3 混凝土防渗墙:2.99 万 m^3 帷幕灌浆:0.98 万 m	砂卵石开挖:27.3 万 m^3 石方开挖:18.6 万 m^3 现浇混凝土:6.29 万 m^3 钢筋:4 576 t 沥青混凝土:3.12 万 m^3 坝体填筑:493.2 万 m^3 混凝土防渗墙:3.6 万 m^3 帷幕灌浆:1.48 万 m	砂卵石开挖:55.8 m^3 石方开挖:13.4 万 m^3 现浇混凝土:7.87 万 m^3 钢筋:3 776 t 沥青混凝土:2.3 万 m^3 坝体填筑:395.0 万 m^3 混凝土防渗墙:2.75 万 m^3 帷幕灌浆:1.25 万 m	
枢纽土建投资/万元		35 595.2	50 081.6	43 493.76	上坝址较优

续表 2-1

项目	上坝址	中坝址	下坝址	说明
水库淹没补偿/万元	1 272.03	1 090.69	991.95	下坝址优
淹没文物	碉堡 1 处,城堡 1 处,墓葬群 1 处,车师古道一段	车师古道一段	无	下坝址优
输水工程/万元	9 350	6 050	0	下坝址优(550 万/km)
对外公路/万元	2 040	1 320	0	下坝址优(120 万/km)
输电线路/万元	765	495	0	下坝址优(45 万/km)
总投资/万元	49 022.2	59 037.3	44 485.71	下坝址较优

现将各坝址从技术、经济和淹没及运行管理上进行比较,意见概述如下。

2.1.2.1　从技术方面比较

(1)从地形地质条件分析:三个坝址处于同一河段,为同一个区域地质构造环境,地震基本烈度与区域构造稳定性相同。建坝的具体工程地形地质条件稍有差别,上坝址主要是河床坝基砂卵砾石层深厚,且结构十分复杂,具多层较高水头承压水;中坝址岩性条件较优,但河床最宽,是上坝址河床宽度的 1.66 倍,且右坝肩处于 $F_{Ⅳ}$ 大断层带影响范围内,破碎带宽达 90~100 m,对建筑物布置不利,基础处理范围大,工程投资增加较多;下坝址综合来看,较上、中坝址均相对较优,故从地质角度考虑,推荐下坝址。

(2)从工程水文条件分析:三坝址建库后的有效调节库容基本相同,但下坝址集水面积最大,为 713 km^2,比上坝址多 296 km^2,区间又有康艾格孜河河水注入水库,下坝址年径流量比上坝址多 1 345 万 m^3,对于干旱地区保证水库蓄水引水有利;且下坝址距离下游红星渠渠首最近,引水渠线较短,水量耗损最小,水库灌溉率高。

(3)从枢纽布置分析:上坝址为泄洪洞方案,下坝址为溢洪道方案,上坝址泄洪洞长度比下坝址溢洪道长度长,且泄洪洞超泄能力较下坝址溢洪道弱,泄洪洞比溢洪道投资大,从泄流设施布置上看,下坝址有利。

上坝址输水工程、输电线路和公路工程距离较长,从引水整体布置上看下坝址较有利。

(4)从施工条件分析:上、中坝址距离出山口较远,需建设较长的公路及输电线路来满足施工;从水库引水至出山口下游已建好的红星渠,管线较长,渠系配套工程量大;河流两岸山体凹凸,冲沟较多,对外道路交通不便;上坝址河床覆盖层下有多层承压水,承压水头高达 30 m,在进行防渗墙及帷幕施工时,防渗墙体质量控制难度加大,中、下坝址钻孔时暂未见明显承压水层;下坝址离红星渠渠首最近,对外交通便利,有利于施工。

2.1.2.2　从经济上比较

下坝址枢纽土建投资 43 493.76 万元,比中坝址工程投资节省 6 588 万元,比上坝址多 7 899 万元,上坝址优;水库淹没补偿下坝址 991.95 万元,较上坝址节省 280.08 万元,比中坝址投资节省 98.74 万元,下坝址优;上坝址与中坝址输水工程可比投资比下坝址分别多 9 350 万元、6 050 万元,下坝址优;对外公路可比投资比下坝址分别多 2 040 万元、1 320 万元,下坝址优;输电线路可比投资比下坝址分别多 765 万元、495 万元,下坝址优;考虑渠系配套工程投资后,工程总投资(可比)分别为 49 022.3 万元、59 037.3 万元、44 485.71 万元,中坝址投资最多,上坝址次之,下坝址投资最省。故从投资角度考虑,推荐下坝址。

2.1.2.3　从水库运行管理比较

上坝址距大河沿镇 45 km,中坝址 39 km,下坝址为 27 km,下坝址最近,并且下坝址位于出山口附近,以下地势平坦,交通方便,对今后运行管理有利;上、中坝址距离出山口较远,坝址区为海拔较高地区,水库建成后,山区道路交通条件较差,运行管理不便。

2.1.2.4　从文物淹没等方面比较

上坝址三岔口河段为车师古道,附近有碉堡 1 处,城堡 1 处,墓葬群 1 处,水库建成后必将部分车师古道、碉堡和墓葬群淹没,对保护文物古迹不利;在上坝址下游至中坝址间,有大片的硬柏杨林,上坝址建库需要考虑断流后的专门引水灌溉,中坝址建库则库区几片大型硬柏杨林均会被淹没,对该流域的水土保持不利。

综上,推荐下坝址。

2.1.3　坝轴线选择

2.1.3.1　坝轴线拟定

下坝址位于博格达南缘断裂(F_I)北侧的博格达复褶皱隆起区,处于博格达南缘断裂(F_I)与 F_V 南支断层之间。其中博格达南缘断裂(F_I)位于坝址下游约 3.8 km;F_V 南支断层位于坝轴线上游约 1 km 的库盆中部。两岸山体切割较剧,地形较零乱、单薄。

根据对大河沿河拟建坝址河段多次实地踏勘情况,下坝址河段两岸均为孤立的凸出山包,局部岩石出露,坝线选择的范围小。因此,布置坝线时,为减少坝轴线的防渗长度,将大坝两侧坝肩避开两岸为Ⅳ级阶地上的深厚覆盖层河段,布置在岩石山包上。根据现场实际情况,拟定两条坝线进行比选,可研设计阶段推荐的坝址坝线为下坝线,由于该坝线上、下游河道渐开阔,并且两岸均为Ⅳ级阶地,覆盖层较为深厚,因此在其上游 40 m 处(沿河道)布置上坝线,坝址处河道较为顺直,上、下两条坝线采用平行布置,地质专业根据拟定的两条坝线进行地质勘探工作。

两条坝线地形图如图 2-2 所示。

2.1.3.2　两坝线地形地质条件

1. 上坝线地形地质条件

上坝线位于红星渠首上游 2.64 km 大河沿河出山口附近,为基本对称的“U”形河谷,

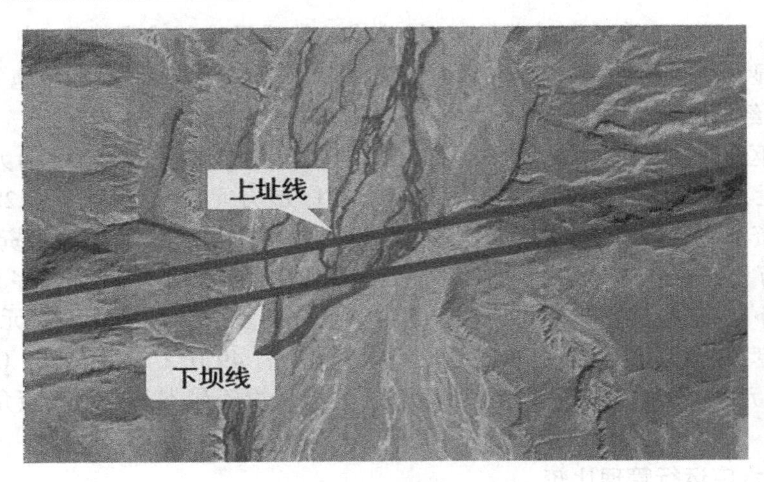

图 2-2 上、下坝线地形图

河床面高程 1 549~1 559 m，河床宽 240 m，平时水面宽 4~10 m，水深 0.4~0.8 m，总体流向由北向南，两岸山顶相对高差 120~130 m，山坡坡度 38°左右，局部基岩裸露，左岸由上、下游冲沟切割山体较单薄。左岸下游及右岸上、下游均分布有连续的Ⅳ级阶地，其后缘多为坡洪积物所覆盖。坝区基岩为石炭系上统博格达下亚群第二组（C_{3bg}^{a-2}）砂岩、粉砂岩、砂砾岩。正常蓄水位时，坝轴线宽约 529 m。

2. 下坝线地形地质条件

坝线处河床面宽约 250 m，河床面高程 1 548~1 558 m，坝线右岸分布有约 80 m 宽的Ⅳ级阶地。

Ⅳ级阶地为基座阶地，堆积为第四系上更新统冲洪积（Q_3^{al+pl}）碎屑砂砾石，厚度 30~50 m，基座面高程 1 545~1 550 m，一般低于现代河床面 1~3 m。河床堆积为第四系全新统冲积（Q_4^{al}）含漂石砂卵砾石层，厚度 84~185 m。坝区基岩为石炭系上统博格达下亚群第二组（C_{3bg}^{a-2}）砂岩、粉砂岩、砂砾岩。正常蓄水位时，坝轴线宽约 500 m。

坝线位于博格达南缘断裂（$F_Ⅰ$）南侧的吐哈断陷盆地北缘，与坝址相距约 1.5 km，由于靠近近东向展布的博格达南缘断裂（$F_Ⅰ$），岩走向亦近东西向横向河谷，岩层倾角近于直立，多有倒转现象。岩层产状较稳定，一般为 N65°~75°E，SE 或 NW∠70°~90°。坝址区断层不发育，仅左岸垭口内发现一条规模较小的断层，断层产状为 N3°E，SE∠45°，破碎带宽达 1~2 m，主要为断层碎裂岩、压碎岩，夹石英脉碎块，充填密实。

下坝线地下水类型为基岩裂隙水和第四系孔隙水。河床砂卵砾石及Ⅳ级阶地碎屑砂砾石层深厚，河床砂卵砾石层渗透系数为 8.7×10^{-2}~1.2×10^{-3} cm/s，属中等透至强透水层，局部夹泥较多部位渗透系数小于 10^{-4} cm/s，为弱透水层。

两岸山坡基岩除浅表部由于风化裂隙发育，属中等透水层外，一般属弱透水层上带（5 Lu≤q<10 Lu），相对不透水层（q<5 Lu）埋深不大，左岸山坡为 40~50 m 深。

两岸地下水位坡降平缓，埋藏较深，坝肩处地下水位埋深约达 60 m，略高于河水位。

2.1.3.3 坝线比较与选定

上、下坝线相距仅 40 m，总库容相近，水库承担的工程任务相同，气候条件相同、导流规模相同。对两坝线进行综合比较,见表 2-2。

表 2-2　上、下坝线综合比较

项目		上坝线	下坝线	说明
地形地质	河床宽/m	270~330	260~320	下坝线优
	河床覆盖层厚/m	184	185	基本一致
	地质构造	处于两条区域断层之间	处于两条区域断层之间	基本一致
枢纽布置		1. 坝体长度为 529 m,最大坝高 75.0 m。 2. 灌溉隧洞长 505.0 m。 3. 溢洪道长 454 m,地质条件好。 4. 导流洞长 746.56 m	1. 坝体长度为 500 m,最大坝高 75.0 m。 2. 灌溉隧洞长 498.0 m。 3. 溢洪道长 426.95 m,地质条件好。 4. 导流洞长 682.45 m	下坝线优
施工条件		隧洞导流	隧洞导流	基本一致
大坝主要工程量		清基:13.9 m^3 石方开挖:6.87 万 m^3 现浇混凝土:3.27 万 m^3 钢筋:1 334 t 沥青混凝土:2.37 万 m^3 坝体填筑:421.6 万 m^3 混凝土防渗墙:2.59 万 m^3 帷幕灌浆:1.33 万 m	清基 :13.8 m^3 石方开挖:6.55 万 m^3 现浇混凝土:2.47 万 m^3 钢筋:1 311 t 沥青混凝土:2.30 万 m^3 坝体填筑:412.4 万 m^3 混凝土防渗墙:2.64 万 m^3 帷幕灌浆:0.91 万 m	下坝线优
土建投资/万元		30 573.4	29 501.6	下坝线优
溢洪道可比投资/万元		150	0	下坝线优
引水渠可比投资/万元		22		下坝线优/(550 万/km)
输电线路可比投资/万元		1.8	0	下坝线优(45 万/km)
进场公路可比投资/万元		4.8	0	下坝线优(120 万/km)
总可比投资/万元		30 930.6	29 501.6	下坝线优

上、下坝线总库容及可调节库容一致,两坝线从技术、经济上比较如下。

1. 从技术方面比较

(1)从地形地质条件分析:两坝线处于同一河段,为同一个区域地质构造环境,地震基本烈度与区域构造稳定性相同。但建坝的具体工程地形地质条件稍有差别,上坝线上部河床较宽,比下坝线宽20~30 m,坝身的填筑方量较大,下部砂卵石防渗墙的面积略小,小500 m^2,仅占整个防渗墙面积的2%,而上部及两侧坝肩防渗帷幕面积增加较多,并且上坝线坝轴线方向上两端坝肩防渗不能封闭,必须使防渗帷幕向下游偏移方可封闭,防渗帷幕工程量增加0.36万m,增加37%,故上坝线防渗工程量大。

(2)从配套工程分析:两坝线相差40 m,两坝线输水工程、输电线路和公路工程上坝线较下坝线略长,下坝线距离较短,从整体布置上看三通一平方面,下坝线较有利,投资节省28.6万元。

(3)从施工条件分析:由于坝区两坝线方案位置接近,且均位于中低山区,施工场地布置均比较方便,施工条件基本相同。经分析论证,两条坝线方案施工进度相同,均为50个月。

(4)由于坝线仅差距40 m,金属结构、征地移民及运行管理条件基本一致。

2. 从经济上比较

下坝线大坝土建投资29 501.6万元,比上坝线大坝工程投资节省1 072万元,下坝线较优;溢洪道建筑物工程上坝线比下坝址多150万元,配套工程下坝线比上坝线可比投资节省28.6万元,下坝线总投资比上坝线工程投资省1 429万元,从投资上看,下坝线较优。

综上,推荐下坝线。

2.2　坝型选择

坝型选择主要根据当地的建筑材料、地形、地质条件、抗震要求、气候条件、施工条件、坝基处理方案、维修条件、工程量、工期及造价等因素,进行综合考虑比较来选定技术上可靠、经济上合理的坝型。

大河沿水库坝址区河床面宽260~320 m,河床堆积为第四系全新统冲积含漂石砂卵砾石层,厚度84~152 m,为中等至强透水层;坝基右岸还分布有约80 m宽的Ⅳ级阶地,堆积为第四系上更新统冲洪积碎屑砂砾石,厚度30~50 m,属中等透水层。由于河床覆盖层深厚,最大深度约185 m,且本工程区属于Ⅷ度地震区,不适宜修建刚性材料拱坝及重力坝坝型,而附近天然建筑材料丰富,推荐选择当地材料土石坝作为基本坝型进行比选。

土石坝对基础要求较低,对地基变形适应性较好,可大大减少坝基的开挖和基础处理工程量,根据地勘资料,坝址附近黏土料很少,而砂砾石填筑料及混凝土骨料储藏丰富,开采方便,运距短,为修建碾压土石坝提供了大量廉价建筑材料。由于天然砂砾石料丰富,块石料需专门开采,因此选用砂砾石坝。

选用当地材料的砂砾石坝可分为心墙坝和面板坝,面板坝采用钢筋混凝土面板砂砾石坝,本阶段选择沥青混凝土心墙砂砾石坝、钢筋混凝土面板砂砾石坝两种坝型进行比选。

2.2.1　沥青混凝土心墙砂砾石坝方案

大坝为沥青混凝土心墙砂砾石坝,防浪墙顶高程1 620.5 m,坝顶高程1 619.3 m,最大坝高75.0 m,坝顶长500.0 m。坝顶宽10.0 m,设有“L”形钢筋混凝土防浪墙,墙高3.2 m,

高出坝顶路面1.2 m,防浪墙沿坝轴线每6.0 m设一道伸缩缝,缝间设置橡胶止水带止水。

上游坝坡1:2.2,下游坝坡为1:2.0。坝体分为上游围堰区、砂砾坝壳料区、过渡料区、沥青混凝土心墙、排水棱体。沥青混凝土心墙为垂直式心墙,1 590.0 m高程以下厚0.8 m,以上则为0.6 m。上游坝坡采用250 mm厚的现浇C25混凝土板护坡,下游坝坡采用200 mm厚混凝土网格梁护坡。

由于河床中砂卵石覆盖层很厚,设置1.0 m厚的混凝土防渗墙进行防渗处理。混凝土防渗墙采用槽孔成墙,防渗深度直达基岩下1.0 m深度。混凝土基座下游设4排固结灌浆孔,最下游一排为控制灌浆,中间3排为固结灌浆,灌浆孔孔距2 m,排距2 m。混凝土防渗墙在与基座接触处凿除质量较差的1 m后,现浇1 m高、3 m宽的混凝土墙。

左右岸Ⅱ、Ⅲ级阶地及坝肩:左右岸Ⅱ、Ⅲ级阶地覆盖层为厚度0~57 m的含泥、含漂石砂卵砾石冲积层(Q_3^{al})和砂卵砾石夹漂石冲积堆积层(Q_2^{al}),砂砾石段心墙混凝土基座下接混凝土防渗墙和帷幕灌浆,防渗墙深入基岩1 m,帷幕灌浆深至5 Lu线以下5 m,防渗墙上游设1排固结灌浆孔,下游设3排固结灌浆孔,孔距2 m,排距2 m,基岩段,心墙基座下设置帷幕灌浆,右岸覆盖层基座下设置混凝土防渗墙+帷幕灌浆。帷幕灌浆采用单排,孔距2.0 m,灌浆深度至弱透水层5 Lu线以下5 m,左、右岸坝头正常蓄水位与5 Lu线封闭。

大坝防渗以5 Lu线进行控制,防渗总长度为711.0 m,采用防渗墙+帷幕灌浆处理时,防渗墙施工完成后再进行帷幕灌浆。

沥青混凝土心墙砂砾石坝横断面形式见图2-3。

2.2.2 钢筋混凝土面板砂砾石坝方案

大坝为钢筋混凝土面板砂砾石坝,防浪墙顶高程1 620.9 m,坝顶高程1 619.7 m,最大坝高75.4 m。坝顶宽10.0 m。坝顶设有“L”形钢筋混凝土防浪墙,墙高3.2 m,高出坝顶路面1.2 m,防浪墙沿坝轴线每6.0 m设一道伸缩缝,缝间设橡胶止水带止水。

一般砂砾石混凝土面板坝工程的上游坡比为1:1.5~1:1.6,考虑到本工程按照Ⅷ度地震设防,大坝为高坝,基础覆盖层深厚,结合大坝抗震稳定计算分析,最不利地震工况下,大坝上游边坡稳定系数仅为1.168,刚刚达到规范要求。故上游坝坡1:1.7,上游不设马道,在1 587.8 m高程设置宽6.0 m+4.0 m、坡比分别为1:2.5和1:1.8的盖重区和铺盖区;下游坝坡坡比1:1.6;上游设300~600 mm厚的混凝土防渗面板,下游坝坡采用200 mm厚干砌石加混凝土网格梁护坡。

钢筋混凝土防渗面板采用普通常态混凝土浇筑,抗渗等级W8,抗冻等级F300,面板混凝土采用普通硅酸盐水泥。混凝土面板采用不等厚设计,厚度为$0.3+0.0035H$。考虑坝体变形及施工条件,面板设置横缝,在坝体中部每隔12 m设置一条压性横缝,在岸坡段每6 m设置一条张性横缝。共计设置36条压性缝和17条张性缝,并设置紫铜片止水。

水平柔性趾板长8 m,分成4 m等长两块,厚度1 m,采用止水铜片止水。坝趾下部基础采用高喷灌浆,趾板下游10 m范围核心区共布置6排,单根长10 m,桩径1.2 m,防渗墙至趾板区域为加密区,共布置2排,间距、排距均为2 m,趾板下游为渐变区,桩间距逐渐加大,依次向下游间排距按照3.0~5.0 m进行渐变,共布置5排。

钢筋混凝土面板砂砾石坝横断面形式见图2-4。

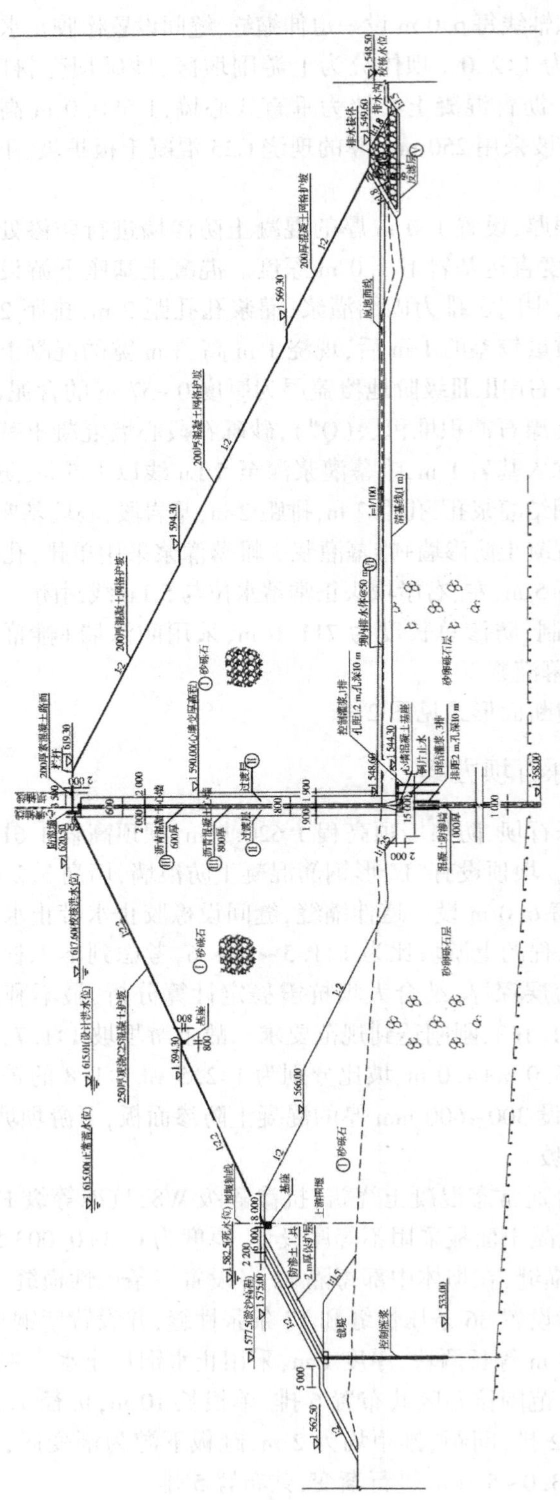

图 2-3 沥青混凝土心墙砂砾石坝横断面形式

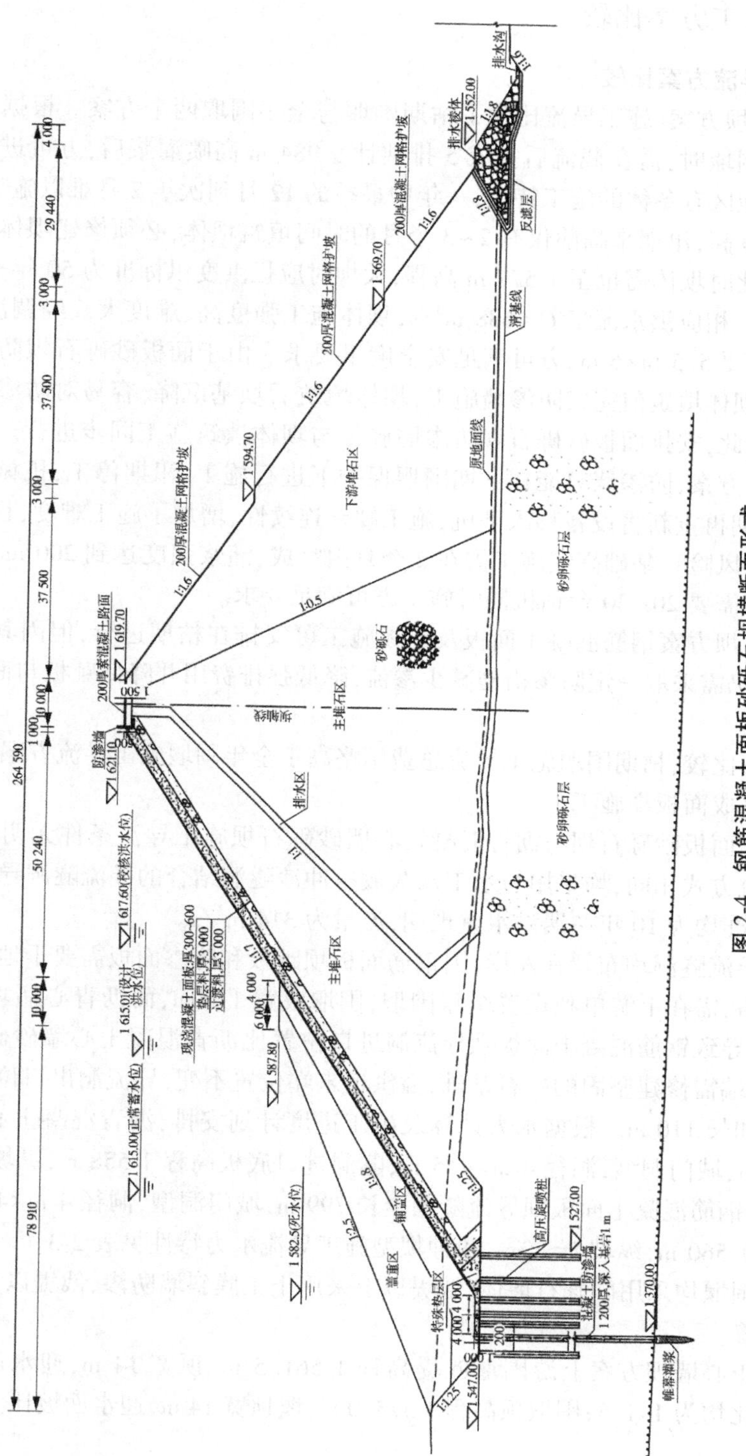

图 2-4　钢筋混凝土面板砂砾石坝横断面形式

2.2.3 坝型施工方案比较

2.2.3.1 施工导流方案比较

面板砂砾石坝方案,施工导流比较了枯期围堰与全年围堰两个方案。根据施工进度分析,采用枯期围堰时,需在截流后完成 5 排共计 9 984 m 高喷灌浆后,方可进行坝体填筑施工,吐鲁番地区有冬休的施工特点,一年中最冷的 12 月到次年 2 月难以施工,工期安排紧张,施工强度高,汛期来临前仅有 2~3 个月的时间填筑坝体,必须修建坝体临时断面进行挡水度汛,此时坝体需抢至 1 577 m 高程,大坝对应拦洪度汛标准为 50 年一遇,洪水重现期($P=2\%$),相应洪水流量 $Q=688\ m^3/s$,坝体施工强度高、难度大。经调洪演算,导流洞洞身尺寸需要 5.5 m×6 m,方可满足安全度汛要求。由于面板砂砾石坝防渗墙位于上游坝脚,如在坝体填筑前完成防渗墙施工,坝体填筑后坝基沉降,容易对防渗墙墙体造成一定影响。因此,安排面板砂砾石坝防渗墙施工与坝体填筑施工同步进行。而面板砂砾石坝枯期施工方案,防渗墙只能在枯期围堰保护下进行施工,汛期停工,机械设备撤出基坑,下一个枯期再重新将设备移入基坑,施工缺乏连续性,增加了施工难度,且枯期围堰度汛时有损坏的风险。基础高喷施工需在 2 个月内完成,灌浆强度达到 200 m/d,施工强度大,较难完成,需要 20~30 台钻机同时施工方可满足要求。

面板砂砾石坝方案钢筋混凝土面板及趾板施工可安排在枯期进行,但因其施工高程较低,枯期围堰仍需采取一定防渗措施减少渗流,降低强排费用并降低趾板与面板浇筑时的安全隐患。

经技术经济比较,枯期围堰施工导流总费用略高于全年围堰施工导流方案,因此选择全年围堰方案完成面板坝施工。

钢筋混凝土面板砂砾石坝与沥青混凝土心墙砂砾石坝施工导流条件无明显差异,所采用的施工导流方式相同,均采用与水工永久放空冲沙隧洞结合的导流隧洞导流,全年围堰挡水,导流标准均为 10 年一遇洪水重现期,流量为 314 m^3/s。

两种坝型导流隧洞均布置在左岸,因钢筋面板坝趾板和防渗面板需要干地施工,且施工质量要求严格,需在上游单独设置全年围堰,围堰底宽 110 m,而沥青心墙坝围堰可部分与坝体结合,导致钢筋混凝土面板坝导流洞进口位置比沥青混凝土心墙砂砾石坝更靠上游,溢洪道末端需修建坚固的岩石基础,溢洪道末端位置不变,导流洞出口位置不变,因此导流洞长度加长 110 m。根据水力计算及施工进度计划安排,沥青混凝土心墙坝导流隧洞全长 682 m,城门洞型,洞径 4 m×4.5 m,隧洞进口底板高程 1 558 m,纵坡 $i=2\%$,围堰与坝体结合;钢筋混凝土面板坝导流隧洞全长 799 m,城门洞型,洞径 4 m×4.5 m,隧洞进口底板高程 1 560 m,纵坡 $i=2\%$。两种坝型施工导流水力特性见表 2-3。

两种坝型围堰均采用砂砾石堰体,戗堤以上采用土工膜斜墙防渗,戗堤以下采用控制性静压灌浆防渗。

沥青混凝土心墙坝方案上游围堰戗堤高程 1 561.5 m,顶宽 14 m,迎水面坡比均为 1:2,背水面坡比均为 1:1.5;围堰顶高程 1 575.0 m,堰顶宽 14 m,迎水面坡比为 1:2,背水面坡比为 1:2。

表2-3 施工导流水力特性

坝型	沥青混凝土心墙砂砾石坝	钢筋混凝土面板砂砾石坝
挡水建筑物	大坝围堰	
导流标准	$P=10\%$	
导流时段	全年	
设计流量/(m^3/s)	314	
泄水建筑物	导流隧洞	
围堰挡水隧洞最大下泄流量/(m^3/s)	170	172
洞内最大平均流速/(m/s)	10.38	10.57
上游挡水水位/m	1 575	1 577

钢筋混凝土面板坝方案上游围堰戗堤高程1 563.0 m,顶宽8 m,迎水面坡比均为1:2,背水面坡比均为1:1.5;围堰顶高程1 577.0 m,堰顶宽8 m,迎水面坡比为1:2,背水面坡比为1:2。

由于钢筋混凝土面板坝围堰采用不与大坝结合方案,且导流洞较长,故面板砂砾石坝导流费用明显高于沥青心墙砂砾石坝方案。

钢筋混凝土面板坝围堰可比投资为2 534.8万元,沥青心墙坝围堰总费用为1 893.5万元。钢筋混凝土面板坝导流洞可比投资为3 763.9万元,沥青心墙坝可比投资为3 359.8万元。

2.2.3.2 施工布置与交通条件

钢筋混凝土面板坝与沥青心墙坝坝体材料均为砂砾石,料场开采条件相同,上坝道路主要利用下游坝面修建的"之"字路,且主要外来材料均从下游左岸进场,主要施工布置区位于坝址下游左岸,两者施工布置条件无明显差异。

2.2.3.3 施工进度

钢筋混凝土面板坝与沥青心墙坝具有以下不同施工特点:

钢筋混凝土面板施工与坝体填筑不同时进行,施工干扰小;心墙坝沥青心墙摊铺与坝体填筑同时进行,施工干扰较大。面板坝面板铺筑设备复杂,必须注重施工质量,为提高面板抗裂性,部分工程掺加了聚丙纤维;而心墙属于小面积厚层平面铺筑,保温性好,设备简单且受气候影响较小。面板坝需要等坝身沉降稳定后,方能铺筑混凝土面板,但钢筋混凝土面板施工较快;而心墙坝在心墙完工后,随即填筑剩余砂砾石坝壳料。

沥青心墙坝施工受心墙填筑控制,根据《水工沥青混凝土施工规范》(SL 514—2013)要求,沥青心墙每日宜摊铺1~2层,每层厚度不宜大于28 cm,坝体上升速度较慢。心墙坝防渗墙施工可在截流前分期施工,未能完成部分可在截流后继续施工完成,根据施工进度安排,总工期为50个月,其中坝体填筑及沥青心墙防渗体施工共计16个月。

钢筋混凝土面板坝,由于砂砾石坝身填筑时施工干扰小,坝体上升速度稍快于心墙坝,防渗墙施工可以和坝体填筑施工同步进行,但面板施工需要在砂砾石坝体填筑结束,并沉降稳定后开始施工,沉降时间约为11个月,根据施工进度安排,总工期为58个月,其中坝体填筑及混凝土面板防渗体施工共计 26 个月。

2.2.4　坝型综合比选

初步设计阶段对两种坝型进行了同等深度的比较论证工作，深入地研究各方案的特点以确定最优方案。本次坝型比选从各种坝型的枢纽布置、地形地质条件对坝型的适应性能、对当地气候的适应能力、建筑材料、坝体抗震性能、坝体应力、变形特性分析、施工条件、工程安全维修条件和工程投资等方面进行综合技术经济比较，以选择最优坝型。

2.2.4.1　坝型比较

坝型详细比选见表 2-4。

表 2-4　大河沿水库坝型比较

项目	沥青混凝土心墙砂砾石坝 （方案一）	钢筋混凝土面板砂砾石坝 （方案二）
结构布置	坝顶高程 1 619.3 m，最大坝高为 75 m，坝顶长度为 500 m	坝顶高程 1 619.7 m，最大坝高为 75.4 m，坝顶长度为 510 m
抗震性能	防渗体具有良好的抗震性能，沥青防渗心墙为柔性体，适应变形较强，地震时呈弹性，不易损坏，防渗体损坏后难以修复	具有较好的抗震能力。抗冲蚀性较差、覆盖层厚，防渗体易开裂，底部垫层容易塌空、面板与外界接触容易老化、面板易产生裂缝，防渗体损坏后相对易修复
施工条件	1. 沥青心墙冬季能施工。 2. 施工时不会对施工交通存在干扰。 3. 围堰为坝体的一部分，施工较为简单。 4. 总工期：50 个月	1. 温度不低于 5 ℃时面板能施工。 2. 施工时会对施工交通存在干扰。 3. 可采用枯水期导流方案，需另设围堰，工程量较大。 4. 总工期：58 个月
坝体主要工程量	砂卵石开挖：21.0 万 m^3 石方开挖：2.62 万 m^3 现浇混凝土：2.41 万 m^3 钢筋：1 289 t 坝体填筑：412.4 万 m^3 混凝土防渗墙：2.39 万 m^3 沥青混凝土心墙：2.3 万 m^3 固结灌浆：0.88 万 m 帷幕灌浆：0.91 万 m	砂卵石开挖：33.3 万 m^3 石方明挖：3.51 万 m^3 现浇混凝土：4.49 万 m^3 钢筋：2 557 t 坝体填筑：348.3 万 m^3 混凝土防渗墙：3.44 万 m^3 混凝土面板：3.05 万 m^3 高喷灌浆：1.24 万 m 帷幕灌浆：1.34 万 m
大坝投资	27 473 万元	25 470（趾板基础不处理为 24 635）万元

续表 2-4

项目	沥青混凝土心墙砂砾石坝（方案一）	钢筋混凝土面板砂砾石坝（方案二）
围堰工程量	戗堤填筑计入坝体,0 万 m^3 土工膜 1.1 万 m^2 控制灌浆 1.07 万 m 砂砾石护坡 0.54 万 m^3	砂卵石开挖 1.95 万 m^3 戗堤填筑 3.68 万 m^3 坝体填筑 21.33 万 m^3 土工膜 1.09 万 m^2 控制灌浆 1.45 万 m 砂砾石护坡 1.29 万 m^3
围堰可比投资	398 万元	1 039 万元
导流洞可比投资	2 968 万元	3 335 万元
优缺点	优点:防渗工程量小,防渗、抗震性能好,与两岸坝肩搭接容易,心墙在坝体内,与外界不接触,抗老化性能好,可利用围堰作为坝体的一部分。 缺点:大坝填筑方量大,施工存在一定的干扰,心墙可能存在拱效应	优点:大坝填筑方量小,施工干扰小。 缺点:防渗工程量大,面板与两岸坝肩搭接较难,施工开挖量较大,由于深厚覆盖层,趾板与坝体面板不均匀沉降量大,趾板与面板容易开裂,覆盖层段趾板与岸坡岩石段的趾板相对变形量大,也容易产生裂缝;面板易产生裂缝,需新增围堰,导流洞需延长 110 m
结论	30 839 万元(推荐坝型)	29 844 万元

2.2.4.2　坝型比较结论

综合枢纽工程建设条件及以上论证,对沥青混凝土心墙砂砾石坝和钢筋混凝土面板砂砾石坝两种坝型进行综合比较的结论如下:

(1)两种坝型均能充分就地取材,节约“三材”;枢纽布置条件:坝体布置条件基本一致,在主河床布置拦河坝,枢纽布置形式也相同。

(2)工程实例方面:两种坝型均为成熟坝型,修建在覆盖层上的面板坝已有 30 多座,修建的心墙坝更多,单从本工程 185 m 深的覆盖层而言,目前国内外均无如此深厚覆盖层上修建混凝土面板坝的工程实例,国内修建的面板坝最深厚覆盖层厚 77 m,国外修建的面板坝最深厚覆盖层厚 113 m。而沥青混凝土心墙坝,由于其适应坝基不均匀变形能力较强,近年来多用于超深覆盖层基础上。如西藏旁多水电站已经建成 158 m 沥青混凝土心墙(试验最大孔深 201 m),最大覆盖层深度超过 400 m;新疆下坂地水电站工程,其覆盖层深度为 150 m;四川冶勒水电站,最大覆盖层深度 400 m,黄金坪水电站其覆盖层最深为 130 m。以上几个工程防渗深度都超过 100 m,与本工程防渗深度较为接近,施工经验较为丰富。

(3)适应地形、地质条件能力:沥青混凝土心墙适应不均匀变形能力较强,对岸坡适应性强,对适应坝体变形和防渗有利,心墙与两岸山体连接较简单。面板坝河床段趾板下部为深厚覆盖层,两岸大部分趾板处于岩石基础上,混凝土面板除需要适应大坝坝体与下部深厚覆盖层之间的不均匀沉降外,同时还需要适应趾板由于河床与岸坡段下部不同基础之间的不均匀沉降。基础地质条件较差，接缝多，适应不均匀变形能力较差，易产生裂缝，由于两岸山体地形起伏较大，表部为强风化岩石，趾板与岸坡连接较困难，趾板开挖量大、混凝土工程量大。

(4)抗震性能：大坝地震设防烈度为Ⅷ度，钢筋混凝土面板坝、沥青混凝土心墙坝防渗体抗震性均较好。沥青混凝土心墙坝，抗震性能相对较好，不易破损，但破损后修复较难；钢筋混凝土面板坝抗震性能相对较差，容易产生裂缝，钢筋混凝土面板虽然修复相对较方便，但实际修复工作也比较困难，需要将水库放空，将大坝上游设置的盖重区和覆盖区挖开后方能修复钢筋混凝土面板，并且在工程的整个有效寿命内，可能存在多次面板修复，浪费水资源，浪费财力物力。

(5)施工：钢筋混凝土面板砂砾石坝施工工序相对简单，对于大河沿工程，由于当地年内温差和昼夜温差均很大，钢筋混凝土面板养护要求较高，气温低于 5 ℃不能施工。混凝土面板坝需单独设置围堰，导流洞需要延长 80 m。而沥青混凝土心墙砂砾石坝围堰为大坝主体的一部分，工期上沥青混凝土心墙砂砾石坝较短。沥青混凝土心墙施工与坝体施工有干扰，但心墙摊铺施工相对简单，且易于适应低温施工。

(6)防渗性能：钢筋混凝土面板难适应如此深厚的覆盖层，面板容易开裂，修复也麻烦，由于钢筋混凝土面板裸露在外部，而吐鲁番年最高最低气温相差大，钢筋混凝土面板容易冻裂、老化，而沥青混凝土心墙包裹在砂砾石中，不与空气接触，沥青老化问题较轻，沥青混凝土心墙防渗性能好。据不完全统计，面板坝建成后渗漏量大于 1 000 L/s 的工程有 10 多座，如美国的 Salt Springs 坝最大渗漏量 1 133 L/s，葡萄牙的 Paradela 坝最大渗漏量 1 760 L/s，哥伦比亚的 Alto Anchicaya 坝和尼日利亚的 Shiroro 坝最大渗漏量 1 800 L/s，巴西的 Barra Grande 和 Campos Novos 坝最大渗漏量 1 300 L/s，我国的西北口坝最大渗漏量 1 800 L/s，委内瑞拉 113 m 高的 Never Turimiquire 坝最大渗漏量 9 800 L/s。渗漏量过大是面板坝建成后主要的缺陷，本工程在如何控制好深厚覆盖层面板坝的渗漏量上具有较高的挑战。沥青心墙坝暂无渗漏量大的工程实例。

(7)基础处理：沥青混凝土心墙坝基础处理混凝土防渗墙和帷幕工程量较少，防渗处理投资较省，由于面板坝防渗墙为“π”字形布置，两坝肩均需拐弯，防渗墙深度大，在拐弯部位施工难度较大，容易产生渗漏薄弱部位，另外面板坝覆盖层部位趾板处基础进行高喷灌浆处理，基础处理工程量大；而心墙坝防渗方案为“一”字形布置，防渗墙与帷幕均在一条直线上，容易与岸坡搭接，因此从基础处理方案上看，沥青混凝土心墙坝方案好。

(8)工程维护：目前国内外已建成多座深厚覆盖层混凝土面板坝和沥青混凝土心墙坝，从已有的资料来看，建成后混凝土面板坝加固维修的工程实例较多。有多座面板坝出现严重事故，其中 4 座溃坝，出现混凝土面板破损和大量裂缝的工程更多。如土耳其的 Arguin 面板砂卵石坝，大坝位于土耳其东北部，最大坝高 140 m，基础覆盖层最深 70 m，工程于 2013 年 12 月开始蓄水，蓄水后，发现沿坝周边缝处在趾板底座与面板之间出现了一条裂缝。裂缝出现后，分析认为是由于面板与底座之间存在不均匀沉降差异引起的，解决方法是在坝踵底座下铺设一层均匀的半渗透和低压缩人工砂卵石体，以减少面板与底座之间的总沉降差异。如墨西哥的 Aguamilpa、巴西的 Xingo 坝，我国的天生桥一级、思安江、三板溪等坝。委内瑞拉的 Never Turimiquire 坝 1998 年蓄水以来，经历 5 次大的面板修复，最大渗漏量9 800 L/s。心墙坝出现渗漏严重而维修的工程实例较少。

(9)经济比较：土建投资方面，面板坝坝体工程量小，心墙坝坝体工程量大；沥青混凝土心墙砂砾石坝方案可比投资为27 473万元，钢筋混凝土面板砂砾石坝方案可比投资为25 470万元，比心墙坝省7.3%；若趾板下部不设高喷灌浆，面板坝投资为24 635万元，比心墙坝省10%。考虑到面板坝需设置施工围堰，而心墙坝围堰作为坝体的一部分，面板坝围堰投资比沥青混凝土心墙砂砾石坝方案可比投资高641万元。由于面板坝增设围堰，导流洞需加长，导流洞可比投资高367万元；综合比较沥青混凝土心墙砂砾石坝方案比钢筋混凝土面板坝高995万元，占总投资的3.2%，投资相差不大。

通过以上分析，沥青混凝土心墙砂砾石坝从适应地形能力、工程实例、抗震性能、防渗性能、基础处理及工程维护等方面均优于面板砂砾石坝方案，经济上两种坝型相差不大，综合考虑推荐坝型为沥青混凝土心墙砂砾石坝。

2.3 主要建筑物布置

2.3.1 泄洪建筑物布置

2.3.1.1 泄洪建筑物布置方案比选

大坝布置在两岸山脊均凸向河床之处，考虑本工程挡水建筑物为沥青混凝土心墙砂砾石坝的特点，不宜在坝身设置泄洪建筑物，且本工程河床砂卵石覆盖层厚度达185 m深，故泄洪建筑物采用岸边式。从地形上看，该坝址两岸地势相对来说均较平缓，溢洪道布置左右两岸均可很好地进水，适宜采用溢洪道方案泄洪。溢洪道为岸边正槽溢洪道，布置原则为：在满足泄流能力条件下，尽量靠近河岸，减少开挖和缩短轴线长度，但不能影响大坝填筑。左右岸溢洪道地质条件相对简单，根据地形条件和溢洪道布置要求，共考虑了2个布置方案。

1. 左岸溢洪道方案

溢洪道布置在左侧山坡上，进水口及控制段轴线与坝轴线夹角111°，为使水流顺畅，在上游进水口左侧设置椭圆形导墙，水流经底流消能后转向回归河床，轴线长度426.95 m；溢洪道由进口段、控制段、泄槽段、消能防冲段组成。进口段：长为60.95 m，喇叭形进口，左侧为开挖稳定边坡，坡上喷护0.1 m厚C15混凝土，为使水流顺畅排泄，右侧墙成1/4椭圆曲线布置，墙体为混凝土重力形式，建基面坐落在岩基上，进口底板高程1 603.5 m。控制段：长为26.0 m，正常蓄水位1 615.0 m，设置2孔6 m×9 m(宽×高)弧形闸门控制，中间闸墩宽1.5 m。泄槽段：长180.0 m，纵坡$i=1/3.3$，槽身为矩形断面，从控制段后30 m范围内，泄槽宽度从13.5 m渐变为8 m，侧墙为悬臂式挡墙，侧墙和底板采用整体式，基础大部分为岩基，部分为砂砾石基础，泄槽底板厚度2 m。消能海漫段：采用底流消能方式消力池段长42 m，池深2.5 m，坎高1.4 m，出池坎顶高程1 542 m，两侧导墙高10.2 m，顶宽2.0 m，消力池底板厚度由3.0 m渐变为末端2.0 m。海漫护砌长度85 m，护砌厚度1.0 m。闸墩上部设置油泵房和坝顶交通桥，桥宽6.0 m，左侧与上坝公路相接，右侧与坝顶相连。

2. 右岸溢洪道方案

溢洪道布置在右侧山坡上，进水口及控制段轴线与坝轴线夹角116°，在上游进水口左侧设置弧形导墙，轴线长度 496.23 m。溢洪道由进口段、控制段、泄槽段、消能防冲段组成。进口段：长为 60.0 m，喇叭形进口，左侧为开挖稳定边坡，坡上喷护 0.1 m 厚 C15 混凝土，为使水流顺畅排泄，右侧墙成 1/4 椭圆曲线布置，墙体为混凝土重力形式，建基面坐落在岩基上，进口底板高程 1 603.5 m。控制段：长为 29.0 m，为一孔 12 m 宽的驼峰堰，正常蓄水位 1 615 m，设置 1 孔 12 m×9 m（宽×高）弧形闸门控制。泄槽段：长 227.0 m，纵坡 $i=1/4.0$，槽身为矩形断面，泄槽底宽为 8 m，侧墙为悬臂式挡墙，侧墙和底板采用整体式，基础部分为岩基，部分为砂砾石基础，厚度 2 m。消能海漫段：采用底流消能方式消力池段长 56.0 m，池深 3.2 m，坎高 1.4 m，出池坎顶高程 1 542 m，两侧导墙高 10.2 m，顶宽 2.0 m，消力池底板厚度由 3.0 m 渐变为末端 2.0 m。海漫护砌长度 85 m，护砌厚度 1.0 m。闸墩上部设置油泵房和坝顶交通桥，桥宽 6.0 m，左侧与上坝公路相接，右侧与坝顶相连。

3. 方案比较

对两岸溢洪道在地形、地质和工程布置等方面做如下比较分析。

1）从地形条件上比较

左岸山体较单薄，左岸溢洪道方案进口导流条件稍好，进水渠工程量较小，泄槽段及出口渠长度也较短，岸坡开挖高度较低，消力池后段高程较低。右岸溢洪道方案布置与左岸溢洪道方案类似，由于右岸山体相对左岸山体较浑厚，进口渠道较长，水流条件较差，其轴线与河流斜交较大且长度较长，边坡开挖及衬护工程量较大。左岸山脊下游段收缩较快，山脚河床处陡坎高差仅 10 m 左右，而右岸山体在坝址下游处，为一Ⅳ级阶地，平行于河床，岸坡陡峭，高约 35 m。河床为深厚砂卵石层，泄洪消能方式采用底流消能，两者比选时，在右岸布置溢洪道时，溢洪道轴线长度明显加长，开挖、回填工程量增加明显，投资明显增加。左岸溢洪道方案布置较为有利。

2）从地质条件上比较

从坝轴线地质剖面图和溢洪道纵剖面图上可知，左、右岸溢洪道布置泄槽后半段坐落在砂卵石层上，溢洪道末端左岸岩石出露高程较高，右岸溢洪道未见出露岩石，从建筑物抗滑稳定及今后泄洪消能安全来说，左岸方案比较有利。

从地质情况分析，布置左岸溢洪道方案有较大优势。

3）工程布置上比较

为减小开挖及水流平顺，两岸布置比较方案均采用泄流能力较强的驼峰堰型溢洪道，最大下泄流量均为 882 m^3/s，经计算复核，溢流堰堰顶高程 1 606.0 m，宽 12 m。

两者结构设计基本相同，主要是溢洪道长度及山体开挖量不同，经比较，左岸溢洪道方案土建投资比右岸溢洪道方案小，左岸方案较优，从地质情况上看左岸方案也有较大的优势。综合以上地形、地质、工程布置的影响分析，推荐左岸溢洪道方案。

2.3.1.2　泄洪建筑物形式选择

泄水建筑物可采用溢洪道、隧洞泄流及溢洪道+隧洞（与导流隧洞相结合）联合泄流等三种形式。考虑到坝址处洪峰流量较大，年径流量不大，水库利用率高，水库每年需冲沙运行等因素，若仅用溢洪道泄洪，其结构尺寸较大，增加工程投资较多，并且水库每年需要冲沙运行，也浪费较多水量，设计考虑水库每年利用洪水期冲沙，通过改造导流洞后，使其具备泄洪放空冲沙能力，利用导流洞进行泄洪、冲沙、放空，从而节省工程投资。大坝两侧地形较为平缓,不适合修建泄洪洞,其工程投资也比溢洪道大,本工程不考虑泄洪洞。

根据《碾压式土石坝设计规范》(SL 274—2020)的规定:泄水建筑物布置和形式,应根据地形、地质条件和泄洪规模等选定。可采用开敞式溢洪道和隧洞。在地形有利的坝址,宜布设开敞式溢洪道。设计地震烈度为Ⅷ度、Ⅸ度地区或 1 级、2 级土石坝,应论证是否设泄水底孔。另外,根据《水工建筑物抗震设计规范》(SL 203—97)的规定:重要水库宜设置泄水建筑物、隧洞等,以保证必要时能适当地降低库水位。

大河沿引水工程是一座中型规模的水库枢纽工程,场地基本烈度为Ⅷ度,设计烈度为Ⅷ度。水库大坝采用当地材料坝,并对深厚覆盖层基础采取了垂直防渗的工程措施,考虑到通过改造导流洞,使其具备底孔泄洪冲沙放空的功能所增加工程投资不大、从确保工程防洪安全以及在特殊情况下仍能及时放空水库的角度考虑,导流洞参与泄洪,按照泄洪洞和溢洪道二者兼备的泄水建筑物设计。经计算导流洞在正常水位下下泄能力为 287 m^3/s,考虑一定的安全富裕度,按照下泄过流能力 80%左右考虑,结合导流洞拉沙、调洪计算成果,导流洞按照 226 m^3/s 参与泄洪,仅占其泄流能力的 78%左右。

纯溢洪道方案布置在左岸山坡上,布置格局与推荐方案基本一致,整体将宽度加宽,控制段弧门尺寸由 2 孔 6 m×9 m(宽×高)改为 2 孔 8 m×9 m(宽×高),泄槽段宽度由 8 m 改为 11 m,消力池长度增加 8 m,其他基本不变。

泄洪建筑物可比投资比较见表 2-5。

表 2-5　泄洪建筑物可比投资比较

部位	序号	项目	单位	溢洪道	溢洪道+泄洪洞
				数量	数量
溢洪道	1	石方明挖	m^3	79 599	67 000
	2	土方开挖	m^3	8 951	4 631
	3	砂砾石开挖	m^3	77 120	76 580
	4	石渣回填	m^3	24 143	24 143
	5	C15 混凝土回填	m^3	1 887	1 630
	6	连接导墙 C25 混凝土	m^3	14 514	14 514
	7	堰体 C20 混凝土	m^3	8 077	7 573
	8	堰体 C40 混凝土	m^3	412.6	379
	9	二期 C30 混凝土	m^3	44	44
	10	泄槽 C25 混凝土	m^3	17 653	11 053
	11	泄槽表面 C40 混凝土	m^3	3 392	2 072
	12	锚筋	根	187	157
	13	喷混凝土	m^2	4 587	4 366
	14	钢筋	t	1 543.3	1 341

续表 2-5

部位	序号	项目	单位	溢洪道	溢洪道+泄洪洞
				数量	数量
泄洪洞	15	闸门井石方开挖	m^3	0	5 950
	16	闸室 C40 混凝土	m^3	0	1 669.6
	17	钢筋制安	t	0	133.568
	18	锚杆	根	0	158
土建投资			万元	3 430.1	3 200.9

从表 2-5 中可以看出,联合泄流工程投资较省,可比投资为 3 200.9 万元,纯溢洪道泄洪方案可比投资为 3 430.1 万元,联合泄流方案比溢洪道泄流方案节省 229.2 万元,另外通过对导流洞的改造,使其具备放空和冲沙的功能,一举多得,因此综合考虑本工程泄洪建筑物采用溢洪道+泄洪洞(与导流隧洞相结合)联合方案泄洪。

结合地质等实际情况,参照同类工程,溢洪道控制段可选堰型有宽顶堰、WES 实用堰、驼峰堰等,宽顶堰因流量系数低,会抬高水库特征水位,从而增加大坝工程量,本次未考虑。经泄流能力计算,WES 实用堰和驼峰堰结果相差不大,不影响大坝工程量,为节省开挖工程量,采用 a 型驼峰堰。

因河床砂卵石覆盖层较厚,抗冲刷能力较弱,故该建筑物消能方式采用底流消能。

2.3.2 泄洪放空冲沙兼导流洞布置方案

2.3.2.1 泄洪放空冲沙兼导流洞布置方案比选

从坝址处的地形上看,左、右岸均可修建泄洪放空冲沙兼导流洞。导流洞为临时工程,考虑到水库今后运行、放空、冲沙等要求,既然施工前期导流洞已经形成,可以结合导流洞的已有形式,改造成永久建筑物,从而具备放空、冲沙及分担部分泄洪等功能。导流洞布置原则为:在满足施工导流的前提下,尽量靠近河岸布置,以减少开挖和缩短轴线长度,在不增加导流洞规模的前提下,通过一定的工程措施使其具备放空、冲沙及泄洪功能。根据地形条件,共考虑了 2 个布置方案。

1. 左岸泄洪放空冲沙兼导流洞布置方案

泄洪放空冲沙兼导流洞布置在左岸山体内,考虑到围堰施工过程中会采用戗堤,占用一定的范围,其进口布置在坝轴线上游 170 m 处,另外左岸布置有溢洪道,由于导流洞高程较低,为避免与其交叉,导流洞布置在泄洪放空冲沙兼导流洞左侧,并留有一定安全宽度。导流洞全长 682.45 m,包括进口段、有压段、工作闸井段、无压段、出口明渠段和消力池护坦段。

进口段长 35.67 m,采用梯形明渠断面,底宽 4.5 m,进口端底板高程 1 558.0 m,底坡 2.0%。有压段长 174.54 m,进口底板顶高程 1 557.29 m,整个洞身采用有压设计,隧洞断面形式采用 4.0 m×4.5 m 城门洞型,纵坡 $i=2.0\%$,衬砌厚度砂砾石段取 1.0 m,岩石段取

0.6 m。工作闸井段长为 19.0 m，闸井横断面尺寸为 19.0 m×7.5 m，布置有平板检修闸门和弧形工作闸门，平板检修闸门孔口尺寸为 4.0 m×4.5 m，弧形闸门孔口尺寸为 4.0 m×4.0 m，底板高程 1 553.53 m，底板厚度 2.0 m，边墙厚 1.5 m。无压段长为 261.0 m，隧洞断面形式采用 4.0 m×4.5 m 城门洞型。出口明渠护坦段长 97.2 m，底宽 4.0~10.0 m，坡度 0.113，渠底板采用混凝土护底，混凝土厚度为 0.6 m，坡面采用 0.3 m 混凝土护坡。消力池护坦段长 45.0 m，池深 2.0 m，池底高程 1 532.4 m，底宽 10.0 m，护砌厚度 1.5~1.0 m；消力池侧墙为重力式挡墙，临水面直立，背水回填石渣，面坡坡比为 1∶0.3，挡墙顶宽 1.0 m。海漫段采用格宾护底，厚度 0.8 m，长度 50.0 m，在尾部设置防冲槽，槽深 1.0 m。

2. 右岸泄洪放空冲沙兼导流洞布置方案

由于坝轴线右侧上游为阶地，高差为 31 m，蓄水后阶地会有一定的垮塌范围，进口布置在坝轴线右侧上游 213 m 处，导流洞全长 666.0 m，包括进口段、有压段、工作闸井段、无压段、出口明渠段和消力池护坦段，布置形式类似于左岸方案。

3. 方案比较

对两岸灌溉隧洞在地形、地质、结构布置及工程投资等方面做如下比较分析。

1）地形条件

左岸基岩一般裸露，进出口台地较浅，高程 10 m 左右；导流洞布置在左岸山体，从山体穿过。进出口开挖或回填工程量较右岸小；右岸岸边阶地地形较开阔，高差大于 30 m，由于砂卵石覆盖层较深，进出口开挖量较大，砂卵石覆盖层中洞挖较长，施工难度较大，右岸投资明显比左岸方案要大。从地形条件来说，左岸导流洞较优。

2）地质条件

左、右岸山体在地质条件上差别不大，仅是砂卵石覆盖层深度的影响导致左岸岩石洞段长度不一，左岸岩石围岩洞段较长，右岸较短。

3）比较结论

综合以上地形、地质、结构布置的影响分析，本次选择左岸方案为推荐方案。

2.3.2.2　泄洪放空冲沙兼导流洞形式选择

由于泄洪放空冲沙洞是在导流洞的基础上加以改建利用的，本身不存在形式的选取，其形式取决于导流建筑物的形式。

大河沿水库大坝为沥青心墙砂砾石坝，坝址两岸山谷较缓，河床宽度约为 300 m。根据地形地质条件及枢纽布置方案，建筑物的导流分为明渠和隧洞导流两个方案。

通过施工专业的导流及布置方案比选，本工程选隧洞导流方案，即泄洪放空冲沙兼导流洞方案。

汛期泄洪时应优先开启该泄洪放空冲沙兼导流洞以集中排泄泥沙及泄洪；非汛期库水位保持正常蓄水位 1 615.0 m。

根据水库水文、泥沙等情况，水库一般于 7 月降至最低运行水位，水库于 7 月汛期遭遇洪水，并且水库水位在死水位 1 582.5 m 和正常蓄水位 1 615 m 之间时，通过开启泄洪放空冲沙兼导流洞闸门启动水库泄洪冲沙。当超过 1 615.0 m 时，通过开启溢洪道泄洪弧形孔口数量及弧形闸门开度，使水库水位保持在 1 615.0 m，当水库来流量大于 834 m^3/s 时，闸门全部开启，水库敞泄，水库水位自然壅高，洪峰过后，水库水位尽快回落至正常蓄水位。

2.3.3 灌溉隧洞布置

2.3.3.1 灌溉隧洞布置方案比选

考虑到本地区河床覆盖层深,引用流量较小,灌溉流量接入河道后,损失很大,故需要用渠道引水至所需地域,本阶段暂不进行渠道设计,根据类似工程造价,仅在方案比选中将输水工程投资估算放入本工程中进行综合比选。工程布置过程中优先考虑泄洪建筑物的布置,然后考虑灌溉建筑物和导流建筑物的布置。

1. 工程建筑物轴线的比较

根据工程地形地质等实际情况,拟采用灌溉隧洞这一取水建筑物形式,从地形地质情况来看,坝址左、右岸均具备布置灌溉隧洞的条件,共考虑了2个布置方案。

1)左岸灌溉洞方案

灌溉隧洞布置在河床左岸,由于灌溉洞为有压隧洞,灌溉洞轴线沿山脊线布置,尽量布置在岩石洞段内,由进口段、上游有压隧洞段、闸井段、下游有压隧洞段、出口镇墩段组成,全长为658.0 m,设计引用流量6.39 m^3/s。

进口段:进口段设置在泄洪放空冲沙兼导流洞进口上游侧10 m处,确保水库运行过程中,灌溉洞进口处做到"门前清"。进口底板高程1 577.0 m,设置在泄洪放空冲沙兼导流洞边坡马道上,进口底宽4.0 m,T形断面,边坡开挖坡比为1∶1.75,后接有压隧洞段,进口高程1 577.5 m,上游设置椭圆渐变段。

上游有压隧洞段:长为140.0 m,进口高程1 577.5 m,纵坡i=1.2%,其中进口9.6 m洞段为矩形洞段,尺寸为2.0 m×2.0 m,后接渐变段,长10 m,由矩形洞变成圆形洞。圆形洞洞径为2.0 m,衬砌厚度0.4 m,部分洞段坐落在砂卵石层上,砂卵石层成洞条件较差,该部位衬砌厚度为0.7 m。

闸井段:长为3.5 mm,闸井前、后均设置10 m渐变段,设置事故检修平板闸门一道,事故检修平板闸门尺寸为2.0 m×2.0 m。闸底高程1 575.96 m,底板厚度1.0 m,闸井段采用竖井式布置在大坝上游侧山体内,其顶部高程为1 619.3 m,检修门采用卷扬机启闭,排架设置在闸室段顶部。闸井顶部平台与大坝坝顶之间设置公路连接。

下游有压隧洞段:长为514.5 m,纵坡i=1.2%,圆形洞洞径为2.0 m,衬砌厚度0.4 m,出口附近为砂卵石洞段,砂卵石层成洞条件较差,该部位衬砌厚度为0.7 m,砂卵石洞内设置钢衬,厚8 mm,长40 m,方便生态管、工农业用水和阀门连接。

出口镇墩段:镇墩长10 m,因隧洞为有压隧洞,出口处隧洞拐弯与下游等高线平顺连接,设置镇墩,镇墩厚6 m,镇墩处接一管径为ϕ 600 mm生态钢管,出口设置锥形阀接至河道,镇墩后部接渠道流量控制阀。

2)右岸灌溉洞方案

灌溉隧洞布置在河床右岸,由进口明渠段、上游有压隧洞段、闸井段、下游有压隧洞段、出口镇墩段组成,全长为498.0 m,设计引用流量6.39 m^3/s。

进口明渠段:长为123.0 m,底板高程1 577.5 m,底宽10.0 m,开敞式矩形断面。上游有压隧洞段:长140.0 m,进口高程1 577.5 m,纵坡i=2.0%,洞径为2.0 m×2.0 m的城门洞型,混凝土衬砌厚度 0.4 m。闸井段:长为 3.5 m,设置检修平板闸门一扇,检修平板闸门尺寸为 2.0 m×2.0 m,闸底高程 1 574.7 m,闸室底板厚度 1.0 m,闸井段采用竖井式布置在大坝上游侧山体内,其顶部高程为 1 619.3 m,检修门采用启闭排架形式启闭。闸井顶部平台与大坝坝顶之间设置交通洞连接。下游有压隧洞段:尺寸与上游洞段一致,长 231.5 m。镇墩布置与左岸方案相同,不再赘述。

2. 方案比较

对两岸灌溉隧洞在地形、地质、结构布置及征地移民、工程运行管理和工程投资等方面做如下比较分析。

1)地形条件

左岸山坡坡度多为 25°~40°,基岩一般裸露,高程为 1 530~1 580 m,灌溉洞布置在左岸山体,从山体穿过。山坡坡度较陡,为避免与其交叉,灌溉隧洞宜布置在泄洪放空冲沙兼导流洞左侧,并留有一定安全宽度,该布置洞线较长,灌溉洞在泄洪放空冲沙兼导流洞上穿过,施工过程中隧洞开挖存在一定的干扰。

右岸岸边阶地地形较开阔,高程为 1 560~1 580 m,地形较平坦,略向河床倾斜,其坡度为 3°~7°,灌溉隧洞布置在右岸,对出口以下明渠段布置有利,虽然灌溉隧洞长度较长,投资比左岸灌溉洞方案多但右岸仅布置有灌溉隧洞建筑物,施工方便,干扰较少。

从地形条件来说,右岸灌溉隧洞较优。

2)地质条件

左、右岸山坡在地质条件上差别较小,地质条件相近。在左、右岸灌溉隧洞布置上,进、出口均坐落在阶地砂砾石覆盖层上,中部均为岩层,故两者不存在地质制约因素。

3)结构布置及征地移民

从整合工程布置上看,灌溉洞布置在左岸,溢洪道、泄洪冲沙放空兼导流洞等建筑物均布置在左岸,弊端是施工可能存在一定的干扰,优点是三个建筑物集中布置,方便施工单位综合利用临时建筑物,不需在右岸布置临时设施。另外,左岸灌溉洞进口布置在冲沙洞进口边坡附近,有利于做到灌溉洞洞口“门前清”,泥沙淤积对左岸灌溉洞不存在太大影响。根据现场调查及业主反馈意见,右岸地域为 221 兵团辖区,存在今后征地移民及工程管理不确定因素。左岸灌溉洞方案较优。

4)工程运行管理

灌溉洞布置在右岸,可能存在泥沙淤积问题,影响今后灌溉洞的正常运行。从运行管理条件上看,左岸区域均为吐鲁番市辖区,不存在和兵团之间协商问题。进场道路及对外交通均布置在左岸,方便今后工程维修及管理。从运行管理条件方面看,布置在左岸较优。

5)工程投资

左岸灌溉洞工程投资为 1 153.2 万元,右岸灌溉洞投资为 1 344 万元,左岸灌溉洞投资比右岸省 190.8 万元。从工程投资上看左岸方案较优。

6)比较结论

综合以上地形、地质、结构布置及征地移民、工程运行管理和工程投资等综合因素比较,本次选择左岸灌溉洞方案为推荐方案。

2.3.3.2　灌溉隧洞形式选择

灌溉建筑物可采用灌溉洞、灌溉涵洞或灌溉涵洞+隧洞联合灌溉等三种形式。考虑到本工程灌溉流量较小,设计灌溉流量为 6.39 m^3/s,仅需一种灌溉建筑物即可满足灌溉流量需求,因此联合灌溉方案不予考虑。由于坝址区河床覆盖层深,最深覆盖层深 185 m,根据地质勘探成果,河床两侧岩石分界线在河床段为陡坡形式,在大坝下部修建灌溉涵,其基础不能坐落在岩石面上,假如要坐落在基岩上,土石方开挖量巨大,由于坝高较高,下部为深厚覆盖层,大坝修筑过程中,不均匀沉降量较大,而灌溉涵洞混凝土结构很难保证结构安全,因此也不予考虑灌溉涵洞。另外,高地震区也不宜采用坝下埋涵形式。

综合以上灌溉流量、地形、地质、结构布置的因素,本次选择灌溉洞方案。由于灌溉流量较小,水头较高,便于今后灌溉及利用水头等因素,灌溉洞选用有压灌溉洞。为方便今后灌溉洞检修,检修闸门井设计在坝轴线上游山体内,后接流量控制阀。

2.4　枢纽总体布置

枢纽主要建筑物包括沥青混凝土心墙砂砾坝、左岸溢洪道、左岸泄洪放空冲沙兼导流洞、左岸灌溉洞,大坝将河道整体拦断,其他建筑物布置在大坝的左右岸,枢纽布置相对简单,为了使工程安全可靠、工程施工和运行管理方便、投资省、工期短、见效快,在枢纽布置选择时充分考虑以下几方面的因素:

(1)本工程建筑物之间无相互制约性因素存在,大坝轴线和坝型确定后,为确保大坝运行安全,优先考虑泄洪建筑物布置,在确定泄洪建筑物的前提下,再对灌溉放水涵洞和泄洪放空冲沙兼导流洞两个单体建筑物的布置比选。

(2)枢纽各建筑物的布置应尽量有利于施工,减少临建工程,方便导流,缩短工期。

(3)枢纽布置要有利于运行管理的方便、安全及经济合理。

根据以上原则,对各建筑物布置进行了分析比较,选出了合理布局。枢纽总体布置如下:

大坝为沥青混凝土心墙砂砾石坝,坝顶高程为 1 619.3 m,上游设置“L”形混凝土防浪墙,墙高 3.2 m,高出坝顶路面 1.2 m,坝顶宽度 10.0 m,最大坝高 75.0 m。上游坝坡为 1∶2.2,在高程 1 594.3 m、1 573.0 m 处设置平台,台宽分别为 2.0 m、6.0 m,坝体下部与施工围堰结合。大坝下游坝坡比为 1∶2.0,分别在 1 594.3 m、1 569.3 m 高程处均设置宽 3.0 m 的平台。坝体填筑从上游至下游依次分为:上游砂砾料区、上游过渡料区、沥青混凝土心墙、下游过渡料区和下游砂砾料区、排水棱体。沥青混凝土心墙厚度为 0.6 m、0.8 m,砂卵石基础部分采用混凝土防渗墙防渗,防渗墙厚度 1 m,深入基岩 1 m,整个坝区防渗以 5 Lu 线为控制线,采用帷幕灌浆防渗处理。

溢洪道布置在左岸坝头,为开敞式溢洪道,堰型选择泄流能力较强的驼峰堰,堰顶高程 1 606.0 m,宽 12 m,最大下泄流量 882.0 m^3/s(考虑导流洞渗入下泄流量 226 m^3/s,总泄流量 1 108.0 m^3/s)。溢洪道与坝轴线夹角 69.37°,溢洪道由进口段、控制段、泄槽段、消能海漫段组成,总长 426.95 m。

泄洪放空冲沙兼导流洞布置在左岸、溢洪道的左侧,为城门洞型,隧洞尺寸为 4.0 m×

4.5 m，有压段纵坡 $i=2.0\%$，无压段 $i=4.0\%$，纵坡为闸门段布置在山体上游侧，泄洪放空冲沙兼导流洞全长为682.45 m，其中包括进口段、有压段、工作闸井段、无压段、出口明渠段和消力池护坦段。

灌溉隧洞布置在左岸，由进口段、上游有压隧洞段、闸井段、下游有压隧洞段、出口镇墩段组成，全长为658.0 m，设计引用流量6.39 m^3/s。

大坝正常蓄水位1 615.0 m，相应库容2 648万 m^3。大坝坝轴线长度500.0 m，防渗长度711 m。

上坝公路布置在左岸，上坝公路与对外交通公路一致，道路宽6.5 m，上坝公路全长400 m，上坝纵坡8%。

第 3 章　碾压式沥青混凝土心墙坝设计

3.1　大坝结构设计

大河沿水库工程大坝结构设计主要依据《碾压式土石坝设计规范》(SL 274—2020)、《土石坝沥青混凝土面板和心墙设计规范》(SL 501—2010)及有关的规程规范要求,参照国内外同类坝型所总结的经验,结合本工程自然地理条件、天然建材及枢纽总布置要求等综合因素来设计。

根据《水利水电工程等级划分及洪水标准》(SL 252—2017)的规定,大河沿工程属于中型水库,工程等级为Ⅲ等。主要建筑物级别为 3 级,大坝、溢洪道、灌溉洞和泄洪放空冲沙兼导流洞均属主要建筑物。由于基础覆盖层深厚,基础处理复杂,再加上最大坝高超过 70 m,大坝建筑物级别提高一级,大坝为 2 级。次要建筑物级别为 4 级,临时建筑物级别为 5 级。

水库设计洪水标准为 50 年一遇,洪峰流量 688 m^3/s,经水库调洪后相应下泄流量 665 m^3/s;校核洪水标准为 1 000 年一遇,洪峰流量 1 492 m^3/s,经水库调洪后相应下泄流量 1 108 m^3/s。坝轴线河道夹角 85°布置。大坝坝型为沥青混凝土心墙砂砾石坝,将河道整体拦断。

3.1.1　坝体结构布置

大河沿水库正常蓄水位 1 615.0 m,50 年一遇设计洪水位为 1 615.01 m,1 000 年一遇校核洪水位为 1 617.6 m。

3.1.1.1　坝顶宽度

《碾压式土石坝设计规范》(SL 274—2020)中 5.4.1 的规定,“坝顶宽度应根据构造、施工、运行和抗震等因素确定。如无特殊要求,高坝的顶部宽度可选用 10~15 m,中、低坝可采用 5~10 m”。本工程坝高 75.0 m,属于高坝,坝顶宽度采用 10 m。

3.1.1.2　坝顶布置

坝顶采用混凝土路面,面层厚度 0.2 m,为排除雨水,顶面向下游单向倾斜,坡度为 2%,在坝顶上游侧设置“L”形钢筋混凝土防浪墙,防浪墙顶高程 1 620.5 m,墙高 3.2 m,底宽 2.0 m,墙厚 0.5 m。混凝土等级为 R_{28}250W6F200,墙顶高出坝顶 1.2 m,防浪墙底部高程确定为 1 617.3 m。防浪墙每隔 6 m 设一道伸缩缝,缝内设橡胶止水。防浪墙与沥青混凝土心墙采用不透水连接,心墙顶部高程 1 617.3 m。坝顶下游侧设混凝土路缘石,横断面尺寸为 0.2 m×0.7 m,高出坝顶面 20 cm。路缘石每隔 5 m 设一通向下游的排水孔,并预留缺口,设置防撞墩。

3.1.1.3　上、下游坝坡及护坡

根据河床砂砾料的性质以及设计规范,坝体上、下游坝坡坡比分别为 1∶2.2、1∶2.0,

下游排水棱体坡比为1∶1.8。上游在1 594.3 m高程设置2.0 m宽马道,高程1 577.0 m处结合上游围堰设置6 m宽马道,围堰上游坡比1∶2.0,围堰在1 562.5 m处留有施工戗台,平台宽5.0 m。下游分别在1 594.3 m、1 569.3 m高程处设置宽3.0 m的平台,在坝体下游1 549.6 m高程处设置顶宽4.0 m平台。上游坝面采用0.25 m厚的混凝土护坡,由坝顶护至坝底高程1 577.0 m,下游坝面采用钢筋混凝土网格梁填块石护坡,厚度为0.25 m。

3.1.2 坝体分区设计

坝体分区依次为上游砂砾料区、上游过渡料区、沥青混凝土心墙、下游过渡料区、下游砂砾料区和排水棱体。沥青混凝土心墙坝标准横断面见图3-1、图3-2。

3.1.2.1 上、下游砂砾料区

坝壳填筑料采用坝轴线下游2.6 km至坝轴线上游3 km约5.6 km长的河段天然砂砾料,坝体填筑控制指标砂砾料相对密度为$D_r \geq 0.85$,根据料场土料颗粒分析,含泥量(粒径小于0.075 mm)1.6%左右,级配连续。大坝填筑总量410万m^3,储料满足要求。各砂砾料场填筑砂砾料主要质量指标统计见表3-1。

表3-1 各砂砾料场填筑砂砾料主要质量指标统计

项目质量指标对比	砾石含量/%	紧密密度/(g/cm^3)	含泥量/%	内摩擦角/(°)	渗透系数/(cm/s)
规程要求	5 mm至相当于3/4填筑厚度的颗粒在20%~80%范围内	>2	≤8	>30	碾压后$>1\times10^{-3}$
C1(下游河床)	5~150 mm颗粒平均含量为62.2%,满足规程要求	>2.05(天然密度)	6	38~40	天然状态下为8.7×10^{-2}~1.2×10^{-3},根据工程类比,碾压后仍可$>1\times10^{-3}$
C2(上游河床)	5~150 mm颗粒平均含量为57.2%,满足规程要求	2.08(天然密度)	6	38~40	根据工程类比$>1\times10^{-3}$

3.1.2.2 上、下游过渡料区

过渡料区位于沥青混凝土心墙上、下游侧,起到一定的支持和保护沥青混凝土心墙的作用,协调心墙与坝壳料之间的变形,上、下游过渡层为等厚设置,一般厚度为1.5~3.0 m,因防渗体为沥青混凝土,坝壳料与防渗体之间无反滤要求,但是为了保护心墙接触面、满足防渗体和坝壳料之间的过渡、排除可能出现的渗水,在心墙上、下游设置过渡层。四川冶勒沥青混凝土心墙坝坝高125 m,坝基砂砾石覆盖层最深达420 m,处于9度震区,属于高坝高震区深厚覆盖层工程,过渡层厚2~4 m;新疆下坂地和挪威的Storvatn沥青混凝土心墙坝,过渡层厚3 m;参考类似工程,考虑到方便今后施工,本工程过渡层厚度取2 m。过渡层顶部与心墙顶部高程同为1 617.3 m,底部填筑至混凝土基座。

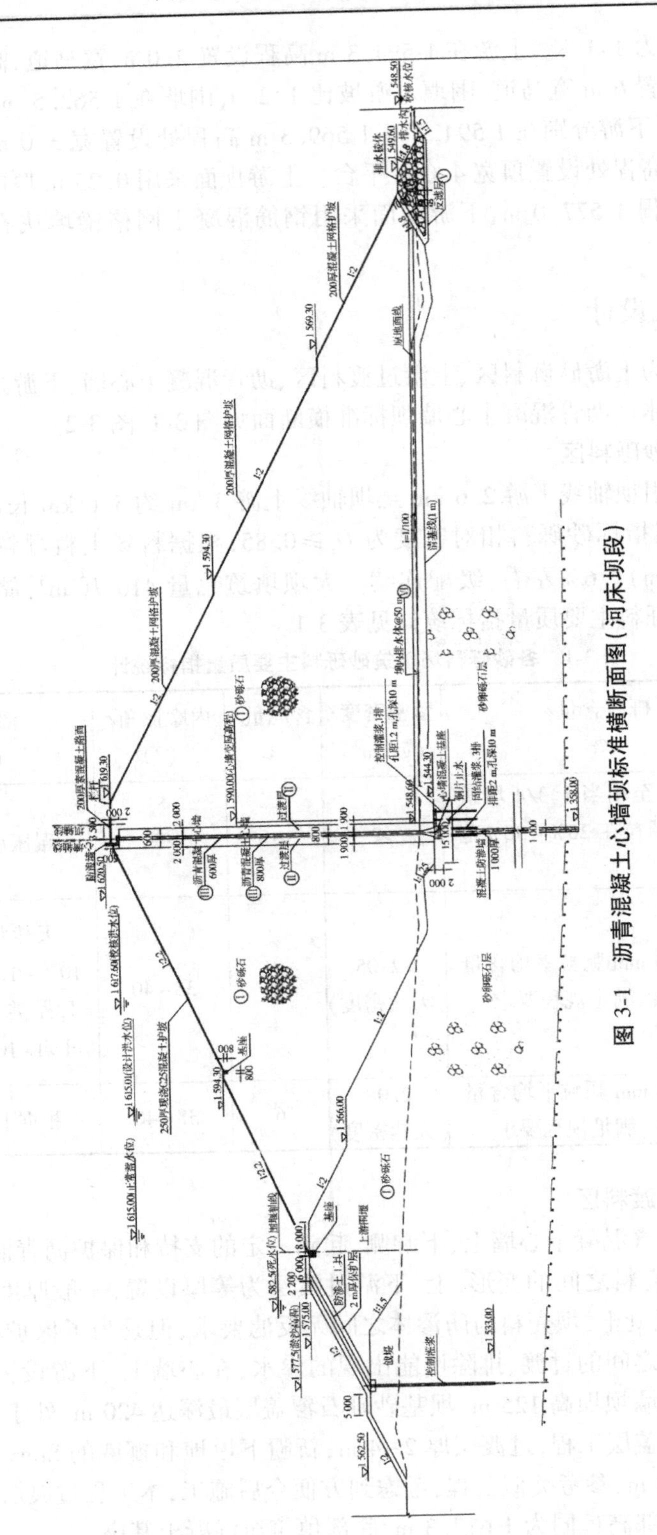

图 3-1　沥青混凝土心墙坝标准横断面图(河床坝段)

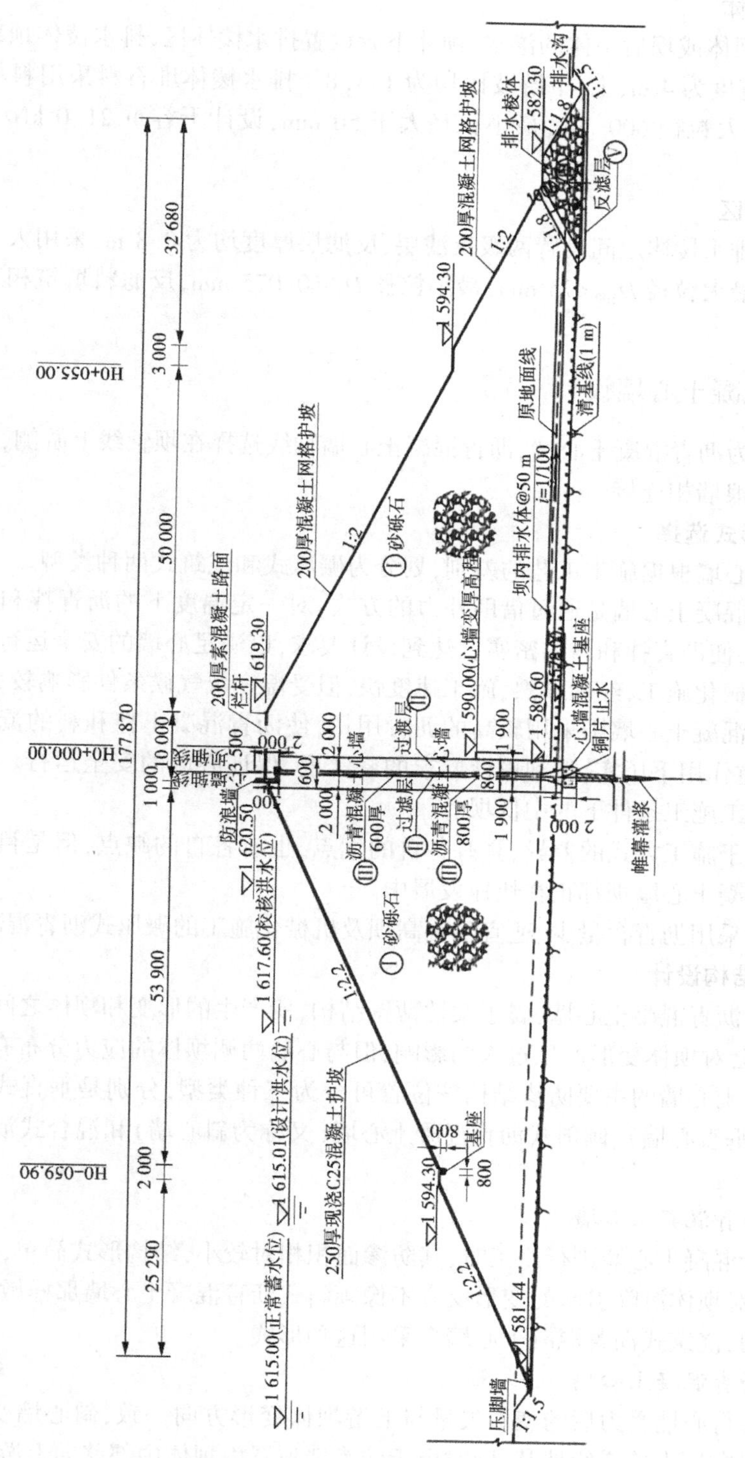

图 3-2　沥青混凝土心墙坝标准横断面图(岸坡坝段)

3.1.2.3　**排水棱体**

为及时排出坝体或坝后山体的渗水，坝体下游设置排水棱体区，排水棱体顶部高程为 1 549.6 m，顶部宽度为 4 m，上、下游坡比均为 1∶1.8。排水棱体堆石料采用料场开采的砂砾石料，控制最大粒径 600 mm，最小粒径大于 50 mm，设计干容重 21.0 kN/m^3，孔隙率 30%。

3.1.2.4　**反滤料区**

在坝壳料与排水棱体之间设置两级反滤层，反滤层厚度均为 0.8 m，采用人工轧制砂砾石料。反滤料最大粒径 D_{100}<75 mm，最小粒径 D_5 = 0.075 mm，反滤料填筑相对紧密度 $D_r \geq 0.70$。

3.1.3　沥青混凝土心墙设计

大坝防渗体为沥青混凝土心墙，沥青混凝土心墙轴线选择在坝轴线上游侧，距坝轴线 3.5 m，与坝顶防浪墙相连接。

3.1.3.1　**心墙形式选择**

沥青混凝土心墙根据施工工艺的差别，划分为碾压式和浇筑式两种类型。

碾压式沥青混凝土心墙是通过借助外力的方式，对一定温度下的沥青拌和料进行人工或者机械压实，使沥青拌和料的密实度达到设计要求，以满足心墙的安全运行条件。适宜于中高坝及机械化施工，经验成熟、施工速度快，但受温度及气候条件影响较大。

浇筑式沥青混凝土心墙则采用较高的沥青用量，使沥青混凝土拌和料的流动性得到提高，使其在自重作用下压实，达到设计要求的密实度，保证心墙的安全运行。一般适宜于寒冷地区和人工施工条件下的中低坝。

两种心墙由于施工方式的差异，具有各自的优点，也有各自的缺点，但是目前碾压式和浇筑式沥青混凝土心墙坝都正在快速发展中。

大河沿工程采用沥青含量少、适宜于中高坝及机械化施工的碾压式沥青混凝土心墙。

3.1.3.2　**心墙结构设计**

水库大坝的沥青混凝土心墙，属于柔性薄壁结构，所产生的形变和坝体之间有着紧密的联系，因此不会对坝体变形产生过大的影响，但与心墙两侧坝体的应力分布有着一定的联系。沥青混凝土心墙的主要防渗结构按位置可分为三种类型，分别是垂直式沥青混凝土心墙（又称为垂直心墙）、倾斜式沥青混凝土心墙（又称为斜心墙）和混合式沥青混凝土心墙。

1. 垂直式沥青混凝土心墙

垂直式沥青混凝土心墙进行施工时，其防渗面积相对较小，结构形式简单，工程量小，施工简便；心墙对坝体沉降引起的变形反应不像倾斜式沥青混凝土心墙那样敏感，各种高度的坝均可采用，浇筑式沥青混凝土心墙多采用这种形式。

2. 倾斜式沥青混凝土心墙

这种结构使得心墙受力后的变形矢量与上游坝体变形方向一致，斜心墙受到的水荷载由剪力变为斜向压力传递给地基，同时由于防渗墙位置由坝体中部移向上游部位，增大了受剪断面，斜心墙受到的水荷载与坝体自重荷载的合力更有利于传递到坝基中去，因而可以使下游坝坡修得更陡些,大幅度减小坝体填筑方量;斜心墙与下游坝体合成一个整体,就受力条件而论,倾斜式沥青混凝土心墙要比垂直式沥青混凝土心墙优越,尤其在地震区更是如此;但斜心墙受坝体沉降变形影响较大,要求斜心墙适应变形的能力要大些。除此之外,在施工过程当中,斜心墙需要采取错层处理,因此施工步骤也更加复杂。

3. 混合式沥青混凝土心墙

混合式沥青混凝土心墙一般为垂直心墙上接斜心墙,它是综合了上述二者的优点而发展起来的一种坝型,可以有效地弥补二者的优缺点。

结合本工程的实际情况,在选择心墙结构类型时,考虑到垂直心墙具有施工简单、能较好地适应坝基沉陷性及节省沥青混凝土用量等优点,大河沿水库工程采用了垂直式沥青混凝土心墙。

3.1.3.3　心墙厚度设计

在水库大坝沥青混凝土心墙的具体施工中,为做好坝体的防渗工作,还应确保在填料挤压的状况下不会对心墙混凝土产生破坏。所以,需要对沥青混凝土心墙的厚度进行优化设计,一旦厚度过大,则会对其应力状态产生相应的影响,甚至导致混凝土的表面出现裂缝。但如果混凝土心墙的厚度过薄,则会对其稳定性产生相应的影响,在对其进行填料挤压处理时会对混凝土的结构产生破坏。我国目前在混凝土心墙的厚度上还没有明确的规定,所以在施工过程中需要根据以往的施工经验和工程的应力-应变等实际情况进一步确定。

通常沥青心墙厚度的变化有等厚式、渐变式和阶梯式三种形式。按《土石坝沥青混凝土面板和心墙设计规范》(SL 501—2010)的要求,沥青混凝土心墙的厚度宜为坝高的1/110~1/70,顶部厚度不宜小于0.4 m,考虑到坝高为75.0 m,为了施工方便,心墙采用渐变式,上部设计厚度为0.6 m,高程1 590 m以下设计厚度为0.8 m,心墙底部设置混凝土基座,在混凝土基座处厚度由0.8 m渐变至2.2 m并与基座连接,渐变高度为2.5 m,这样可以在保证混凝土基础稳定性的同时,使其与混凝土心墙的底部更好地进行连接,进而使心墙沥青混凝土和大坝基础水泥混凝土之间的接触面积增大。

3.1.3.4　心墙与周边结构的连接

由于沥青混凝土的黏弹塑性,在长期水压力作用下,心墙比基岩和混凝土构件更容易变形,因此应注意使柔性的沥青混凝土压在刚性构件上,并尽可能增大接触面积。另外,水库蓄水后水压力引起水平应力,会使沥青混凝土心墙产生一定的水平位移。所以,沥青混凝土心墙同周边的连接是防渗系统结构的关键,处理得好坏,将直接影响大坝的安全运行,必须精心设计、精心施工。

根据《土石坝沥青混凝土面板和心墙设计规范》(SL 501—2010)的要求,并参考国内外许多工程实例,结合本工程地形地质条件,沥青混凝土心墙底部与混凝土基座、上部与防浪墙底部连接均采用硬连接。为增大黏结力并适应心墙水平变形,沥青混凝土心墙与混凝土基座连接处表面应凿毛,喷涂0.15~0.2 kg/m^{2}阳离子乳化沥青或稀释沥青,待充分干燥后,再涂一层厚度为1~2 cm的砂质沥青玛琋脂,并沿轴线在心墙与基座间设置止水铜片一道,以适应较大的水平剪切变形并保证接触面的防渗效果。

3.2 筑坝材料设计

3.2.1 天然筑坝材料

大河沿水库工程区附近砂砾石填筑料及混凝土骨料较丰富，但防渗黏土料缺乏，沥青骨料运距较远。

3.2.1.1 砂砾料

砂砾料场（C1、C2）位于坝址上、下游河床内，沿河有简易公路相通，通过综合勘测，该料场砂砾料总储量为 608 万 m^3，其中下游河床 282 万 m^3、上游河床 326 万 m^3。该料场的材料作坝壳填筑料、混凝土骨料质量均较好，只是天然混凝土细骨料（砂）含量较低，作坝体过渡料弃料较多。其储量能同时满足设计对混凝土骨料、坝壳填筑料需求用量，开采运输较方便。

C1 料场分布于下游河床，主要位于水下，有用层巨厚，开采条件较好，平均含砂量 19.8%，为中砂，>150 mm 漂砾平均含量 16.5%，5~150 mm 砾石平均含量 62.2%，作坝体填筑料质量好。《水工混凝土施工规范》（SL 677—2014）规定，细骨料对有抗冻要求的混凝土，含泥量不超过 3%，对常规 C30 强度等级以下混凝土，含泥量不超过 5%。

C2 料场分布于上游河床，主要位于水下，料场少部分区域表层分布有草丛及耕地，开采剥离层最厚约达 1.2 m。有用层巨厚，开采条件较好，平均含砂量 24.8%，为中砂，>150 mm 漂砾平均含量 16.6%，5~150 mm 砾石平均含量 57.2%，作坝体填筑料质量好。《水工混凝土施工规范》（SL 677—2014）规定，细骨料对有抗冻要求的混凝土，含泥量不超过 3%，对常规 C30 强度等级以下混凝土，含泥量不超过 5%。

根据地质勘探资料，砂砾料场材料试验成果见表 3-2、表 3-3。

表 3-2　砂砾料场现场砾石试验成果统计

料场名称	编号	粒度模数	堆积密度/(g/cm^3)	孔隙率/%	比重	含泥量/%	颗粒分析/%			
							150~80	80~40	40~20	20~5
C1（下游河床）	最大	7.4	1.95	32.7	2.83	<6	23.8	27.5	32.3	38.7
	最小	7.1	1.93	28.8	2.75	<6	11.9	20.3	26.7	23.8
	平均	7.3	1.95	30.8	2.79	<6	17.4	23.8	29.4	29.4
C2（上游河床）	最大	7.4	1.97	31.4	2.87	<6	25.0	22.2	42.6	31.1
	最小	7.2	1.94	34.1	2.73	<6	15.0	14.2	20.3	28.3
	平均	7.3	1.96	34.1	2.80	<6	20.6	19.2	30.3	29.9

表3-3　砂砾料场砂样室内试验成果

料场名称	砂样编号	表观密度	堆积密度	含泥量	云母含量	细度模数	有机质	饱和面干吸水率	硫酸盐及硫化物
		—	g/cm³	%	%	F. M	—	%	%
C1（下游河床）	TK101	2.75	1.71	5.0	0	3.0	合格	1.2	<1
	TK102	2.72	1.70	5.2	0	2.8	合格	1.1	<1
	TK103	2.70	1.66	5.8	0	2.5	合格	1.2	<1
	TK104	2.69	1.66	9.6	0	2.47	合格	1.3	<1
	平均	2.72	1.68	6.4	0	2.69	合格	1.2	<1
C2（上游河床）	TK105	2.67	1.61	5.0	0	2.51	合格	1.1	<1
	TK106	2.67	1.67	5.3	0	2.58	合格	1.2	<1
	TK107	2.70	1.69	5.2	0	3.37	合格	1.1	<1
	TK108	2.65	1.60	4.4	0	2.96	合格	1.2	<1
	TK109	2.72	1.66	4.6	0	2.95	合格	1.2	<1
	平均	2.68	1.65	4.9	0	2.87	合格	1.2	<1

3.2.1.2　沥青混凝土骨料

坝址上、下游河床砂砾料场骨料中的安山岩类为中性岩石，根据工程建设期的规范规定，沥青混凝土骨料宜采用碱性岩石。坝址下游左岸有一矿山采石场的石灰岩可作为沥青碱性骨料。该料场岩性为石炭系下-中统博格达第二亚组$(C_{1v}-C_{2b})^{b}$所夹石灰岩透镜体，深度10~20 m以下，岩体较新鲜完整，力学强度较高，作沥青骨料质量较好，开采条件较好，有简易公路相通，运距为29 km。

3.2.2　沥青混凝土心墙料设计

3.2.2.1　沥青混凝土心墙的技术指标

选择优质沥青是保证沥青混凝土心墙质量的重要条件，用作本工程沥青心墙的沥青可以是专门生产的水工沥青，也可以是重交通道路石油沥青或中轻交通道路石油沥青。从就近考虑，克拉玛依炼油厂、独山子炼油厂、乌鲁木齐石化总厂和兰州炼油厂都可提供优质沥青，而且都距离工程区比较近，尤其是克拉玛依炼油厂，生产的沥青含蜡量低，在低温条件下抗裂性、抗老化性、变形性及与骨料的黏结性都较其他沥青为优，质量稳定性也好。冶勒、茅坪溪等工程，均采用了克拉玛依炼油厂生产的沥青，大河沿工程借地利之便，也选用克拉玛依70号水工沥青。克拉玛依70号水工沥青由全国沥青质量检测中心检测的结果见表3-4。

表 3-4　克拉玛依 70 号水工沥青质量指标

质量指标		单位	技术要求	检测结果
针入度(25 ℃,100 g,5 s)		0.1 mm	60~80	74.4
软化点(环球法)		℃	≥46	48.6
延度(15 ℃)		cm	≥100	125
密度(15 ℃)		g/cm^3	实测	0.985
含蜡量		%	≤2.2	1.82
脆点		℃	≤-10	-20.8
溶解度		%	≥99.5	99.9
闪点		℃	≥260	310
薄膜烘箱试验后(163 ℃,5 h)	质量损失	%	±0.8	0.05
	针入度比	%	≥61	71.2
	延度(15 ℃)	cm	≥80	119.1(10°,32)
	脆点	℃	<-8	-10
	软化点升高	℃	≤5	4.8
化学组分	饱和烃	%	—	28.0
	芳香烃	%	—	30.87
	沥青质	%	—	0.32
	胶质	%	—	40.81

根据沥青混凝土心墙设计准则,并参考国内的一些沥青混凝土心墙坝工程,提出本工程沥青混凝土心墙坝对沥青混凝土的技术要求,见表 3-5。

表 3-5　沥青混凝土技术指标

项目	单位	指标	说明
孔隙率	%	≤3	芯样
		≤2	马歇尔试件
渗透系数	cm/s	$<1^{3}\times10^{-8}$	
水稳定系数		≥0.90	
弯曲强度	kPa	≥400	
弯曲应变	%	≥1	
内摩擦角(φ)	(°)	≥25	
黏结力	kPa	≥300	

3.2.2.2　沥青混凝土心墙配合比设计

根据《土石坝沥青混凝土面板和心墙设计规范》(SL 501—2010),沥青混凝土配合比应通过室内试验和现场铺设试验进行选择。所选配合比的各项技术指标应满足设计对沥青混凝土提出的要求,并有良好的施工性能,且经济上合理。沥青混凝土室内试验应根据当地温度(水温和气温)、坝高、坝壳料性能、施工和蓄水速度(加载速度)、施工配料精度等条件进行。

本次沥青混凝土配合比的选择应根据当地的工程材料性能和气温条件并结合工程对沥青混凝土的力学性能要求初定,最终通过试验研究选定。配合比设计主要是确定矿料级配和沥青含量,确定沥青混凝土配合比主要参数包括级配指数 r、最大骨料粒径 D_{max}、矿粉含量 F 和沥青含量 B。根据设计规范和工程经验及本工程的气温、原材料的实际情况,初选油石比为 7.2%,填料浓度选择为 1.45。初拟沥青混凝土配合比见表 3-6,详细设计内容见第 4 章。

表 3-6　沥青混凝土心墙配合比　　%

粗骨料			细骨料		矿粉	油石比
19~15	15~10	10~5	5~2.5	2.5~0.074	<0.074	
9.55	8.795	17.3	8.79	30.6	13	7.2

3.2.3　过渡料设计

过渡层设在沥青混凝土心墙两侧,水平宽度上、下游均为 2.0 m,过渡层顶部与心墙顶部高程同为 1 617.3 m,底部填筑至混凝土基座。采用坝址区砂砾料场砂砾料,为了确保过渡层为沥青混凝土心墙两边提供均匀的支撑,并协调沥青混凝土心墙区与坝壳料区的变形,要求过渡层的粒料必须级配良好,质地坚硬,其最大粒径不得大于沥青混凝土骨料最大粒径的 8 倍。

砂砾料室内试验的渗透系数一般比上坝碾压之后的渗透系数大 10~100 倍,考虑到坝壳料的不均匀性及新疆类似工程实践,设计过渡料的渗透系数采用 10^{-3}~10^{-2} cm/s,按经验公式 $K=2d_{10}^2e^2$ 估算掺和粗骨料的数量。过渡料要求:最大粒径小于 80 mm,设计干密度 2.1 g/cm³,小于 5 mm 粒径含量为 25%~40%,小于 0.075 mm 粒径含量小于 5%,不均匀系数大于 30,且级配连续,压实后的渗透系数大于 1×10^{-3} cm/s。

3.2.4　坝壳料设计

坝壳料必须具有较高的抗剪强度和较低的压缩沉陷量。本工程坝体填筑料采用上、下游河床砂砾石开挖料,运距为 0.5~2.6 km。新疆大河沿水库大坝填筑料场综合级配统计见表 3-7。

根据颗粒分析的试验结果,对 TK 进行粗颗粒土击实试验与大型三轴剪切试验。料场土料三轴试验参数成果见表 3-8。根据料场土料颗粒分析,最大粒径 200 mm,黏粒含量(粒径小于 0.005 mm)1.0%左右,级配连续,为砂砾土。

本阶段大坝坝壳填筑料物理力学参数设计采用值见表 3-9,技施阶段根据坝壳填筑料现场碾压试验成果再对坝壳填筑料物理力学参数进行修正。

表 3-7　新疆大河沿水库大坝填筑料场综合级配统计

粒径/mm	颗粒含量/%					
	下游河床(C1)			上游河床(C2)		
	颗粒含量/%	粒组含量/%		颗粒含量/%	粒组含量/%	
>200	8.5	巨砾	8.5	4.6	巨砾	4.6
150~200	9.5	漂砾	9.5	10.8	漂砾	10.8
150~80	10.0	砾	54.9	9.7	砾	60.7
80~40	10.8			13.9		
40~20	16.3			17.5		
20~5	17.8			19.6		
5~2	6.6	砂	25.8	5.5	砂	22.2
2~0.5	9.0			7.0		
0.5~0.25	7.9			6.6		
0.25~0.075	2.3			3.1		
<0.075	1.3	泥	1.3	1.7	泥	1.7

表 3-8　料场土料三轴试验参数成果

试验参数	饱和				不饱和			
	φ' (°)	c' kPa	φ'_0 (°)	$\Delta\varphi'$ (°)	φ' (°)	c' kPa	φ'_0 (°)	$\Delta\varphi'$ (°)
相对密度	0.8							
试验干密度	2.09~2.15							
上游河床	40	102.6	50.8	9.7	42	82.3	50.2	7.5
	40	121.4	52.1	10.1	43	99.0	53.4	10.1
下游河床	42	88.6	51.4	8.8	44	81.3	52.3	8.1
	42	110.0	52.2	9.9	44	113.2	54.7	11.3

表 3-9　大坝坝壳填筑料物理力学参数设计采用值

部位	干重度/(kN/m³)	饱和重度/(kN/m³)	渗透系数 k/(cm/s)	饱和		不饱和	
				内摩擦角 φ/(°)	凝聚力 c/kPa	内摩擦角 φ/(°)	凝聚力 c/kPa
上游河床	21.0	22.0	1.0×10^{-3}	36	20	38	20
下游河床	21.0	22.0	1.0×10^{-3}	36	20	38	20

3.3 大坝基础防渗设计

3.3.1 国内外典型工程防渗设计

在深厚覆盖层上建坝,可以节省投资和工期,也有利于环保要求,所以一直是水利水电界孜孜以求想要解决的重点技术问题。坝基渗漏及覆盖层地基的渗透稳定是砂砾石覆盖层地基存在的主要问题,需要采取有效的防渗排水措施,降低坝基渗流的水力坡度,确保坝基覆盖层不发生渗透变形和破坏,同时控制渗漏量不超过允许值,以防止下游浸没及提高工程的兴利效益。

在国外,已有不少在深厚覆盖层上建坝的工程实例。巴基斯坦147 m高的塔贝拉土斜墙堆石坝,河床覆盖层最大厚度达210~230 m,由大漂石、砾石、细砂组成。表层以下30 m,有一强透水架空带,内为30 cm的砾石。原铺盖长1 740 m,端部厚1.5 m,至心墙处增至12.8 m,同时下游坝趾设置井距15 m、井深45 m的减压井,每8个井中有一个加深到75 m。1974年开始蓄水时,2号隧洞发生严重事故,水库被迫放空,发现铺盖有裂缝和362个沉陷坑。修复时,将铺盖加长加厚,铺盖长达2 347 m,最小厚度4.5 m。1975年再次蓄水时,通过水下探测,又出现沉陷坑429个,用抛土船抛土67万 m^3 之后,铺盖逐步稳定。

埃及的阿斯旺土斜墙堆石坝,最大坝高122 m,覆盖层厚225~250 m,主要为砂层,上部为细砂,厚约20 m;其下为粗砂、砾石相间;在低于河床120~130 m以下为弱透水的第三纪地层,由砂岩、细砂、粗砂、砂质垆坶及半坚硬黏土组成。坝基防渗采用悬挂式灌浆帷幕,上游设铺盖,下游设减压井等综合渗控措施。帷幕灌浆最大深度达170 m,帷幕厚20~40 m,冲积层经灌浆处理后,渗透系数由 $1.5\times10^{-1}\sim5.5\times10^{-3}$ 降至 $5\times10^{-4}\sim5\times10^{-5}$,大坝自1967年建成,经多年运转至今,帷幕防渗效果良好。

加拿大的马尼克3号黏土心墙坝,砂卵石覆盖层最大深度126 m,并有较大范围的细砂层,采用两道净距为2.4 m、厚61 cm混凝土防渗墙,墙顶伸入冰碛土心墙12 m,墙深105 m,其上支承高度为3.1 m的观测灌浆廊道和钢板隔水层。建成后,槽孔段观测结果表明,两道防渗墙削减的水头约为90%。

国外深厚覆盖层上建坝及坝基防渗处理形式统计见表3-10。

国内在深厚覆盖层上也有不少实例,如国内著名的小浪底水库枢纽工程,覆盖层厚80 m,主要为冲击砂砾层、砂层,采用黏土斜心墙堆石坝,坝高154 m,坝基采用82 m深混凝土防渗墙防渗,防渗墙施工于1998年3月完成,通过对墙体进行钻孔取芯和压水试验,取芯率在98%~100%,透水率0~2.42 Lu;四川冶勒水电站,采用沥青混凝土心墙堆石坝,坝高125.5 m,大坝基础位于极不对称的地基上,左岸为石英闪长岩,河床部位、右岸及右岸台地为深厚覆盖层,其最大深度超过420 m,主要为弱胶结卵砾石层与粉质壤土互层,坝基采用了“上墙下幕”防渗结构形式,防渗墙最大深度140 m,下部接60 m深帷幕灌浆,防渗总深度达到200 m,防渗墙分上、下两段施工,中部设置廊道连接,施工最大槽深85 m;新疆的下坂地水库,大坝坝基覆盖层厚度达150 m,大坝采用碾压式沥青混凝土心墙砂

表 3-10　国外深厚覆盖层上建坝及防渗形式统计

序号	国家	工程名称	建成年份	坝型	坝高/m	坝基土层性质	覆盖层最大厚度/m	坝基防渗形式	防渗厚度/m
1	巴基斯坦	塔贝拉	1975	土斜墙堆石坝	145	砂砾石	230	黏土铺盖防渗	4.5~12.8
2	瑞士	马克马特	1959	土斜墙堆石坝	115	砂砾石	100	10 排帷幕灌浆	15~35
3	法国	谢尔蓬松	1966	心墙堆石坝	122	砂砾石	120	19 排帷幕灌浆	15~35
4	法国	蒙谢尼	1968	心墙堆石坝	121	砂砾石	102	帷幕灌浆	—
5	哥伦比亚	塞斯奎勒	1964	心墙堆石坝	52	砂砾石	100	混凝土防渗墙深 76 m	0.55
6	加拿大	马尼克 3 号坝	1976	土心墙土石坝	108	砂砾石	130	两道混凝土防渗墙深 131 m	0.61
7	加拿大	大角坝	1972	土心墙土石坝	150	砂砾石	71	混凝土防渗墙	0.61
8	智利	普卡罗	—	面板堆石坝	83	砂砾石	113	混凝土悬挂式防渗墙深 60 m	—
9	意大利	佐科罗	1965	沥青斜墙土石坝	117	砂砾石	100	混凝土防渗墙深 50 m	0.6
10	越南	和平	1993	土石坝	128	砾石和卵石、砂	70	10 排帷幕灌浆	70
11	埃及	阿斯旺	1967	土斜墙堆石坝	122	砂砾石	250	悬挂式帷幕深 170 m	20~40

砾石坝，最大坝高78 m，在冰碛、冰水积覆盖层中采用“上墙下幕”防渗结构形式，上部采用深85 m厚1 m混凝土防渗墙，下接4排深66 m帷幕灌浆；西藏的旁多水利枢纽，坝基处覆盖层厚度最深达400 m，上部为冲击卵石混合土，下部为冰水积卵石混合土，大坝采用沥青混凝土心墙砂砾石坝，最大坝高72.3 m，坝基采用了“上墙下幕”的防渗方案，防渗墙最大深度158 m。国内深厚覆盖层上建坝及防渗处理方式统计见表3-11。

从统计情况可以看出，深厚覆盖层上修建的坝型主要有黏土心墙堆石坝、混凝土面板堆石坝、沥青混凝土心墙堆石坝等。在覆盖层防渗处理方式选择上，国外在20世纪六七十年代常采用多排帷幕灌浆方式，国内采用帷幕灌浆方式的工程甚少，而且灌浆深度也不大，如坝高66 m的密云水库，采用3排帷幕灌浆，帷幕最大深度44 m；坝高51.5 m的岳城水库，采用2~3排帷幕灌浆，最大灌浆深度23 m；小南海地震堆积坝，坝高100 m，采用3排帷幕灌浆，最大灌浆深度80 m。随着混凝土防渗墙技术的发展，国内在深厚覆盖层上防渗处理主要选择防渗墙方式（或与帷幕灌浆相结合的“上墙下幕”方式），国内外覆盖层处理深度大于70 m的各类工程统计见表3-12和表3-13。

随着我国水电事业的蓬勃发展，在深厚覆盖层建坝技术得到很大的提高。特别是21世纪以来，随着小浪底、瀑布沟、泸定、下坂地、黄金坪和旁多等一批水库的修建，在深厚覆盖层上建坝技术越来越成熟。

3.3.2　新疆典型工程防渗设计

在新疆山区水利水电工程建设中，天山、昆仑山区域，大多数河流均存在河床深厚覆盖层问题，且大多以冲积砂砾石层为主，个别工程还存在薄弱的黏土、粉土夹层。在西昆仑山区、吐鲁番地区等部分断陷盆地普遍存在河床深厚覆盖层问题，如下坂地水库坝基覆盖层最深达150 m、阿尔塔什水库坝基覆盖层达94 m等。在建的阿尔塔什面板砂砾石坝，坝高164.8 m，砂砾石覆盖层防渗墙深100 m，整体已经达到260 m量级。

新疆在深厚覆盖层上建坝的实例也很多，1982年建成的柯柯亚水库是我国第一座建在深厚覆盖层上的面板砂砾石坝，混凝土防渗墙最大深度37.5 m。2001年建成的坎尔其水库是我国第一座建在深厚覆盖层上的沥青混凝土心墙砂砾石坝，槽孔混凝土防渗墙最大深度40 m。2010年建成的下坂地水利枢纽的最大覆盖层深度为150 m，混凝土防渗墙最大深度85 m，墙下帷幕灌浆最大深度66 m。2019年已建的阿尔塔什水利枢纽工程，覆盖层最大深度为94 m，混凝土防渗墙最深达100 m，是目前国内土石坝坝基中比较深的防渗墙。据不完全统计，新疆也有多座工程坐落在深厚覆盖层上，见表3-14。这些工程的建设，为新疆的深覆盖层坝基防渗墙技术发展提供了成功经验。

新疆深厚覆盖层坝基防渗一般采用垂直防渗墙或倒挂井防渗措施。对于大多数水库大坝工程，一般均采用防渗墙伸至基岩，基岩下再接帷幕进行基础防渗处理。下坂地、阿尔塔什、托帕水库等水利枢纽工程，都采用防渗墙为主处理主河槽并辅以帷幕灌浆，而两岸坝肩则大多采用单排或双排帷幕灌浆形式进行防渗处理。

表 3-11　国内深厚覆盖层上建坝及防渗形式统计

序号	工程名称	建成年份	坝型	坝高/m	坝基土层性质	覆盖层最大厚度/m	坝基防渗形式	防渗厚度/m
1	冶勒	2007	沥青混凝土心墙坝	125.5	冰水堆积覆盖层	>420	混凝土防渗墙最深 140 m+帷幕灌浆	1~1.2
2	旁多	2013	沥青混凝土心墙坝	72.3	冰水堆积覆盖层	400	混凝土防渗墙最深 158 m+帷幕灌浆	1
3	老虎嘴左副坝	在建	混凝土坝	24	砂砾石	206	悬挂式混凝土防渗墙深 80 m	1
4	仁宗海	2008	面板堆石坝	56	砂砾石及淤泥质壤土	>150	悬挂式混凝土防渗墙最大墙深 80.5 m	1.0
5	下坂地	2010	沥青混凝土心墙坝	78	砂砾石	150	混凝土防渗墙 85 m+4 排帷幕	1.0
6	泸定	2012	土心墙堆石坝	85.5	砂砾石	148	110 m 防渗墙+帷幕	1.0
7	黄金坪	在建	沥青混凝土心墙坝	95.5	砂砾石	130	混凝土防渗墙最深 101 m	1.0
8	狮子坪	在建	土心墙堆石坝	136	砂砾石	110	90 m 防渗墙(悬挂)	1.3
9	斜卡	在建	面板坝	108.5	粉细砂及砂卵砾石	100	混凝土防渗墙深 82 m	1.2
10	江边	在建	混凝土坝	32	砂卵砾石	100	悬挂式混凝土防渗墙深 40 m	1.0
11	小浪底	2001	心墙堆石坝	154	砂砾石	80	混凝土防渗墙深 82 m	1.2
12	瀑布沟	2009	心墙堆石坝	186	砂砾石	75	两道全封闭混凝土防渗墙,最深 81.6 m	1.2、1.2
13	跷碛	2006	土心墙堆石坝	125.5	砂砾石	72	防渗墙 70.5 m	1.2
14	长河坝	在建	土心墙堆石坝	240	砂砾石	70	两道全封闭混凝土防渗墙,最深 50 m	1.4、1.2
15	九甸峡	2011	面板坝	136.5	砂卵砾石	65	两道混凝土防渗墙,深 30 m	1.0

表 3-12　国外部分深度大于 70 m 的灌浆帷幕统计

坝名	地点	建成年份	水头 m	帷幕最大深度/m	帷幕最大面积/m^2	灌浆孔排数	灌浆孔间距/m		心墙与地基接触处比降	灌浆孔总进尺/m	理论覆盖层处理量/m^3	灌浆压力/MPa	平均渗透系数/(cm/s)	
							排距	孔距					灌浆前	灌浆后
Aswan	埃及	1967	110	170	54 700	8	2.5~5	2.5~5	1.9	10 900	1 800 000	3~6	2.5×10^{-2}	2.3×10^{-4}
Mission Terzaghi	加拿大	1960	60	150	6 200	5	3	3~4.5	5	8 000	95 000	低压	2×10^{-3}	4×10^{-8}
Sylvenstein	德国	1959	40	120	5 200	7	2	2~3	2.2	10 000	73 000	低压	2×10^{-3}	1.3×10^{-8}
Serre Poncon	法国	1960	100	110	42 000	12	2~3		3.4	16 000	97 000	6~8	5×10^{-2}	8.64×10^{-3}
Marrmark	瑞士	1967	110	100	20 100	10	3	3.5	3.3	99 000	50 000	6~8	$10^{-2}\sim10^{-4}$	6×10^{-8}
Stamentiza	意大利	1959	60	100	11 000	4								
Orto-Tokyo	吉尔吉斯斯坦	1962	40	85	13 000	2	6.2	2~4	6	13 200	165 000			
Dorlass Boden	奥地利	1968	70	75	10 600	8	2.5~3	3	3.5	20 500	200 000		3×10^{-4}	8×10^{-7}
N. D. de Comiers	法国	1963	36	70	7 200	5	3	3	2.4	12 400	90 000	低压	$10^{-2}\sim10^{-4}$	2×10^{-8}
Mnot-Cenis	法国	1968	74	70	8 000	6	2.6	3	2.7	8 000	60 000	低压	$10^{-2}\sim10^{-4}$	9×10^{-7}
Hepin	越南	1993	128	70		10	3	3						

表 3-13　国内外部分深度大于 70 m 的混凝土防渗墙统计

坝名	地点	坝型	坝高/m	覆盖层厚度/m	防渗墙最大深度/m	防渗墙结构形式	防渗墙完成年份	防渗墙厚度/m	防渗面积/m²
Manic Ⅲ	加拿大	ECRD	108	130	131	双列式连锁桩孔与槽孔混合墙	1975	0.61	30 740
Sesquile	哥伦比亚	ECRD	52	100	76	连锁桩孔与槽孔混合墙	1964	0.55	
Morelos	墨西哥	ECRD	60	80	91.4	连续桩柱墙	1966	0.61	15 160
Manic Ⅴ	加拿大	Coffer Dam	72	76	77	连续桩柱墙	1964	0.61	2 760
Bou Hanifia	阿尔及利亚	CFRD	54	72	—	—	1939	4	—
Colbun	智利	ECRD	116	66	68	间壁凿打槽孔	1984	1.2	12 800
Big Horn	加拿大	ECRD	150	71	73	连锁桩孔与槽孔混合墙	1972	0.61	3 296
Keban	土耳其	ECRD	212	40	100.6	岩溶洞穴洞挖回填槽	1974	1.5	16 900
Worf Creek	美国	Earth Dam	79	—	84.7	连锁桩柱墙	1979	0.61	49 080
三峡二期上游围堰	中国	Coffer Dam	82.5	—	74	双排混凝土防渗墙上接土工膜	1989	0.8/1.0	48 600
铜街子副坝	中国	CFRD	48	71	73.5	两道间距 16 m、厚 1.0 m 混凝土防渗墙	1991	1	—
小浪底	中国	ECRD	154	80	82	槽成墙	1994	1.2	15 642
瀑布沟	中国四川	ECRD	186	75	81.6	两道混凝土防渗墙	2005	1.2	8 292/8 140
冶勒	中国四川	ACRD	125.5	420	140	140 m 混凝土防渗墙(上、下两段施工)+60 m 深帷幕(4 排)	2007	1~1.2	30 852
下坂地	中国新疆	ACRD	78	150	85	混凝土防渗墙 85 m+4 排帷幕	2010	1	18 004
旁多	中国西藏	ACRD	72.3	400	158(201)	悬挂式防渗墙	2010	1	125 000

注:ECRD—黏土心墙坝;ACRD—沥青混凝土心墙坝;CFRD—混凝土面板坝。

表 3-14　新疆深厚覆盖层上建坝工程建设统计

序号	工程名称	坝型	建成年份	坝高/m	覆盖层最大厚度/m	坝基土质性质	坝基防渗形式	防渗墙厚度/m
1	下坂地水库	沥青心墙坝	2010	78	150	冰碛、漂块砾石、砂层	混凝土防渗墙 85 m+帷幕灌浆最大深度 66 m	1.0
2	38 团石门水库	沥青心墙坝	在建	86	119	漂卵砾石、冰积砂卵砾石	防渗墙+帷幕灌浆	1 000
3	托帕水库	沥青心墙坝	在建	61.5	110	冲积砂卵砾石	防渗墙	1.0
4	乔诺水库	沥青心墙坝	拟建	61.2	120	冲积砂卵砾石	防渗墙	1.0
5	奥依阿额孜	沥青心墙坝	拟建	103	80~200	冲积卵砾石、Q1 岸坡	混凝土防渗墙 80 m+帷幕灌浆	800
6	阿尔塔什	面板砂砾石坝	在建	164.8	94	砂卵砾石	混凝土防渗墙 100 m+帷幕灌浆 70 m	1.2
7	阿克肖水库	沥青心墙坝	已建	78	80	砂卵砾石坝	混凝土防渗墙	800
8	库尔干水库	面板砂砾石	拟建	82	65~78	冲积砂卵砾石	混凝土防渗墙+帷幕灌浆	800
9	依扎克	面板砂砾石坝	拟建	163.6	75	砂砾石	混凝土防渗墙 67 m+帷幕灌浆最大深度 100 m	0.8
10	二塘沟	沥青心墙坝	在建	64.8	65	含漂砾的砂卵砾石	混凝土防渗墙+帷幕灌浆	1.0
11	白杨河水库	黏土心墙坝	已建	78	48	砂卵砾石	混凝土防渗墙 48 m+帷幕灌浆最大深度 54 m	0.8
12	察汗乌苏	面板砂砾石坝	2007	110	47	漂石、砂卵砾石、中粗砂	混凝土防渗墙最大深度 41.8 m+帷幕灌浆	1.2
13	米兰河山口	沥青心墙坝	已建	83	45	砂砾石	混凝土防渗墙+帷幕灌浆	0.6
14	坎尔其	沥青心墙坝	2001	51.3	40	含漂砾的砂卵砾石	混凝土防渗墙最大深度 40 m	0.8
15	吉尔格勒德	面板砂砾石坝	在建	102.5	40	砂卵砾石	混凝土防渗墙+帷幕灌浆	1.0
16	柯柯亚	面板砂砾石坝	1982	41.5	37.5	冲积砂砾层	混凝土防渗墙最大深度 37.5 m	0.8
17	哈德布特	沥青心墙坝	2017	43.5	31	含漂石的砂卵砾石	混凝土防渗墙最大深度 30.3 m	0.8
18	吉音水库	面板堆石坝	2018	124.5	30(古河槽)	含漂石的砂卵砾石	混凝土防渗墙+帷幕灌浆最大深度 50 m	—

3.3.3　坝基主要工程地质问题

3.3.3.1　坝基渗漏及渗透变形问题

1. 渗漏

大河沿水库坝基河床基岩面呈“V”字形，河床堆积为巨厚的现代河床沉积的砂卵砾层石，厚度达 80~185 m，其结构较松散，渗透系数多在 $8.7\times10^{-2}\sim1.2\times10^{-3}$ cm/s，为中等至强透水层，局部夹泥较多部位渗透系数小于 10^{-4} cm/s，为弱透水，河床坝基覆盖层上部属中等透水层，下部属强透水层，从上到下渗透性均较强，存在坝基渗漏问题。

两岸基岩上部属中等至弱透水层，相对不透水层（$q<5$ Lu）埋深 30~75 m。同时，两岸地下水埋藏较深，左岸坝肩地下水位仅略高于河水位，其地下水位坡降均较平缓，右岸地下水位低于河水位 3.5 m，需做好基岩内的防渗，其防渗帷幕可考虑与相对不透水层（$q<5$ Lu）封闭，则左、右两岸绕坝渗漏长分别约为 150 m 和 55 m。大河沿水库坝址坝轴线工程地质剖面图见图 3-3。

2. 渗透变形

河床坝基砂卵砾石层厚度达 80~185 m，级配不良，透水性强，并夹有含泥砂砾石层，作为坝基持力层，在库水长期作用下，该层内或与坝体、基岩接触面可能产生机械管涌，需采取适宜的工程处理措施。大河沿水库坝址河床剖面图见图 3-4。

3.3.3.2　地基振动破坏效应问题

本工程区地震基本烈度为Ⅶ度，河床坝基第四系全新统覆盖层深厚，结构较松散，但其中大于 5 mm 粒径在 70%以上，为不液化地基。但地震时，建筑物的破坏与松软土层的厚度关系十分密切，许多地区震害表明，当冲积松软土层的厚度很大时，建筑物的破坏较为严重。由于本工程坝区河床坝基下覆盖层深厚，而两岸坝基直接位于基岩上，地震时，坝基两侧基岩与河床覆盖层的实际地震烈度是不一致的，且地震在其地表的振动周期也是不一致的。

3.3.3.3　岩（土）物理力学参数

根据试验成果与野外鉴定，结合由新疆勘测设计院所做的试验成果与工程地质类比，经综合分析，推荐坝区岩（土）物理力学指标见表 3-15 和表 3-16。

3.3.4　不同防渗方案对比研究

3.3.4.1　基础防渗原则

1. 岩石地基

岩石地基的渗透性一般较小。当岩石地基有较大的透水性，渗漏量较大，影响工程效益，影响水工建筑物及其基础的稳定或渗透稳定，以及有化学溶蚀的可能性时，要求进行防渗处理。

岩石地基的渗流控制，主要是采用帷幕灌浆的方法，堵塞岩石裂隙，防止大的渗漏，提高软弱夹层的抗渗强度，有的还要求在下游适当的位置采取排水减压措施，以降低渗透压力或浸润线。此外，也有少数工程采用开挖截水槽的处理方法。

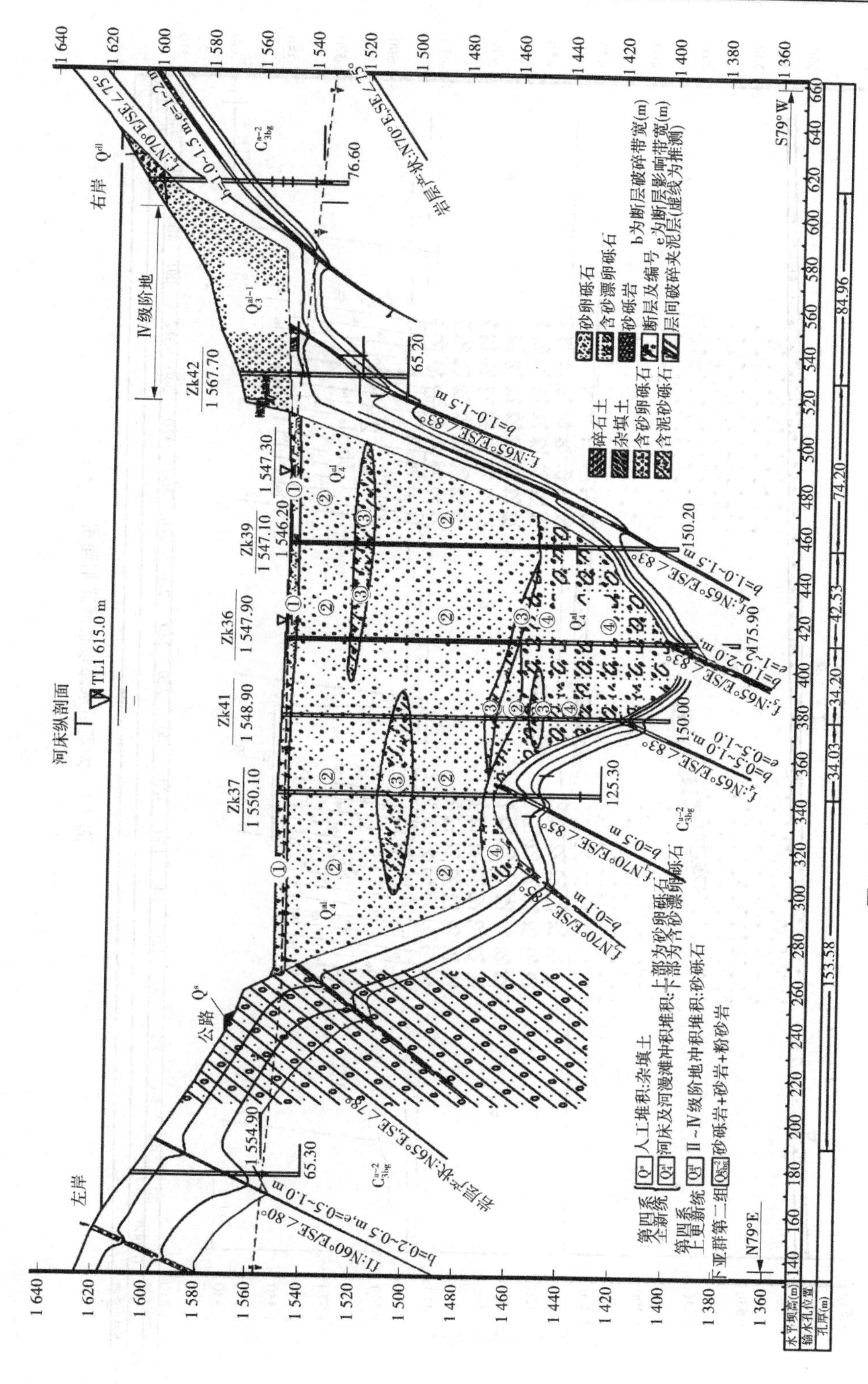

图 3-3　大河沿水库坝址坝轴线工程地质剖面图

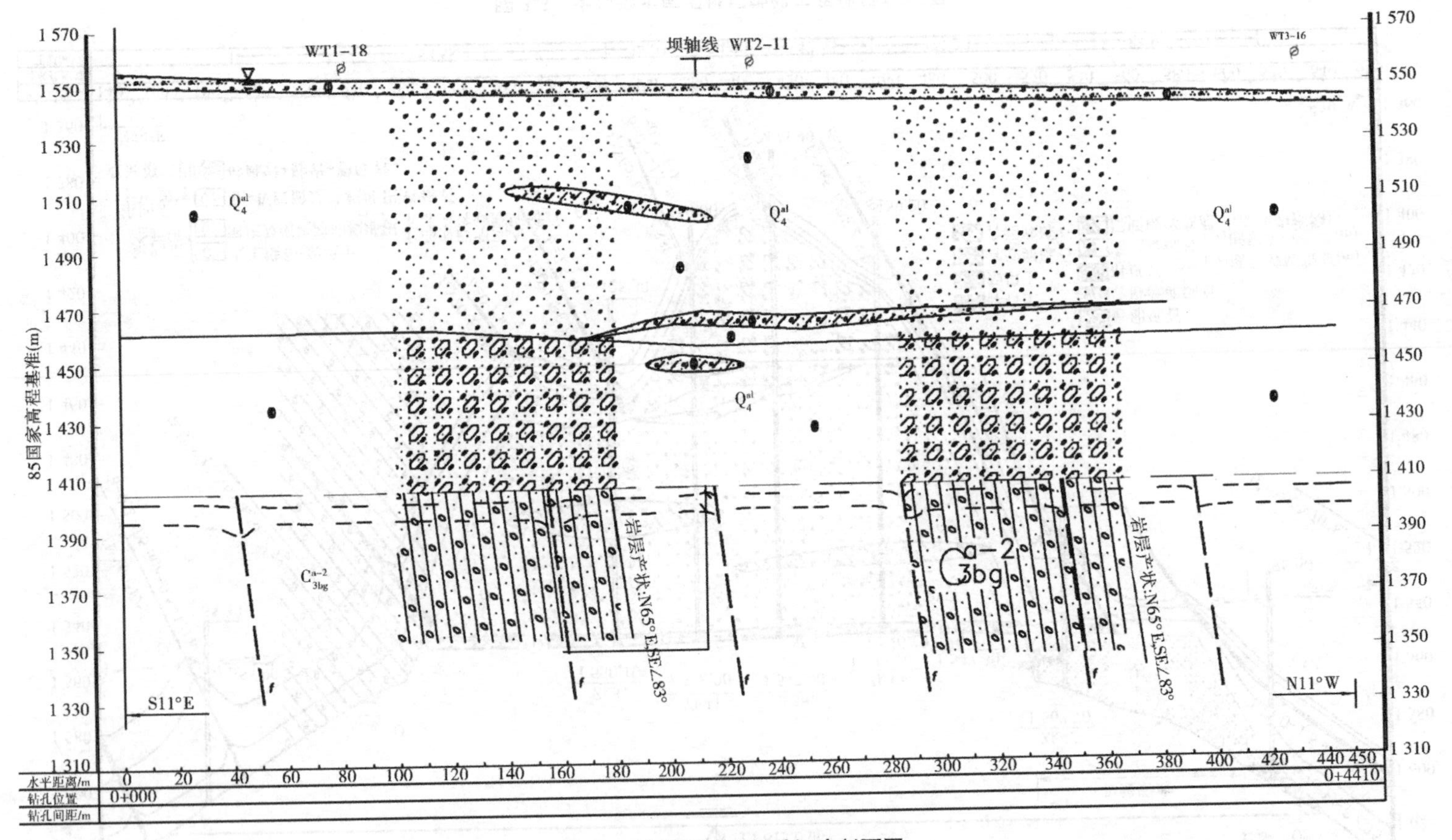

图 3-4　大河沿水库坝址河床剖面图

表 3-15 大河沿水库坝区岩体物理力学参数推荐值

岩组	岩性	风化程度	密度		饱和抗压强度/MPa	变形模量/GPa	弹性模量/GPa	允许承载力/kPa	抗剪强度		抗剪断强度		抗冲刷流速/(m/s)	开挖坡比	
			湿	干					混凝土/岩		混凝土/岩			临时	永久
			g/cm³						f	C/MPa	f'	C'/MPa			
C_{3bg}^{a-2}(下坝址)	砂岩、砂砾岩	强风化	2.55~2.60	2.50~2.55	40~45	2.2~2.5	3.0~3.5	2	0.5~0.55	0	0.6~0.65	0.5~0.6	3~4	1:0.5	1:0.75
		弱风化	2.64~2.70	2.57~2.60	55~60	3.8~4.0	5.5~6.0	8	0.6~0.63	0	0.9~1.0	0.7~0.8	5~6	1:0.3	1:0.5

表 3-16 大河沿水库坝区第四系地层物理力学参数推荐值

地层	岩性		天然密度/(g/cm³)	比重	渗透系数/(cm/s)	内摩擦角/(°)	内聚力/kPa	压缩模量/MPa	允许承载力/kPa	摩擦系数(混凝土/土)	允许渗透坡降	开挖坡比	
												临时	永久
Q_4^{al}	砂卵砾石(河床)		1.9~2.0	2.7~2.75	上部$(4.2\sim7.4)\times10^{-3}$ 下部$1.1\times10^{-3}\sim1.3\times10^{-1}$	38~40	0	20~25	450~500	0.42~0.45	0.10~0.15	1:1.25	1:1.75
Q_3^{dl+pl}	Ⅳ级阶地(下坝址)	砂砾石夹粉质黏土	1.85~1.9	2.7~2.75	$(2.3\sim6.1)\times10^{-3}$	35	3~4	35~40	500~550	0.4~0.42	0.1~0.15	1:1.5~1:1.75	1:1.75~1:2.0
		碎屑砂砾石	2.0~2.1	2.7~2.75	$(1.2\sim1.8)\times10^{-2}$	36~37	2~3	40~50	550~600	0.42~0.45	0.15~0.18	1:1~1:1.25	1:1.5

2. 砂砾石地基的防渗控制准则

为了保证砂砾石地基的渗透稳定和防止产生过大的渗漏与下游过高的渗透压力，需同时满足以下要求。

1）出逸坡降不超过基土的渗透破坏允许坡降

砂砾石料的渗透系数和渗透变形性质均取决于细料填充于粗料孔隙的程度，其渗透破坏形式、抗渗比降与砂砾石料级配的连续性、不均匀系数等有关，渗透破坏坡降可用试验、计算及经验数据来确定。

实际的出逸坡降可根据一般渗流分析或试验等方法确定。允许坡降的安全系数与很多因素有关，但主要考虑的是地基的不均匀性以及破坏坡降的离散性，可采用1.5~2。

2）控制渗漏量

因过大的渗漏量增加工程的水量损失而明显降低工程效益，因此当水工建筑物本身或地基透水性较大、基础较长时，渗漏量的大小往往是防渗设计的决定性因素。在一般情况下，渗漏量的大小也直接关系到水工建筑物的体型和排水结构设计。

控制水工建筑物及地基的渗漏量至某一允许值，这一要求主要取决于技术经济比较，目前没有硬性指标规定。《抽水蓄能电站设计导则》(DL/T 5206—2005)建议水库的渗漏量控制标准可按日渗漏量不超过总库容的1/2 000~1/5 000考虑。四川冶勒水电站工程大坝渗漏量按河道多年平均流量的1%控制，新疆下坂地水利枢纽水库渗漏量也按河道多年平均径流量的1%控制。大河沿水库坝址处多年平均年径流量1.01亿m^3，水库建成后向下游供水6 981万m^3，水库蓄水要求较高，水库渗漏量按1%控制。

3）控制下游的浸没范围

挡水建筑物的兴建，改变了两岸及其下游的地下水环境，应通过渗流控制限制下游浸润线的高度，从而达到控制下游浸没范围的目的。

3. 砂砾石地基防渗措施

砂砾石地基的渗流控制可归纳为“截、铺、排”。“截”是指用垂直防渗截断渗透水流；“铺”是指上游用水平铺盖以减少通过建筑物基础的渗漏量和渗流坡降；“排”是指下游用排水减压设施，使渗透水流在有保护的条件下排至下游，减小出逸渗透压力，防止土粒流失，有时也在下游设置透水盖重以防止流土现象。

垂直防渗措施可以完全截断基础渗流，技术上可靠，能较彻底地解决基础防渗问题，有条件时宜优先采用。在采用垂直防渗方案时，应注意：对深厚透水地基上未达相对不透水层的悬挂式帷幕，在减少渗透流量和降低下游出逸坡降方面效果不显著，一般不宜采用。

水平铺盖施工简单，但必须结合下游排水减压设施，才能有效地解决地基渗透问题；同时，采用这种上铺下排的措施时，对地质勘察、设计、试验工作要求高，特别是在表面有相对不透水层、多层地基、土层渗透稳定性较差、渗透系数很大等情况下，铺盖就不一定有效和可靠。

此外，在选择渗流控制措施时，还要与河床基岩及两岸的防渗统一考虑，而不能仅孤立地考虑砂砾石层。

3.3.4.2　河床深厚覆盖层防渗方案

从前述国内外深厚覆盖层筑坝及防渗方案统计结果来看，深厚覆盖层防渗采取的防渗措施主要有水平防渗方式和垂直防渗方式。

1. 水平防渗方式

根据地质勘察成果，库区 30 km 范围内无黏土料，国内近年建设的抽水蓄能电站，上库库底多采用土工膜作为防渗材料。结合沥青混凝土面板砂砾石坝结构特点，考虑库区铺设土工膜进行防渗的水平防渗方案。为确定一个合理有效的铺设范围，水平铺设长度分别选取 500 m、1 000 m、1 500 m 及 2 000 m 进行渗流计算分析。经二维有限元法计算，各方案坝体和坝基各分区的最大渗透坡降值如表 3-17 所示，坝体渗漏量如表 3-18 所示。

表 3-17　各材料分区的最大渗透坡降值

	土工膜长度/m	土工膜	沥青混凝土面板	砂砾料坝壳	坝坡出逸处
沥青混凝土面板+土工膜	500	56.15	159.368	0.170 4	0.160 4
	1 000	61.74	167.188	0.083 6	0.068 7
	1 500	64.25	170.737	0.061 0	0.058 4
	2 000	65.66	172.729	0.048 4	0.035 4

表 3-18　坝体渗漏量计算成果

	土工膜水平长度/m	坝体总渗漏量/(m^3/d)	占多年平均径流量比例/%
沥青混凝土面板+土工膜	500	30 691.00	11.09
	1 000	19 010.14	6.87
	1 500	13 835.62	5.00
	2 000	10 957.81	3.96

从表 3-17、表 3-18 中可以看出，采用土工膜水平防渗，土工膜铺设长度在 1 000 m 时，材料渗透稳定即可满足要求，但水库渗漏量较大；土工膜铺设长度达到 2 000 m 时，渗漏量为 10 957.81 m^3/d，占多年平均径流量的 3.96%，仍超过水库允许渗漏量（多年平均径流量的 1%），需要进一步加大土工膜铺设范围。大河沿河河床坡降较陡，其纵坡坡度平均为 30.4%，土工膜铺设长度大于 2 000 m 时，相当于在整个库底进行了防渗处理（全库盘防渗），通过计算，库底面积达 66 万 m^2。从现场踏勘来看，库底河床面地形起伏较大，浅表部含漂石砂卵砾石层较松散，如采用全库底土工膜防渗，需要进行库底整平，平均开挖深度 3.5 m，工程量巨大，而且施工期导流困难。

根据类似工程经验，水平土工膜铺盖在工程运行过程中，容易产生不均匀沉降，产生落水洞，使铺盖受到破坏，局部的破坏可能导致大坝的渗透破坏，危及大坝的安全，况且铺盖破坏后需等水库放空后才能进行检修；另外由于河流含砂量较大，泥沙淤积后也会对水平铺盖的后期维护产生较大的影响。所以，对水平土工膜防渗方案予以否定。

2. 垂直防渗方式

垂直防渗方式可分为帷幕灌浆垂直防渗方式、防渗墙垂直防渗方式及防渗墙和帷幕灌浆相结合的“上墙下幕”垂直防渗方式等。从国内外深厚覆盖层筑坝情况来看，三种方案应用都比较广泛,从大河沿水库实际情况来看,三种方案都具有可行性,故对三种方案进行平行比较。

3.3.4.3 覆盖层防渗方案设计及对比分析

为达到渗透稳定和对渗漏量控制的要求,垂直防渗必须全部截断坝基砂砾石层。对垂直防渗方案结合枢纽布置的优化,通过对国内外基础防渗工程施工情况的对比分析,本阶段重点研究如何实现截断 185 m 深的河床砂砾石层的垂直防渗方案。根据当前垂直防渗方案通常采用的防渗处理形式、施工水平,参考西藏旁多水电站、新疆下坂地水电站及四川冶勒水电站等工程经验,结合大河沿坝基覆盖层地质情况,本设计阶段拟定了以下三个垂直防渗方案进行综合对比分析,分析结果见表 3-19。

(1)封闭式帷幕灌浆方案,上部 12 排+下部 5 排。

(2)封闭式“上墙下幕”方案,120 m 深、1.0 m 厚的单混凝土防渗墙+下部 5 排 60 m 帷幕灌浆。

(3)封闭式混凝土防渗墙方案,175 m 深、1.0 m 厚的混凝土防渗墙。

表 3-19　垂直防渗方案比较

防渗方案	主要工程量	工期/月	大坝填筑工期推后/年	造价/万元	
方案一	全帷幕灌浆,进尺 14.27 万 m	36	1	7 007	115.86%
方案二	防渗墙面积 2.32 万 m^2。廊道 C25 混凝土 5 075 m^3,钢筋 406 t 砂砾石层帷幕灌浆进尺 1.19 万 m,砂砾石层空钻 4.13 万 m	20+15		6 749	111.60%
方案三	防渗墙面积 2.65 万 m^2(单墙)	24		6 047	100.00%

注:坝体填筑推迟时间以方案三大坝开始填筑时间为基准。

从表 3-19 中可以看出,防渗墙一墙到底方案最为经济,投资为 6 047 万元,其施工工期也较短,为 24 个月,该方案参照西藏旁多水电站工程,施工和防渗效果是可实现的。全帷幕方案工期最长、渗漏量最大,投资也多,不予考虑。防渗墙加帷幕方案投资为 6 749 万元,施工总工期虽然较长,但是为加快施工进度,后期帷幕灌浆可以在灌浆廊道内施工,主要是帷幕在大坝廊道内施工,施工较为困难,另外廊道混凝土及钢筋用量较大,投资较大,对大坝变形也不利,综合考虑,本次推荐采用封闭式防渗墙防渗方案。

3.3.5 坝基混凝土防渗墙设计

目前,超深混凝土防渗墙并没有相关的设计规范。防渗墙厚度主要由防渗要求、抗渗耐久性、结构强度墙体应力和变形以及施工设备等因素确定,其中最重要的是抗渗耐久性和结构强度两个因素。

3.3.5.1 防渗要求

为确定一个合理的防渗墙厚度,初拟墙厚 0.8 m、1.0 m、1.2 m 三个不同厚度进行渗流分析计算。各计算厚度下材料最大渗透坡降值见表 3-20,水库渗漏量情况见表 3-21。

表3-20 各计算厚度下材料最大渗透坡降值

防渗墙厚度/m	防渗墙	沥青心墙	砂砾料坝壳	坝坡出逸处
0.8	43.844	59.603	0.008 5	0.027 3
1.0	35.141	59.670	0.007 3	0.023 5
1.2	29.315	59.703	0.006 3	0.020 4

表3-21 各计算厚度下水库渗漏量情况

防渗墙厚度/m	坝体总渗漏量/(m^3/d)	占多年平均径流量比例/%
0.8	1 983	0.72
1.0	1 674	0.60
1.2	1 493	0.54

经计算,0.8 m、1.0 m、1.2 m三种厚度的防渗墙均可满足水库对渗漏量的控制和材料允许渗透坡降的要求。从防渗要求上来讲,0.8 m甚至更薄的混凝土防渗墙即可满足要求。

3.3.5.2 抗渗耐久性

根据《水工设计手册·第2版·第6卷·土石坝》(中国水利水电出版社,2014年9月),防渗墙使用年限估算以梯比利斯研究所公式应用较多。渗水通过防渗墙混凝土使石灰淋蚀而散失强度50%所需的时间T(a)为:

$$T = \frac{acb}{k\beta J}$$

式中:a为淋蚀混凝土中的石灰,使混凝土的强度降低50%所需的渗水量,m^3/kg,根据苏联学者B.M.莫斯克研究,$a=1.54$ m^3/kg,按柳什尔的资料,$a=2.2$ m^3/kg;b为防渗墙厚度,m;c为1 m^3混凝土中的水泥用量,kg/m^3,根据初定的配合比取350 kg/m^3;k为防渗墙渗透系数,m/a,取0.009 46 m/a;J为渗透比降,一般混凝土防渗墙为80~100,取80;β为安全系数,根据《水工设计手册·第2版·第6卷·土石坝》(中国水利水电出版社,2014年9月),2级建筑物非大块结构(厚度小于2 m)时取16。

根据防渗墙使用年限估算公式反算防渗墙厚度,防渗墙使用年限与大坝一致,根据《水利水电工程合理使用年限及耐久性设计规范》(SL 654—2014),本工程为Ⅲ等中型工程,合理使用年限为50年。通过计算,$a=1.54$ m^3/kg时防渗墙厚度b为1.12 m;$a=2.2$ m^3/kg时防渗墙厚度b为0.79 m。从耐久性要求来讲,混凝土厚度不宜小于0.79 m。

3.3.5.3 容许水力梯度

防渗墙在渗透作用下,其耐久性取决于机械力侵蚀和化学溶蚀作用,因为这两种侵蚀破坏作用都与水力梯度密切相关。目前,防渗墙厚度主要依据其容许水力梯度、工程类比和施工设备确定,即:

$$\delta = \frac{H}{J_p}$$

式中:δ为防渗墙厚度,m;H为最大运行水头,m;J_p为防渗墙容许水力梯度,刚性混凝土防渗墙可达 80~100,塑性混凝土防渗墙多采用 50~60。国内黄河小浪底水利枢纽工程混凝土防渗墙设计容许水力梯度 J 取 92,新疆下坂地坝基混凝土防渗墙设计容许水力坡降 J 取 80。

本工程参照下坂地工程,防渗墙容许水力梯度 J 取 80,选用 1 m 厚混凝土防渗墙进行防渗处理,比照西藏旁多水利枢纽坝高 72.3 m,混凝土防渗墙最大墙深 158 m,厚度 1.0 m,厚度比较合理。

3.3.5.4　墙体材料及墙厚对应力的影响

1. 墙体材料

为了解防渗墙墙体的弹性模量对其应力的影响,取墙厚为 1 m,墙体弹性模量分别为 30 GPa、28 GPa、25.5 GPa、10 GPa、1.0 GPa 及 0.5 GPa,利用平面有限元方法进行了坝基防渗墙应力分析。墙体弹性模量与应力的关系平面有限元计算成果见表 3-22。

表 3-22　墙体弹性模量与应力的关系平面有限元计算成果

墙体弹性模量/GPa	竣工期		蓄水期	
	最大压应力/MPa	最大拉应力/MPa	最大压应力/MPa	最大拉应力/MPa
30	28.4	无	17.8	无
28	27.8	无	17.6	无
25.5	27.5	无	16.6	无
10	23.3	无	15.6	无
1.0	10.1	无	8.89	无
0.5	6.83	无	6.10	无

根据平面有限元计算结果,混凝土防渗墙弹性模量从 28.0 GPa 提高到 30 GPa,竣工期的最大压应力变化范围为 27.5~28.4 MPa,蓄水期为 16.6~17.8 MPa,表明墙体应力在常规混凝土 C30 的抗压强度范围内。考虑到混凝土强度随龄期会有一定增长,槽段防渗墙墙体混凝土设计指标采用 C30 混凝土,抗渗等级 W10,且 $R_{180} \geq 35$ MPa,混凝土弹性模量为 28 GPa。

2. 墙体厚度

为研究防渗墙厚度对墙体应力的影响,取防渗墙弹性模量 28 GPa,墙厚分别取 1.2 m、1.0 m、0.8 m、0.6 m 进行二维有限元分析,防渗墙厚度对应力的影响见表 3-23。

表 3-23　防渗墙厚度对应力的影响

防渗墙厚度/m	竣工期		蓄水期	
	最大压应力/MPa	最大拉应力/MPa	最大压应力/MPa	最大拉应力/MPa
1.2	26.7	无	16.8	无
1.0	27.8	无	17.6	无
0.8	31.1	无	21.9	无
0.6	34.2	无	23.6	无

计算成果表明,随防渗墙厚度的增大,防渗墙的最大应力逐渐减小。墙厚1 m时墙体的最大压应力为27.8 MPa,从防渗墙受力角度看,采用常规混凝土、墙厚1 m满足受力要求。

本工程根据混凝土防渗墙容许水力坡降确定防渗墙厚度为1.0 m,防渗墙强度设计值采用C30混凝土,抗渗等级W10,且$R_{180}\geq35$ MPa,入槽坍落度18~22 cm。孔位中心允许偏差不大于3 cm,孔斜率不大于0.4%,遇有含孤石、漂石的地层及基岩面倾斜度较大等特殊情况时,其孔斜率应控制在0.6%以内;一、二期槽孔接头采用拔管法工艺,保证接头连接质量及有效墙厚。防渗墙施工质量合格标准按渗透系数$\leq3\times10^{-7}$ cm/s控制(或小于1 Lu)。

3.3.5.5 防渗墙施工缺陷敏感性分析

对推荐方案沥青混凝土心墙+封闭式防渗墙,进行施工缺陷敏感性分析计算,具体计算方案如下。

1.防渗墙接头部位下部开叉

由于防渗墙较深,施工规范考虑防渗墙施工有一定的施工偏差,本次敏感性分析计算考虑防渗墙在70 m深度以下开始出现开叉,直至基岩,偏移百分比分别取0.3%、0.5%、1%,即防渗墙在底部分叉距离分别为0.48 m、0.8 m、1.6 m,各种工况渗漏量成果见表3-24。

表3-24 防渗墙底部开叉各工况渗漏量计算成果

工况	底部开叉长度/m	渗透坡降	坝体总渗漏量/(m^3/t)
沥青混凝土心墙+封闭式防渗墙	0.48	29.91	388.8
	0.8	23.53	1 572.48
	1.6	20.86	3 188.16

通过计算可知,开叉部位最大渗透坡降出现在上部最先开叉处,大于覆盖层的允许渗透坡降,因此防渗墙上部开叉部位可能会发生渗透破坏。

当防渗墙下部开叉偏移百分比为1%,底部分叉长度达到1.6 m时,渗漏量为3 188.16 m^3/t,和全封闭防渗墙工况相比有明显增大,因此在防渗墙施工过程中,要严格控制防渗墙下部的偏移百分比,保证施工质量。

2.防渗墙裂缝

防渗墙在施工过程中,多种因素可能导致局部施工缺陷,产生各种施工裂缝,为研究各种裂缝大坝坝基的渗漏影响,具体模拟如下:

上部裂缝:宽度分别取0.5 cm、1 cm、3 cm,长度分别取4 m、8 m、12 m。

中部裂缝(防渗墙深度约70 m处):宽度分别取0.5 cm、1 cm、3 cm,长度分别取4 m、8 m、12 m。

底部裂缝:宽度分别取0.5 cm、1 cm、3 cm。

实际计算时,取裂缝宽度为1 m等效模拟,对应材料渗透系数按相应比例缩小。防渗墙施工裂缝各工况渗漏量成果见表3-25。

表3-25 防渗墙施工裂缝各工况渗漏量计算成果

工况		裂缝宽度/cm	裂缝长度/m	渗透坡降	坝体总渗漏量/(m^3/t)
沥青混凝土心墙+封闭式防渗墙	上部裂缝	0.5	4	63.68	7.776
		0.5	8	63.55	13.824
		0.5	12	63.51	25.056
		1	4	62.33	14.688
		1	8	62.30	26.784
		1	12	62.21	32.832
		3	4	60.48	33.696
		3	8	60.45	66.528
		3	12	60.41	99.36
	中部裂缝	0.5	4	56.72	3.456
		0.5	8	56.66	10.368
		0.5	12	56.51	22.464
		1	4	55.32	13.824
		1	8	55.27	24.192
		1	12	55.20	30.24
		3	4	53.49	31.104
		3	8	53.37	64.8
		3	12	53.26	96.768
	底部裂缝	0.5	—	53.18	162.432
		1	—	52.16	411.264
		3	—	50.79	782.784

由表3-25计算结果可知,由于裂缝尺寸很小,在防渗墙上部和中部出现细小裂缝时,渗漏量很小;由于覆盖层下部渗透系数较大,当底部出现裂缝时,渗漏量会有一定增加,但变化幅度也较小。

裂缝处的渗透坡降近似等于周围防渗墙的渗透坡降,所以大于覆盖层允许渗透坡降,因此局部可能发生渗透破坏,当裂缝尺寸很小时,局部破坏范围较小。

综上所述,当裂缝尺寸较小时,渗透流量可以满足要求。但在施工过程中,仍然要注意保证施工质量,尽量减少施工缺陷造成的局部开裂。因为随着混凝土防渗墙裂缝宽度的加大,可能发生渗透破坏的土体单元会增多,渗流量也会随之增加。施工过程中,由于深厚防渗墙施工技术难度大,各项施工参数需要现场确定,因此需要在施工之前进行深厚防渗墙施工试验,为正式防渗墙施工确定具体相关技术参数。

3.3.6　坝肩帷幕灌浆设计

根据《碾压式土石坝设计规范》(SL 274—2020)规定,当岩石坝基有较大透水性岩层,且产生的渗漏量影响到水库效益时,应对坝基进行防渗处理,最常用的方法就是对基岩进行帷幕灌浆。

本工程沥青心墙砂砾石坝为二级建筑物,基岩相对不透水层以透水率5 Lu线控制,由于大坝两岸基岩相对不透水层(q<5 Lu)埋深较浅,因此灌浆帷幕应深入该层至少5 m,帷幕深度为20~80 m;左、右两岸防渗范围根据正常蓄水位与相对不透水层(q<5 Lu)封闭的标准控制,本工程两岸绕坝渗漏长分别约为110 m和60 m。

3.4　大坝抗震设计

3.4.1　区域地质构造

新疆幅员辽阔,地质构造复杂,新构造和现代构造运动强烈,活动断裂发育,从北向南有阿尔泰地震带、北天山地震带、南天山地震带、西昆仑山地震带和阿尔金山地震带。本工程区域主体位于北天山地震带的东段,西南部涉及南天山地震带的东北,东北角进入阿尔泰地震带。各地震带的地震活动具有强度大、频度高的特点。根据新疆地震活动趋势分析,未来百年内,各地震带的地震活动水平与过去百年相当,存在着发生多次7级以上地震构造的环境。

3.4.1.1　地质构造和新构造运动

1. 区域大地构造环境

区域大地构造上涉及哈萨克斯坦—准噶尔板块和塔里木—中朝板块两个一级大地构造单元,二者以NEE向的木扎尔特—红柳河缝合带为界分开。场地在大地构造上位于四级构造单元博格达晚古生代裂陷槽(I_{1-1}^{3})的南部(见图3-5),南以博格达南缘断裂为界与吐哈地块(I_{1-1}^{5})毗邻,北为准噶尔中央地块(I_{1-1}^{2})。

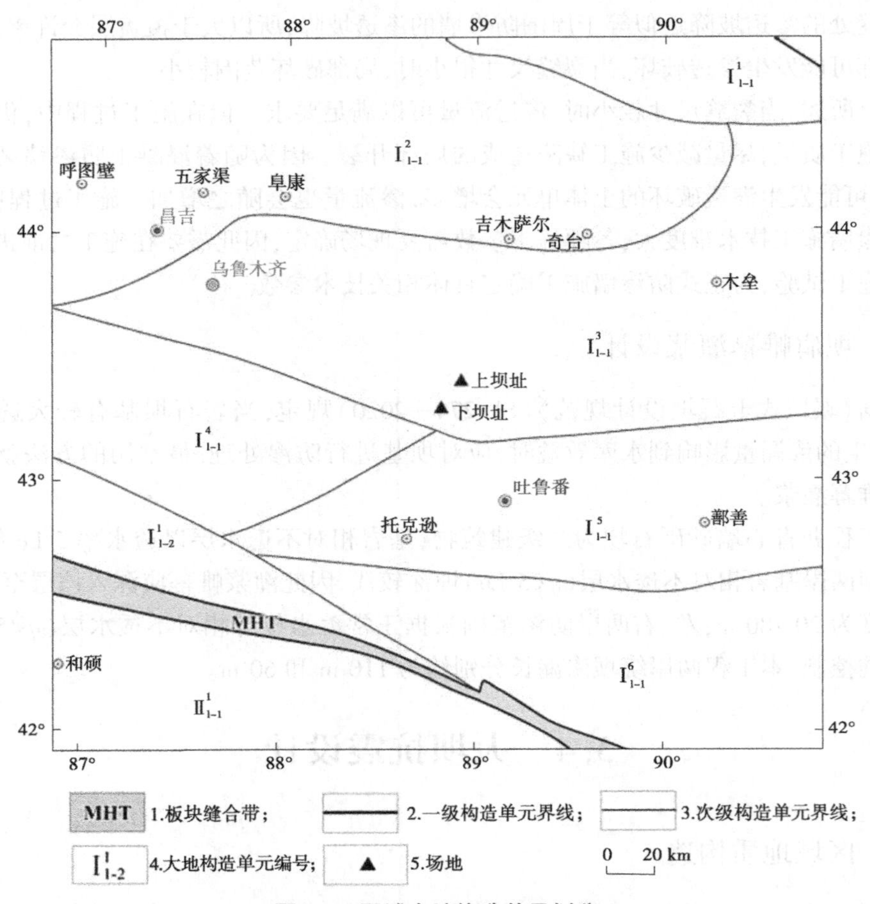

图 3-5　区域大地构造单元划分

2. 区域主要断裂带及其活动性

在构造上，区域北部为准噶尔盆地、乌鲁木齐山前拗陷和博格达复背斜，中部为吐鲁番—哈密山间拗陷，南部为北天山的依连哈比尔尕复背斜及南天山的觉罗塔格复背斜。在地貌上北部为准噶尔盆地，中部为吐鲁番盆地，两者之间由博格达山相隔，南部为依连哈比尔尕山和觉罗塔格山，地貌上具有山区—山间盆地相间的典型天山地貌特征。在吐鲁番盆地内，由一系列近 EW 走向的断裂—背斜构成的中央隆起带。

准噶尔盆地为新生代拗陷区，构造形式较单一，新构造运动相对较弱，活动断裂不发育。区域内活动断裂主要分布于天山山区、天山北麓的乌鲁木齐山前拗陷区及吐鲁番盆地边缘带，其次在吐鲁番盆地中央隆起内也有活动断裂分布。

天山山区断裂和吐鲁番盆地边界断裂多形成于华力西时期，有较长的发育史，有过多期活动，它们大部分在喜马拉雅期重新复活，是控制大地构造单元和新构造单元的界线，控制了现代地貌格局。山区的区域性活动断裂往往是主要的发震构造，如 1965 年乌鲁木齐东北 6.6 级地震发生在二道沟断裂上，沿博罗可努—阿齐克库都克断裂分布 7 级古地震形变带。

山麓断裂和吐鲁番盆地中央断裂带主要形成于喜马拉雅期，多伴随褶皱带发育，这些断裂的特点是多为新生性断裂，规模相对较小，全新世时期活动强烈。这些活动断裂—褶皱带常常是6级地震发生场所，如1916年吐鲁番6级地震发生在吐鲁番盆地中央隆起的火焰山逆断裂—背斜带上。

区域内第四纪以来有活动的主要断裂约有29条，按断裂活动的时代分为全新世活动断裂、晚更新世活动断裂和早—中更新世断裂，其中全新世活动断裂12条。活动断裂多在老断裂基础上有继承性活动，断裂规模较大，最长逾1 000 km。在地貌上断裂控制着盆地边界或第四纪堆积物的发育，断裂切割了第四纪不同时代的地层，形成构造阶梯或错动水系。区域内的活动断裂往往是主要的发震构造，其中有9条断裂上发现古地震形变带及古地震遗迹，古地震强度在6.5级以上；有多条活动断裂上发生过5级地震；3条断裂上发生过6级地震；2条断裂上发生过7级地震，如博罗可努—阿齐克库都克断裂、碱泉子—洛包泉断裂上曾发生过7级地震。区域范围主要活动断裂基本特征见表3-26、图3-6。

区域内对场地地震危险性影响较大的7级地震构造主要有阜康南断裂、二道沟断裂、柴窝堡盆地南缘断裂、博格达南缘断裂、碱泉子—洛包泉断裂带、博罗可努—阿齐克库都克断裂带，对场地地震危险性影响较大的6级地震构造主要有吐鲁番盆地中央隆起带、东沟断裂、博格达北缘断裂等。

表3-26　区域主要活动断裂

编号	断裂名称	长度/km	产状			活动性质	最新地质活动证据	活动时间	与地震的关系
			走向	倾向	倾角				
F_1	卡拉麦里	200	NWW	NNE	60°~80°	右旋逆冲	断错 Q_3 砾石层	Q_3	
F_2	北三台	>20	NWW	S	30°~45°	逆断层	错断 Q_{3-4} 洪积扇	Q_4	
F_3	阜康南	160	近EW	S	20°~70°	逆断层	错断Ⅰ、Ⅱ级阶地	Q_4	有古地震遗迹
F_4	雅玛里克	100	向北凸弧形	S	60°~80°	左旋逆冲	断错 Q_3	Q_3	小震活动
F_5	博格达北缘	100	EW	S		逆断层		Q_3	
F_6	二道沟	130	向北凸弧形	S	40°~70°	左旋逆冲	错断Ⅱ级阶地	Q_4	1965年11月13日6.6级地震
F_7	开垦河	200	近EW	S	50°	逆冲滑	断错水系	Q_3	
F_8	大草滩隐伏	26	近EW	S	陡	逆断层	错断 Q_2	Q_2	
F_9	碗窑沟	55	NE	N	40°~80°	逆断层	错断 Q_3 堆积	Q_3	
F_{10}	八钢—石化隐伏	40	60°	SE	75°~85°	逆断层	错断 Q_3 黄土	Q_3	
F_{11}	王家沟组九家湾组	18	NEE	N	30°~78°	逆断层正断层	错断 Q_{3-4}	Q_4	有古地震遗迹

续表 3-26

编号	断裂名称	长度/km	产状			活动性质	最新地质活动证据	活动时间	与地震的关系
			走向	倾向	倾角				
F_{12}	西山	37	NEE	N	44°～75°	逆断层	错断 Q_3	Q_3	有古地震遗迹
F_{13}	红雁池—柳树沟	35	NWW	S	30°～58°	逆走滑断层	错断 Q_2 砾石层与水系	Q_2	有 4 级地震活动
F_{14}	东沟	30	NWW	S		逆冲	断错 Q_3	Q_3	
F_{15}	柴窝堡盆地南缘	70	NEE，近 EW	S	29°～70°	逆断层	错断Ⅰ级阶地	Q_{3-4}	1964 年 5.4 级地震，有古地震遗迹
F_{16}	依连哈比尔尕	374	NW	SW	40°～70°	右旋逆走滑	断错山脊、水系	Q_3	1976 年 4.8 级地震；2013 年 3 月 19 日 5.6 级地震
F_{17}	博格达南缘	250	EW	N	40°～70°	逆断层	错断 Q_3 洪积台地	Q_3	有古地震遗迹
F_{18}	碱泉子—洛包泉	330	近 EW	S	50°～76°	逆断层、左旋走滑正断层	错断全新统洪积物	Q_4	发生过 7.5 级地震，分布 13 km 和 15 km 长的地震破裂带，有古地震遗迹
F_{19}	博罗可努—阿齐克库都克	>1 000	305°	SW	40°～70°	右旋逆走滑	错断山脊、水系和Ⅰ—Ⅱ级台地	Q_{3-4}	1944 年 3 月 7 级地震；1955 年 4 月 6.5 级地震；有古地震形变带
F_{20}	鱼儿沟—红山口	53	NE	NW	65°～85°	逆断层	错断 Q_3 洪积台地	Q_3	1953 年 5 级地震；2011 年 6 月 8 日托克逊 5.3 级地震
F_{21}	盐山—肯德克	45	NEE—NWW	NNE	20°～60°	逆断层	错断Ⅱ级阶地	Q_4	有古地震遗迹
F_{22}	火焰山南缘	90	NWW	NE	18°～50°	逆断层	断错河谷Ⅰ、Ⅱ级阶地，断层陡坎	Q_4	1916 年 6.0 级地震
F_{23}	红山	5	近 EW	N	28°～60°	逆断层	错断河谷Ⅰ～Ⅳ级阶地	Q_4	
F_{24}	红山南缘	5	近 EW	N	60°～64°	逆断层	断错河谷Ⅰ级阶地，断层陡坎	Q_4	

续表 3-26

编号	断裂名称	长度/km	产状			活动性质	最新地质活动证据	活动时间	与地震的关系
			走向	倾向	倾角				
F_{25}	七克台	100	NWW	SSW	40°~45°		错断 Q_4 洪积扇	Q_4	有古地震遗迹，有 5 级地震
F_{26}	乌拉斯台	>120	NWW	NNE	60°~80°	右旋逆走滑	错断河流阶地	Q_3	
F_{27}	包尔图	350	NE	10°	45°~60°	左旋逆冲	断错水系	Q_3	1995 年 5 级地震
F_{28}	焉耆盆地北缘	100	NWW	N			错断 Q_3 冲洪积层	Q_3	
F_{29}	焉耆	210	NWW	NNE	陡	右旋逆冲	断错现代湖积物	Q_4	有古地震陡坎

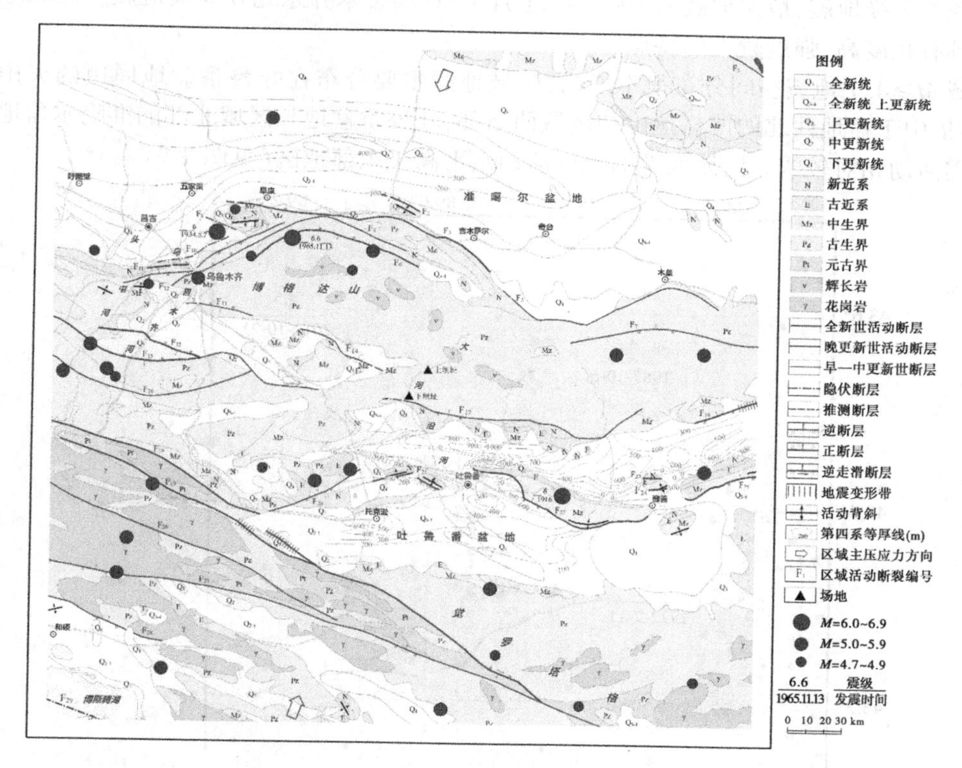

图 3-6　区域地震构造

3. 新构造运动基本特征

区域新构造运动主要表现出断块差异性垂直升降运动的强烈性、水平运动的明显性、活动强度的阶段性和间歇性、运动方式的继承性和新生性。区域的地震活动与新构造运动有着密切的关系，7 级以上地震常发生在新生代盆地边界控制性活动断裂带上，6 级地震常发生在新构造单元分界的活动断裂特殊构造部位与第四纪以来差异性新构造运动强烈的部位，5 级地震常发生在第四纪以来差异性新构造运动强烈的部位。

本区属东天山断块隆起带,位于乌鲁木齐以东、吐鲁番—哈密盆地以北的天山地区,由博格达穹块状断块隆起和巴里坤山—喀尔力克山断块隆起 2 个隆起组成。

该隆起带在上新世—早更新世时隆起,最大幅度达 3 000 m,中更新世时隆起 260 m 左右。隆起幅度自西向东减小。该隆起带发生过 1842 年 6 月 11 日巴里坤 7.5 级地震、1914 年 8 月 5 日巴里坤 7.5 级地震、1965 年 11 月 13 日乌鲁木齐东北 6.6 级地震,是区域主要的 7 级地震的新构造隆起带。

区域现代构造应力场为较为稳定的受 NNE 向近水平挤压力作用的地壳应力场,最大主压应力方向基本与构造线走向垂直,震源错动方式主要以倾滑逆断层为主。

3.4.1.2　区域地震活动性

1. 区域地震活动的空间分布特征

区域有地震记录以来共发生 $M \geqslant 4.7$ 地震 34 次,其中 6.0~6.9 级地震 3 次,5.0~5.9 级地震 21 次,4.7~4.9 级地震 10 次。区域内历史上记载最早破坏性地震为 1863 年乌鲁木齐 5.5 级地震,最大地震为 1965 年 11 月 13 日乌鲁木齐东北 6.6 级地震。区域地震活动具有频度高、强度较大的特点。

区域 $M \geqslant 4.7$ 地震空间分布很不均匀,区域地震主要分布在吐鲁番盆地周边的天山地区,多集中于盆地西北的博格达山和区域西南部,吐鲁番盆地和区域北部的准噶尔盆地南部地震活动相对较弱。区域西部的地震活动水平高于东部地区(见图 3-7)。

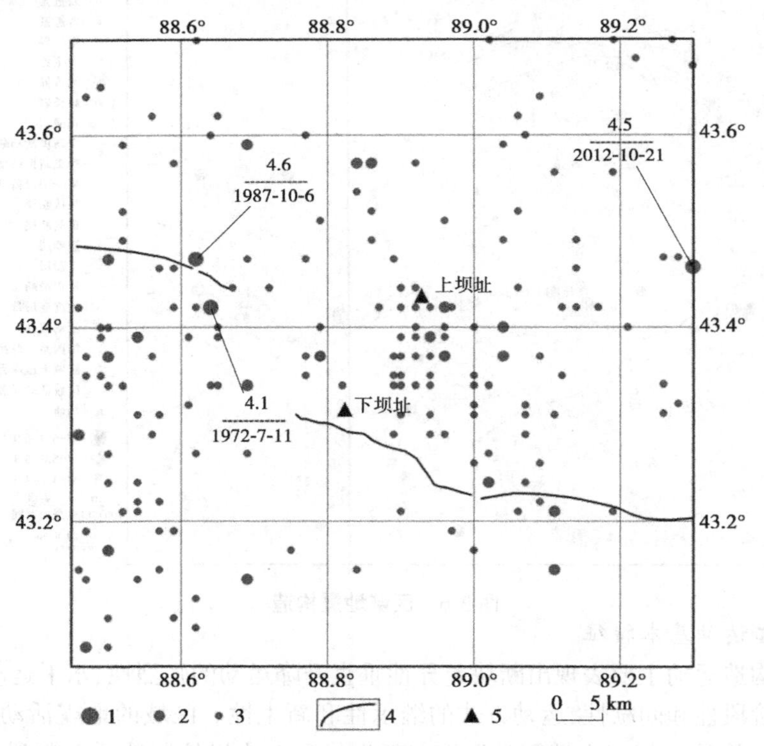

1—M=6.0~6.9;2—M=5.0~5.9;3—M=4.7~4.9;4—活动断裂;5—隐伏断裂;6—推测断裂;7—场地。

图 3-7　区域 $M \geqslant 4.7$ 地震震中分布(1716—2012 年 9 月)

1970—2014年10月地震台网共记录到区域内$M \geq 2.5$地震950次,其中5.0~5.9级地震9次,4.0~4.9级48次,3.0~3.9级330次,2.5~2.9级563次,最大地震为2011年6月8日托克逊5.3级地震,震中位于场地西南,距上、下坝址的距离分别为72 km和57 km。区域中、小地震活动仍表现为强度大和频度较高的特点,其分布与$M \geq 4.7$地震震中基本一致,地震活动明显受活动断裂控制,具有片状、带状、团状分布特征。

近场区1970年以前无$M \geq 4.7$地震的记载。1970—2012年9月,$M \geq 2.0$地震183次,其中4.0~4.9级地震3次,3.0~3.9级地震20次。最大地震为1987年4月6日4.6级地震,震中位于上、下坝址以西约25 km和23 km;距离场地最近的4级地震为1972年7月11日的4.1级地震,震中位于场地西部,距上、下坝址距离分别为23 km和18 km(见图3-8)。

地震主要分布在近场区的中部和西部,多呈面状集中分布在吐鲁番盆地周边及博格达山,4级地震主要分布在东沟活动断裂附近,小地震则集中分布在博格达南缘断裂带与场地之间的博格达山区(见图3-8),与博格达南缘断裂带新活动有一定的相关性。

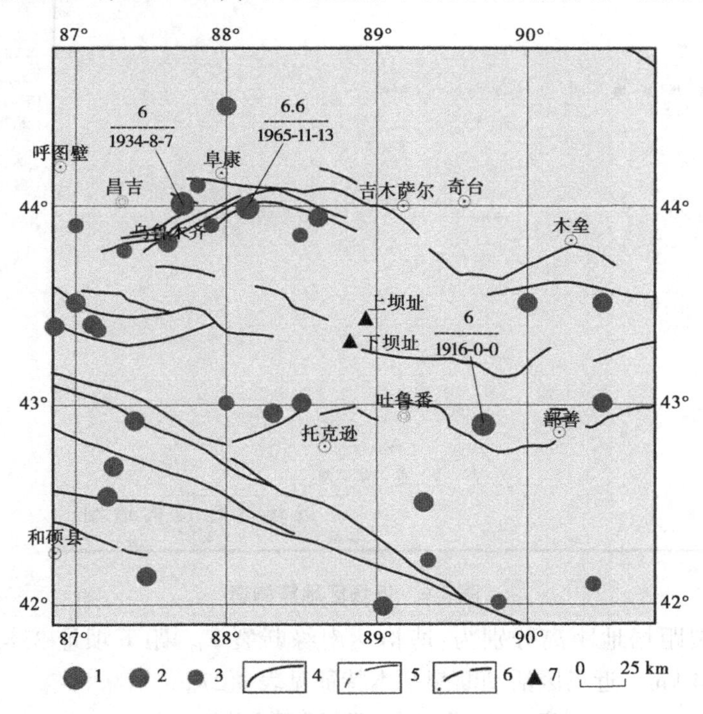

1—M=4.0~4.9;2—M=3.0~3.9;3—M=2.0~2.9;4—活动断裂;5—场地。

图3-8　近场区地震震中分布(1970—2014年10月,$M \geq 2.0$)

2. 地震震源深度分布特征

根据区域内1970年以来$M \geq 3.0$地震资料,地震震源深度优势分布在50 km内,属浅源地震。

3. 历史地震及其对工程场地的影响

场地曾遭受多次破坏性地震的影响,区域内历史上记载最早破坏性地震为1863年乌鲁木齐5.5级地震,最大地震为1965年11月13日乌鲁木齐东北6.6级地震。破坏性地震对场地的最大影响烈度为Ⅵ度。

3.4.2　断层活动性评价

3.4.2.1　近场区断层活动性的鉴定

近场区活动构造主要为博格达南缘断裂和东沟断裂，它们在晚第四纪以来有显著活动，断裂的分布见图 3-9。

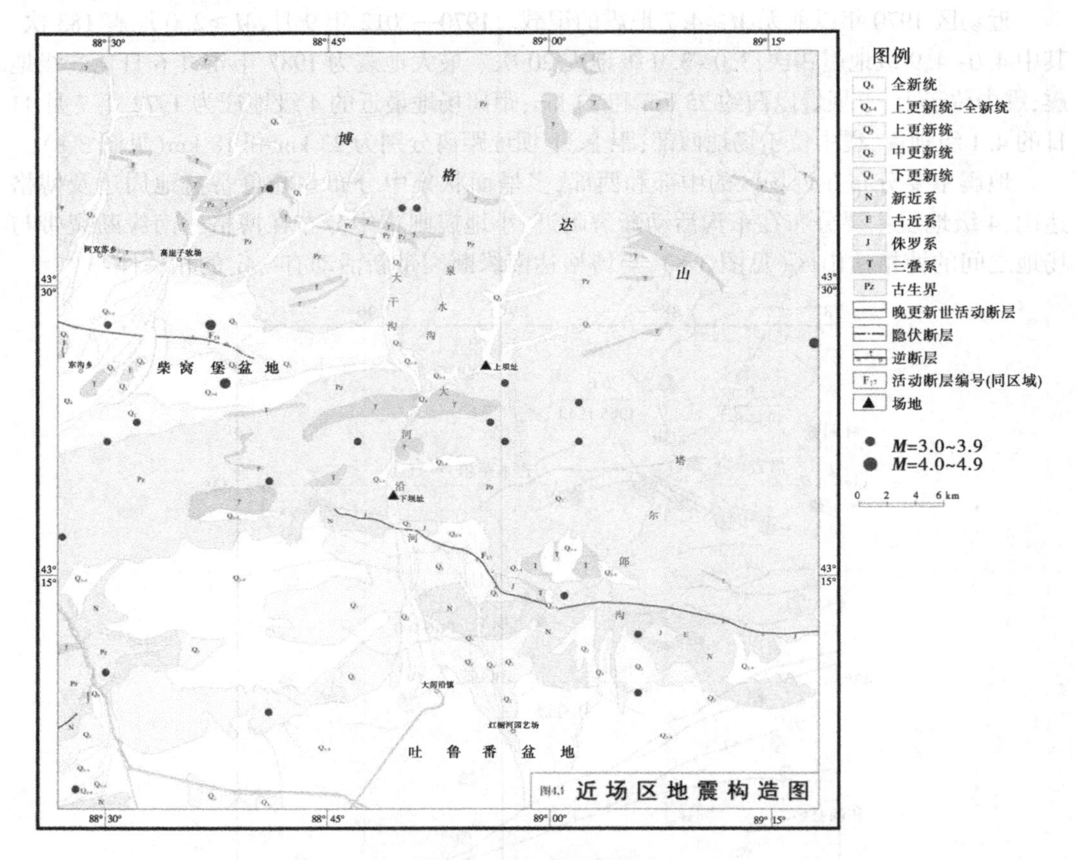

图 3-9　近场区地震构造

两活动断裂距场地距离分别为：博格达南缘断裂 F_{17}，距下坝址 3.8 km；东沟断裂 F_{14}，距下坝址 24 km。近场区活动断裂基本特征见表 3-27。

表 3-27　近场区活动断裂基本特征一览

断裂编号(同区域)	断裂名称	长度/km	产状			活动性质	地质活动证据	最新地质活动时代	距场地距离/km
			走向	倾向	倾角				
F_{17}	博格达南缘	250	近 EW	N	40°~70°	逆断层	断错 Q_3 冲洪积台地	Q_3	3.8
F_{14}	东沟	30	NWW	S		逆断层	断错 Q_3 冲洪积台地	Q_3	24

1. 博格达南缘断裂 F_{17}

博格达南缘断裂带是博格达复背斜与吐鲁番盆地的分界断裂，位于吐鲁番盆地北缘，西起吐鲁番盆地西端特孜干，沿博格达山南麓，呈 NEE 向或近 EW 向延伸，经科牙依、小草湖、大河沿北、七泉湖、柯柯亚以东，全长约为 250 km，断裂总体走向近 EW，倾向 N，倾角较陡，在下坝址下游 3.8 km 处横穿大河沿河谷。

该断裂形成于华力西晚期，由多条断层呈叠瓦状组成的断裂带，使古生界向南逆掩于山麓的新生代地层之上，并且中新生代地层本身也遭受了较为复杂的断裂与褶皱变形，反映了该断裂自形成以来持续强烈的逆断裂活动，形成了吐鲁番盆地北缘中、高山与山前丘陵、冲洪积平原之间显著的地貌分界线。在剖面上可见到主断裂北侧的石炭系向南逆冲于侏罗系、新近系之上。

在大河沿河以东发现博格达南缘断裂西段的新活动证据，在下坝址东南 6.8 km 的山前洪积扇上，沿断裂形成明显的断层迹象，卫星影像清晰，实地考察见其断层错动晚更新世洪积扇，地表形成显著的反向断层陡坎，实测陡坎垂直位移约为 3.5 m，沿断层陡坎向东进行追踪，在一条冲沟东壁发现了该断层的地质剖面，表现为洪积砂砾石层与新近系泥岩层呈断层接触关系，断面倾向 N，正断层性质。

在距下坝址下游约 3.8 km 处的大河沿河左（东）岸谷壁见博格达南缘断裂地质剖面，表现为阶地基座中的侏罗系中统三工河组向南逆冲在新近系上新统葡萄沟组之上，断层带宽 30 m 左右，产状为 N85°E，NW∠80°，断层顶部被晚更新世Ⅳ级阶地砾石层覆盖，阶地砾石层未见明显错动迹象，沿断裂走向至大河沿河右（西）岸高Ⅳ级阶地砾石层亦未见断错迹象，阶地面仅有轻微弯曲变形，表明该断裂在至场址区（5 km 范围内）的西段活动性已经减弱，呈隐伏性质。

总体来看，博格达南缘断裂在晚更新世晚期以来仍在活动，有的次级断层还表现为正断层性质，剖面揭示出有断裂多次古地震活动，综合确定为晚更新世活动断层。其活动性为东强西弱，西至场址区呈隐伏性质。

2. 东沟断裂 F_{14}

该断裂位于达坂城东沟乡—西沟乡一带，总体走向 NWW，倾向 S，倾角较缓，全长 30 km 左右，发育于近场区西北侧。该断裂晚第四纪以来垂直运动幅度较大，表现为侏罗纪地层被断裂切割并掀斜翘升出露于地表，形成一系列低山丘陵。断裂南盘（上盘）分布有多个煤矿，同时两盘的落差达数百米，标志非常明显。该断裂向东延伸至近场区西部，地表运动幅度已经减弱，逐步呈隐伏状态。但该断裂西段较强的活动，在地表有较为清晰的显示。该断裂西段在达坂城东沟附近新活动迹象明显，断层断错了山前的冲洪积扇，形成反向的断层陡坎，一系列河流在断层附近也发生了较为明显的变形迹象。在东沟乡以西的白家沟附近，可见该断层断错山前冲洪积扇砾石层，在地表形成 NWW 向的断层陡坎，陡坎高度 5~10 m，在该冲沟切割出的陡壁上，我们发现了断层地质剖面，断面倾向 S，倾角 25°左右，受断层活动影响，晚更新统砾石层发现了明显的掀斜变形，倾斜角度为 30°。由此判断，该断层为晚更新世活动断层。天山地区山前的冲洪积扇一般形成于晚更新世中晚期，根据陡坎最大高度为 10 m，估算该断层晚更新世中晚期以来的平均垂直滑动速率为 0.2 mm/a 左右。

在高崖子村以东，断裂地貌上表现为多级地层陡坎，陡坎高度达 5~8 m，并且为 2~3 级陡坎，与西段相比，该段呈由北向南掀斜的台地面时代可能较老，为中更新世台地。再向东，已经为柴窝堡盆地东部边缘，属依连哈比尔尕山与博格达山的交汇过渡地带，断裂呈隐伏状态并逐渐尖灭。

总体来看，东沟断裂在晚更新世晚期以来仍有活动，为晚更新世断层，沿断裂现代有小震活动，其活动性为西强东弱，东至近场区呈隐伏状态并逐渐尖灭。

3.4.2.2　场址区断层活动性的鉴定

场址区（不小于 5 km）区域性的断裂主要有 F_{I}（博格达南缘断裂 F_{17}）、F_{II}、F_{III}、F_{V-1}、F_{V-2} 五条。其中上坝址处于 F_{II}、F_{III} 两条断裂之间；下坝址处于 F_{V-1}、F_{V-2} 两条断裂之间；F_{I} 即为博格达南缘活动断裂 F_{17}，其特征与活动性前已述及。

F_{II} 断裂，为石炭纪地层与二叠纪地层的分界断层，石炭纪安山岩向北逆冲到二叠纪钙质粉砂岩、砂岩之上，断层倾向 S，倾角 64°左右，断层下盘的二叠纪地层发生褶皱变形，形成一定规模的复式背斜构造。

F_{III} 断裂，发育在二叠系地层中，表现为二叠纪地层褶皱变形及断层错动。沿褶皱南翼发生断层错动，断层倾向 N，倾角 65°~80°，二叠系下统鸿雁池组中亚组（P_{1hy}^{b}）钙质粉砂岩、砂岩向北逆冲到二叠系下统鸿雁池组上亚组（P_{1hy}^{c}）的钙质粉砂岩、凝灰岩之上。

通过调查，均未见断层 F_{II}、F_{III} 错断河谷两岸的Ⅱ、Ⅲ级阶地或发生明显变形，其中Ⅱ、Ⅲ级阶地的拔河高度分别为 10~15 m、30~40 m。根据对比本区博格达山南、北发育河流阶地的形成时代，Ⅱ级阶地形成于晚更新世—全新世、Ⅲ级阶地形成于晚更新世。同时，结合区域活动构造综合分析判定，鉴定上坝址区附近的断层 F_{II}、F_{III} 为不活动断层。

F_{V} 为发育在古生代和中生代地层中的断裂，分为南、北两支断层（F_{V-1}、F_{V-2}）。

F_{V-1} 断层为石炭纪地层与侏罗纪地层分界断裂，表现为石炭系上统博格达下亚群第二组（$C_{3bg}{}^{a-2}$）安山岩向南逆冲到侏罗系下统八道湾组（J_{1b}）砾岩层之上，断层产状为 N87°W，NE∠70°。

F_{V-2} 断层发育在石炭系之中，在下坝址东北一条东西向冲沟北侧见断层地质剖面，表现为石炭系中—下统博格达第二亚组[（C_{1v}—$C_2{}^{b}$）^{b}]逆冲到石炭系上统博格达下亚群第二组（$C_{3bg}{}^{a-2}$）之上。其中前者上部为钠长石化安山岩，在博格多主峰一带相变为灰绿色片理化凝灰岩夹安山岩，下部以安山岩为主，夹安山玢岩；后者为紫色安山岩、安山质凝灰岩、紫红色霏细斑岩夹集块岩、灰岩。断层产状为 N50°W，NE∠72°，断层带宽大于 30 m。

F_{V} 断裂南支和北支断层在通过大河沿河河谷两岸的Ⅲ、Ⅳ级阶地均未见错断或发生明显变形，其中Ⅲ、Ⅳ级阶地的拔河高度分别为 10~20 m、40~50 m。根据对比本区博格达山南、北麓发育河流阶地的形成时代，Ⅲ级阶地形成于晚更新世、Ⅳ级阶地大致形成于中更新世晚期—晚更新世早期，并结合区域活动构造综合分析判定，鉴定下坝址区附近的 F_{V} 断裂为不活动断层。

3.4.3　工程场地地震安全性评价

3.4.3.1　场地地震构造稳定性分析

根据近场区活动构造的研究,并结合区域地震构造条件综合分析,对工程场地地震构造稳定性分析如下:

(1)博格达南缘断裂。是分隔博格达断块隆起与吐鲁番盆地的分界断裂,为区域性活动断裂。断裂最新活动错断了晚更新世晚期砾石层,在地表形成断层陡坎,地质剖面揭示有多期古地震活动,为晚更新世晚期活动断裂。根据断裂规模、活动特征,结合区域地震构造标志和构造类比,综合确定博格达南缘断裂具备发生 7 级地震的构造条件,震级上限为 7.5 级。

(2)东沟断裂。是发育在柴窝堡凹陷东段中央的断裂—隆起构造,断裂地表出露长度 30 km 左右,晚第四纪以来运动明显,断错了晚更新世砾石层,地表形成高 5~10 m 的断层陡坎,沿断裂现代中、小地震活动较频繁。根据断裂规模、活动特征,结合区域地震构造标志和构造类比,综合确定东沟断裂具备发生 6 级地震的构造条件,震级上限为 6.5 级。

(3)坝址区主要断层。包括上坝区的断层 $F_{Ⅱ}$、$F_{Ⅲ}$ 和下坝址区的断裂 $F_{Ⅴ}$(含北支、南支断层)属博格达复背斜南部的次级断层,规模不大,未错断河谷两岸的Ⅲ、Ⅳ级阶地,为不活动断层。这些断层历史上未发生过 5 级以上地震,现代小震活动较弱。根据断裂规模、地震活动特点,结合区域地震构造标志,综合确定这 3 条断层不具备发生≥6 级地震的构造条件。

3.4.3.2　场地地震危险性概率分析及设计地震动参数

根据区域地震活动性及地震构造研究成果,分析区域地震活动环境和地震构造特征,划分区域潜在震源区。确定合适地震动衰减关系及地震带、潜在震源区的地震活动性参数,应用概率方法计算得出场地不同超越概率水平的基岩地震动峰值加速度结果列于表 3-28。

表 3-28　场地不同超越概率水平的基岩地震动峰值加速度结果

超越概率水平	P=10%(50 年)	P=5%(50 年)	P=2%(100 年)
下坝址	127.1	170.5	296.2

在地震危险性分析结果基础上,根据场地钻探资料,利用不同岩性土的物理学参数及土类动力特性参数建立计算模型,输入基岩人造地震波进行场地土层地震反应分析,得到地表地震动加速度峰值及反应谱特征周期。综合分析判定,确定场地不同超越概率水平的地表水平向设计地震动参数结果列于表 3-29、表 3-30 中。

表 3-29　上、下坝址地表最大地震加速度值

A_{max}(gal)	超越概率水准		
	50 年超越概率 10%	50 年超越概率 5%	100 年超越概率 2%
下坝址	178	245	415

表 3-30　上、下坝址场地地表反应谱最大值及特征周期

场地	50 年超越概率 10%		50 年超越概率 5%		100 年超越概率 2%	
	β_{max}	Tg/s	β_{max}	Tg/s	β_{max}	Tg/s
下坝址	2.6	0.40	2.6	0.45	2.6	0.55

按照《中国地震动参数区划图》(GB 18306—2015)附录 D 的规定:地震基本烈度由 50 年超越概率 10%的地震动峰值加速度确定。据此,确定坝址场地地震基本烈度均为Ⅷ度(0.2g 档)。

3.4.3.3　场地地震地质灾害的评价

(1)场地位于大河沿河出山口附近,河谷呈基本对称的"U"形,河床面高程 1 540～1 555 m,河床宽 260～320 m,总体流向由北向南,河床坡降较陡,其纵坡坡度平均为 30.4‰,两岸山顶相对高差 120～130 m,山坡坡度 40°左右,一般基岩裸露。岩性主要为石炭系上统博格达下亚群的砂岩、粉砂岩、砂砾岩。左、右两岸未发现大型崩塌、滑坡迹象,但在河谷右岸Ⅳ级阶地陡立前缘有小规模的崩塌现象,在强震作用下具备产生地震崩塌的条件。

(2)场地河床段的第四系厚度大于 80 m,岩性主要为上更新统—全新统冲积砂卵石层,覆盖层厚度 30～34 m,场地等效剪切波速为 286.8～309.5 m/s。河床段(包括左、右岸阶地)场地土为中硬场地土,场地类别为Ⅱ类。坝址左、右坝肩段岩性为石炭系上统坚硬岩石,综合考虑左、右坝肩场地类别按Ⅰ类场地对待。

(3)场地河床段地层岩性以较厚的冲积砂卵砾石层为主,根据《水利水电工程地质勘察规范》(GB 50487—2008)附录 P 土的液化判别:"土的粒径大于 5 mm 颗粒含量的质量百分率大于或等于 70%时,可判为不液化"。经河床浅部探坑颗分试验与钻孔取样分析,本工程河坝基深厚砂砾石层粒径大于 5 mm 颗粒含量的质量百分率一般大于 70%,可判为不液化。

河床中、下部有呈透镜状分布的含泥砂砾石层,含砂率达 50%左右,分布厚较小。该层是否液化按上限剪切波速值与实测剪切波速值对比分析判定,根据《水利水电工程地质勘察规范》(GB 50487—2008)附录 P 土的液化判定公式计算:

$$V_{ST} = 291\sqrt{K_h \times Z \times r_d}$$

式中:V_{ST} 为上限剪切波速;K_h 为地震动峰值加速度系数 0.15;Z 为土层深度 30 m(埋深相对较浅的一层);r_d 为深度折减系数 0.9～0.01Z。

通过计算,上限剪切波速 V_{ST} = 478 m/s,对照实测剪切波速值,大于该值,因此含泥砂砾石层亦判为不液化。

综合评价,河床砂卵石层不具备产生砂土液化、软土震陷的地震地质灾害条件。

(4)场地内没有全新世断层通过,不具备发生地震地表断错的条件。

3.4.4　大坝渗流及边坡稳定分析

3.4.4.1　渗流及渗透稳定计算

大河沿水库大坝采用沥青混凝土心墙砂砾石坝，坝体采用布置在坝体中部的沥青混凝土防渗，河床段砂砾石覆盖层坝基采用混凝土防渗墙防渗，两岸根据基础情况采用帷幕灌浆和混凝土防渗墙结合的防渗方式，坝基防渗标准按 5 Lu 控制，最大防渗深度 185 m，防渗总长度为 711.0 m。坝体和坝基渗流及渗透稳定计算采用北京理正软件设计研究院有限公司编制的理正岩土工程计算分析软件。

理正岩土工程计算分析软件中的渗流分析计算模块分为两种计算方法：一种是采用有限元法进行渗流分析，另一种是公式法。本次计算采用有限元法。有限元法是依据非饱和土理论、达西定律等，采用有限元法分析稳定流及非稳定流中多种边界条件、多种材料的堤坝或土体的渗流分析。该程序有限元法分析渗流问题是以线性达西定律为基础，不适应非线性达西定律的流场分析及不满足达西定律的流场分析。渗流有限元分析基本方程为：

$$[K]\{H\} + [M]\left\{\frac{\alpha H}{\alpha t}\right\} = \{Q\}$$

式中：$[K]$为透水系数矩阵；$\{H\}$为总水头向量；$[M]$为单元储水量矩阵；$\{Q\}$为流量向量；t 为时间。

1. 计算工况

根据《碾压式土石坝设计规范》（SL 274—2020），渗流计算应考虑水库运行中出现的不利条件，包括上游正常蓄水位与下游相应最低水位、上游设计洪水位与下游相应的水位、上游校核洪水位与下游相应水位、库水位降落时对上游坝坡稳定最不利的情况。根据本工程实际情况，计算主坝标准剖面渗流，选取以下两种工况：

（1）正常工况：正常蓄水位（1 615 m）稳定渗流期渗流计算。

（2）水位骤降工况：由正常蓄水位 1 615 m 下降至死水位 1 582.5 m（水位降落速度 2 m/d）的渗流计算。

2. 计算简图及参数采用

根据本工程的地形特点，选取河床坝段标准横断面进行渗流及坝坡稳定性计算分析，典型断面计算示意如图 3-10 所示。

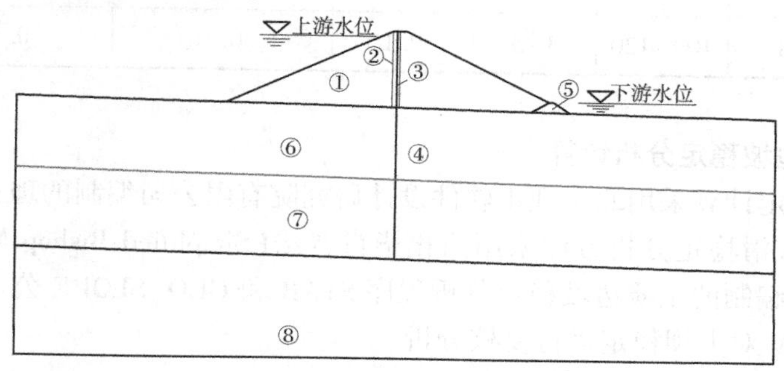

图 3-10　典型断面计算简图

计算参数根据试验指标选取,大坝渗流和坝坡稳定分析选取的计算参数见表3-31。

表3-31　坝坡渗流稳定分析计算参数

分区序号	筑坝材料	内摩擦角 φ/(°)	黏聚力 C/kPa	容重/(kN/m^3)	饱和容重/(kN/m^3)	渗透系数/(cm/s)
①	坝壳砂砾料(饱和)	36	0	21.5	22.5	$2.5\times10^{-2}\sim1.2\times10^{-1}$
	坝壳砂砾料(非饱和)	38	0	21.0	22.0	$2.5\times10^{-2}\sim1.2\times10^{-1}$
②	过渡料(饱和)	35	0	21	22	$>1\times10^{-3}$
	过渡料(非饱和)	36	0	20.5	21.5	$>1\times10^{-3}$
③	沥青心墙	25	114	23	23	$<1\times10^{-7}$
④	混凝土防渗墙	43	250	23	23	$<1\times10^{-7}$
⑤	排水棱体	40	0	23	23	4×10^{-2}
⑥	砂卵砾石(上部)	27	0	19.0	20.0	$4.2\times10^{-3}\sim7.4\times10^{-3}$
⑦	砂卵砾石(下部)	27	0	19.5	20.5	$1.1\times10^{-2}\sim1.3\times10^{-1}$
⑧	基岩	50	250	24	24	$1\times10^{-5}\sim1\times10^{-4}$

3. 计算结果

坝坡渗流计算结果:大坝各种材料和地层中的最大渗透坡降见表3-32,通过与材料允许渗透坡降比较,计算值均小于材料允许渗透坡降,下游坡渗流溢出处最大渗透坡降值为0.07,小于坝壳砂砾料允许渗透坡降0.1的要求,渗透稳定满足要求。正常蓄水位下大坝单宽渗流量为9.23 m^3/d,按左右岸总长500 m考虑,总渗流量为4 615 m^3/d,为总库容的1/6 552,在水库允许渗漏范围之内(按总库容的1/2 000计)。

表3-32　各种材料和地层中的最大渗透坡降

计算工况	上游坝坡	沥青心墙	过渡料	下游坝坡	砂砾石层(上部)	砂砾石层(下部)	防渗墙
正常蓄水位	0	67.8	0.9	0.07	0.06	0.02	41.9
水位降落期	0.01	37	0.43	0.04	0.02	0.01	22.7
材料允许值	0.1	100~120	3~5	0.1	0.1	0.15	80~100

3.4.4.2　坝体边坡稳定分析计算

本次坝坡稳定计算采用北京理正软件设计研究院有限公司编制的理正岩土工程计算分析软件,坝坡抗滑稳定分析方法采用简化毕肖普法(Simplified Bishop Method)。同时,采用陈祖煜院士编制的土质边坡稳定分析程序STAB和GEO-SLOPE公司研发的稳定分析软件SLOPE/W对大坝稳定进行复核分析。

1. 坝坡稳定计算(理正)

1)计算工况

根据《碾压式土石坝设计规范》(SL 274—2020),土石坝施工、建成、蓄水和库水位降落的各个时期不同荷载下,应分别计算其稳定性。控制坝坡稳定的有施工期(包括竣工时)、稳定渗流期、水库水位降落期和正常运用遇地震四种工况。结合本工程实际情况,选取河床坝段标准断面(见图3-10)进行坝坡稳定性计算分析,选取以下五种工况:

(1)正常蓄水位(1 615 m)稳定渗流期的上、下游坝坡。

(2)校核洪水位(1 617.6 m)稳定渗流期的上、下游坝坡。

(3)正常蓄水位遇设防地震的上、下游坝坡。

(4)水位骤降时(正常蓄水位1 615 m下降至死水位1 582.5 m)的上游坝坡。

(5)施工完工(围堰挡水)时的上、下游坝坡。

2)计算参数的选择

稳定计算参数选取,主要包括土的容重、抗剪强度等物理和力学指标等,其取值准确与否,直接影响到计算结果及对大坝方案设计的评价,本次计算参数主要根据地质勘查成果确定,部分材料结构参数根据工程类比选取,具体参数见表3-31。

3)计算程序和方法

坝坡稳定计算采用北京理正软件设计研究院有限公司编制的理正岩土工程计算分析软件,坝坡抗滑稳定分析方法采用计及条块间作用力的简化毕肖普法(Simplified Bishop Method)。

考虑地震作用下坝坡抗滑稳定,安全系数计算公式为:

$$K=\frac{\sum\{[W\sec\alpha-ub\sec\alpha]\tan\varphi'+c'b\sec\alpha\}[1/(1+\tan\alpha\tan\varphi'/Q)]}{\sum[W\sin\alpha+M_c/R]}$$

式中:W为土条重量;Q为水平地震惯性力;u为作用于土条底面的孔隙压力;α为条块重力线与通过此条块底面中点半径之间的夹角;b为土条宽度;c'、φ'为土条底面的有效应力抗剪强度指标;M_c为水平地震惯性力对圆心的力矩;R为滑弧半径。

沿大坝高度作用于质点i的水平向地震惯性力代表值依下式计算:

$$Q_i=a_h\xi G_{E_i}\alpha_i/g$$

式中:Q_i为作用在质点i的水平向地震惯性力代表值;a_h为水平向设计地震加速度代表值,这里$\alpha_h=0.2g$;ξ为地震作用的效应折减系数,取0.25;G_{E_i}为集中在质点i的重力作用标准值;α_i为质点i的动态分布系数,堤底$\alpha=1.0$,堤顶$\alpha_m=3.0$,其间为直线分布;g为重力加速度。

采用拟静力法进行抗震稳定计算,地震作用综合系数0.25,地震作用重要性系数1.0,计算中仅考虑水平向地震作用,水平向地震系数0.2。

4)计算成果及分析

通过分析计算,坝坡稳定分析计算成果见表3-33。

表 3-33　坝坡抗滑稳定计算最小安全系数

计算工况	上游坝坡	下游坝坡	规范允许值
稳定渗流期(正常蓄水位)	1.964	1.672	1.35
正常蓄水位+地震工况	1.540	1.442	1.15
水位骤降期	1.580	—	1.35
施工期	1.652	1.650	1.25
稳定渗流期(校核洪水位)	1.677	1.650	1.25

从表 3-33 可知,各计算工况下坝坡抗滑稳定最小安全系数均大于允许值,上、下游坝坡是稳定的。各工况下,最危险滑弧位置示意见图 3-11～图 3-19。

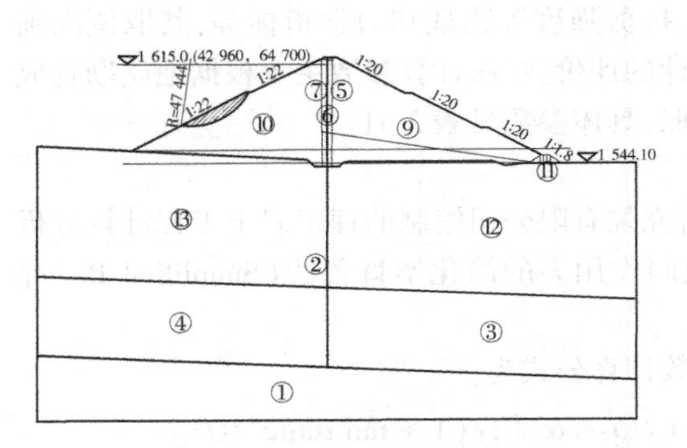

图 3-11　稳定渗流期上游坝坡最危险滑弧位置示意图　(单位:m)
(正常蓄水位 K=1.964)

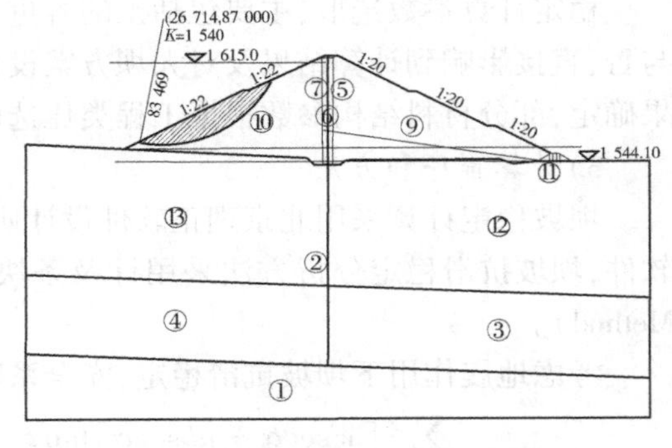

图 3-12　地震工况上游坝坡最危险滑弧位置示意图　(单位:m)
(正常蓄水位 K=1.54)

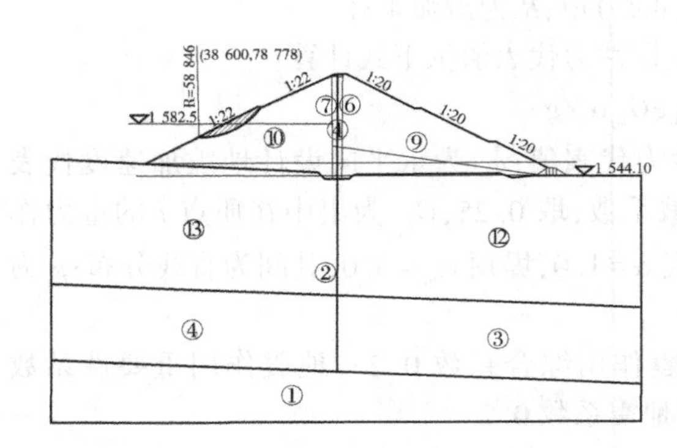

图 3-13　水位降落期上游坝坡最危险滑弧位置示意图　(单位:m)
(正常蓄水位降落至死水位 K=1.58)

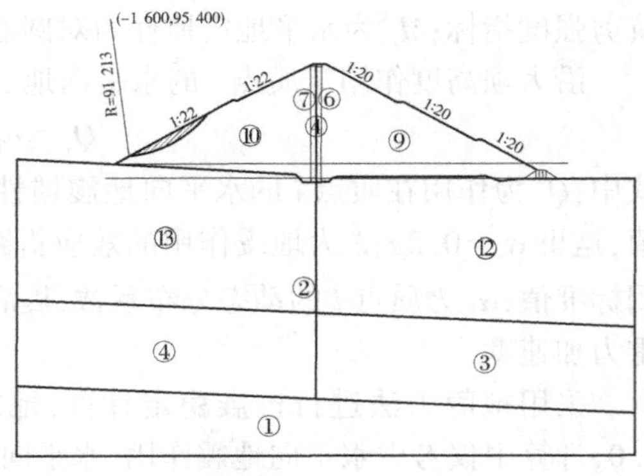

图 3-14　施工期上游坝坡最危险滑弧位置示意图　(单位:m)
(围堰挡水 K=1.652)

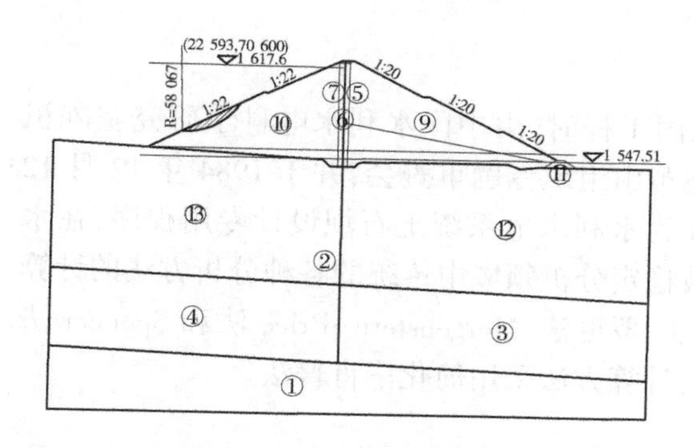

图 3-15　稳定渗流期上游坝坡
最危险滑弧位置示意图　（单位：m）
（校核水位 $K=1.677$）

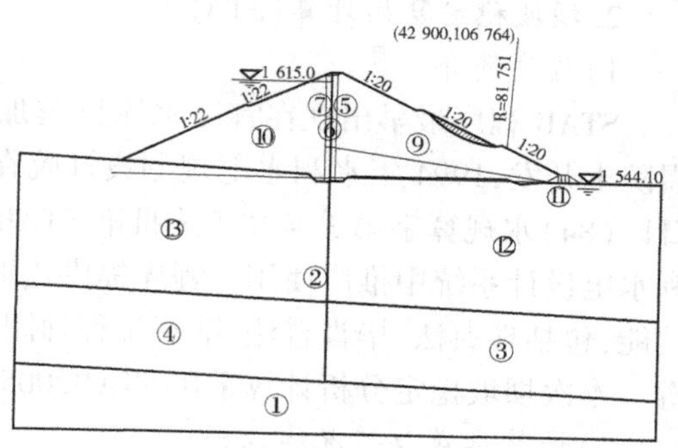

图 3-16　稳定渗流期下游坝坡
最危险滑弧位置示意图　（单位：m）
（正常蓄水位 $K=1.672$）

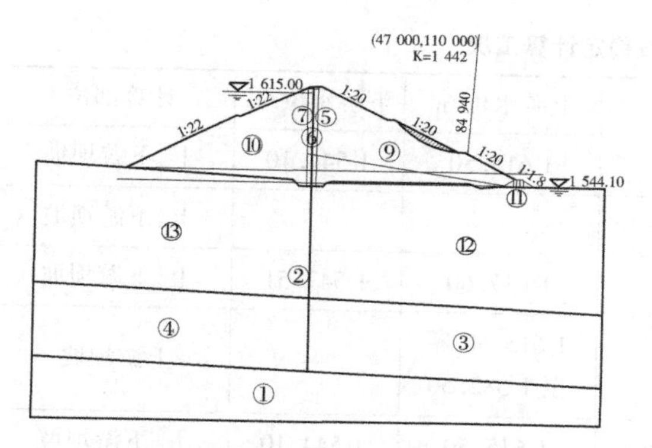

图 3-17　地震工况下游坝坡
最危险滑弧位置示意图　（单位：m）
（正常蓄水位 $K=1.442$）

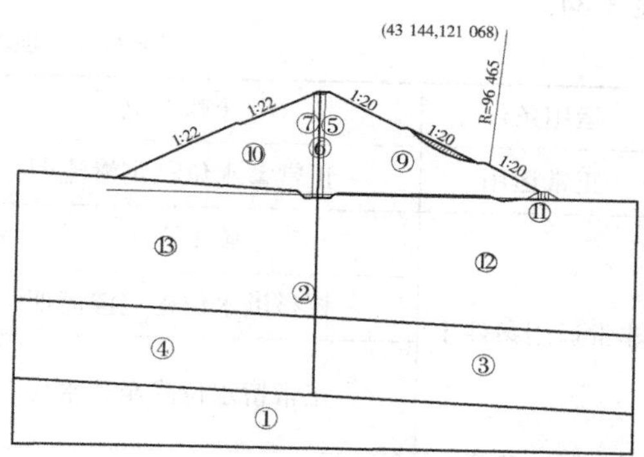

图 3-18　施工期下游坝坡
最危险滑弧位置示意图　（单位：m）
（围堰挡水 $K=1.650$）

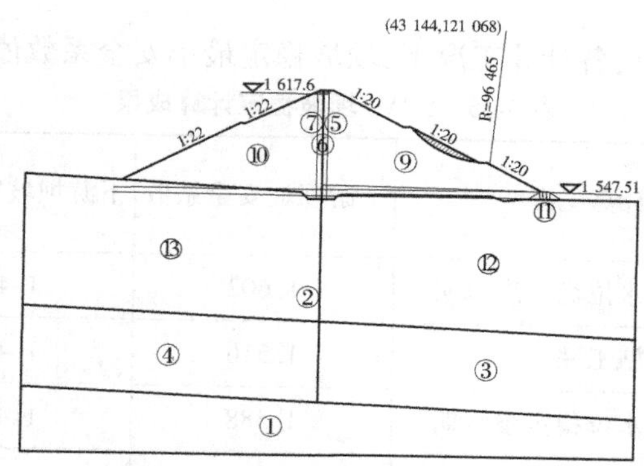

图 3-19　稳定渗流期下游坝坡
最危险滑弧位置示意图　（单位：m）
（校核水位 $K=1.650$）

2. 坝坡稳定复核计算(STAB)

1)程序简介

STAB 程序最早出现在官厅水库抗震加固工程时,由中国水利水电科学研究院陈祖煜院士开发,1994 年水利水电规划设计院在黄山组织专题审查会,并于 1984 年 12 月 12 日以(84)水规算字第 3 号文正式批准 STAB 为水利水电系统土石坝设计专用程序,在水利水电设计系统中推广使用。程序提供边坡稳定分析领域中传统的各种分析方法的计算功能,包括瑞典法、毕肖普法、陆军工程师团法、罗厄法、Morgenstern-Price 法和 Spencer 法等。本次坝坡稳定分析计算采用 STAB2005,计算方法采用简化毕肖普法。

2)计算参数及工况的选择

计算基本参数选取及计算典型断面与理正边坡稳定分析程序一致,如表 3-34 和图 3-10 所示。

根据工程实际情况,结合场地地震安全性评价成果,大坝坝坡稳定计算工况选取见表 3-34。

表 3-34 坝坡稳定计算工况

运用条件	计算工况	上游水位/m	下游水位/m	计算部位
正常运用	正常蓄水位稳定渗流期	1 615.50	1 544.10	上、下游坝坡
非常运用条件Ⅰ	施工完工	—	—	上、下游坝坡
	校核洪水位稳定渗流期	1 617.60	1 547.51	上、下游坝坡
	正常蓄水位降至死水位	1 615.50 降至 1 582.50	—	上游坝坡
非常运用条件Ⅱ	正常蓄水位遇地震(峰值 0.178g)	1 615.50	1 544.10	上、下游坝坡
	正常蓄水位遇地震(峰值 0.245g)	1 615.50	1 544.10	上、下游坝坡

3)计算成果及分析

通过 STAB 软件计算,各计算工况下,坝坡稳定最小安全系数值如表 3-35 所示。

表 3-35 STAB 坝坡稳定计算成果

运用条件	计算工况	上游坝坡安全系数	下游坝坡安全系数	抗滑稳定系数允许最小值
正常运用	正常蓄水位稳定渗流期	1.602	1.486	1.35
非常运用条件Ⅰ	施工完工	1.516	1.458	1.25
	校核洪水位稳定渗流期	1.588	1.456	
	正常蓄水位降至死水位	1.487	—	

续表 3-35

运用条件	计算工况	上游坝坡安全系数	下游坝坡安全系数	抗滑稳定系数允许最小值
非常运用条件Ⅱ	正常蓄水位遇地震（峰值 0.178g）	1.263	1.248	1.15
	正常蓄水位遇地震（峰值 0.245g）	1.202	1.190	1.15

通过表 3-35 所示计算成果可知，大坝上、下游坝坡在各种工况下的稳定安全系数均高于规范限值，大坝在稳定渗流期、水位骤降期或运行遇设防地震工况下均是稳定的。各工况下最危险滑弧位置示意见图 3-20～图 3-30。

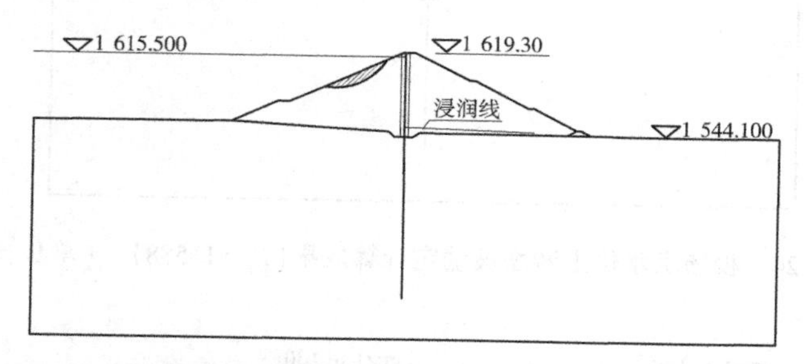

图 3-20　正常蓄水位上游坝坡稳定计算成果（F_s = 1.602）　（单位：m）

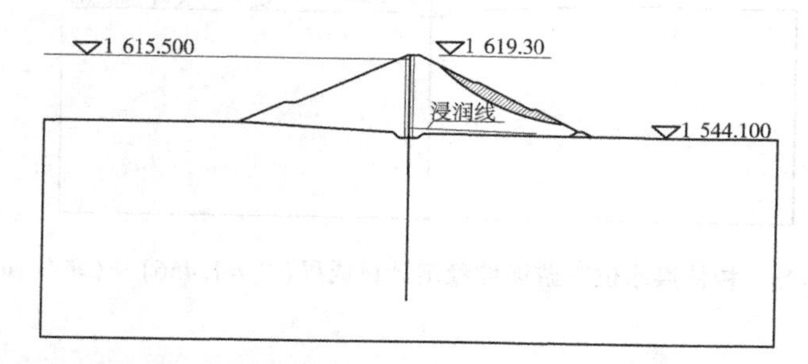

图 3-21　正常蓄水位下游坝坡稳定计算成果（F_s = 1.486）　（单位：m）

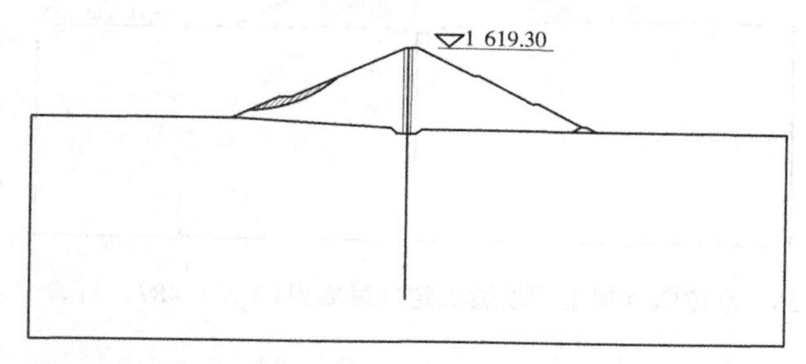

图 3-22　完建期上游坝坡稳定计算成果（F_s = 1.516）　（单位：m）

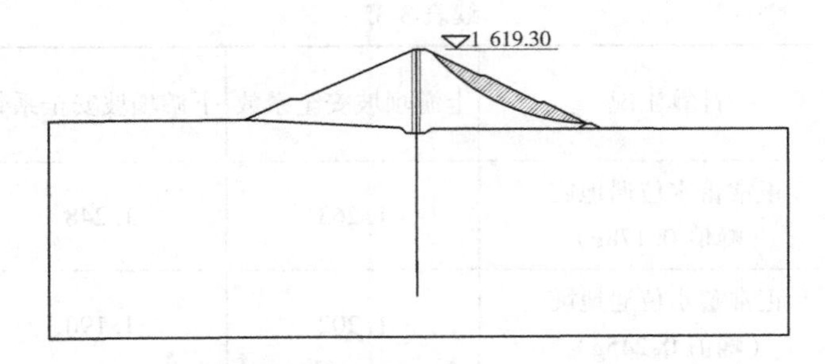

图 3-23　完建期下游坝坡稳定计算成果(F_s=1.458)　(单位:m)

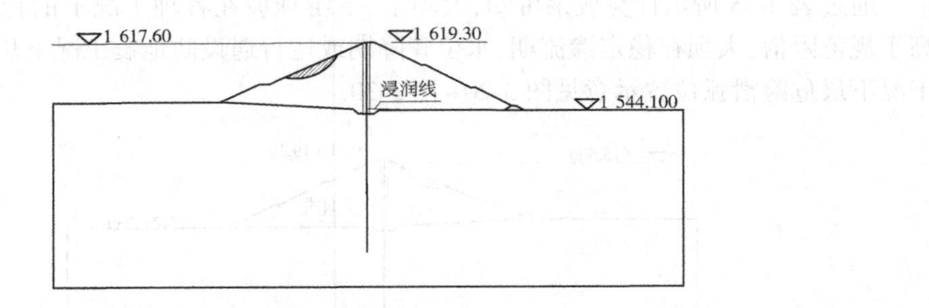

图 3-24　校核洪水位上游坝坡稳定计算成果(F_s=1.588)　(单位:m)

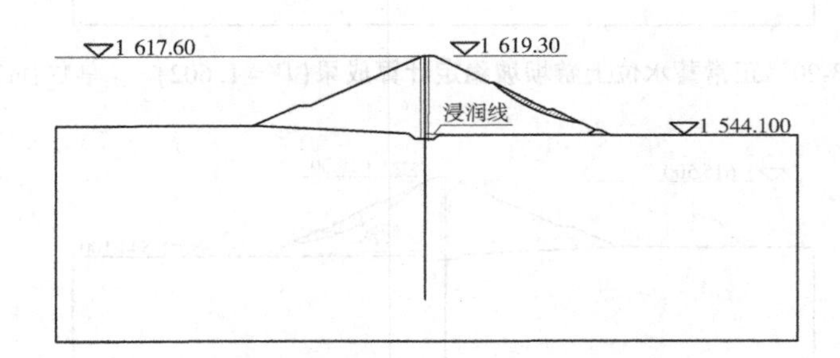

图 3-25　校核洪水位下游坝坡稳定计算成果(F_s=1.456)　(单位:m)

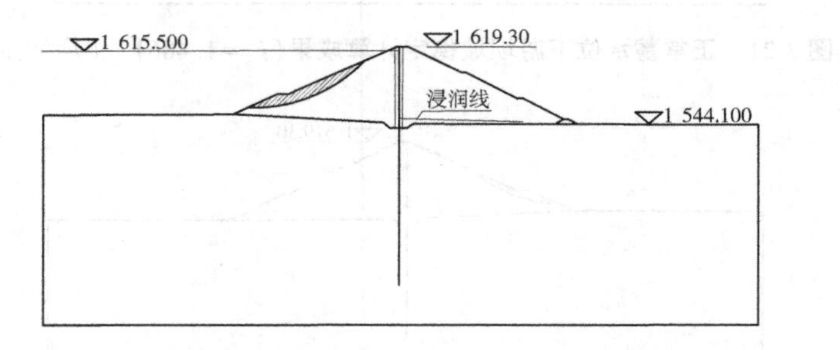

图 3-26　水位骤降期上游坝坡稳定计算成果(F_s=1.487)　(单位:m)

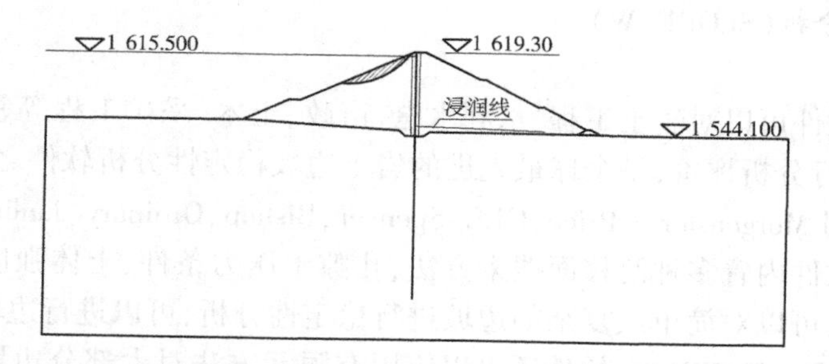

图 3-27　正常蓄水+地震期（峰值 0.178g）上游坝坡稳定计算成果（F_s=1.263）　（单位：m）

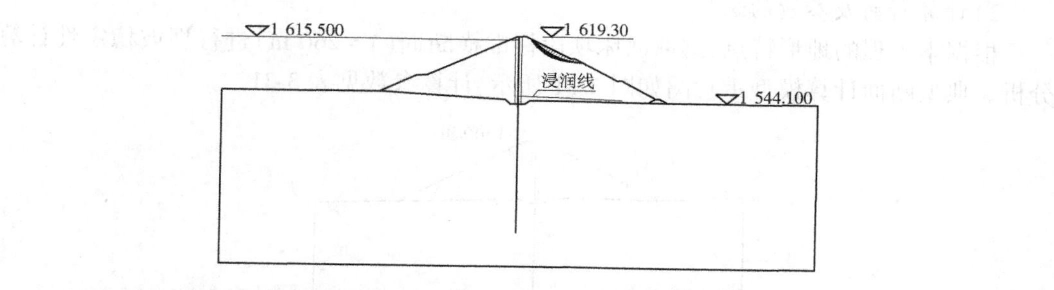

图 3-28　正常蓄水+地震期（峰值 0.178g）下游坝坡稳定计算成果（F_s=1.248）　（单位：m）

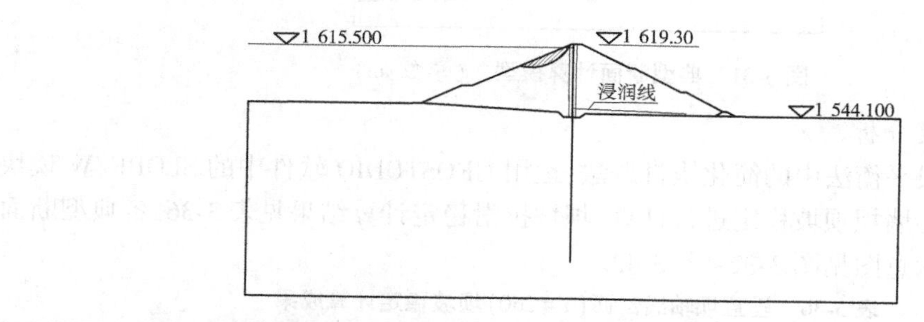

图 3-29　正常蓄水+地震期（峰值 0.245g）上游坝坡稳定计算成果（F_s=1.202）　（单位：m）

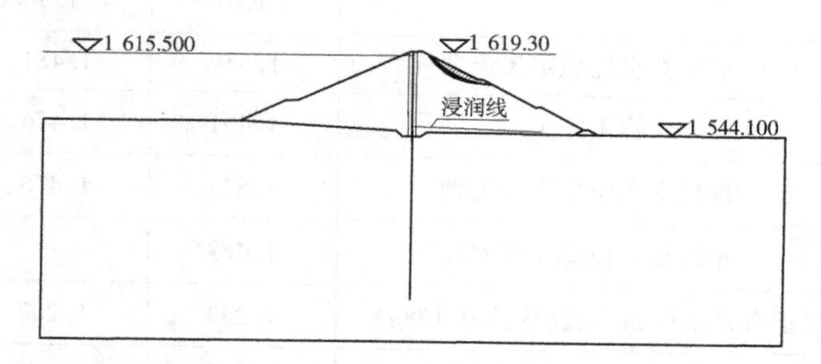

图 3-30　正常蓄水+地震期（峰值 0.245g）下游坝坡稳定计算成果（F_s=1.190）　（单位：m）

3. 坝坡稳定分析(SLOPE/W)

1)程序简介

SLOPE/W 软件可以对岩土工程、水利水电、市政、土木、采矿工程等领域中遇到的边坡稳定性问题进行分析评价,是全球最先进的岩土边坡稳定性分析软件之一,它使用极限平衡理论,可采用 Morgenstern-Price、GLE、Spencer、Bishop、Ordinary、Janbu、Sarma 等各种方法进行计算,软件内置多种滑移面搜索方法、孔隙水压力条件、土体强度本构及加固组件和荷载工况等,可以对简单或复杂的边坡进行稳定性分析,可以进行边坡失效概率分析和参数敏感性分析。SLOPE/W 软件还可以应用有限元方法对大部分边坡稳定性问题进行有效计算和分析。

2)计算断面及参数的选择

根据本工程的地形特点,选取河床坝段标准横断面(Y=260 m)进行坝坡稳定性计算分析。典型断面计算模型示意图如图 3-31 所示,计算参数见表 3-31。

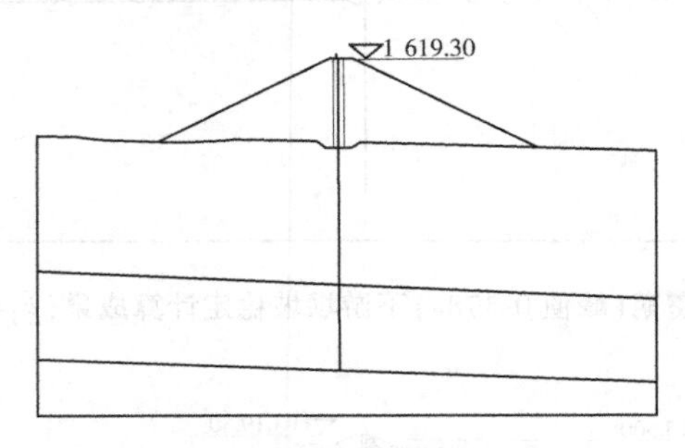

图 3-31 典型断面计算模型 (单位:m)

3)计算成果及分析

通过采用极限平衡法中的简化毕肖普法,运用 GEOSTUDIO 软件中的 SLOPE/W 模块对该沥青混凝土心墙坝坝坡稳定进行计算,坝坡抗滑稳定计算结果见表 3-36,各典型断面坝坡最危险滑弧示意图见图 3-32~图 3-42。

表 3-36 垂直坝轴线剖面(Y=260)坝坡稳定计算成果

运用条件	计算工况	上游坝坡安全系数	下游坝坡安全系数	抗滑稳定系数允许最小值
正常运用	正常蓄水位稳定渗流期	1.539	1.481	1.35
非正常运用条件Ⅰ	施工完工	1.491	1.476	1.25
	校核洪水位稳定渗流期	1.523	1.476	
	正常蓄水位降至死水位	1.463	—	
非正常运用条件Ⅱ	正常蓄水位遇地震(峰值 0.178g)	1.283	1.262	1.15
	正常蓄水位遇地震(峰值 0.245g)	1.244	1.182	1.15

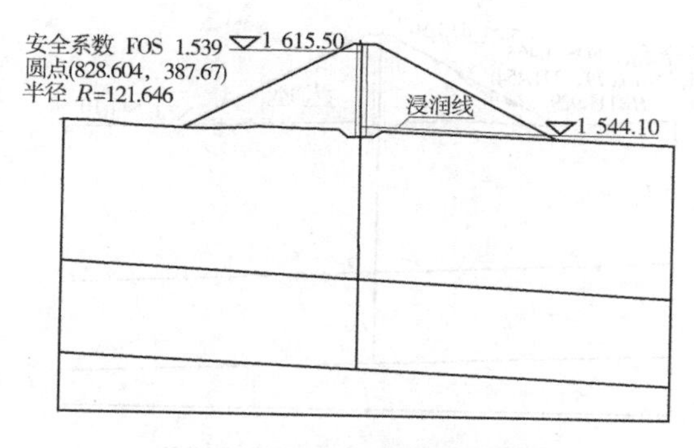

图 3-32　河床坝段标准断面正常蓄水位上游坝坡稳定计算成果　（单位：m）

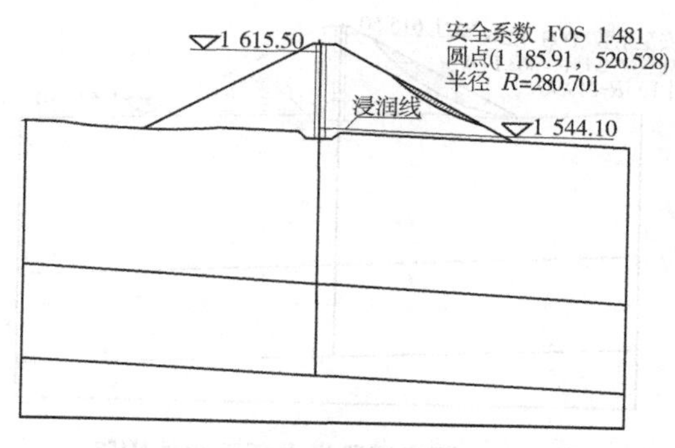

图 3-33　河床坝段标准断面正常蓄水位下游坝坡稳定计算成果　（单位：m）

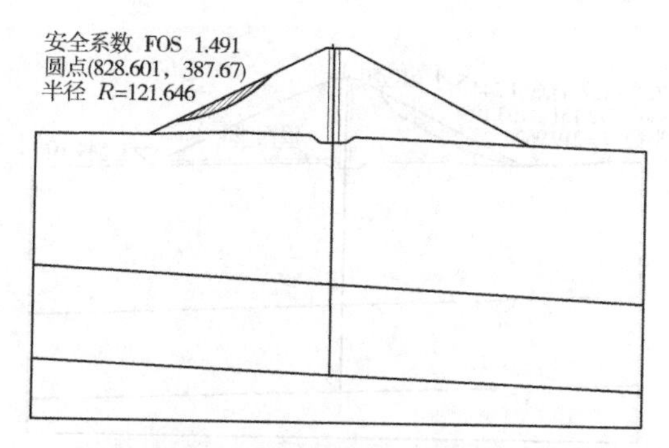

图 3-34　河床坝段标准断面完建期上游坝坡稳定计算成果　（单位：m）

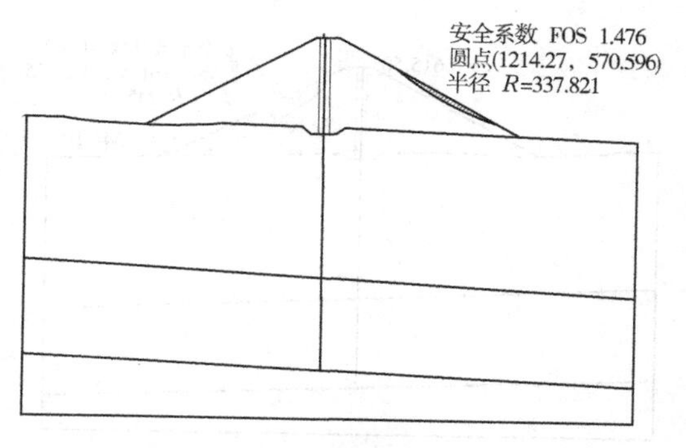

图 3-35　河床坝段标准断面完建期下游坝坡稳定计算成果　（单位：m）

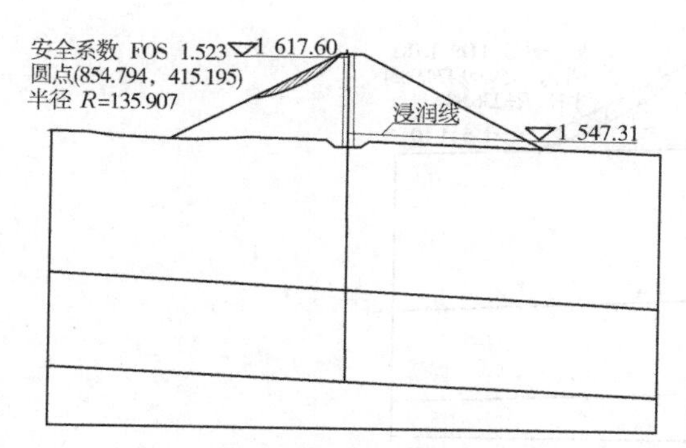

图 3-36　河床坝段标准断面校核洪水位上游坝坡稳定计算成果　（单位：m）

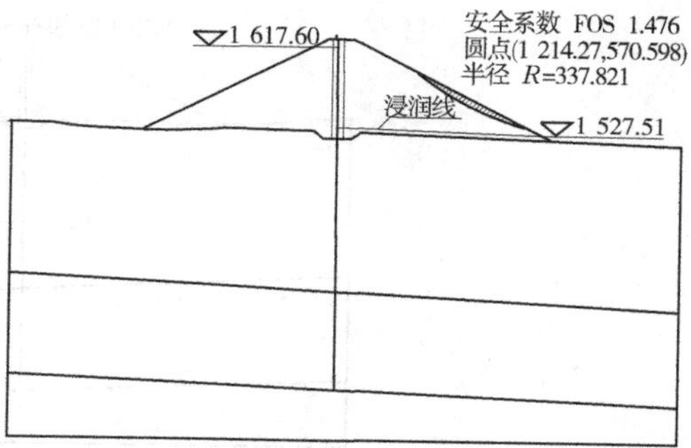

图 3-37　河床坝段标准断面校核洪水位下游坝坡稳定计算成果　（单位：m）

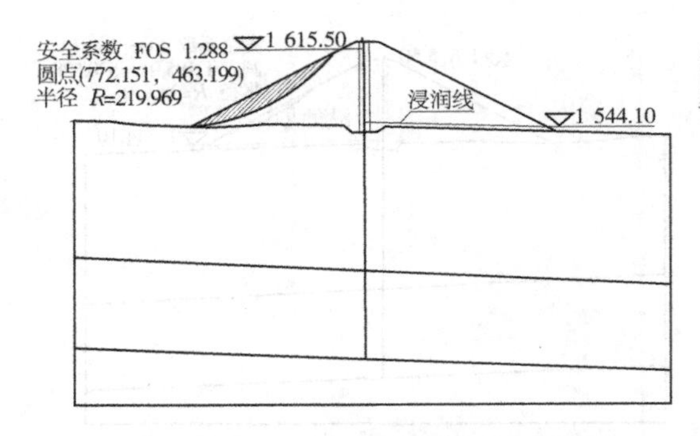

图 3-38 河床坝段标准断面水位骤降期上游坝坡稳定计算成果 （单位：m）

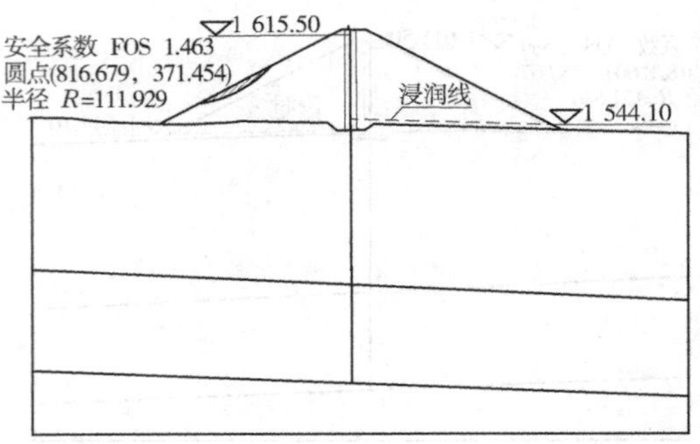

图 3-39 正常蓄水+地震期(峰值 0.178g)上游坝坡稳定计算成果 （单位：m）

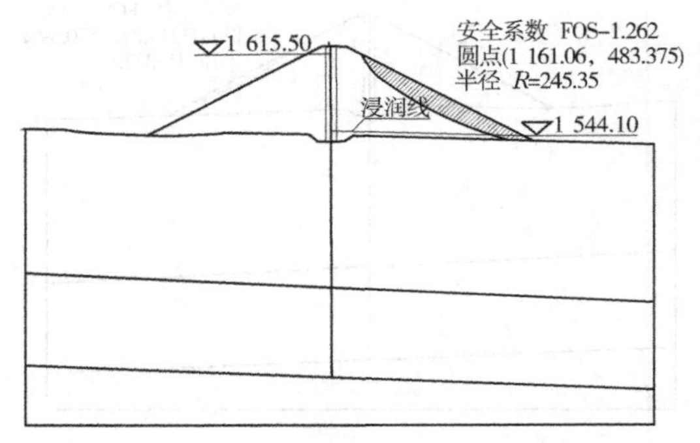

图 3-40 正常蓄水+地震期(峰值 0.178g)下游坝坡稳定计算成果 （单位：m）

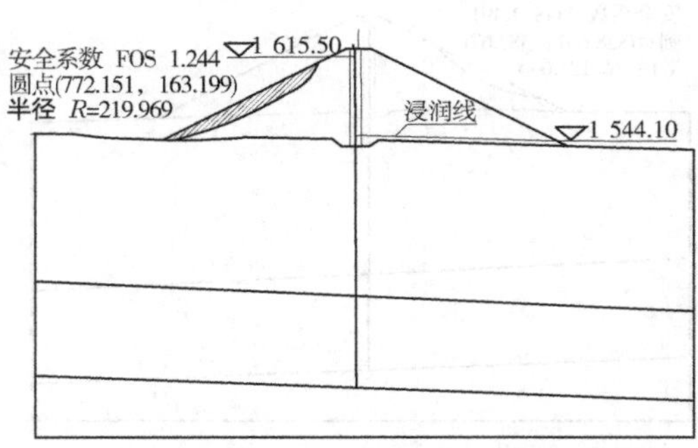

图 3-41 正常蓄水+地震期(峰值 0.245g)上游坝坡稳定计算成果 （单位：m）

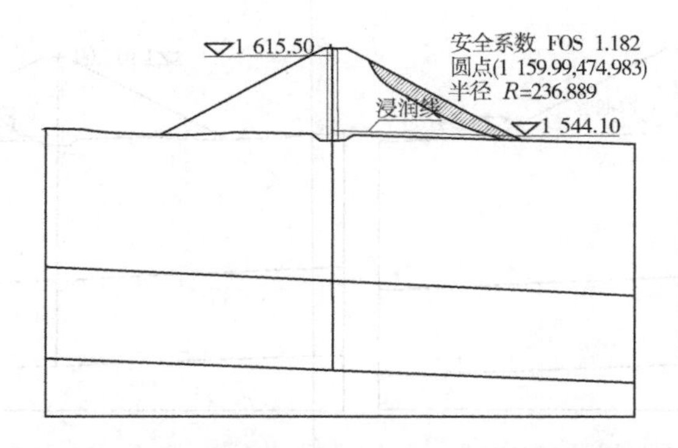

图 3-42 正常蓄水+地震期(峰值 0.245g)下游坝坡稳定计算成果

通过对大河沿沥青混凝土心墙砂砾石坝进行坝坡稳定分析，得到以下结论：

(1)对于上游坝坡，正常运用条件坝坡稳定安全系数最小值出现在正常蓄水位稳定渗流期，其简化毕肖普法计算值为 1.539，大于规范规定的允许最小安全系数值，满足要求；非正常运用条件Ⅰ坝坡稳定安全系数最小值出现在正常蓄水位降至死水位时，其简化毕肖普法计算值为 1.463，大于规范规定的允许最小安全系数值，满足要求；非正常运用条件Ⅱ坝坡稳定安全系数最小值出现在正常蓄水位遇地震状况(峰值0.245g),其简化毕肖普法计算值为1.244,大于规范规定的允许最小安全系数值,满足要求。

(2)对于下游坝坡,由大河沿水库三维渗流分析研究可知,大河沿水库沥青心墙防渗效果明显。在正常蓄水位、校核洪水位等工况下,沥青心墙削减了大部分水头,下游浸润面也基本相同。故正常运用条件和非正常运用条件Ⅰ下坝坡稳定安全系数基本相同,其简化毕肖普法计算最小值为1.476,大于规范规定的允许最小安全系数值,满足要求;非正常运用条件Ⅱ坝坡稳定安全系数最小值出现在设计地震工况(峰值0.245g),其简化毕肖普法计算值为1.182,大于规范规定的允许最小安全系数值,满足要求。

4. 坝坡稳定计算成果对比分析

本次大河沿水库沥青混凝土心墙砂砾石坝坝坡稳定分别采用理正、STAB和SLOPE/W等三款软件进行了分析计算,三款软件计算的坝坡稳定最小安全系数成果汇总见表3-37。

表3-37　坝坡稳定计算成果汇总

运用条件	计算工况	理正		STAB		SLOPE/W		规范允许值
		上游坝坡	下游坝坡	上游坝坡	下游坝坡	上游坝坡	下游坝坡	
正常运用	正常蓄水位稳定渗流期	1.964	1.672	1.602	1.486	1.539	1.481	1.35
非正常运用条件Ⅰ	施工完工			1.516	1.458	1.491	1.476	1.25
	校核洪水位稳定渗流期	1.677	1.650	1.588	1.456	1.523	1.476	
	正常蓄水位降至死水位	1.580	—	1.487	—	1.463	—	
非正常运用条件Ⅱ	正常蓄水位遇地震(峰值0.178g)	—	—	1.263	1.248	1.283	1.262	1.15
	正常蓄水位遇地震(峰值0.245g)	1.540	1.442	1.202	1.190	1.244	1.182	

注:采用理正软件计算时,地震工况地震加速度值为0.2g(Ⅷ度设防)。

从以上三种计算成果来看,在各种计算工况下,不同分析软件计算出来的坝坡稳定最小安全系数均大于规范允许值,坝坡稳定满足要求。通过比较可以看出,理正边坡稳定分析软件计算成果最大,STAB和SLOPE/W两款软件计算的最小稳定安全系数比较接近,二者成果比较合理。而SLOPE/W计算成果是河海大学在对大河沿水库大坝进行渗流稳定及静、动力三维有限元分析专题分析基础上得出的成果,与大坝实际情况更为接近,因此本次坝坡稳定分析推荐采用SLOPE/W软件计算成果。

3.4.4.3　大坝沉降计算

因本工程坝体为沥青混凝土心墙坝,坝基为深厚层砂砾石覆盖层,根据《碾压式土石坝设计规范》(SL 274—2020)中非黏性土坝体和坝基的最终沉降量计算公式,采用分层总和法计算:

$$S_{\infty} = \sum_{i=1}^{n} \frac{P_i}{E_i} h_i$$

式中：S_∞ 为坝体或坝基的最终沉降量，m；P_i 为第 i 计算土层由坝体荷载产生的竖向应力，kPa；E_i 为第 i 计算土层的变形模量，kPa；h_i 为第 i 层土层厚度，m。

经估算，坝体和坝基最大沉降量 1.344 m。计算简图如图 3-43 所示。

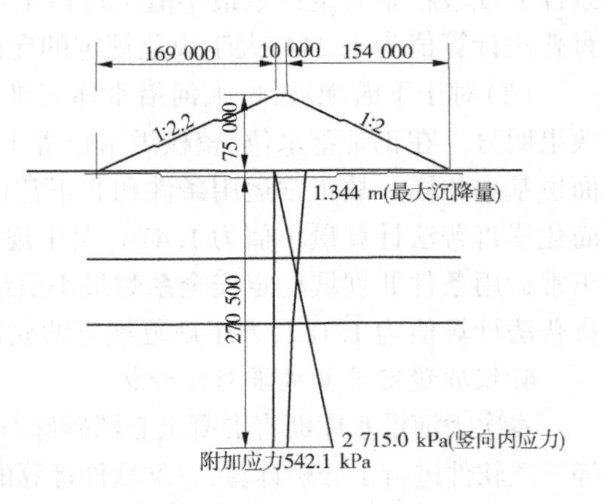

图 3-43　坝体沉降计算简图

根据河海大学三维静、动力有限元分析（见 3.4.5 和 3.4.6 章节），砂砾石坝壳最大沉降量为 597.29 mm（占最大坝高的 0.77%），坝基砂砾石覆盖层最大沉降量为 459.66 mm，坝体和坝基最大沉降量 1.056 m。设计地震（地震动峰值加速度为 0.178g）影响下，坝体附加沉降量为 510.13 mm，占最大坝高的 0.66%；校核地震（地震动峰值加速度为 0.245g）影响下，坝体附加沉降量为 636.57 mm，占最大坝高的 0.82%。各工况下，坝体沉降量均未超过坝高的 1%，考虑到施工期坝体自身沉降基本完成，坝顶竣工后的预留沉降超高取 0.8 m。

从计算成果来看，顺河向、坝轴线方向、垂直向的正负最大动位移值较为接近，坝体各部分变形均匀，因此地震时将基本不会出现平行于坝轴线方向或者垂直于坝轴线方向的裂缝。对沥青混凝土心墙而言，在地震过程中，水压力总是小于心墙表面第一主应力，因此不会发生水力劈裂。

3.4.5　大坝三维静力有限元分析

通过新疆防御自然灾害研究所对场地进行地震安全性评价，确定下坝址 50 年超越概率 5%的地震动峰值加速度为 0.245g，50 年超越概率 10%的地震动峰值加速度为 0.178g，确定坝址地震基本烈度为Ⅷ度（0.2g 档），为充分研究大坝在设计地震作用下的加速度反应、位移反应，以及地震永久变形、坝坡稳定性，进行了大坝三维静力有限元分析，分析内容和结论如下。

3.4.5.1　研究内容及基本资料

1. 研究内容

根据有关规范规程和计算任务书要求，本次研究的主要内容如下：

（1）确定各工况上下游边坡稳定系数（见 3.4.4.2）。

（2）确定沿坝轴线各断面最大和竣工沉陷量，以便确定施工时应预留超高，判别是否会对坝身安全产生危险。

（3）确定各断面间的不均匀沉陷，根据有限元应力变形计算结果分析坝体可能出现的拉应力区及其范围，变形及裂缝防渗体的水力劈裂等，判别坝体是否产生裂缝并提出防止裂缝的措施。

（4）确定各个工况坝体及基础的应力与变位场，附各工况应力等势线、变形图。

地震时，坝基两侧基岩与河床深厚覆盖层的实际地震烈度是不一致的，且地震在其地表的振动周期也是不一致的。所以在抗震分析计算时，应考虑到本工程河床坝基下深厚覆盖层所增加的地震破坏效应问题。

①确定地震工况时大坝的上下游边坡稳定系数，判别大坝的安全性。

②确定地震工况时坝体的应力应变场，判别坝体是否产生裂缝。

③确定地震工况时坝体的沉陷量，判别坝体及其两岸坝肩稳定与变形的整体安全性评价，以及是否需要进行工程处理的建议。

2. 基本资料

1）计算工况

结构计算工况如表3-38所示。

表3-38　结构计算工况

计算工况	上游水位/m
稳定工况	1 615.00（正常蓄水位）
	—（施工完工围堰挡水）
	1 617.60（校核洪水位）
水位骤降工况	1 615.00降至1 582.50（2 m/d）
地震工况	1 615.00（正常蓄水位）

2）坝基岩体、坝体各分区结构参数

根据提供的工程地质和水文地质资料，计算区域内所涉及材料的结构参数如表3-39所示。其中，计算模型中涉及的计算参数，均按照地质室内和室外试验成果，部分材料结构参数根据工程类比选取。

表3-39　各种材料的邓肯-张模型（E-B）参数

材料类型	重度γ/（kN/m^3）	黏聚力c/kPa	摩擦角φ_0/（°）	弹性模量数/K	弹性模量指数n	破坏比R_f	体积模量数K_b	体积模量指数m	摩擦角变化值$\Delta\varphi$/（°）
沥青心墙	23.0	114	25.0	540	0.49	0.71	343	0.39	6.2
坝壳砂砾料（饱和）	21.5	0	36.0	1 100	0.37	0.62	709	0.32	8.9
坝壳砂砾料（非饱和）	21.0	0	38.0	1 100	0.37	0.62	709	0.32	8.9
过渡料（饱和）	21.0	0	35.0	1 100	0.39	0.61	668	0.33	8.0
过渡料（非饱和）	20.5	0	36.0	1 100	0.39	0.61	668	0.33	8.0
上部砂卵砾石	19.0	0	27	2 000	0.44	0.67	583	0.50	6.2
下部砂卵砾石	19.5	0	27	2 000	0.44	0.67	583	0.50	6.2

3) 有限元计算原理

非线性有限元法按位移求解时的基本平衡方程是：

$$[K(u)]\{u\}=\{R\}$$

式中：$[K(u)]$ 为整体劲度矩阵；$\{u\}$ 为结点位移列阵；$\{R\}$ 为结点荷载列阵。

该方程采用增量初应变法迭代求解，其基本平衡方程式是：

$$[K]\{\Delta u\}=\{\Delta R\}+\{\Delta R_0\}$$

式中：$\{\Delta u\}$ 为结点位移增量列阵；$\{\Delta R\}$ 为结点荷载增量列阵；$\{\Delta R_0\}$ 为初应变的等效结点荷载列阵。

为了符合荷载的实际情况，根据施工步骤和不同的水库蓄水高度把荷载分级，采用增量荷载；在每一级荷载增量下，采用该级荷载下的平均应力所对应的平均（中点）弹性常数，从而把非线性问题逐段线性化。计算时采用中点增量法，以提高非线性有限元的迭代计算精度。

4) 计算模型

由于坝体（含堆石体各分区、混凝土基座、心墙等）、地基覆盖层、基岩等不同材料所对应的应力-应变特性是不同的，故采用不同的本构模型。程序中设置了线弹性模型、非线性弹性模型（邓肯-张 $E-v$ 模型和邓肯-张 $E-B$ 模型）、非线性接触面模型、薄层单元模型等，以便较好地模拟坝体各种材料和构造。有限元的基本单元采用八结点六面体单元，填充单元包括六结点五面体单元和四结点四面体单元两种。

坝体与地基覆盖层材料按非线性材料考虑，计算模型常用邓肯-张（$E-v$ 模型和 $E-B$ 模型）非线性弹性模型，主要计算公式如下。

切线弹性模量：

$$E_t=Kp_a(1-R_fS)^2\left(\frac{\sigma_3}{p_a}\right)^n$$

切线泊松比：

$$v_t=\frac{v_i}{\left[1-\dfrac{D(\sigma_1-\sigma_3)}{E_i(1-R_fS)}\right]^2} \quad 或 \quad v_t=v_i+(v_{tf}-v_i)S$$

切线体积模量：

$$K_t=K_bp_a\left(\frac{\sigma_3}{p_a}\right)^m$$

内摩擦角：

$$\varphi=\varphi_0-\Delta\varphi\lg\left(\frac{p}{p_a}\right)$$

卸荷或再加荷弹性模量：

$$E_{ur}=K_{ur}p_a\left(\frac{\sigma_3}{p_a}\right)^{n_{ur}}$$

式中破坏比：

$$R_f = \frac{(\sigma_1 - \sigma_3)_f}{(\sigma_1 - \sigma_3)_{ult}}$$

应力水平(剪应力比):

$$S = \frac{\sigma_1 - \sigma_3}{(\sigma_1 - \sigma_3)_f}$$

初始泊松比:

$$v_i = G - F\lg\left(\frac{\sigma_3}{p_a}\right)$$

根据若干土石坝应力变形计算的实践表明,中主应力对土石坝的应力变形有显著影响,故在土石坝三维有限元计算中,需考虑中主应力对非线性切线变形模量和切线体积模量的影响。在三维复杂应力状态下,用平均主应力 p、八面体剪应力 q 分别代替公式中 σ_3 和(σ_1-σ_3)。

上述各式中 P_a 为大气压力;σ_1 和 σ_3 分别为最大和最小主应力;v_i 和 v_{tf} 分别为初始和破坏时的切线泊松比;邓肯-张(E-v)模型需要确定 c、φ、K、n、R_f、G、F、D 等 8 个参数;邓肯-张(E-B)模型参数则需要确定 c、$\Delta\varphi$(φ_0)、K、n、R_f、K_{ur}、K_b、m 等 8 个参数。这些参数都是由三轴试验确定的,这里采用邓肯-张(E-B)模型。

5)计算程序简介

根据上述有限元计算原理和方法,研制了土石坝三维非线性静动力有限元法动力分析程序 CFRD。此程序可以采用不同的材料模型进行有限元和无限元耦合分析,包括线弹性模型、非线性弹性模型(邓肯-张 E-v 模型和邓肯-张 E-B 模型)和黏弹性模型[广义开尔文(Kelvin)模型和伯格斯(Burgers)模型]等。有限元基本单元采用八结点六面体单元,填充单元包括六结点五面体单元和四结点四面体单元两种。接触面采用 Goodman 单元,包括八结点六面体无厚度 Goodman 单元和六结点五面体无厚度 Goodman 单元两种,分别对应于基本单元和填充单元。无限元基本单元采用八结点六面体映射单元,没有填充单元。Goodman 单元也可以用薄层单元互换。

对于线性弹性模型,采用全增量法;对于非线性弹性模型,采用中点增量法。无论是线性弹性模型还是非线性弹性模型,均可以考虑黏性流变,采用增量初应变法迭代。

本程序采用分级加载,可以一次计算多级荷载。对于每一级荷载,可以最多分 10 次加载,即最小每次加载率为 0.1。可以考虑的荷载包括分级开挖荷载、分级填筑荷载(自重)、水压力荷载、任意分布面力荷载、集中荷载和变温荷载。计算开挖卸载时,可以自动调整单元信息,并抛弃开挖掉的单元和结点。

3.4.5.2　有限元计算模型和参数

坝体材料(坝壳砂砾料、过渡料、沥青混凝土心墙、Ⅰ期上游围堰)和地基深厚覆盖层按非线性材料考虑,均采用邓肯-张(E-B)模型;混凝土底座和基岩按线弹性材料考虑,采用线弹性模型。

根据有限元法分析的要求,计算模型的边界范围如下:

(1)垂直方向地基取至河床中央基岩建基面以下约 200 m,高程 1 300 m。

(2)上游边界截至坝轴线上游约 350 m,下游边界截至坝轴线下游约 350 m。

(3)左岸自坝端向外延伸 350 m,右岸自坝端向外延伸 250 m。

(4)坝体和坝基材料分区依据设计提供的资料,包括断面、地质剖面等。

计算坐标系规定为:X 轴为顺河向,由上游指向下游,取坝轴线为 X 轴零点;Y 轴为沿坝轴线向(横河向),由右岸指向左岸,取右岸坝轴线端为 Y 轴零点;Z 轴为垂直向,指向上方,与高程一致。

采用控制断面超单元自动剖分技术,首先形成超单元,进而加密剖分形成有限单元。控制剖面根据结构的特点、分级加载和形成超单元的要求选取。在上述计算区域内切取 12 个控制剖面,并据此形成超单元网格,其结点总数为 1 872 个,超单元总数为 1 732 个。加密细分后形成有限单元网格,生成的有限元网格结点总数为 17 959 个,单元总数为 17 307 个。计算模型、坝体、混凝土底座和沥青混凝土心墙、典型断面(Y=260 m)的有限元网格图如图 3-44~图 3-47 所示。

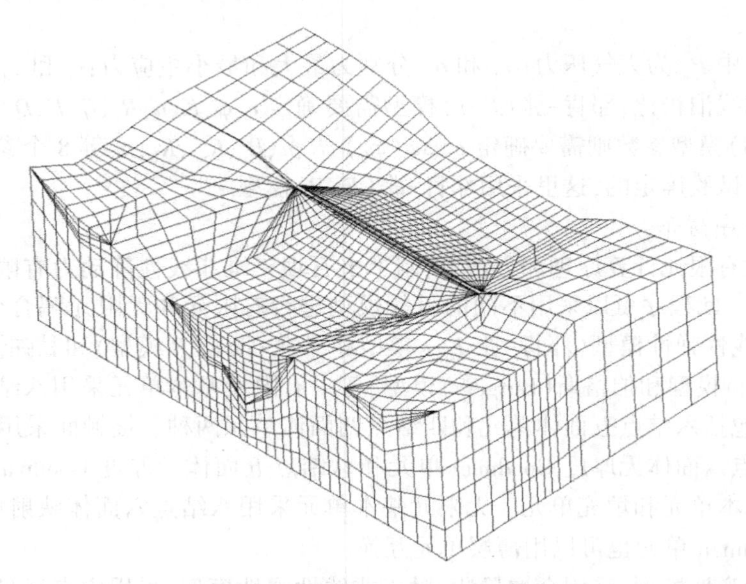

图 3-44　计算模型三维有限元网格

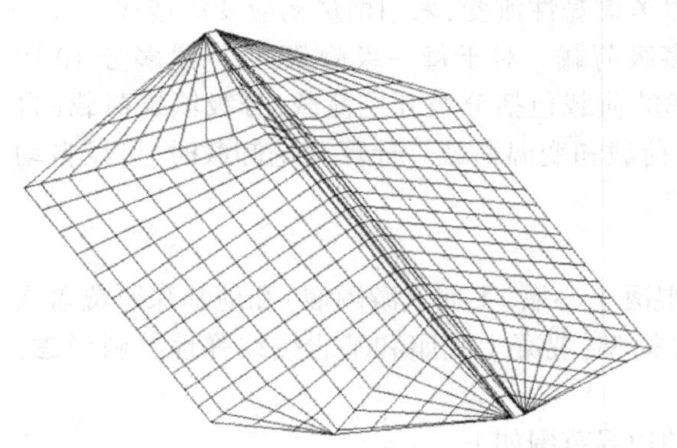

图 3-45　坝体三维有限元网格

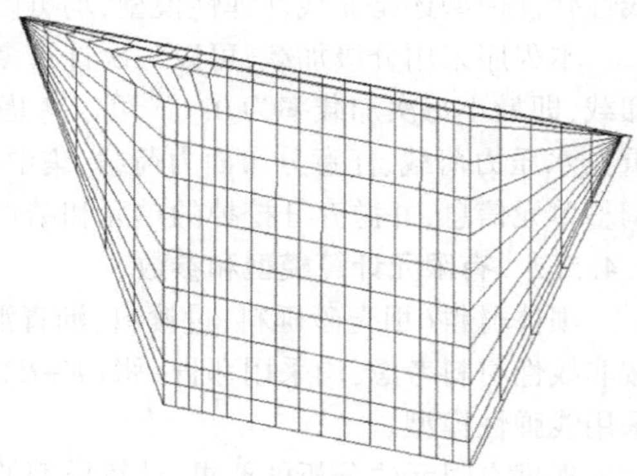

图 3-46　沥青混凝土心墙三维有限元网格

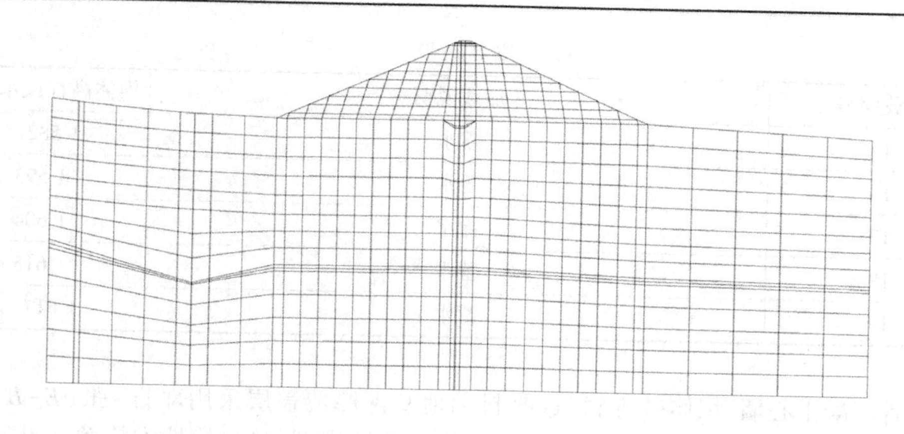

图 3-47　典型断面 $Y=260$ m 有限元网格

根据施工组织设计,大坝采用连续施工的方案,即首先连续填筑坝体直到坝顶,然后进行水库蓄水。在施工期,首先加载基岩、深厚覆盖层及混凝土盖板,然后根据坝体施工进度安排,从大坝建基面开始至坝顶逐步上升,一期加载至上游围堰,二期连续加载坝体至坝顶,其中一期分 1 级进行加载,二期分 12 级进行加载,总共分 13 级荷载模拟大坝填筑施工进程;在蓄水期,分 5 级荷载模拟水库水位逐渐上升的过程,每级荷载水位上升约 10 m。全部共有 19 级加载完成坝体填筑和蓄水。计算时,每一级荷载均一次性加载,采用中点增量法,以便较好地模拟加载过程。分级加载及蓄水过程如表 3-40 所示。

表 3-40　有限元法计算分级加载及蓄水过程

加载序号	加载说明		坝体高程或水位/m
1	基岩、覆盖层及混凝土盖板		1 696.54
2	一期	填筑上游围堰处坝体	1 546
3	二期	填筑坝体	1 551
4		填筑坝体	1 559
5		填筑坝体	1 567
6		填筑坝体	1 575
7		填筑坝体	1 583
8		填筑坝体	1 591
9		填筑坝体	1 599
10		填筑坝体	1 607
11		填筑坝体	1 615
12		填筑坝体	1 617.3
13		填筑坝体	1 617.6
14		填筑坝体至坝顶	1 619.3

续表 3-40

加载序号	加载说明	坝体高程或水位/m
15	蓄水	1 582.5
16	蓄水	1 593
17	蓄水	1 604
18	蓄水	1 615
19	蓄水	1 617.6

沥青混凝土心墙、坝体砂砾料、过渡料和地基深厚覆盖层采用邓肯-张($E-B$)模型(具体参数见表 3-39),混凝土盖板及基岩采用线弹性模型,材料线性本构关系计算参数见表 3-41。

表 3-41　材料线性本构关系的计算参数

材料	重度/(kN/m^3)	弹性模量/GPa	泊松比
混凝土底座	23	28	0.167
C25 混凝土防渗墙	23	28	0.167
低弹模混凝土防渗墙	23	25	0.167
防渗帷幕	23	28	0.167
基岩	26	8.00	0.25

3.4.5.3　三维非线性静力有限元计算成果与分析

根据大河沿水库工程的实际情况和特点,建立沥青混凝土心墙砂砾石坝坝体和坝基的三维有限元模型,对竣工期和蓄水期进行坝体三维非线性静力有限元分析。根据施工进度,分 14 级模拟大坝填筑过程,分 5 级加载模拟水库水位逐渐上升的蓄水过程。研究大坝在竣工期和蓄水期的应力应变特性,主要包括坝壳砂砾料和沥青混凝土心墙等的变形和应力。

坝体和沥青心墙三维静力计算分析结果如表 3-42 所示。

表 3-42　三维静力计算分析结果汇总

项目			竣工期	正常蓄水位	校核洪水位
砂砾料坝壳位移/mm	顺河向水平位移	向上游	-281.77	-201.12	-197.53
		向下游	295.41	465.99	487.16
	坝轴线向水平位移	向左岸	91.91	108.32	110.79
		向右岸	-91.78	-115.30	-118.63
	垂直位移	向下	-564.73	-596.15	-597.29

续表 3-42

项目			竣工期	正常蓄水位	校核洪水位
砂砾料坝壳应力/kPa	第一主应力	压应力	1 974. 99	1 768. 22	1 778. 81
	第二主应力	压应力	1 183. 93	1 156. 49	1 154. 89
	第三主应力	压应力	919. 02	1 010. 32	997. 98
心墙位移/mm	顺河向水平位移	向上游	-31. 70	-1. 01	-0. 26
		向下游	15. 23	328. 87	357. 64
	坝轴线向水平位移	向左岸	91. 44	100. 72	101. 84
		向右岸	-91. 02	-102. 33	-103. 54
	垂直位移	向下	-564. 47	-552. 87	-549. 73
心墙应力/kPa	第一主应力	压应力	2 611. 81	2 641. 67	2 619. 70
	第二主应力	压应力	2 030. 56	2 056. 06	2 036. 26
	第三主应力	压应力	1 610. 10	1 689. 94	1 669. 64
采用低弹模防渗墙时心墙位移/mm	顺河向水平位移	向上游	-32. 45	-0. 29	-0. 26
		向下游	9. 60	356. 67	384. 03
	坝轴线向水平位移	向左岸	100. 98	113. 28	114. 42
		向右岸	-99. 74	-111. 53	-112. 82
	垂直位移	向下	-720. 02	-695. 73	-692. 405
采用低弹模防渗墙时心墙应力/kPa	第一主应力	压应力	1 704. 83	2 014. 72	2 024. 69
	第二主应力	压应力	1 193. 74	1 476. 33	1 482. 90
	第三主应力	压应力	1 035. 20	1 286. 63	1 287. 46

1. 坝壳砂砾料

从计算成果来看，坝体最大沉降都发生在河床中部靠近坝轴线的上游坝壳内，距坝顶约 1/2 坝高偏下处。竣工期，坝体的最大垂直位移（沉降）为-564. 73 mm，约占最大坝高的 0. 76%；顺河向指向上游的最大水平位移为-281. 77 mm，指向下游的最大水平位移为 295. 41 mm；由于坝址区河谷较为对称，沿坝轴线方向指向左岸的最大水平位移为 91. 91 mm，指向右岸的最大水平位移为-91. 78 mm，相差不大。正常蓄水期，坝体的最大垂直位移（沉降）为-596. 15 mm，约占最大坝高的 0. 80%，坝址区深厚覆盖层的存在，是坝体沉降量较大的主要原因；顺河向指向上游的最大水平位移为-201. 12 mm，指向下游的最大水平位移为 465. 99 mm；沿坝轴线方向指向左岸的最大水平位移为 108. 32 mm，指向右岸的最大水平位移为-115. 30 mm。校核洪水位时，坝体的最大垂直位移（沉降）为-597. 29

mm,约占最大坝高的0.80%,坝址区深厚覆盖层的存在,是坝体沉降量较大的主要原因;顺河向指向上游的最大水平位移为-197.53 mm,指向下游的最大水平位移为487.16 mm;沿坝轴线方向指向左岸的最大水平位移为110.79 mm,指向右岸的最大水平位移为-118.63 mm。

从坝体最大横剖面(Y=260 m)的位移分布来看,竣工期,坝体顺河向位移基本呈对称分布。蓄水期,在水压力的作用下,坝体整体有向下游位移的趋势,对坝体顺河向水平位移影响较大:上游坝体向上游的位移减小,下游坝体向下游的位移增大。竣工期,坝体的最大第一主应力为1 974.99 kPa,最大第二主应力为1 183.93 kPa,最大第三主应力为919.02 kPa;正常蓄水位时,坝体的最大第一主应力为1 768.22 kPa,最大第二主应力为1 156.49 kPa,最大第三主应力为1 010.32 kPa。校核洪水位时,坝体的最大第一主应力为1 778.81 kPa,最大第二主应力为1 154.89 kPa,最大第三主应力为997.98 kPa。坝体最大应力均发生在坝体底部附近,越靠近坝轴线,第一主应力越大。蓄水期由于水压力的作用,上游砂砾石体在孔隙水压力的作用下单元应力小于竣工期相应单元的应力,下游砂砾石体的单元应力大于相应单元的应力值,总体上应力的变化不大。坝体应力基本上按照坝高分布,且沿沥青心墙在上下游基本呈对称分布,表明坝体在目前荷载情况下是稳定的。

2. 沥青心墙

沥青混凝土心墙是一种薄壁柔性结构,本身的变形主要取决于心墙在坝体中所受的约束条件,总是随坝体一起变形,对坝体变形影响较小,但对心墙两侧坝体应力分布有较大影响。

从计算结果可以看到,心墙的变形规律与坝轴线附近的砂砾石坝体的变形规律一致,即心墙总是随着坝体一起协调变形。

竣工期,心墙最大第一主应力为2 611.81 kPa,最大第二主应力为2 030.56 kPa,最大第三主应力为1 610.10 kPa。正常蓄水位时最大第一主应力为2 641.67 kPa,最大第二主应力为2 056.06 kPa,最大第三主应力为1 689.94 kPa。校核洪水位时最大第一主应力为2 619.70 kPa,最大第二主应力为2 036.26 kPa,最大第三主应力为1 669.64 kPa。坝体最大主应力均发生在沥青混凝土心墙底部。在竣工期和蓄水期,沥青心墙基本上都处于受压状态,仅在左、右岸顶部出现小范围内的第三主应力为负值,其最大值为478.43 kPa。一般沥青混凝土心墙的极限拉伸强度为1.0~1.5 MPa,弯曲拉伸强度多为2.0~3.0 MPa。因此,本工程的沥青混凝土心墙的拉应力不会影响其防渗性能,仍有较大安全储备。

采用低弹模防渗墙时,沥青心墙的位移与采用C25混凝土防渗墙时心墙位移相比有所增大,顺河向位移和坝轴线向位移变化量较小,而垂直向位移变化量较大,但心墙的变形规律仍与坝轴线附近的砂砾石坝体的变形规律一致,即心墙总是随着坝体一起协调变形。此时沥青心墙的主应力均有所减小,心墙底部的应力集中现象有所减缓,表明采用低弹模的防渗墙有利于改善心墙的应力状态,对坝体的稳定有利。

由于沥青混凝土心墙的变形模量比坝壳低,因而在竣工期,坝体第一主应力拱效应较为明显;蓄水后,这种拱效应便逐渐减弱。工程设计中常以上游水压力与心墙竖向应力比值小于1.0作为不发生水力劈裂的控制标准,有时也用上游水压力与第一主应力比值小于1.0来判定水力劈裂发生与否。本工程中,任意高程心墙的第一主应力、竖向正应力均大于相应水压力,因此不会发生水力劈裂。

3. 基座及防渗墙变形

竣工期坝体防渗墙断面($X=-3.5$ m)和防渗墙上游覆盖层及坝壳断面($X=0$)的位移分布如图3-48、图3-49所示。

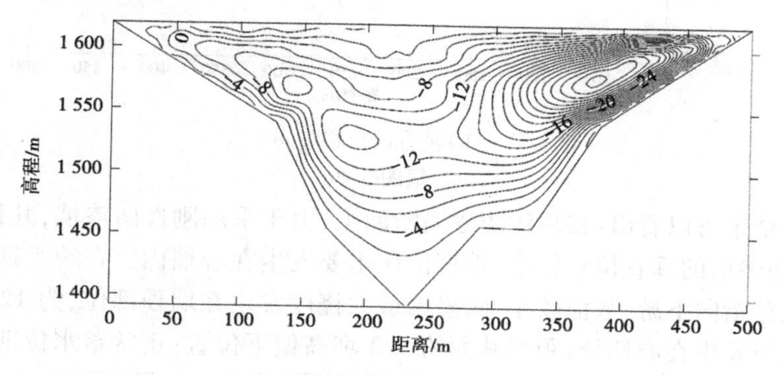

(a)顺河向水平位移/mm

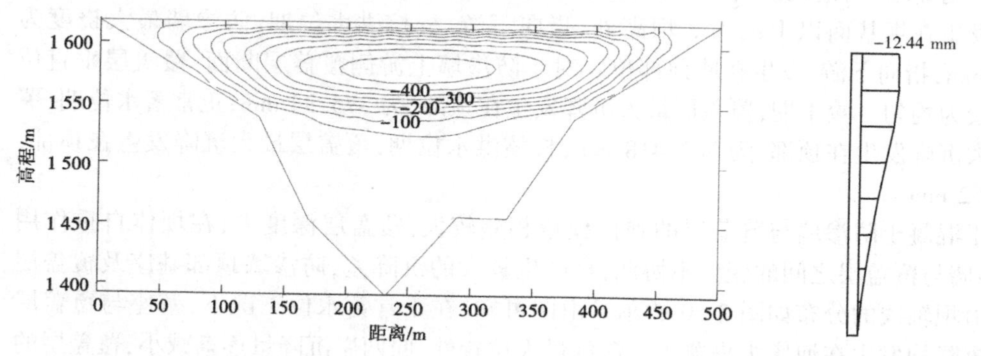

(b)垂直向位移/mm (c)河床中心防渗墙断面挠度曲线

图3-48 竣工期心墙与防渗墙断面位移分布

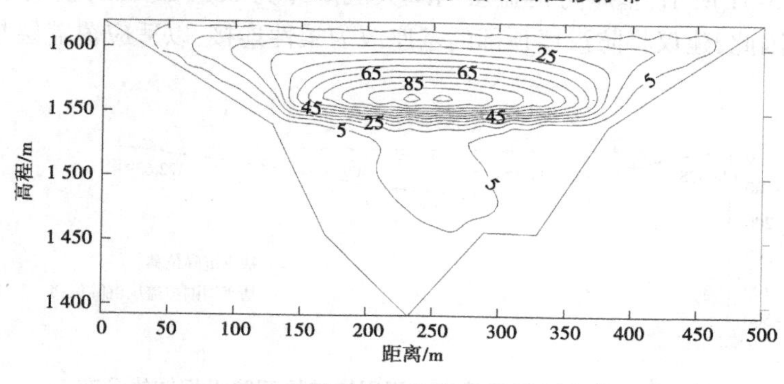

(a)顺河向水平位移/mm

图3-49 竣工期坝体及覆盖层断面位移分布

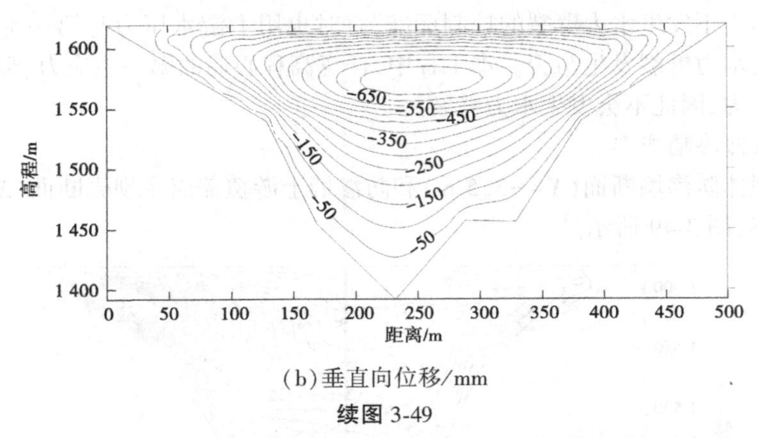

(b)垂直向位移/mm

续图 3-49

从计算结果可以看出：在坝体防渗墙断面上，由于采用刚性防渗墙，其弹性模量相对很大，因此防渗墙的垂直位移较小，垂直位移主要发生在心墙内。在竣工期，心墙与防渗墙顺河向位移指向下游，数值较小，防渗墙最大挠度发生在墙顶部位，为 12. 44 mm；垂直向位移最大值发生在心墙处，距坝基面约 1/2 坝高偏下位置；正常蓄水位期，防渗墙的顺河向位移明显增大，最大挠度发生在墙顶部位，为 250. 32 mm，指向下游，心墙的最大顺河向位移发生在坝基面以上约 1/2 坝高处，指向下游；校核洪水位期，防渗墙最大挠度为 266. 96 mm，指向下游，发生在墙顶部位。对于防渗墙上游侧覆盖层断面，覆盖层垂直位移分布较为均匀。竣工期，覆盖层最大沉降发生在顶部，为 375. 34 mm；正常蓄水位期，覆盖层最大沉降发生在顶部，为 387. 418 mm；校核洪水位期，覆盖层最大沉降发生在顶部，为 387. 62 mm。

由于混凝土防渗墙与覆盖层的弹性模量相差较大，覆盖层深度大，在坝体自重作用下，防渗墙与覆盖层之间的变位不协调，会产生较大的沉降差，防渗墙顶部基座及覆盖层的沉降沿坝轴线的分布如图 3-50 所示。由图可知，在正常蓄水位工况下，基座与覆盖层的最大沉降均发生在河床中央覆盖层深度最大位置处，向两岸沉降量逐渐减小，覆盖层的最大沉降量为 459. 66 mm，基座的最大沉降量为 126. 41 mm。大河沿心墙坝设计的基座连接方式如图 3-51 所示，基座与覆盖层的最大沉降差为 333. 25 mm，会引起基座混凝土的断裂破坏。因此，建议将防渗墙顶部的基座改为柔性连接，以适应覆盖层与防渗墙的不均匀沉降。

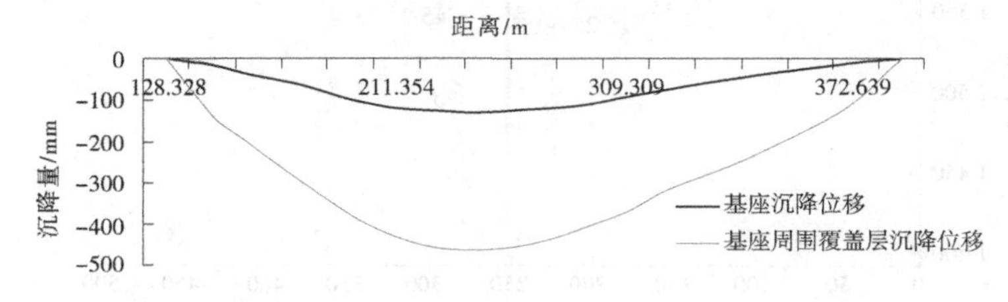

图 3-50　防渗墙顶部基座与周围覆盖层沉降沿坝轴线分布

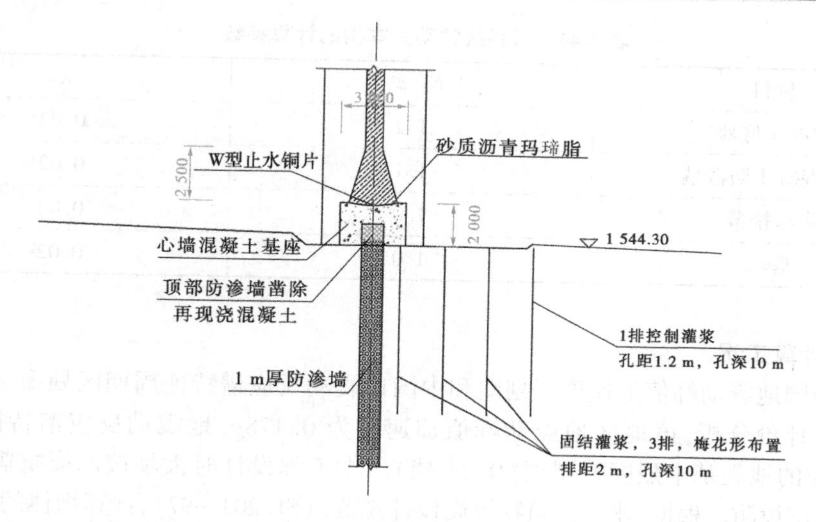

图3-51　基座连接方式

3.4.6　大坝三维非线性动力有限元分析

大坝三维非线性动力有限元分析在静力有限元分析的基础上进行，其有限元模型与静力分析完全一致。重点研究大坝在设计地震作用下的加速度反应、位移反应、应力反应等，以及地震永久变形、坝坡稳定性等，评价大坝的抗震安全性，为大坝抗震设计提出建议。

3.4.6.1　计算参数

本次动力计算分析采用等效非线性黏弹性模型，即假定坝体砂砾石料和地基覆盖层为黏弹性体，采用等效剪切模量和等效阻尼比这两个参数来反映土体动应力应变关系的非线性和滞后性两个基本特征，并表示为剪切模量和阻尼比与动剪应变幅之间的关系。

利用 Hardin 和 Drnevich 经验公式选取坝体动力本构模型参数。综合考虑当地地质特性，参考九甸峡面板堆石坝工程、纳子峡面板堆石坝工程、官帽舟沥青混凝土心墙堆石坝等实际相似工程，选取坝料的动力特性参数如表3-43和表3-44所示。

表3-43　Hardin 和 Drnevich 经验公式计算参数

材料	A'	γ_r	λ_{max}	n
沥青混凝土心墙	948	0.000 4	0.35	0.50
上下游砂砾石料	2 000	0.000 4	0.26	0.53
上下游过渡料	1 500	0.000 4	0.31	0.51
上游围堰	2 000	0.000 4	0.26	0.53
深厚覆盖层	4 000	0.000 4	0.22	0.48

表 3-44　材料线性动力本构的计算参数

材料	E_d/E_s	λ
混凝土底座	1.2	0.02
C30 混凝土防渗墙	1.1	0.02
防渗帷幕	1.0	0.02
基岩	1.0	0.02

3.4.6.2　计算工况

根据中国地震动峰值加速度区划图和中国地震动反应谱特征周期区划图，通过场地地震安全性评价分析，该地区地震动峰值加速度为 0.178g，地震动反应谱特征周期为 0.40 s，对应的地震基本烈度为Ⅷ度（0.2g 档）。本工程设计时大坝按乙类抗震设防，其余按丙类抗震设防。根据《水工建筑物抗震设计规范》（SL 203—97），计算坝体的地震反应需考虑“正常蓄水位+地震”工况，设计烈度选取基岩地震动水平峰值加速度为 0.178g。校核烈度选取基岩地震动水平峰值加速度为 0.245g，地震波曲线如图 3-52 和图 3-53 所示。

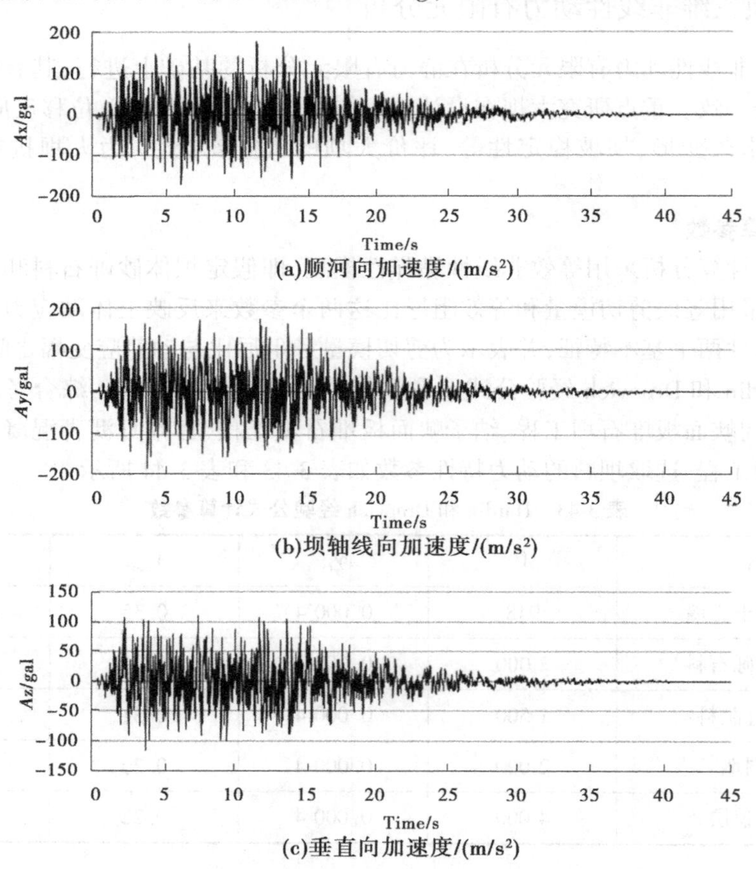

图 3-52　地震动水平峰值加速度为 0.178g 动加速度曲线

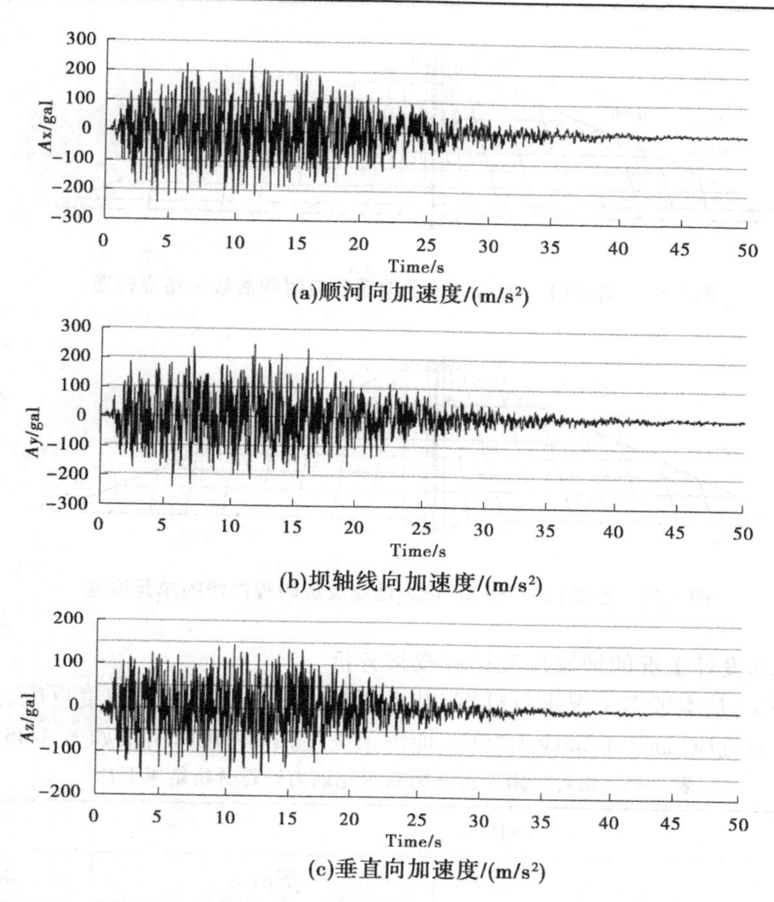

图3-53 地震动水平峰值加速度为0.245g动加速度曲线

三维动力有限元计算的网格与静力有限元计算一致,首先进行静力分析,并将水库水位蓄至正常蓄水位,随后施加地震荷载,进行地震反应分析。输入的基岩地震动加速度取自大河沿引水工程(下坝址)场地地表人造地震动时程文件。结合坝体抗震设计要求,以及坝址区的地质情况,参照《水工建筑物抗震设计规范》(SL 203—97),计算时将该曲线的峰值加速度进行调整,作为水平向输入地震动加速度曲线,垂直向输入地震动加速度曲线取水平向的2/3,积分计算的时间步长为0.02 s。

计算过程中,记录了最大坝体横剖面($Y=260$ m)上砂砾石体6个典型结点(编号9998、9908、9728、10025、9899、9785)、沥青混凝土心墙2个典型结点(编号10012、9757)的加速度反应和位移反应,以及相应最大坝体横剖面($Y=260$ m)上砂砾石体6个典型单元(编号15940、15087、13873、15970、14745、13933)和沥青混凝土心墙2个典型单元(编号15954、13902)的应力反应及分析地震过程中坝体和心墙的加速度、位移、应力等的变化过程,如图3-54和图3-55所示。

为了分析大坝的抗震安全性,完整记录了地震期间全部堆石体单元和心墙的抗滑稳定安全系数。这里仅给出上述8个单元的安全系数变化过程。

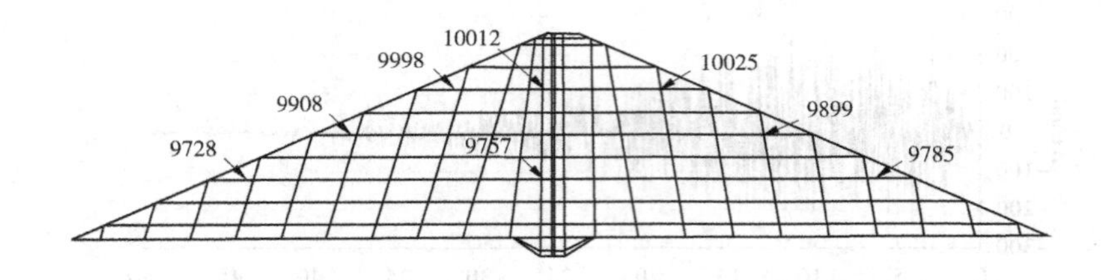

图 3-54　剖面($Y=260$ m)记录地震反应时程曲线的结点位置

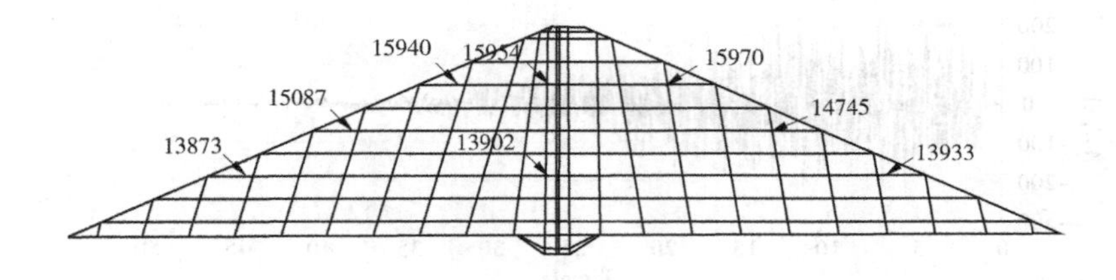

图 3-55　剖面($Y=260$ m)记录地震反应时程曲线的单元位置

3.4.6.3　基本设计工况的地震反应计算成果分析

对坝址区的基本地震工况进行计算,其主要特征量包括最大加速度反应、最大位移反应、堆石体应力反应、沥青心墙应力反应、地震永久变形等,计算结果如表 3-45 所示。

表 3-45　设计地震工况三维有限元动力计算分析结果汇总

项目		数值
最大加速度反应/(m/s^2)	顺河向	2.40/-2.72
	坝轴线向	2.51/-2.87
	垂直向	2.41/-2.56
最大位移反应/mm	顺河向	53.07/-48.87
	坝轴线向	40.68/-48.83
	垂直向	24.43/-24.80
堆石体应力反应/kPa	第一主应力	496.53/-308.59
	第二主应力	355.81/-311.98
	第三主应力	308.76/-414.96
沥青心墙应力反应/kPa	第一主应力	283.00/-242.30
	第二主应力	250.78/-256.89
	第三主应力	192.05/-306.11

续表 3-45

项目		数值
低弹模防渗墙工况下沥青心墙应力反应/kPa	第一主应力	170.04/-199.41
	第二主应力	149.20/-215.33
	第三主应力	138.13/-223.55
地震永久变形/mm	顺河向(下游/上游)	175.38/-101.54
	坝轴线向(左岸/右岸)	214.13/-287.43
	垂直向(沉降)	-510.13
最大剪应力/kPa		165.92

计算表明,坝体的第一自振周期为 0.68 s。

1. 加速度反应

垂直坝轴线剖面(Y=260 m)的最大绝对加速度分布如图 3-56 所示,包括顺河向、坝轴线向和垂直向最大绝对加速度分布;沿坝轴线剖面(X=0 m)的最大绝对加速度分布如图 3-57 所示,包括顺河向、坝轴线向和垂直向最大绝对加速度分布;坝顶砂砾石体的最大绝对加速度分布如图 3-58 所示,包括顺河向、坝轴线向和垂直向最大绝对加速度分布。

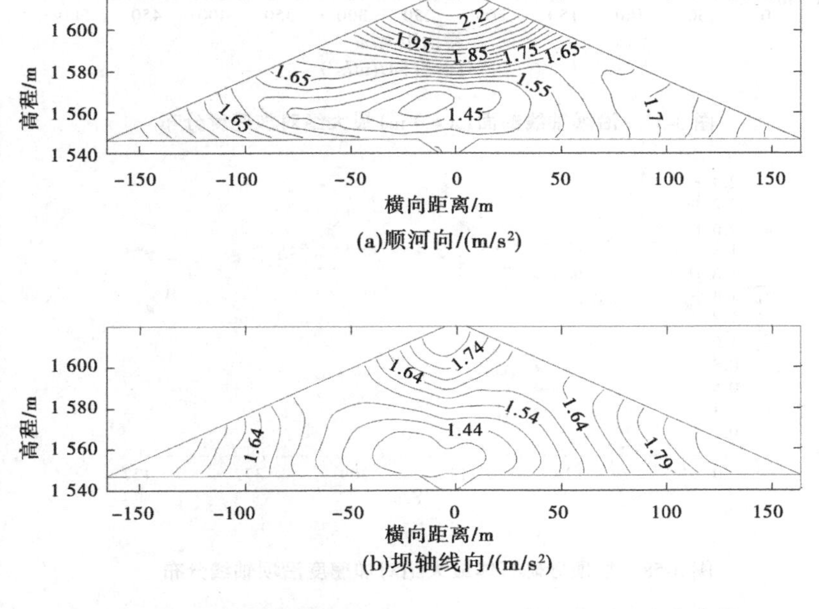

图 3-56　垂直坝轴线剖面(Y=260 m)最大绝对加速度分布

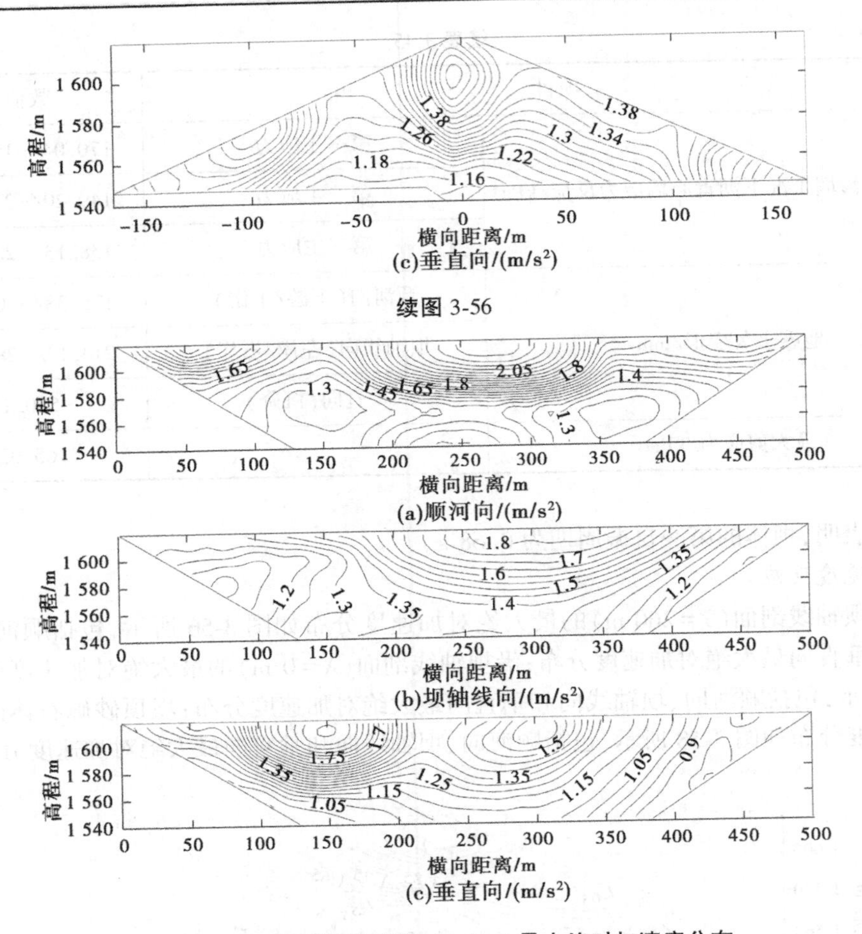

(c)垂直向/(m/s²)

续图 3-56

(a)顺河向/(m/s²)

(b)坝轴线向/(m/s²)

(c)垂直向/(m/s²)

图 3-57　沿坝轴线剖面（$X=0$ m）最大绝对加速度分布

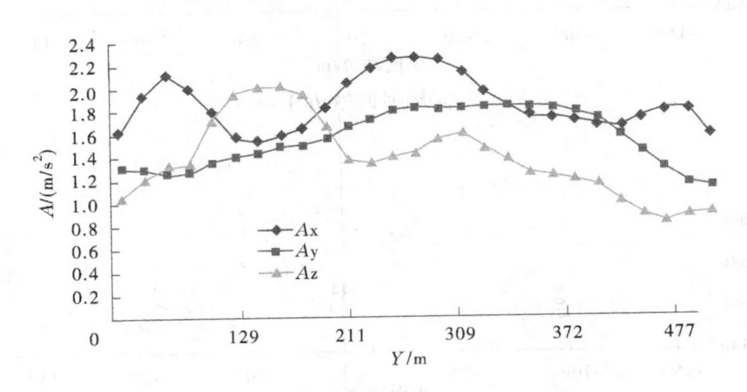

图 3-58　坝顶砂砾石体最大绝对加速度沿坝轴线分布

2. 位移反应

垂直坝轴线剖面（$Y=260$ m）的最大动位移反应分布如图 3-59 所示，包括顺河向、坝轴线向和垂直向最大动位移反应分布。坝体沿坝轴线剖面（$X=0$ m）的最大动位移反应分布如图3-60所示,包括顺河向、坝轴线向和垂直向最大动位移反应分布。坝顶砂砾石体最大动位移反应分布如图3-61所示。

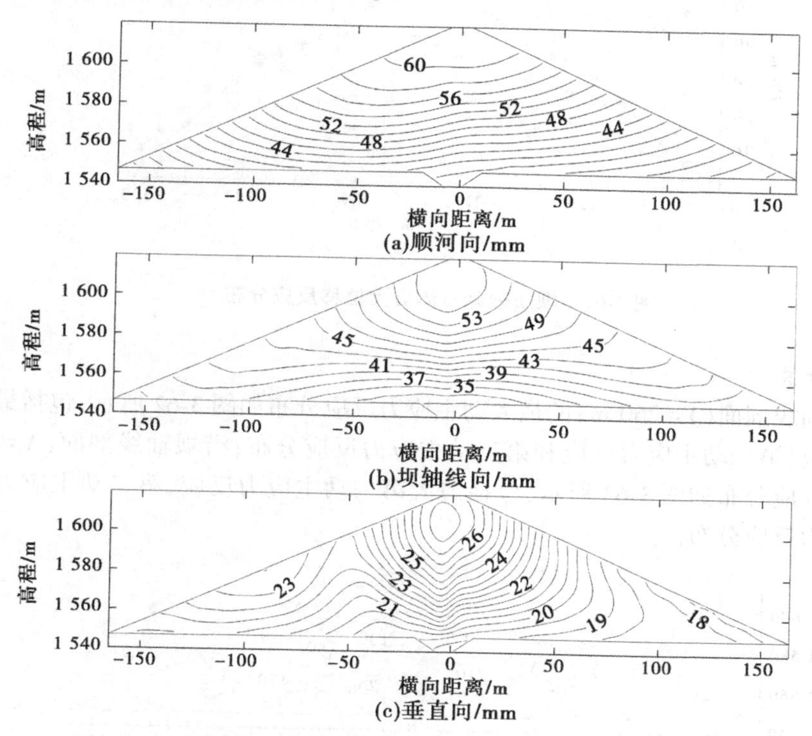

图3-59　垂直坝轴线剖面(Y=260 m)最大动位移反应分布

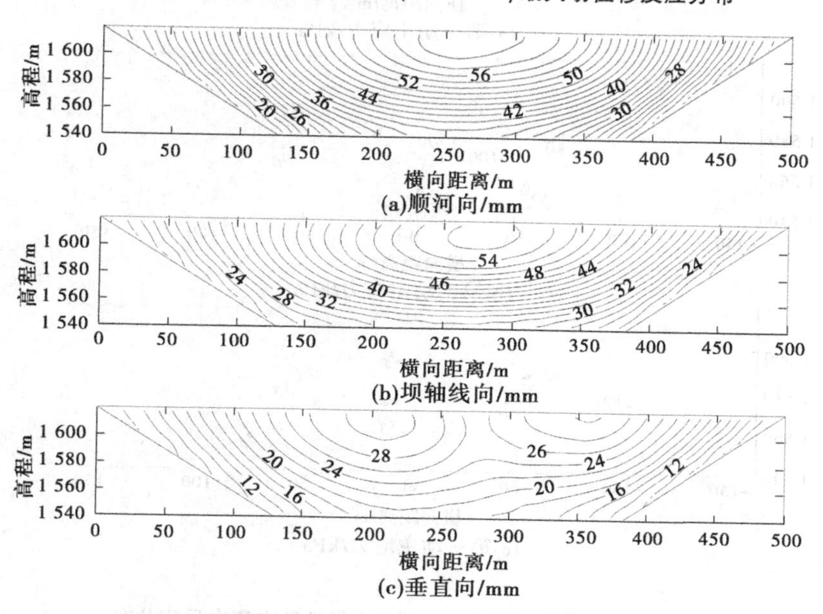

图3-60　沿坝轴线剖面(X=0 m)最大动位移反应分布

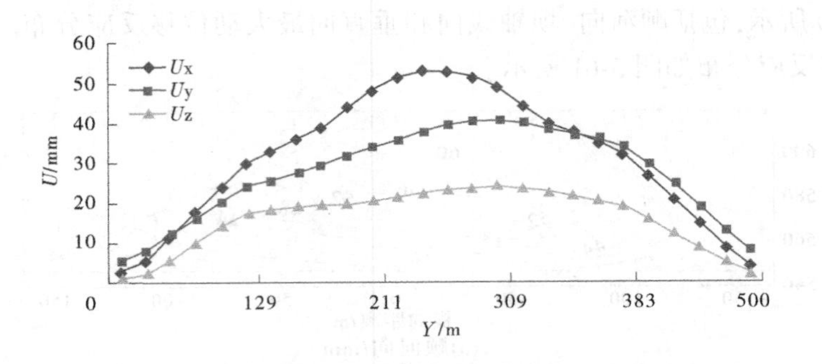

图 3-61　坝顶砂砾石体最大位移反应分布

3. 应力计算

垂直坝轴线剖面($Y=260$ m)的最大动主应力反应分布如图 3-62 所示,包括最大第一动主应力反应、第二动主应力反应和第三动主应力反应分布;沿坝轴线剖面($X=0$ m)最大动主应力反应分布如图 3-63 所示,包括最大第一动主应力反应、第二动主应力反应和第三动主应力反应分布。

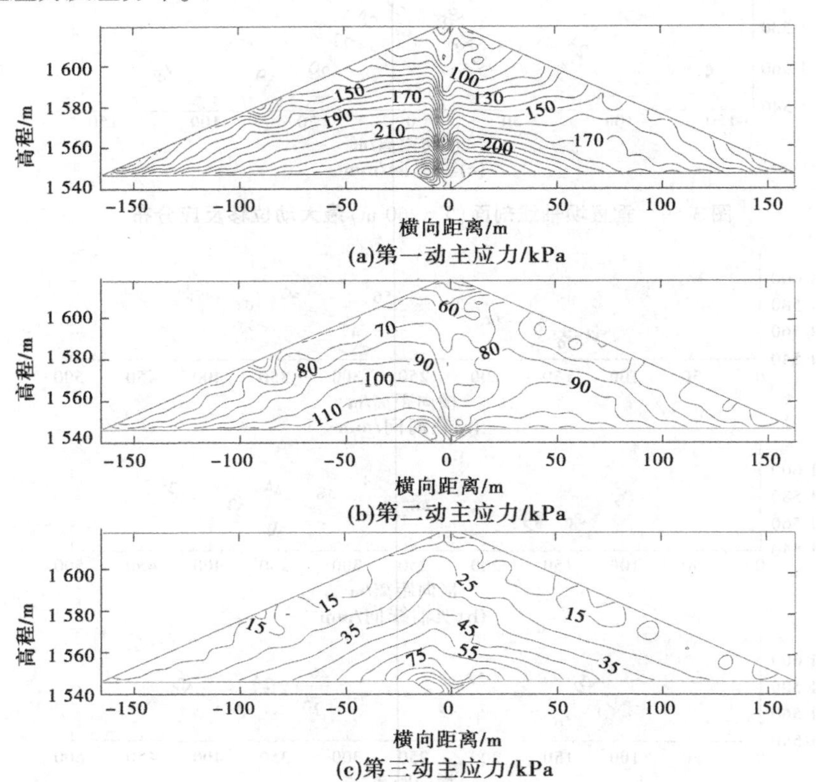

图 3-62　垂直坝轴线剖面($Y=260$ m)最大动主应力反应分布

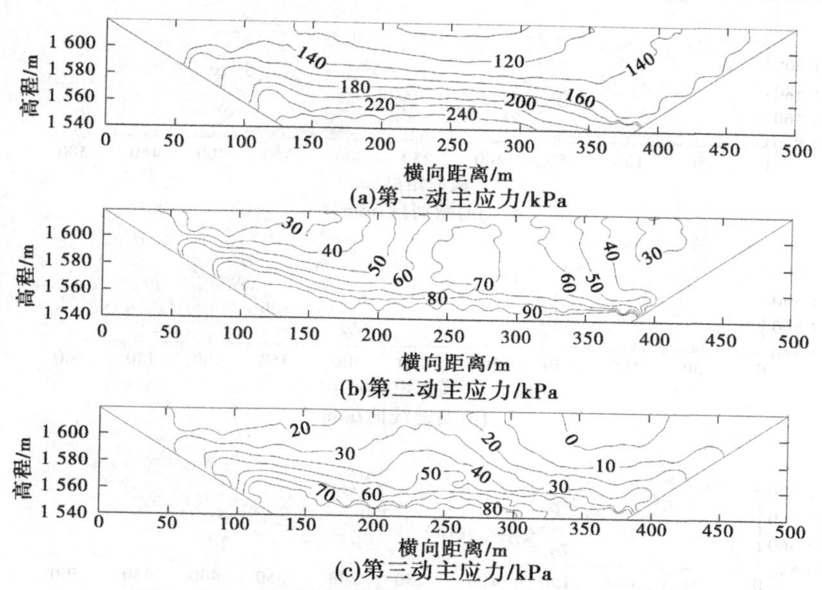

(a)第一动主应力/kPa

(b)第二动主应力/kPa

(c)第三动主应力/kPa

图 3-63　沿坝轴线剖面($X=0$ m)最大动主应力反应分布

4. 地震永久变形

垂直坝轴线典型断面($Y=260$ m)的地震永久变形分布如图 3-64 所示,包括顺河向、坝轴线向和垂直向变形。坝体沿坝轴线剖面($X=0$ m)心墙的地震永久变形分布如图 3-65 所示,包括顺河向、坝轴线向和垂直向的地震永久变形。

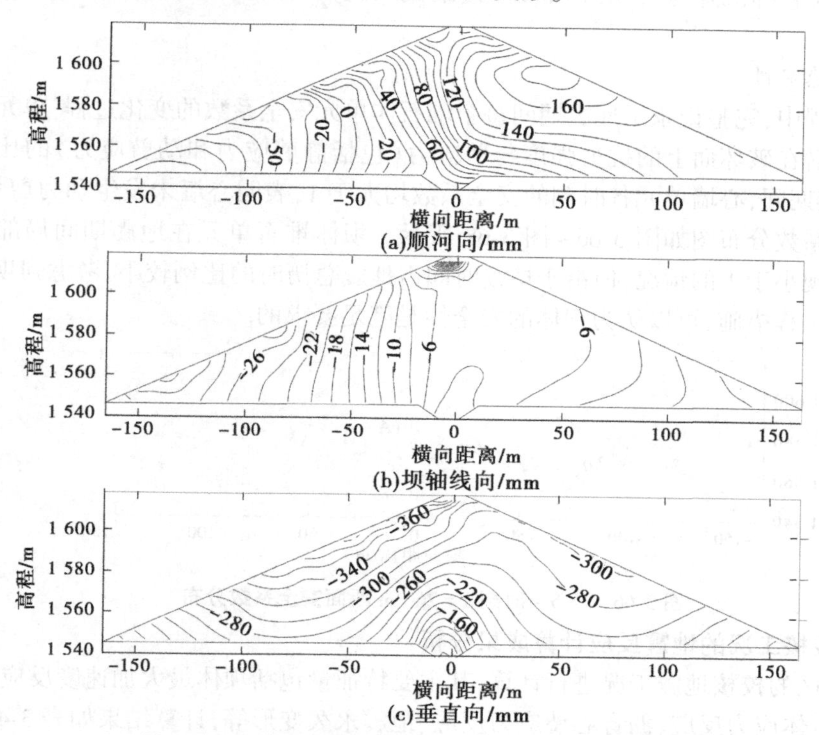

(a)顺河向/mm

(b)坝轴线向/mm

(c)垂直向/mm

图 3-64　垂直坝轴线剖面($Y=260$ m)地震永久变形分布

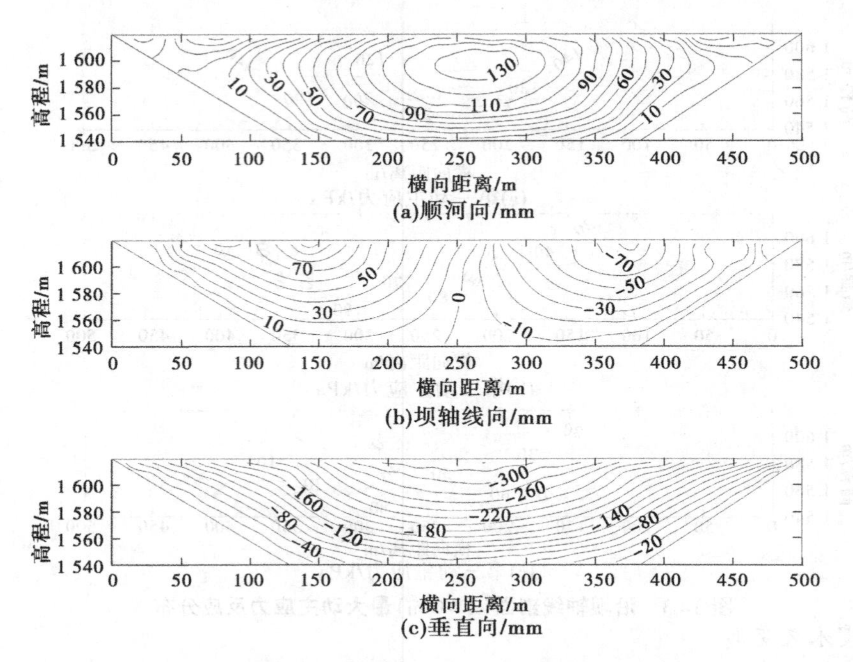

图 3-65　沿坝轴线剖面（X=0 m）地震永久变形分布

地震后，坝体的最大永久水平位移顺河向为 175.38 mm、坝轴线向为-287.43 mm，最大永久垂直位移即沉降为-510.13 mm。按最大坝高 75 m 计算，地震永久沉降约为坝高的 0.66%。

5. 抗震稳定性

计算过程中，完整记录了地震期间每个堆石体单元安全系数的变化过程，单元安全系数是指单元潜在破坏面上的抗剪强度与剪应力（包括静剪应力和动剪应力）的比值。计算表明，地震期间，心墙单元各时刻的安全系数均大于 1，表明心墙未发生动力剪切破坏，其断面安全系数分布图如图 3-66～图 3-68 所示。坝体堆石单元在地震期间局部时刻安全系数会出现小于 1 的情况，但由于持续时间占地震总历时的比例较小，考虑到坝体采取的一些抗震工程措施，可以认为坝体的安全性是满足要求的。

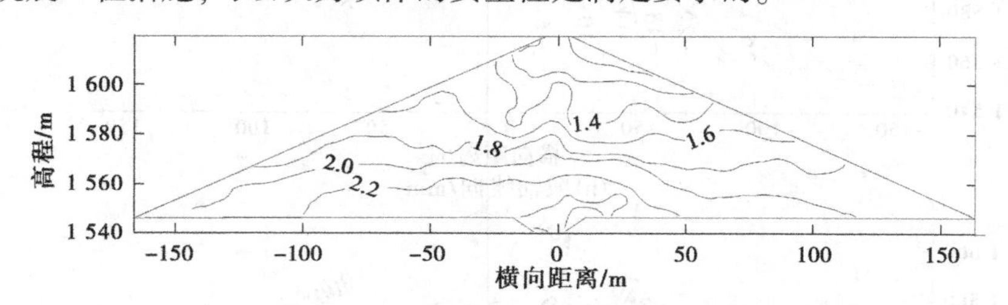

图 3-66　t=5 s 时刻 Y=260 m 断面安全系数分布

3.4.6.4　校核工况的地震反应计算成果分析

对坝址区的校核地震工况进行计算，其主要特征量包括坝体最大加速度反应、最大位移反应、堆石体应力反应、沥青心墙应力反应、地震永久变形等，计算结果如表 3-46 所示。

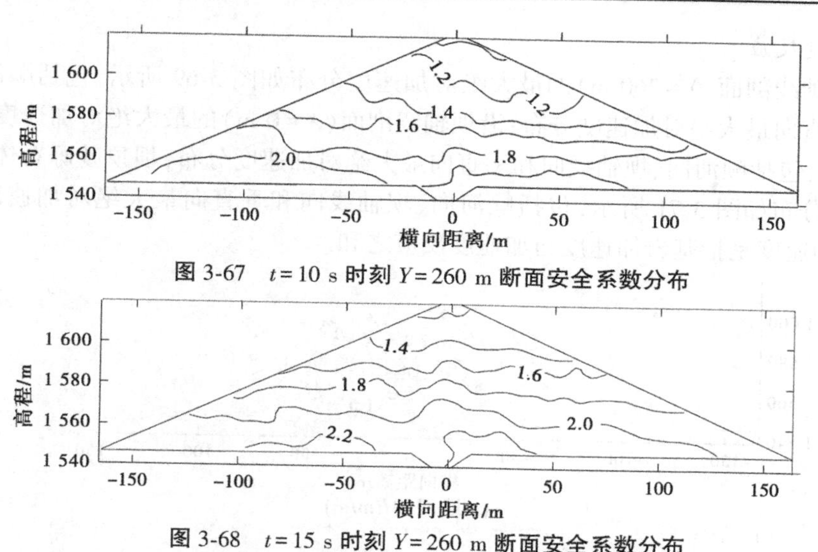

图 3-67　$t=10$ s 时刻 $Y=260$ m 断面安全系数分布

图 3-68　$t=15$ s 时刻 $Y=260$ m 断面安全系数分布

表 3-46　校核地震工况三维有限元动力计算分析结果汇总

项目		数值
最大加速度反应/(m/s^2)	顺河向	2.86/-2.86
	坝轴线向	3.75/-3.54
	垂直向	3.16/-3.34
最大位移反应/mm	顺河向	61.53/-65.95
	坝轴线向	57.15/-53.97
	垂直向	31.12/-27.85
堆石体应力反应/kPa	第一主应力	535.43/-269.15
	第二主应力	380.73/-346.63
	第三主应力	294.44/-490.44
沥青心墙应力反应/kPa	第一主应力	405.12/-330.33
	第二主应力	362.95/-350.07
	第三主应力	350.74/-398.20
低弹模防渗墙工况下沥青心墙应力反应/kPa	第一主应力	348.18/-263.77
	第二主应力	315.61/-280.61
	第三主应力	287.79/-350.91
地震永久变形/mm	顺河向(下游/上游)	233.87/-136.73
	坝轴线向(左岸/右岸)	313.36/-356.01
	垂直向(沉降)	-636.57
最大剪应力/kPa		195.16

计算表明,坝体的第一自振周期为 0.68 s。

1. 加速度反应

垂直坝轴线剖面（Y=260 m）的最大绝对加速度分布如图 3-69 所示，包括顺河向、坝轴线向和垂直向最大绝对加速度分布；沿坝轴线剖面（X=0 m）的最大绝对加速度分布如图 3-70 所示，包括顺河向、坝轴线向和垂直向最大绝对加速度分布；坝顶砂砾石体的最大绝对加速度分布如图 3-71 所示，包括顺河向、坝轴线向和垂直向最大绝对加速度分布。这里，绝对加速度是指基岩加速度与加速度反应之和。

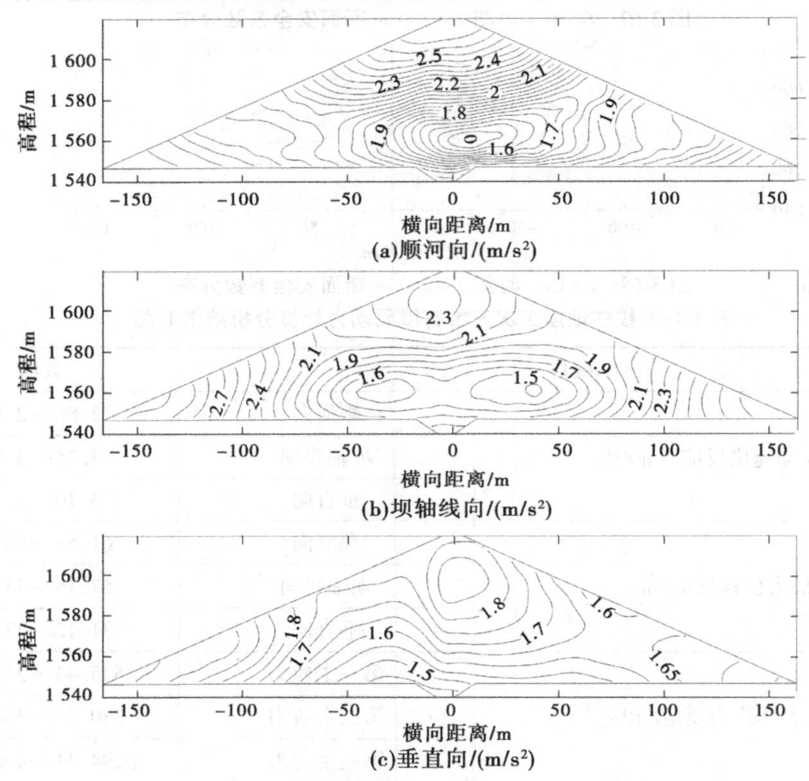

(a)顺河向/(m/s²)

(b)坝轴线向/(m/s²)

(c)垂直向/(m/s²)

图 3-69　垂直坝轴线剖面（Y=260 m）最大绝对加速度分布

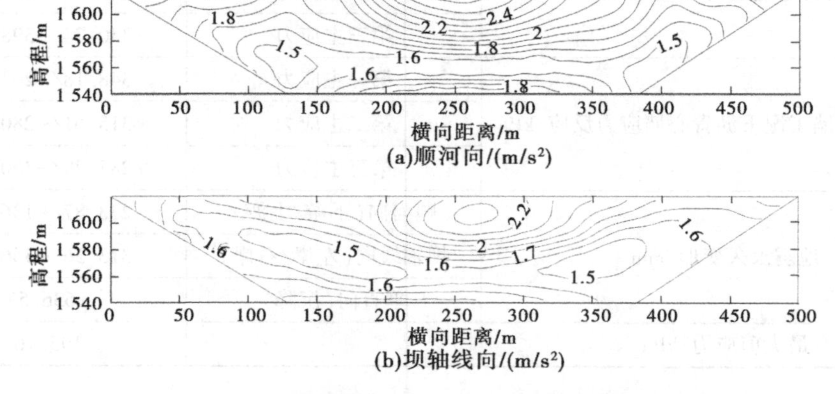

(a)顺河向/(m/s²)

(b)坝轴线向/(m/s²)

图 3-70　沿坝轴线剖面（X=0 m）最大绝对加速度分布

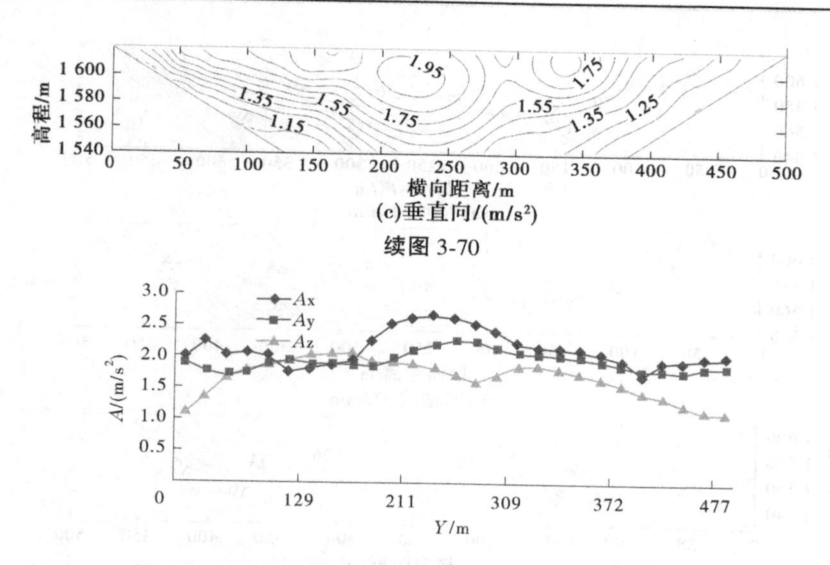

(c)垂直向/(m/s²)

续图 3-70

图 3-71　坝顶砂砾石体的最大绝对加速度分布/(m/s²)

2. 位移反应

垂直坝轴线剖面(Y=260 m)的最大动位移反应分布如图 3-72 所示，包括顺河向、坝轴线向和垂直向最大动位移反应分布；坝体沿坝轴线剖面(X=0 m)的最大动位移反应分布如图 3-73 所示，包括顺河向、坝轴线向和垂直向最大动位移反应分布；坝顶砂砾石体最大动位移反应分布如图 3-74 所示。

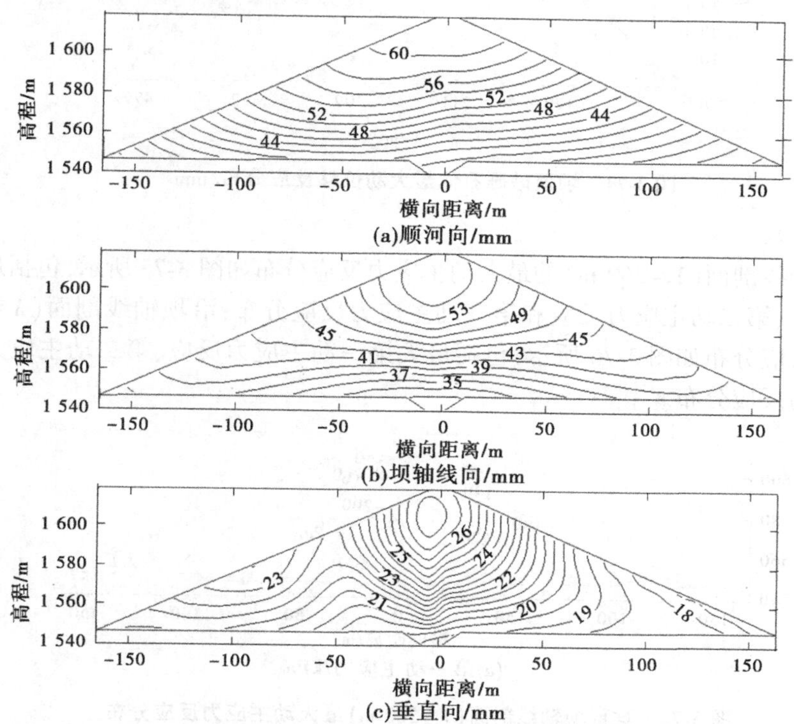

图 3-72　垂直坝轴线剖面(Y=260 m)最大动位移反应分布

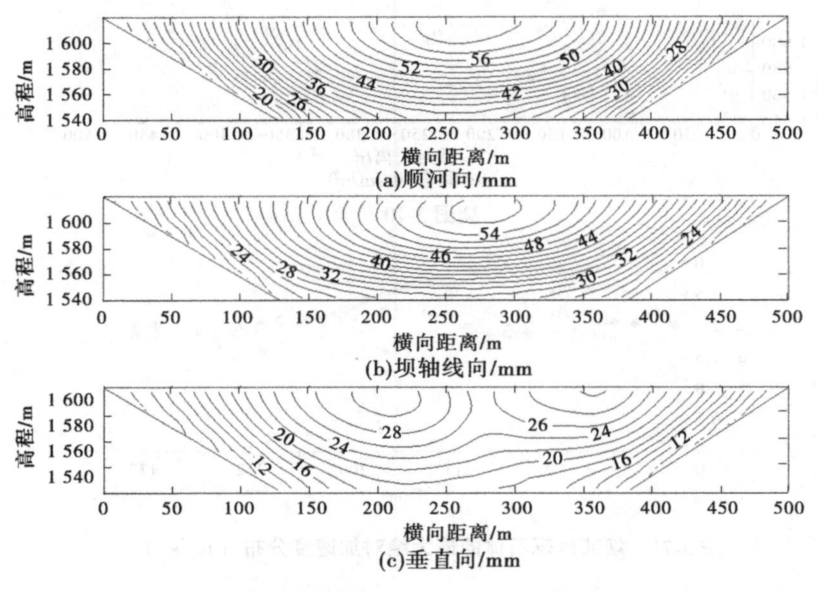

(a)顺河向/mm

(b)坝轴线向/mm

(c)垂直向/mm

图 3-73　沿坝轴线剖面($X=0$ m)最大动位移反应分布

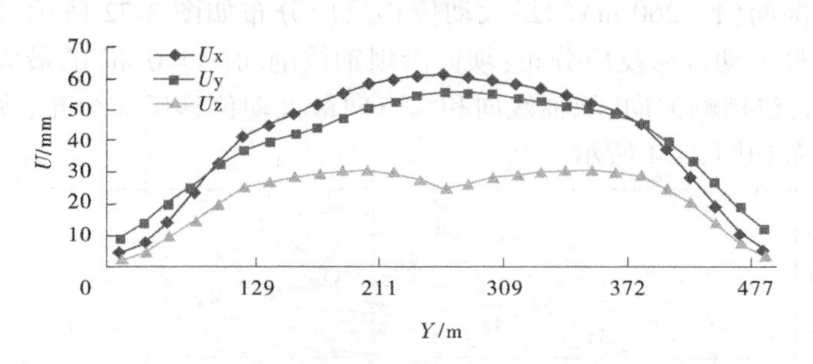

图 3-74　坝顶砂砾石体最大动位移反应分布/mm

3. 应力反应

垂直坝轴线剖面($Y=260$ m)的最大动主应力反应分布如图 3-75 所示,包括最大第一动主应力反应、第二动主应力反应和第三动主应力反应分布;沿坝轴线剖面($X=0$ m)最大动主应力反应分布如图 3-76 所示,包括最大第一动主应力反应、第二动主应力反应和第三动主应力反应分布。

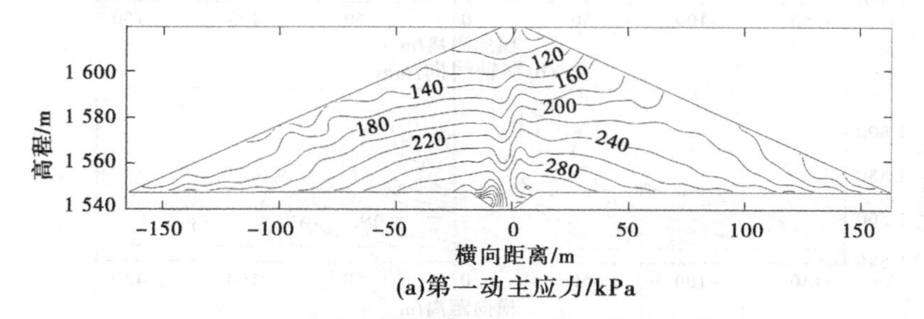

(a)第一动主应力/kPa

图 3-75　垂直坝轴线剖面($Y=260$ m)最大动主应力反应分布

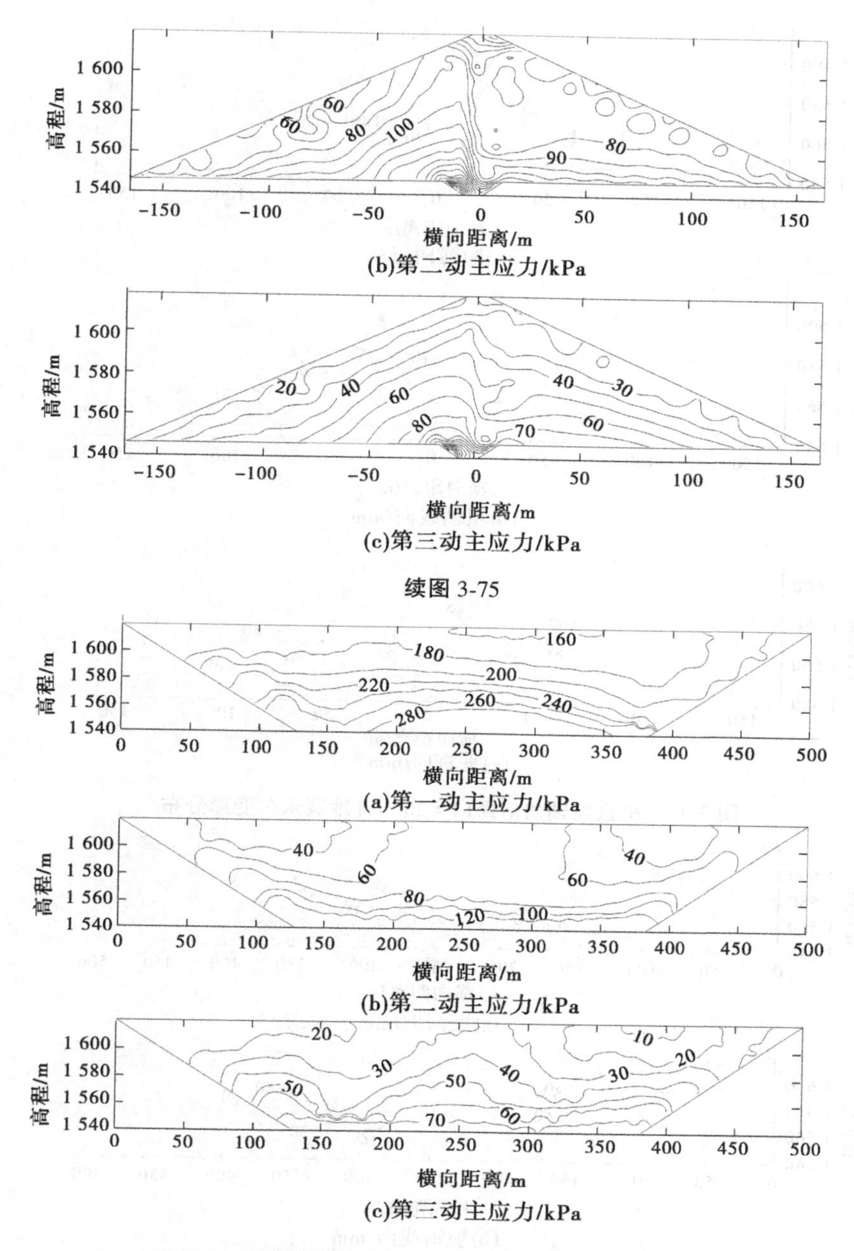

(b)第二动主应力/kPa

(c)第三动主应力/kPa

续图 3-75

(a)第一动主应力/kPa

(b)第二动主应力/kPa

(c)第三动主应力/kPa

图 3-76　沿坝轴线剖面(X=0 m)最大动主应力反应分布

4. 地震永久变形

垂直坝轴线典型断面(Y=260 m)的地震永久变形分布如图 3-77 所示,包括顺河向、坝轴线向和垂直向变形。坝体沿坝轴线剖面(X=0 m)心墙的地震永久变形分布如图 3-78 所示,包括顺河向、坝轴线向和垂直向的地震永久变形。

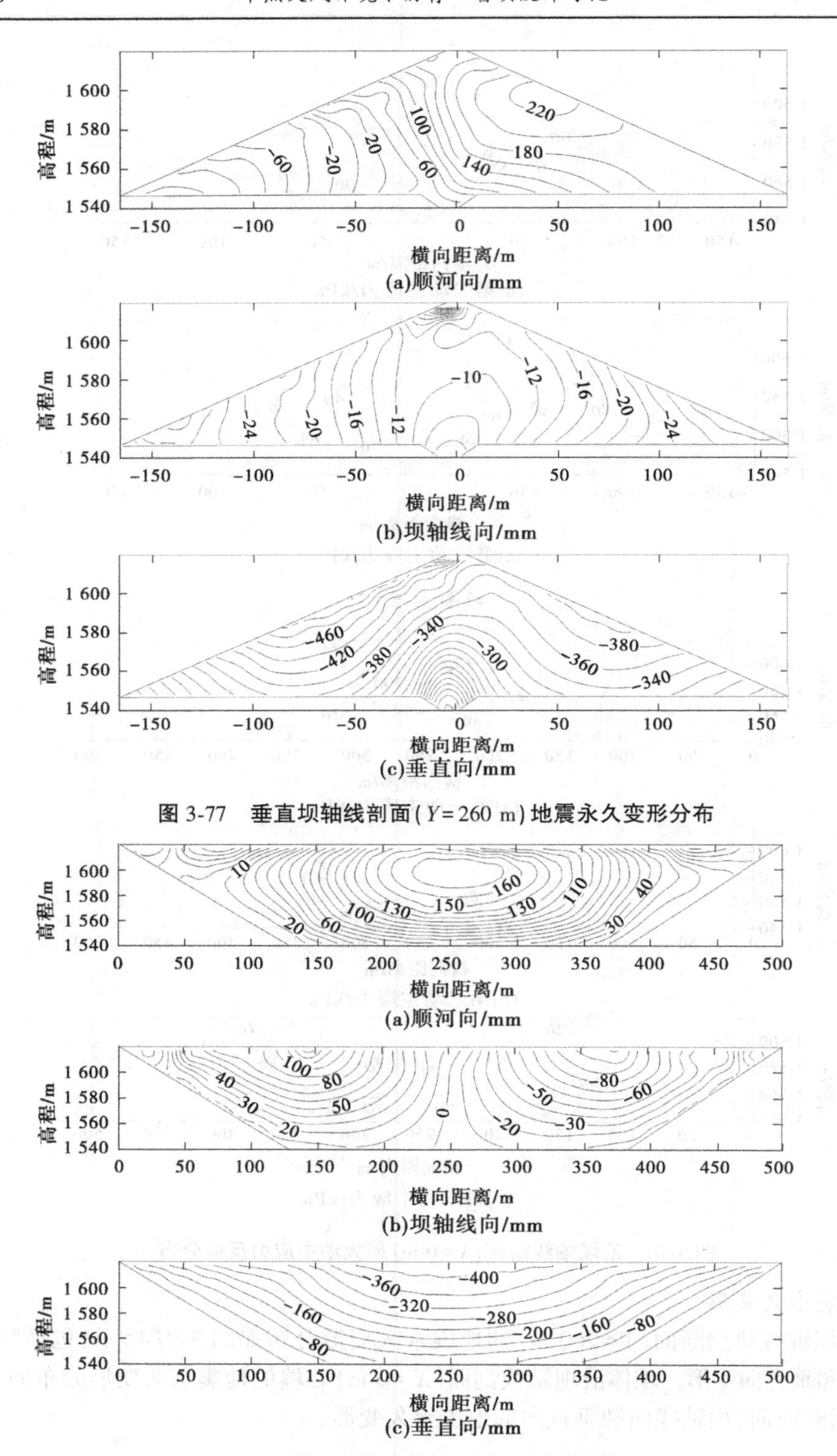

图 3-78　沿坝轴线剖面(X=0 m)地震永久变形分布

地震后，坝体的最大永久水平位移顺河向为 233.87 mm、坝轴线向为-356.01 mm，最大永久垂直位移即沉降为-636.57 mm。按最大坝高 75 m 计算，地震永久沉降约为坝高的 0.82%。

5. 抗震稳定性

这里单元安全系数定义为单元潜在破坏面上的抗剪强度与剪应力（包括静剪应力和动剪应力）的比值。计算表明，地震期间，心墙单元各时刻的安全系数均大于 1，表明心墙未发生动力剪切破坏，其断面安全系数分布如图 3-79～图 3-81 所示。坝体堆石单元在地震期间局部时刻安全系数会出现小于 1 的情况，但由于持续时间占地震总历时的比例较小，考虑到坝体采取的一些抗震工程措施，可以认为坝体的安全性是满足要求的。

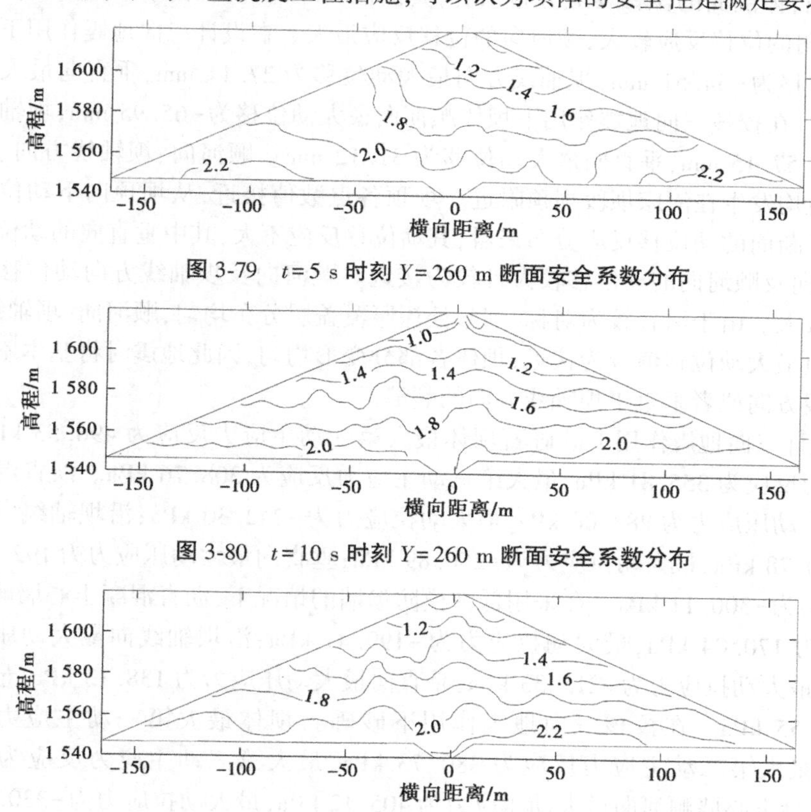

图 3-79　$t=5$ s 时刻 $Y=260$ m 断面安全系数分布

图 3-80　$t=10$ s 时刻 $Y=260$ m 断面安全系数分布

图 3-81　$t=15$ s 时刻 $Y=260$ m 断面安全系数分布

3.4.6.5　大坝动力有限元分析结论

（1）在设计三向地震作用下，坝体加速度反应在顺河向、坝轴线向和垂直向均较为强烈，且在河床坝段的坝顶附近达到最大。

采用基本烈度为Ⅶ度的模拟地震曲线作为基岩输入地震曲线（水平向峰值加速度为 0.178g m/s^2），由于深厚覆盖层的存在，纵然坝体高度不高，坝体加速度反应在顺河向、坝轴线向（横河向）和垂直向仍较为强烈，且在河床最深部位的坝顶附近最大。设计工况下坝体顺河向的最大绝对加速度最大值为 2.72 m/s^2，放大倍数为 1.56；沿坝轴线向的最大绝对加速度最大值为 2.87 m/s^2，放大倍数为 1.65；垂直向的最大绝对加速度最大值为

2.56 m/s^2，放大倍数为2.20。校核工况下坝体顺河向的最大绝对加速度最大值为2.86 m/s^2，放大倍数为1.19；沿坝轴线向的最大绝对加速度最大值为3.75 m/s^2，放大倍数为1.56；垂直向的最大绝对加速度最大值为3.34 m/s^2，放大倍数为2.09。

顺河向、坝轴线向加速度反应最大值满足从坝基到坝顶逐渐增大的规律，同时在约1/2坝高以上，随着高程增加，加速度增大速率较明显，在坝顶附近达到最大值，存在明显的鞭梢效应。垂直向加速度最大值不仅满足从坝基到坝顶逐渐增大的规律，且在同一高程处，绝对加速度最大值存在坝体内部向坝坡方向逐渐增大的趋势。从计算结果来看，坝顶及坝顶附近坝坡区域的加速度反应是比较大的。

(2)从堆石体剖面的位移反应分布来看，其位移反应均不大，其中垂直向的位移反应最小，坝轴线向的位移反应较大，顺河向的位移反应最大。在设计三向地震作用下坝体顺河向最大动位移为-34.51 mm，坝轴线方向最大动位移为27.11 mm，垂直向最大动位移为13.18 mm。在校核三向地震作用下坝体顺河向最大动位移为-65.95 mm，坝轴线方向最大动位移为57.15 mm，垂直向最大动位移为31.12 mm。顺河向、坝轴线方向、垂直向最大动位移值均发生在河床坝段坝顶附近。坝顶各点数值接近，从坝顶向下动位移反应减小。从典型断面的动位移反应分布来看，其动位移反应不大，其中垂直向的动位移反应最小，坝轴线向及顺河向的动位移较大且较为接近。顺河向及坝轴线方向动位移相对垂直向动位移较大。由于河谷较为对称，坝基处深厚覆盖层分布均匀，顺河向、坝轴线方向、垂直向的正负最大动位移值较为接近，坝体各部分变形均匀，因此地震时将基本不会出现平行于坝轴线方向或者垂直于坝轴线方向的裂缝。

(3)在设计三向地震作用下砂砾石坝体最大第一动主应力反应为496.53 kPa，最大第二动主应力反应为355.81 kPa，最大第三动主应力反应为308.76 kPa。沥青混凝土心墙顺河向最大动压应力为283.00 kPa，最大动拉应力为-242.30 kPa；沿坝轴线向最大动压应力为250.78 kPa，最大动拉应力为-256.89 kPa；垂直向最大动压应力为192.05 kPa，最大动拉应力为-306.11 kPa。在采用低弹模防渗墙的情况下，沥青混凝土心墙顺河向最大动压应力为170.04 kPa，最大动拉应力为-199.41 kPa；沿坝轴线向最大动压应力为149.20 kPa，最大动拉应力为-215.33 kPa；垂直向最大动压应力为138.13 kPa，最大动拉应力为-223.55 kPa。在校核三向地震作用下砂砾石坝体最大第一动主应力反应为535.43 kPa，最大第二动主应力反应为380.73 kPa，最大第三动主应力反应为294.44 kPa。沥青混凝土心墙顺河向最大动压应力为405.12 kPa，最大动拉应力为-330.33 kPa；沿坝轴线向最大动压应力为362.95 kPa，最大动拉应力为-350.07 kPa；垂直向最大动压应力为350.74 kPa，最大动拉应力为-398.20 kPa。在采用低弹模防渗墙的情况下，沥青混凝土心墙顺河向最大动压应力为348.18 kPa，最大动拉应力为-263.77 kPa；沿坝轴线向最大动压应力为315.61 kPa，最大动拉应力为-280.61 kPa；垂直向最大动压应力为287.79 kPa，最大动拉应力为-350.91 kPa。

设计工况下坝体的最大动剪应力反应为165.92 kPa。校核工况下坝体的最大动剪应力反应为195.16 kPa。

从典型坝体断面(Y=260 m)上动主应力反应分布可知，动主应力最大值基本沿坝体及坝基两侧对称分布，且自坝体两侧向中部，动主应力最大值逐渐增大；动主应力反应在接近坝剖面处较小,离坝面距离越大,动主应力一般也越大。靠近基岩单元的动主应力反应比靠近坝顶单元的反应剧烈,这是因为靠近基岩的单元因地基约束而使其刚性增大,从而导致动主应力反应加大。总体而言,最大动主应力在坝体分布较为均匀,在心墙底部位置及其附近动主应力最大,并出现局部应力集中现象。在采用低弹模防渗墙情况下,沥青心墙各个方向的主应力均有所增大,但与静力状态下的主应力相比所占比值不大。

对沥青混凝土心墙而言,在地震过程中,水压力仍小于心墙表面第一主应力,因此不会发生水力劈裂。

(4)在设计三向地震作用下坝体的最大永久水平位移顺河向为 175.38 mm、坝轴线向为-287.43 mm,最大永久垂直位移即沉降为-510.13 mm。按最大坝高 75 m 计算,地震永久沉降约为坝高的 0.66%。在校核三向地震作用下坝体的最大永久水平位移顺河向为 233.87 mm、坝轴线向为-356.01 mm,最大永久垂直位移即沉降为-636.57 mm。按最大坝高 75 m 计算,地震永久沉降约为坝高的 0.82%。

(5)地震期间,心墙单元各时刻的安全系数均大于 1,表明心墙未发生动力剪切破坏。坝体堆石单元在地震期间局部时刻安全系数会出现小于 1 的情况,但由于持续时间占地震总历时的比例较小,考虑到坝体采取的一些抗震工程措施,可以认为坝体的安全性是满足要求的。

综上所述,在采取一定的抗震措施后,大河沿沥青混凝土心墙砂砾石坝能满足抗震要求。

3.4.7　大坝抗震措施

通过地震危险性评价、区域稳定性研究、枢纽区地质勘查、枢纽布置方案比选、主要水工建筑物结构分析及枢纽区边坡稳定研究,对重要的水工建筑物开展了深入的结构抗震分析研究,对主要建筑物的抗震薄弱部位、破坏模式、结构设计的重点均有了较清晰的认识。在计算分析的基础上,根据建筑物的重要性、失事后果的严重性、结构破坏类型,分别进行抗震措施研究,包括改善结构体型、优化构造设计、加强支护、布置钢筋等措施,分别有针对性地提出了具体的抗震措施。

参考同类工程经验,本工程坝体的抗震措施结合坝址选择、地基条件、坝型选择、坝体结构、坝料以及施工质量等因素综合考虑,具体为以下几个方面:

(1)坝址选择上避免了博格达南缘活动断裂,水库蓄水后诱发地震的可能性小;上、中坝址库盆分处其中潘家地背斜两翼,近场地最近的博格达南缘活动断裂(F_1)最近距离约 9.5 km,下坝址库内虽分别有区域断层 F_3、F_2、F_5 横切河谷通过,但均属非活动性断层,构成库盆的岩层总体为单斜构造,不具备储存较高地应力的条件,水库蓄水后诱发地震的可能性很小。

(2)大坝基础为第四系全新统砂卵砾石层,地震作用下不会产生振动液化。且基础防渗采用的防渗墙形式,抗震性能较好。

(3)坝型方面采用沥青混凝土心墙砂砾石坝,坝体采用抗震性能和渗透稳定性好且级配良好的砂砾石料填筑,并用较高的标准控制大坝的填筑质量,即要求砂砾料的相对紧密度 $D_r \geqslant 0.85$,以提高坝体的密实程度,增强抗震能力;且砂砾石料具有较强透水能力,从而保证地震时所产生的孔隙水压力迅速消散,有利于坝体稳定。

(4)坝体结构方面:适当加宽坝顶,坝顶宽度采用 10 m,降低坝顶地震力作用。上游坝坡采用 1:2.2,下游坝坡采用 1:2.0,采用较缓的坝坡对抗震有利。

(5)计算坝顶超高时,考虑了坝体和坝基在地震作用下的附加沉陷量和足够的地震涌浪高度,地震安全高度取 0.5 m,地震涌浪加附加沉陷取 2.5 m,共 3 m 超高。

(6)加强心墙与基座、坝体各分区与坝基和岸坡的连接,防止坝体,特别是两岸边坡部分因地震而出现裂缝。

第4章 沥青混凝土配合比设计及试验

土石坝的防渗体，过去多采用黏土、混凝土、钢筋混凝土或钢板等材料建造，但这些材料或是料源受到限制，或是难以适应坝体的沉陷变形，或是造价过高，所以这些材料只有在一定的条件下才能取得较好的技术经济效果。20世纪20年代，沥青混凝土防渗墙才用于土石坝工程。沥青混凝土心墙作为土石坝的一种防渗结构，具有以下特点：①防渗性能好。碾压式沥青混凝土的渗透系数一般小于 $1\times10^{-8}\sim1\times10^{-7}$ cm/s。浇筑式沥青混凝土实际上是不透水的。②适应变形能力比较强。沥青混凝土具有较好的柔性，能较好地适应各种不均匀沉陷。一旦发生裂缝，在坝体应力（包括自重）作用下，沥青混凝土有自愈（闭合）能力。③不用黏土防渗，因而可以不占农田，保护耕地。对于缺乏良好天然土料的地方，更显示其优越性。④工程量小。一般地讲，沥青混凝土防渗体体积约为黏性土防渗体的1/50～1/20。适合工厂化施工，用工少，效率高，加快了施工进度。由于沥青混凝土防渗体断面小于土质防渗体断面，因而对要求减小坝体体积的场合更为适用。⑤由于沥青混凝土防渗墙较薄，工程量少，因而投资较少。⑥沥青混凝土防渗体比土质防渗体易于施工，在多雨地区更显出其优越性。

但沥青混凝土的性能又受原材料及配合比等因素的影响，其中原材料的性能是沥青混凝土心墙质量得到保障的基础，而配合比的优劣也同样关系到沥青混凝土的性能。合理的沥青混凝土配合比试验方案不仅能够确定出理想的配合比，而且能够使配合比试验过程大大简化，从而节约试验的时间成本和经济成本。

4.1 原材料选择

在沥青混凝土心墙坝建设过程中，材料起着至关重要的作用。沥青混凝土的性能表现取决于组成材料的性质、合适的组成配合比例以及合理的拌和施工工艺，其中组成材料自身的质量是沥青混凝土技术性质保证的基础。要保证工程质量，必须对原材料进行严格的选择和检验，这是在沥青混凝土配合比设计前必不可少的一个重要环节。选择、确定原材料应根据设计文件对心墙的要求，结合当地原材料的供应情况，按照相关的试验规程进行检验，然后择优选材，使所选用材料的各项技术指标均符合规定的技术要求。

4.1.1 沥青

4.1.1.1 沥青的分类

沥青是一种有机胶结材料，是由一些极其复杂的碳氢化合物及碳氢化合物与氧、氮、硫的衍生物所组成的混合物。沥青在常温下呈固体半固体或液体状态，颜色为褐色或黑褐色。沥青不溶于水，能溶于二硫化碳、四氯化碳、三氯甲烷、三氯乙烯等有机溶剂中。按照来源不同，沥青分为地沥青和焦油沥青两大类。地沥青又分为天然沥青和石油沥青两种。天然沥青是地下石油在自然条件下经过长时间光照等地球物理因素作用所形成的，如中美洲的天然沥青湖、克拉玛依的沥青矿等。特立尼达岛上的沥青湖面积约为 0.4 km^2，估计湖深为 90 m，估计储量为 100 万~1 500 万 t。石油沥青是石油提炼后的产品，是市场上供应量最大和应用最广泛的沥青。石油沥青按生产方法可分为直馏沥青、氧化沥青、裂化沥青、溶剂沥青、调和沥青五种，常用的为前两种。焦油沥青（又称柏油）是对从干馏各类有机燃料，如煤、木材等所得的焦油再进行加工得到的沥青，如炼焦得到煤焦油，对煤焦油再进行深加工就得到煤沥青。煤沥青可分为高温、中温和低温煤焦油沥青、软煤沥青和硬煤沥青。因焦油沥青受热时能分解出有毒物质，所以目前直接应用较少。

4.1.1.2　沥青的选择

沥青是构成沥青混凝土结构的有机胶结材料，沥青混凝土心墙施工所选的沥青品种应根据沥青混凝土施工工艺、工程区域气候特点、工程设计类型、等级、运输条件、工作条件和材料价格等因素进行选择。沥青作为胶结矿料的载体，其稳定性对沥青混凝土的力学性能影响很大。从施工工艺角度考虑，一般浇筑式沥青混凝土选择高牌号沥青，碾压式沥青混凝土所选择沥青牌号一般较低，同时所选择沥青一定要保证沥青混凝土有良好的施工和易性、防渗性，具有良好的耐久性、抗疲劳性、适应工程运行变形的能力，以满足工程实际运行工况的需求。

本工程沥青混凝土心墙的沥青采用克拉玛依 70 号水工沥青。对水工沥青按《水工沥青混凝土试验规程》（DL/T 5362—2018）要求进行了规定项目的试验检测，由全国沥青质量检测中心检测的结果见表 3-4。

表 3-4 的沥青指标检测结果表明，克拉玛依 70 号水工沥青各项指标符合《土石坝沥青混凝土面板和心墙设计规范》（SL 501—2010）中的技术要求，不仅满足行业标准相应的指标要求，也满足《水工碾压式沥青混凝土施工规范》（DL/T 5363—2016）的技术要求。

4.1.2　粗骨料

粗骨料指粒径大于 2.36 mm 的矿料。在沥青混凝土中，粗骨料起着骨架的作用，其颗粒之间的镶嵌力使沥青混凝土具有一定的强度，并能承受一定的外力。

骨料颗粒的形状对沥青混凝土的性能有很大影响，规则的、多角形的骨料具有较好的稳定性，因此粗骨料宜选用人工碎石；当采用天然砾石时，必须通过试验论证其技术的可行性。此外，为了保证骨料与沥青的黏附性，宜采用碱性岩石，为保证沥青混凝土的均匀性，心墙用粗骨料的最大粒径一般不超过 19 mm 且不超过压实后沥青混凝土铺筑厚度的 1/3。

本工程沥青混凝土粗骨料采用人工轧制灰岩料，其质量、储量均满足要求。

拟采用的粗骨料要求：粗骨料的最大粒径为 19 mm，最小粒径大于 2.5 mm，形状呈方形，针片状粒料含量小于 25%；质地坚硬，新鲜，不因加热引起性质变化，吸水率不大于 2%；含泥量不大于 0.5%；耐久性好，用硫酸钠干湿循环 5 次，质量损失小于 12%；黏附性能好，与沥青的黏附力应达 4 级以上；级配良好。粗骨料技术要求指标及实测值汇总列于表 4-1。

表 4-1　沥青检测结果

<table>
<tr><th>序号</th><th colspan="2">鉴定项目</th><th>单位</th><th>要求指标</th><th>检测结果</th></tr>
<tr><td>1</td><td colspan="2">针入度(25 ℃,100 g,5 s)</td><td>1/10 mm</td><td>60~80</td><td>74.4</td></tr>
<tr><td>2</td><td colspan="2">软化点(环球法)</td><td>℃</td><td>46~55</td><td>48.6</td></tr>
<tr><td>3</td><td colspan="2">延度(10 ℃,5 cm/min)</td><td>cm</td><td>≥25</td><td>125</td></tr>
<tr><td>4</td><td colspan="2">密度(25 ℃)</td><td>g/cm³</td><td>实测</td><td>0.985</td></tr>
<tr><td>5</td><td colspan="2">含蜡量</td><td>%</td><td>≤2.2</td><td>1.82</td></tr>
<tr><td>6</td><td colspan="2">脆点</td><td>℃</td><td>≤-10</td><td>-20.8</td></tr>
<tr><td>7</td><td colspan="2">溶解度(三氯乙烯)</td><td>%</td><td>≥99.0</td><td>99.9</td></tr>
<tr><td>8</td><td colspan="2">闪点</td><td>℃</td><td>≥260</td><td>>280</td></tr>
<tr><td rowspan="4">9</td><td rowspan="4">薄膜烘箱试验后(163 ℃,5 h)</td><td>质量损失</td><td>%</td><td>≤0.4</td><td>0.042 8</td></tr>
<tr><td>针入度比</td><td>%</td><td>≥65</td><td>81.5</td></tr>
<tr><td>延度(15 ℃,cm/min)</td><td>cm</td><td>≥80</td><td>119.1(10 ℃,32)</td></tr>
<tr><td>软化点升高</td><td>℃</td><td>≤5</td><td>2.9</td></tr>
</table>

注:要求指标来自于《水工碾压式沥青混凝土施工规范》(DL/T 5363—2016)中对70号沥青的要求指标。

表 4-2　粗骨料技术要求指标及实测值

序号	项目	单位	要求指标	实测值
1	表观密度	g/cm³	≥2.6	2.705
2	吸水率	%	≤2	0.415
3	耐久性(硫酸钠干湿循环5次质量损失)	%	≤12	1.109
4	与沥青黏附性	级	≥4	5.0
5	压碎率	%	≤30	11.35
6	含泥量	%	≤0.5	0
7	抗热性	—	合格	合格
8	酸碱性	—	碱性	碱性

注:要求指标来自于《土石坝沥青混凝土面板和心墙设计规范》(SL 501—2010)中沥青混凝土粗骨料要求指标。

由表4-2可以看出,粗骨料材料新鲜、质地坚硬,在加热过程中未出现开裂、分解等现象,且经检测为碱性,与沥青黏附力强,从各项检测指标来看,满足沥青混凝土心墙对粗骨料的技术要求。

4.1.3　细骨料

细骨料指粒径在0.075~2.36 mm的矿料,可采用河砂、海砂及人工砂等。在沥青混凝土中，细骨料的作用是通过颗粒之间的嵌挤作用提高沥青混凝土的稳定性，同时填充粗骨料的空隙。在工程实践中，人工砂宜采用碱性岩石加工，且应充分利用加工碎石筛余的石屑。

本工程沥青混凝土细骨料亦采用人工轧制灰岩料。依据《土石坝沥青混凝土面板和心墙设计规范》(SL 501—2010)，对拟采用的细骨料要求：质地坚硬，新鲜，不因加热引起性质变化，粒径小于 2.5 mm 并大于 0.074 mm；干净，不含有机质和其他杂质，含泥量不大于2%；耐久性好，用硫酸钠干湿循环5次，质量损失小于15%；水稳定等级不低于6级；级配良好，粒径组成应符合试验提出的级配曲线的要求。细骨料技术要求指标汇总列于表4-3。

表 4-3 细骨料检测结果

序号	项目	单位	要求指标	实测值
1	表观密度	g/cm^3	≥2.55	2.740
2	吸水率	%	≤2	0.433
3	耐久性(硫酸钠干湿循环5次质量损失)	%	≤15	1.059
4	水稳定等级	级	≥6	10.000
5	有机质及泥土含量	%	≤2	0
6	抗热性	—	合格	合格
7	酸碱性	—	碱性	碱性

注：要求指标来自于《土石坝沥青混凝土面板和心墙设计规范》(SL 501—2010)中沥青混凝土细骨料要求指标。

上述表中人工砂质地坚硬、新鲜，在加热过程中未出现开裂、分解等现象，性能良好，满足沥青混凝土心墙对细骨料的要求。但是，从表4-4、图4-1中发现人工砂中粒径小于0.075 mm的部分占24.22%，比例偏高，不利于施工，建议改善人工砂的生产工艺，降低粒径小于0.075 mm的比例，控制在15%以内。

表 4-4 细骨料级配筛析表

筛孔尺寸/mm	2.36	1.18	0.6	0.3	0.15	0.075
通过率/%	100	73.44	49.58	36.59	29.61	24.22

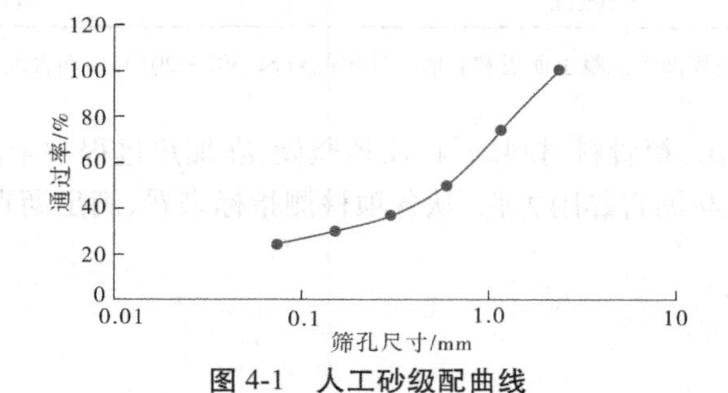

图 4-1 人工砂级配曲线

4.1.4　填料

填料指粒径小于0.075 mm的矿料。填料是沥青混凝土的重要组成部分，对沥青混凝土的物理力学性质影响很大。填料具有很大的表面积，在沥青混凝土中，它的作用是与沥青共同组成胶结料，将骨料黏结成一个整体，同时填充骨料的空隙。填料在沥青混合料中的主要作用是使体积状态的沥青变成薄膜状态。在薄膜状态下，沥青的黏度和强度都有所增加。填料还能与沥青一起组成沥青混凝土中的胶结材料。填料的另一个作用是填充较大颗粒间的孔隙。因此，必要数量的填料，会增加沥青混凝土的密实度。如果矿粉不足，就会增加填充集料孔隙的沥青数量。从而，也就提高了沥青混凝土的造价。因此，合理利用填料，是沥青混合料级配设计中的关键问题之一。在工程实践中，为了使沥青与填料结合牢固，常采用石灰岩、大理岩、白云岩等碳酸岩石作为填料的原岩。

填料用量对沥青混凝土的结构和性能有较大影响，填料用量多时沥青混凝土内部会形成许多细小的封闭空隙，填料用量少时则大多会形成连通的开口空隙，因此填料用量是沥青混凝土配合比设计的重要参数之一。

本工程填料选用料场石灰岩加工磨细得到，对拟采用的填料要求：亲水性系数不大于1.0；含水率不大于0.5%；不含泥土、有机物等杂质、结块和团粒；颗粒组成技术要求指标汇总列于表4-5中。

表4-5　填料检测结果

序号	项目		单位	要求指标	实测值
1	表观密度		g/cm³	≥2.5	2.703
2	含水率		%	≤0.5	0.39
3	亲水系数			≤1.0	0.909
4	酸碱性		—	碱性	碱性
5	细度	<0.6 mm	%	100	99.255
		<0.15 mm		>90	95.250
		<0.075 mm		>85	85

注：要求指标来自于《土石坝沥青混凝土面板和心墙设计规范》（SL 501—2010）中沥青混凝土填料要求指标。

从检测结果可以看出，填料的基本性能数据满足沥青混凝土对填料的技术要求，可以作沥青混凝土心墙的填料使用。

另外，对细骨料中的矿粉也进行了检测，其表观密度为2.732 g/cm³，亲水系数为0.882，也满足规范要求。

4.2　沥青混凝土配合比初选

除前文提到的影响沥青混凝土性能原材料因素外，影响沥青混凝土性能的因素还有矿料级配、填料用量和油石比（沥青混合料中沥青质量与沥青混合料中矿料质量的比值）。其中矿料包括粗细骨料，粗骨料起着骨架的作用，其颗粒之间的镶嵌力使沥青混凝土具有一定的强度，并能承受一定的外力，细骨料的作用是通过颗粒之间的嵌挤作用提高沥青混凝土的稳定性，同时填充粗骨料的空隙；填料的作用是与沥青共同组成胶结料，将骨料黏结成一个整体，同时填充骨料的空隙。因此，选择合理的矿料级配、填料用量和油石比是十分重要的，它能使沥青混凝土性能得到充分的体现，在一定程度上节约了工程成本。

沥青混凝土配合比选择是采用不同的级配指数、填料用量和油石比进行组合，通过基本性能试验（孔隙率、变形和强度），选择出综合性能较好的配合比。根据沥青混凝土心墙的受力特点，在室内试验中采用劈裂试验（也叫间接拉伸试验）来测试沥青混凝土的强度和变形。

本次试验用粗细骨料采用人工轧制灰岩料、填料选用料场石灰岩加工磨细制得和新疆克拉玛依 70 号（A 级）道路石油沥青。

4.2.1　矿料级配的选择

矿料级配是指粗骨料、细骨料、填料按适当比例配合，使其具有最小的空隙率和最大的摩擦力的合成级配，矿料级配可用最大粒径、粗细骨料的比例、填料用量三个参数来表征。矿料级配参数包括矿料最大粒径 D_{max}、级配指数 r 或粗细骨料率和填料用量 F。目前，常用的级配理论主要有最大密度曲线理论和粒子干涉理论。在本次配合比设计中，采用最大密度曲线理论进行矿料级配的计算。最大密度曲线是通过试验提出的一种理想曲线，这种理论认为，固体颗粒按粒度大小有规则地组合排列，粗细搭配，可以得到密度最大、空隙最小的混合料；并提出矿料的混合级配曲线愈接近于抛物线，则密度愈大。矿料级配的确定采用最大密度级配理论和《土石坝沥青混凝土面板和心墙设计规范》（SL 501—2010）推荐的公式确定，计算公式如下：

$$p_i = p_{0.075} + (100 - p_{0.075}) \frac{d_i^r - 0.075^r}{D_{max}^r - 0.075^r} \tag{4-1}$$

式中：p_i 为通过孔径为 d_i 的过筛率，%；$p_{0.075}$ 为填料用量，%；r 为级配指数；d_i 为某一筛孔尺寸，mm；D_{max} 为矿料最大粒径，mm。

本次试验根据以往的工程经验和试验研究经验，选择矿料最大粒径 D_{max} = 19 mm；矿料级配指数 r 在 0.36 到 0.42 变化。粗骨料由方孔筛分为 19～16 mm、16～13.2 mm、13.2～9.5 mm、9.5～4.75 mm、4.75～2.36 mm 5 级。

4.2.2　油石比和填料用量的选择

油石比对沥青混凝土的性能影响很大。根据许多工程经验，对于心墙沥青混凝土，油石比一般为 6.0%~7.5%；结合大河沿水库工程的当地年平均气温及原材料实际情况，初选油石比为 6.6%、6.9%、7.2%。

填料用量（填料用量是填料在矿料中所占的比重）对沥青混凝土的性能影响显著。对于心墙沥青混凝土，填料用量一般为 10%~16%；由大河沿引水工程的实际情况，初选配合比试验填料用量为 12%、13%、14%。

4.2.3　配合比设计方案

本次试验选择不同的油石比、不同填料用量、不同的骨料级配指数，共组成 13 种配合比，对其进行密度、孔隙率测试和劈裂试验。劈裂试验采用慢速劈裂，速度为 1 mm/min，试验用配合比见表 4-6。

表 4-6　沥青混凝土试验配合比

编号	最大粒径/mm	级配指数 r	填料用量 F/%	油石比 B/%
1	19	0.36	13	6.9
2	19	0.36	13	7.2
3	19	0.39	12	6.6
4	19	0.39	12	6.9
5	19	0.39	12	7.2
6	19	0.39	13	6.6
7	19	0.39	13	6.9
8	19	0.39	13	7.2
9	19	0.39	14	6.6
10	19	0.39	14	6.9
11	19	0.39	14	7.2
12	19	0.42	13	6.9
13	19	0.42	13	7.2

注：矿料总重为 100%，油石比按沥青占矿料总重的百分数计算。

4.2.4　配合比参数对沥青混凝土性能的影响

4.2.4.1　油石比对沥青混凝土性能的影响

对表 4-5 所列的 13 个配合比制成标准马歇尔试件，进行孔隙率测试和劈裂试验，试验温度为 7.7 ℃,加荷变形速度 1 mm/min,以比较其防渗性、强度、变形能力三项基本性能。劈裂试验装置见图 4-2 和图 4-3,图 4-4 是部分试件劈裂后的情况。沥青混凝土试件的孔隙率和劈裂试验结果见表 4-6,每组均为 3 个试件,表中所列结果是每组试验的平均值。

劈裂强度取峰值荷载计算,计算公式如下:

$$R_T = 0.006\,287 P_T / h \qquad (4\text{-}2)$$

式中:R_T 为劈裂强度,MPa;P_T 为试验荷载最大值,N;h 为试件高度,mm。

图 4-2　劈裂试验设备

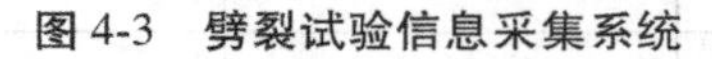

图 4-3　劈裂试验信息采集系统

图 4-4　劈裂试验后试件

表 4-7　沥青混凝土配合比选择劈裂试验成果

编号	最大粒径/mm	级配指数 r	填料用量 F/%	油石比 B/%	孔隙率/%	最大劈裂强度/MPa	最大劈裂位移/mm
1	19	0.36	13	6.9	1.501	0.555	4.500
2	19	0.36	13	7.2	1.335	0.583	4.583
3	19	0.39	12	6.6	1.607	0.769	4.050
4	19	0.39	12	6.9	1.237	0.831	4.067
5	19	0.39	12	7.2	1.249	0.846	4.300
6	19	0.39	13	6.6	1.610	0.729	4.275
7	19	0.39	13	6.9	1.281	0.861	4.350
8	19	0.39	13	7.2	1.370	0.774	4.500
9	19	0.39	14	6.6	1.566	0.672	3.783
10	19	0.39	14	6.9	1.450	0.802	4.017
11	19	0.39	14	7.2	1.272	0.863	3.933
12	19	0.42	13	6.9	1.581	0.904	3.383
13	19	0.42	13	7.2	1.933	0.716	3.250

4.2.4.2 不同因素对沥青混凝土性能的影响分析

1. 油石比对沥青混凝土性能的影响

1）油石比对孔隙率的影响

试验条件：粗骨料最大粒径 19 mm，级配指数 0.39，填料用量取 12%和 13%。在以上条件下研究油石比对孔隙率的影响，试验结果见表 4-8，油石比对孔隙率的影响见图 4-5。

表 4-8 油石比对孔隙率的影响

项目		油石比/%		
		6.6	6.9	7.2
孔隙率/%	填料用量 12%	1.607	1.237	1.249
	填料用量 13%	1.610	1.281	1.370

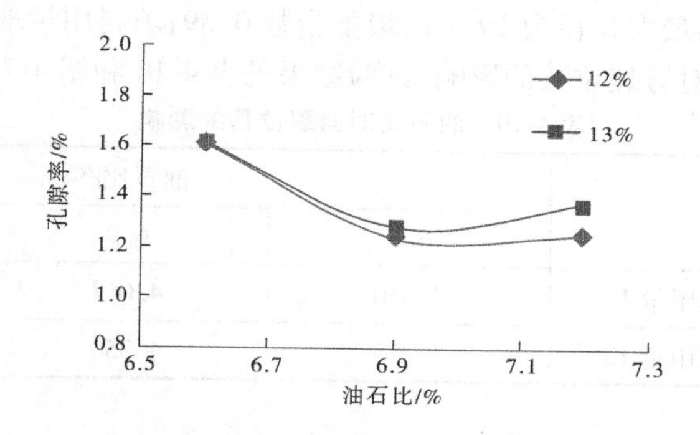

图 4-5 油石比对孔隙率的影响

由试验数据表 4-7 及图 4-5 可以看出，级配指数一定的情况下，填料含量为 12%时，试件孔隙率随油石比增加而减小，然后再增大。当填料含量为 13%时，油石比从 6.6%变化到 7.2%，沥青混凝土的孔隙率同样先逐渐变小后略微增大；从整体趋势上看，在 6.9%时的孔隙率是比较小的，从而可以说明当油石比为 6.9%是比较好的。

2）油石比对劈裂强度的影响

试验条件：粗骨料最大粒径为 19 mm；级配指数 0.39；填料用量取 12%和 13%。在以上条件下研究油石比对劈裂强度的影响，试验结果见表 4-9，试验曲线见图 4-6。

表 4-9 油石比对劈裂强度的影响

项目		油石比(%)		
		6.6	6.9	7.2
劈裂强度/MPa	填料用量 12%	0.769	0.831	0.846
	填料用量 13%	0.729	0.861	0.774

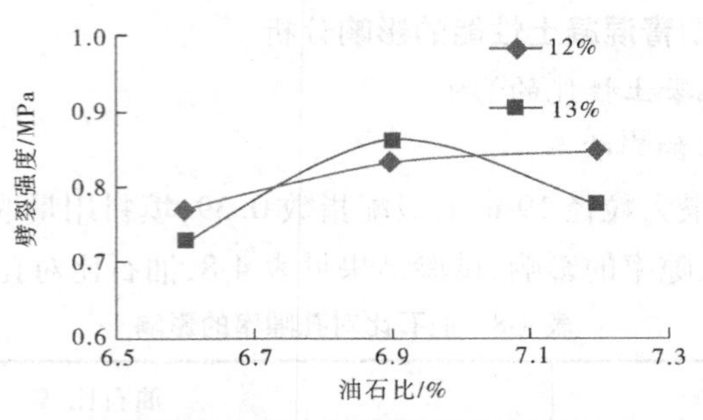

图 4-6 油石比对劈裂强度的影响

由表 4-9 及图 4-6 可以看出，填料含量为 13%时，油石比从 6.6%变化到 7.2%，沥青混凝土的劈裂强度变化不大，劈裂强度随油石比的增大先增大后减小；当填料含量为 12%时，油石比从 6.6%变化到 7.2%，劈裂强度一直增加。

3）油石比对劈裂位移的影响

试验条件：粗骨料最大粒径为 19 mm；级配指数 0.39；填料用量取 12%和 13%。在以上条件下研究油石比对劈裂位移的影响，试验结果见表 4-10 和图 4-7。

表 4-10 油石比对劈裂位移的影响

项目		油石比/%		
		6.6	6.9	7.2
劈裂位移/mm	填料用量 12%	4.050	4.067	4.300
	填料用量 13%	4.275	4.350	4.500

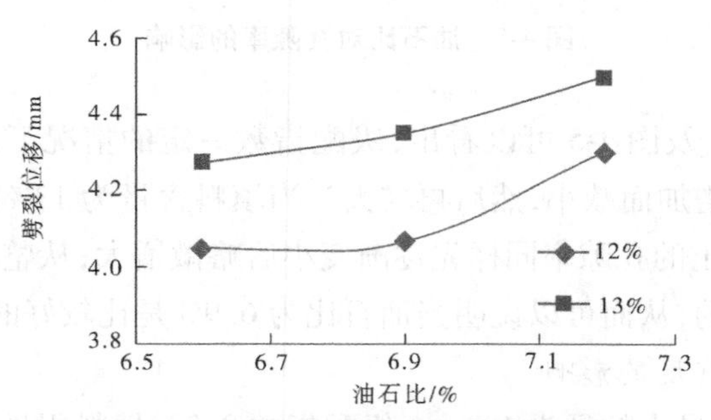

图 4-7 油石比对劈裂位移的影响

由表 4-10 及图 4-7 可以看出，油石比从 6.6%变化到 7.2%，沥青混凝土的劈裂位移变化较大，劈裂位移随着油石比的增大逐渐增大。

综合上述试验结果，并且考虑到沥青混凝土变形及防渗的要求，根据试验结果和多年的工程经验，6.6%、6.9%性能均可，6.9%的综合性能较好。

2. 填料用量对沥青混凝土性能的影响

1）填料用量对孔隙率的影响

试验条件：粗骨料最大粒径为 19 mm，级配指数 0.39，油石比取 6.6%和 6.9%。在以上条件下研究填料用量对孔隙率的影响，试验结果见表 4-11 和图 4-8。

表4-11　填料用量对孔隙率的影响

项目		填料用量/%		
		12	13	14
孔隙率/%	油石比6.6%	1.607	1.610	1.566
	油石比6.9%	1.237	1.281	1.450

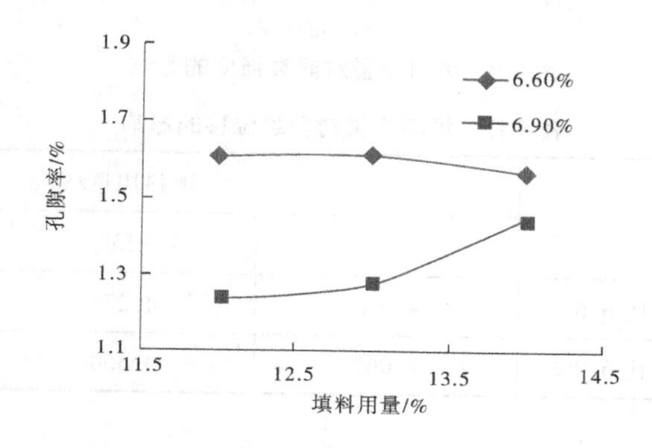

图4-8　填料用量对孔隙率的影响

由表4-11和图4-8可以看出，填料用量从12%变化到14%，当油石比为6.6%时，孔隙率变化不大；当油石比为6.9%时，孔隙率逐渐增加，综合分析，填料在13%时较好。

2）填料用量对劈裂强度的影响

试验条件：粗骨料最大粒径为19 mm，级配指数0.39，油石比取6.6%和6.9%。在以上条件下研究填料用量对劈裂强度的影响，试验结果见表4-12，试验曲线见图4-9。

表4-12　填料用量对劈裂强度的影响

项目		填料用量/%		
		12	13	14
劈裂强度/MPa	油石比6.6%	0.769	0.729	0.672
	油石比6.9%	0.831	0.861	0.802

由表4-12及图4-9可以看出，填料用量从12%变化到14%，沥青混凝土的劈裂强度变化较小。当油石比为6.6%，劈裂强度随填料用量的增加而减少；当油石比为6.9%，劈裂强度随填料用量的增加先增大后减少，填料用量13%时劈裂强度比较好。

3）填料用量对劈裂位移的影响

试验条件：粗骨料最大粒径19 mm，级配指数0.39，油石比取6.6%和6.9%。在以上条件下研究填料用量对劈裂位移的影响，试验结果见表4-13，曲线见图4-10。

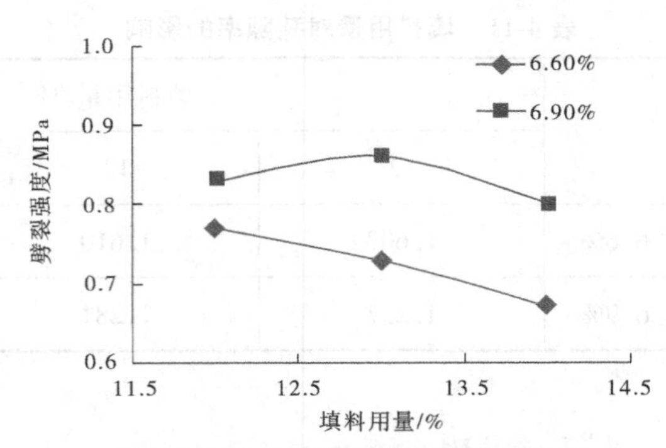

图 4-9 填料用量对劈裂强度的影响

表 4-13 填料用量对劈裂位移的影响

项目		填料用量/%		
		12	13	14
劈裂位移/mm	油石比 6.6%	4.050	4.275	3.783
	油石比 6.9%	4.067	4.350	4.017

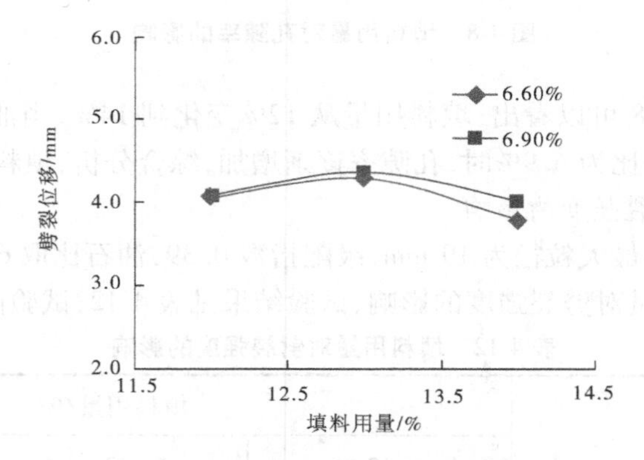

图 4-10 填料用量对劈裂位移的影响

由表 4-13 及图 4-10 可以看出，填料用量从 12%变化到 14%，沥青混凝土的劈裂位移变化较小。当油石比为 6.6%、6.9%时，劈裂位移随填料用量的增加先增后减，13%时劈裂位移较好。

考虑到沥青混凝土的强度、变形性能及防渗性能的要求，根据试验结果和以往的工程经验，本次试验选用填料用量为 13%具有较好的性能。

3. 级配指数对沥青混凝土性能的影响

1) 级配指数对孔隙率的影响

试验条件：粗骨料最大粒径为 19 mm，填料用量 13%，油石比取 6.9%和 7.2%。在以上条件下研究级配指数对孔隙率的影响，试验结果见表 4-14，试验曲线见图 4-11。

表4-14　级配指数对孔隙率的影响

项目		级配指数		
		0.36	0.39	0.42
孔隙率/%	油石比6.9%	1.501	1.281	1.581
	油石比7.2%	1.335	1.370	1.933

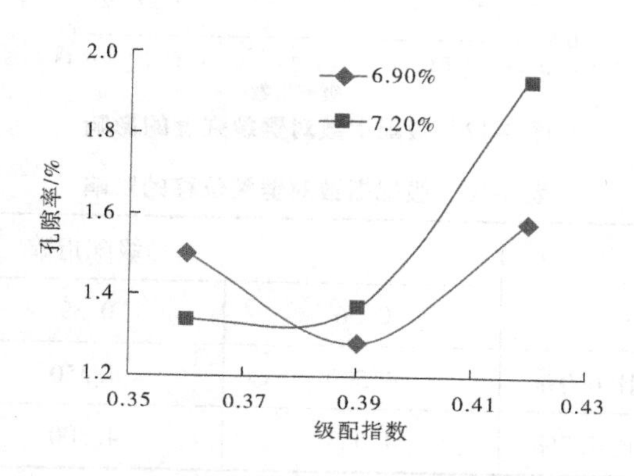

图4-11　级配指数对孔隙率的影响

由试验数据表4-13及图4-11可以看出，孔隙率的变化比较大，当油石比为6.9%时，随着级配指数的增加，孔隙率呈现出先减小后增大的趋势；当油石比为7.2%时，随着级配指数的增加，孔隙率增大，当级配指数为0.39时，试件的孔隙率较稳定。

2）级配指数对劈裂强度的影响

试验条件：粗骨料最大粒径为19 mm，填料用量13%，油石比取6.9%和7.2%。在以上条件下研究级配指数对劈裂强度的影响，试验结果见表4-15，试验曲线见图4-12。

表4-15　级配指数对劈裂强度的影响

项目		级配指数		
		0.36	0.39	0.42
劈裂强度/MPa	油石比6.9%	0.555	0.861	0.904
	油石比7.2%	0.583	0.774	0.716

由表4-15及图4-12可以看出，级配指数从0.36变化到0.42，沥青混凝土的劈裂强度随着级配指数的增大先增后减。

3）级配指数对劈裂位移的影响

试验条件：粗骨料最大粒径为19 mm，填料用量13%，油石比取6.9%和7.2%。在以上条件下研究级配指数对劈裂位移的影响，试验结果见表4-16，试验曲线见图4-13。

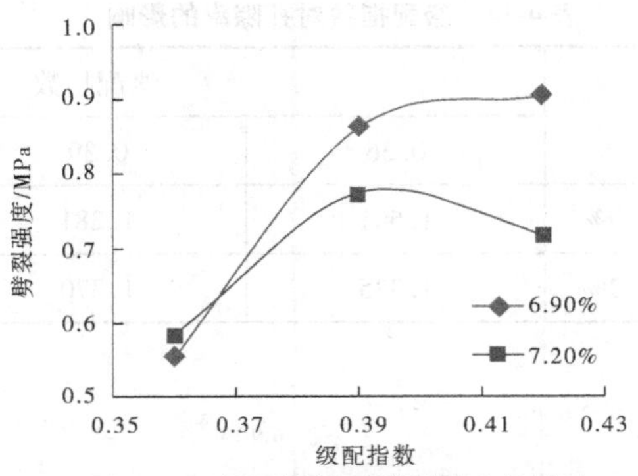

图 4-12　级配指数对劈裂强度的影响

表 4-16　级配指数对劈裂位移的影响

项目		级配指数		
		0.36	0.39	0.42
劈裂位移/mm	油石比 6.9%	4.500	4.350	3.383
	油石比 7.2%	4.583	4.500	3.250

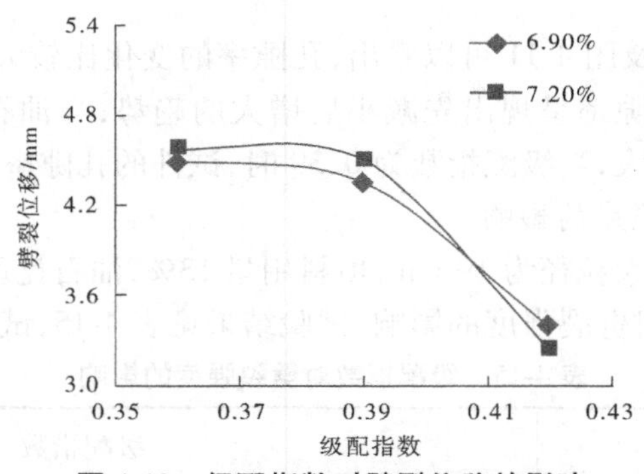

图 4-13　级配指数对劈裂位移的影响

由表 4-16 及图 4-13 可以看出，级配指数从 0.36 变化到 0.42，沥青混凝土的劈裂位移变化比较明显；级配指数在 0.39 时，劈裂位移比较好。

考虑到对沥青混凝土的强度、变形性能及防渗性的要求，根据试验结果和以往的工程经验，本次试验选用级配指数以 0.39 为宜。

4.2.5　沥青混凝土配合比选择

综合以上的试验分析，初步选择油石比 6.6%、6.9%，填料用量 12%和 13%，级配指数 0.39；按这些参数计算得到以下两种配合比，作为进行沥青混凝土防渗性能及各项力学性能试验的配合比，见表 4-17，矿料级配曲线见图 4-14、图 4-15。

表 4-17　初选配合比

配合比编号	矿料级配	筛孔/mm											油石比/%
		19	16	13.2	9.5	4.75	2.36	1.18	0.6	0.3	0.15	0.075	
DHY-3	通过率/%	100	93.55	86.83	76.43	58.45	44.62	34.17	26.36	20.24	15.57	12	6.6
DHY-7	通过率/%	100	93.62	86.98	76.70	58.92	45.25	34.92	27.20	21.15	16.53	13	6.9

注：级配指数 0.39。

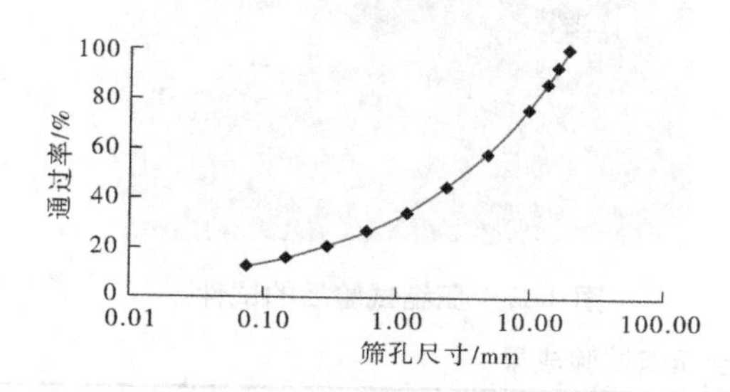

图 4-14　初选配合比（DHY-3）级配曲线

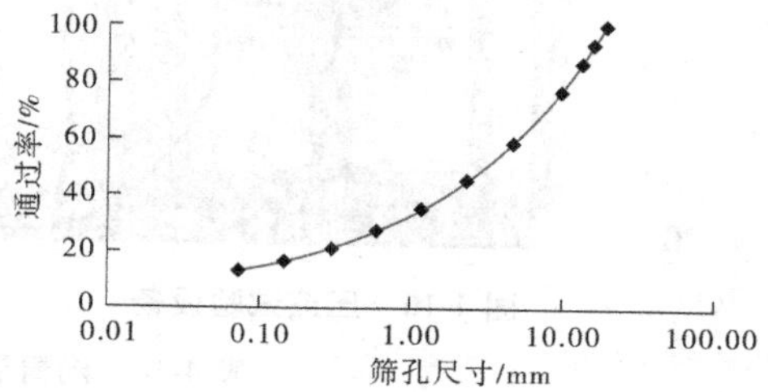

图 4-15　初选配合比（DHY-7）级配曲线

4.3　沥青混凝土性能试验

4.3.1　压缩试验

4.3.1.1　试件成型方法及试验条件

（1）试件成型方法：采用标准马歇尔击实仪成型试件，在 ϕ 100 mm 的成型试模中分层击实，每层 50 mm，击实 35 次，待最后一层击实后，将试模翻过来，再击实 35 次。

（2）试件尺寸为：ϕ 100 mm×100 mm 的圆柱体试件。

（3）试验温度：当地的平均气温 7.7 ℃。

（4）试验加载速率：1.0 mm/min，即应变速率 1%/min。

抗压强度、压缩应变计算公式如下：

$$R_c = \frac{P}{A} \tag{4-3}$$

$$\varepsilon = \frac{\delta}{h} \tag{4-4}$$

式中：R_c 为抗压强度，MPa；ε 为试件最大应力时的应变，%；P 为试件受压时的最大荷载，N；A 为试件受压面积，mm^2；h 为试件高度，mm；δ 为荷载最大时的垂直变形，mm。

4.3.1.2　沥青混凝土压缩试验及试验结果

沥青混凝土压缩试验在沥青混凝土专用试验机上进行，该试验机通过变频器可以无级调速，以控制加载的速率。将试验机置于恒温室中，利用计算机采集控制系统采集试验数据，试验装置如图 4-16 所示。将制备好的试件在 7.7 ℃下恒温 4 h 以上，然后进行试验，压缩试验后部分试件见图 4-17。两种配合比的试验结果见表 4-18，抗压试验应力-应变曲线见图 4-18～图 4-23。

图 4-16　压缩试验设备

图 4-17　压缩试验后的试件

表 4-18　沥青混凝土压缩试验成果

配合比编号	试件编号	孔隙率/%	最大抗压强度 σ_{max}/MPa	最大抗压强度时的应变 $\varepsilon_{\sigma max}$/%
DHY-3	Y3-1	0.885	4.890	6.886
	Y3-2	1.455	4.659	5.782
	Y3-3	0.949	4.762	6.268
	平均	1.096	4.770	6.312
DHY-7	Y7-1	1.607	4.324	6.653
	Y7-2	1.090	4.853	6.417
	Y7-3	1.402	4.548	6.466
	平均	1.366	4.575	6.512

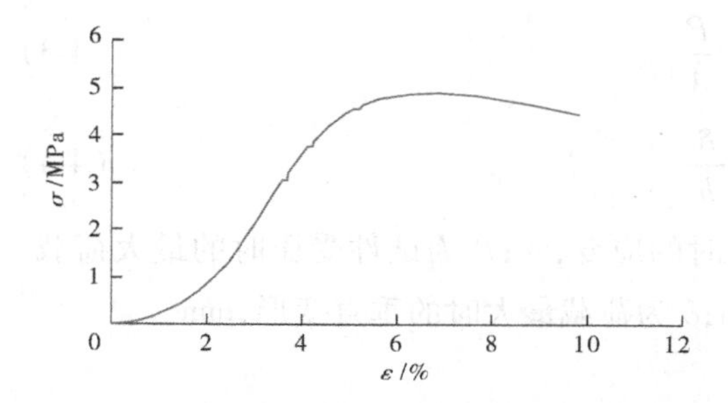

图 4-18　沥青混凝土抗压试验应力-应变曲线
（配合比 DHY-3，试件编号 Y3-1）

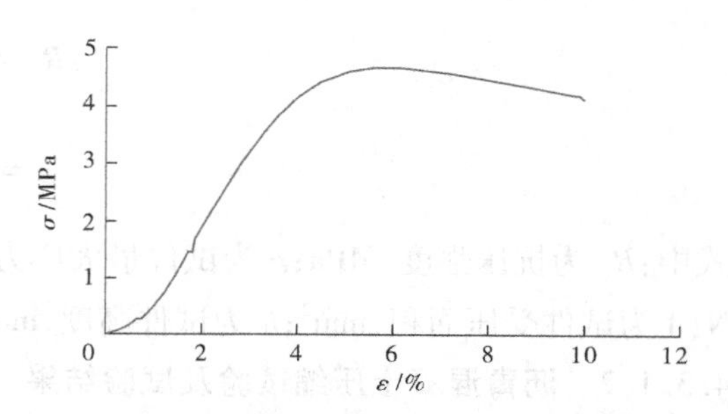

图 4-19　沥青混凝土抗压试验应力-应变曲线
（配合比 DHY-3，试件编号 Y3-2）

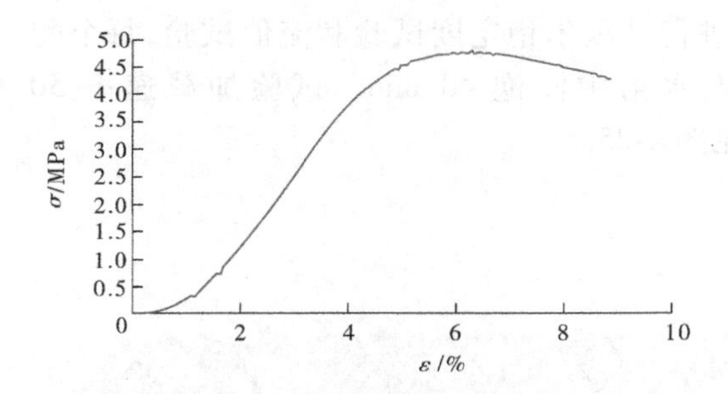

图 4-20　沥青混凝土抗压试验应力-应变曲线
（配合比 DHY-3，试件编号 Y3-3）

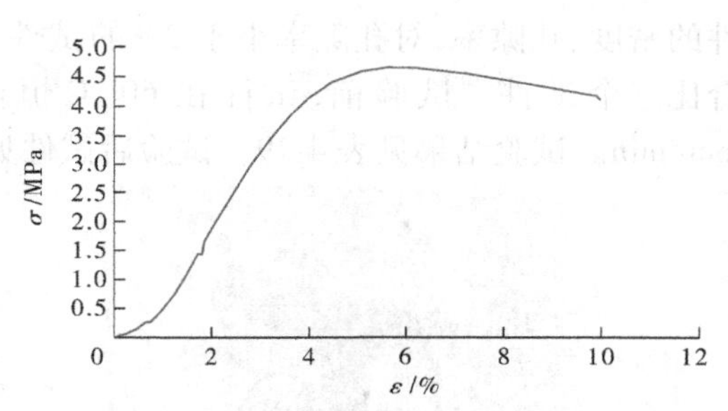

图 4-21　沥青混凝土抗压试验应力-应变曲线
（配合比 DHY-7，试件编号 Y7-1）

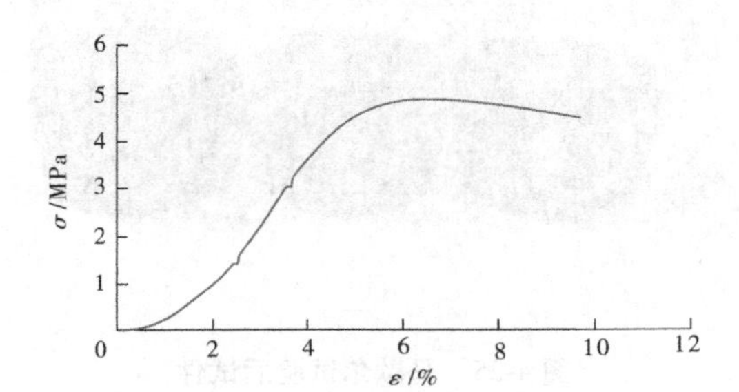

图 4-22　沥青混凝土抗压试验应力-应变曲线
（配合比 DHY-7，试件编号 Y7-2）

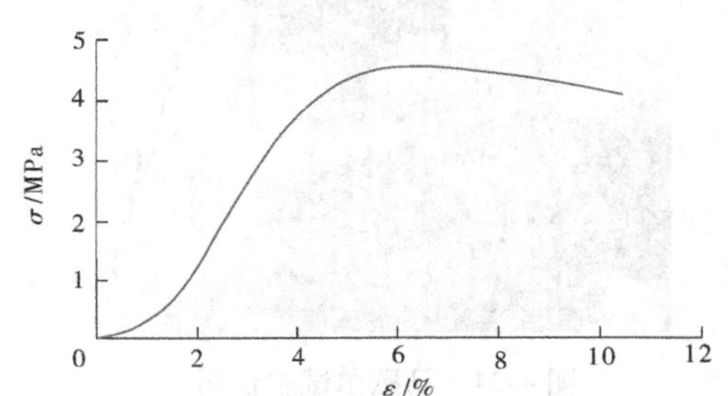

图 4-23　沥青混凝土抗压试验应力-应变曲线
（配合比 DHY-7，试件编号 Y7-3）

从试验结果可以看出：

（1）抗压强度：沥青混凝土 DHY-3 号（油石比 6.6%）大于沥青混凝土 DHY-7 号（油石比 6.9%）。

（2）压缩应变：沥青混凝土 DHY-7 号（油石比 6.9%）大于沥青混凝土 DHY-3 号（油石比 6.6%）。

4.3.2　马歇尔稳定度及流值试验

4.3.2.1　试件成型方法及试验条件

（1）试件成型方法：采用标准马歇尔击实仪成型试件，正反击实 35 次。

（2）试件尺寸为：ϕ 100 mm×63.5 mm 的圆柱体试件。

（3）试验温度：60 ℃。

（4）试验加载速率：50 mm/min。

（5）试验方法：将试件置于 60 ℃±1 ℃的恒温水槽中恒温 30~40 min，然后将试件直接置于试验机上，启动加载试验设备，以试验规定的加载速率加载，当荷载达到最大值开始减少的瞬间自动停机，分别读取压力值和位移值。最大荷载即为试样的马歇尔稳定度（kN），位移值即为流值，精确至 0.1 mm。马歇尔试验仪器见图 4-24。

4.3.2.2　沥青混凝土马歇尔稳定度流值试验及试验结果

根据表 4-16 推荐的两个配合比，按照马歇尔试件成型方法制成马歇尔试件，测定试件的密度、孔隙率,对孔隙率小于 2%的试件进行马歇尔稳定度试验和流值试验,每个配合比三个试件。试验前,试件在 60 ℃恒温水浴中浸泡 40 min。试验加载速率 50 mm/min。试验结果见表 4-19。试验后试件见图 4-25。

图 4-24　马歇尔试验仪器

图 4-25　马歇尔试验后试件

表 4-19　沥青混凝土马歇尔稳定度及流值试验结果

配合比编号	试件编号	孔隙率/%	稳定度/kN	流值/0.1 mm
DHY-3	MX3-1	1.683	9.993	103.332
	MX3-2	1.238	9.735	100.000
	MX3-3	1.309	9.657	93.332
	平均值	1.410	9.795	98.888
DHY-7	MX7-1	1.043	8.911	121.832
	MX7-2	1.012	8.676	114.668
	MX7-3	1.893	9.338	114.668
	平均值	1.316	8.975	117.056

从试验结果可以看出:

(1)马歇尔稳定度:沥青混凝土 DHY-3 号(油石比 6.6%)大于沥青混凝土 DHY-7 号(油石比 6.9%)。

(2)流值:沥青混凝土 DHY-3 号(油石比 6.6%)小于沥青混凝土 DHY-7 号(油石比 6.9%)。

所有试件的稳定度都在 8 kN 以上,流值都在 9 mm 以上,强度和变形性能良好。

4.3.3　拉伸试验

4.3.3.1　试件成型方法及试验条件

（1）试件成型方法及试件尺寸：将沥青混合料制备成板式大试件，试件尺寸为 12 cm×6 cm×25 cm，用马歇尔标准锤击实 105 次。待板式大试件自然冷却后，再切割成 4 cm×4 cm×20 cm 的拉伸试件，测定每一试件密度，计算孔隙率。然后将切割好的试件用高强度黏接剂粘在拉伸试件夹头上，稳定 24 h 后进行试验。

（2）试验温度：当地的平均气温 7.7 ℃。

（3）试验加载速率：1.0 mm/min。

抗拉强度及拉伸应变按下式计算：

$$R_t = \frac{P}{A} \tag{4-5}$$

$$\varepsilon_t = \frac{\delta_t}{L} \tag{4-6}$$

式中：R_t 为抗拉强度，MPa；ε_t 为试件最大应力时的应变，%；P 为试件受轴向最大荷载，N；A 为试件断面面积，mm^2；L 为试件轴向两侧标距，mm；δ_t 为轴向拉伸变形，mm。

图 4-26　拉伸试验仪器

4.3.3.2　沥青混凝土拉伸试验及试验结果

沥青混凝土拉伸试验在沥青混凝土专用试验机上进行，该机通过调频电源可以无级调速，以控制加载的速率。将试验机置于恒温箱中，利用计算机采集控制系统采集试验数据，试验装置见图 4-26。

将制备好的试件在 7.7 ℃下恒温 4 h 以上，然后进行拉伸试验，拉伸试验试件见图 4-27 和图 4-28。两种配合比的试验结果如表 4-20 所示，拉伸试验应力－应变曲线见图 4-29～图 4-34。

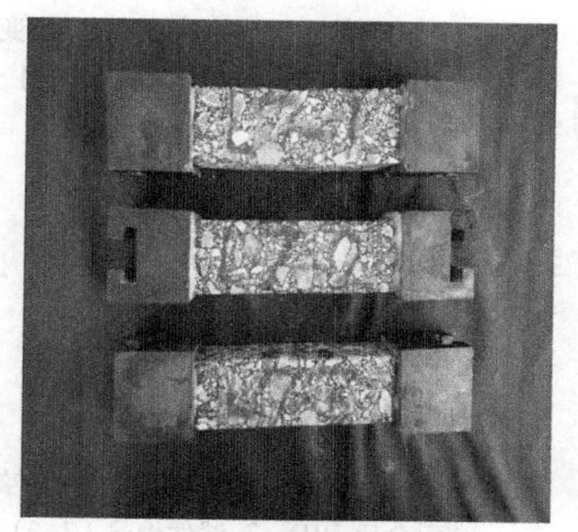

图 4-27　拉伸试验试件

图 4-28　拉伸试验中试件

表 4-20 沥青混凝土拉伸试验结果

配比编号	试件编号	孔隙率/%	最大抗拉强度 R_{tmax}/MPa	最大抗拉强度时的应变 ε_{max}/%
DHY-3	L3-1	1.006	1.543	1.406
	L3-2	1.003	1.445	1.344
	L3-3	2.072	1.392	1.313
	平均值	1.360	1.460	1.354
DHY-7	L7-1	1.286	1.207	2.500
	L7-2	1.431	1.260	2.656
	L7-3	0.839	1.184	2.250
	平均值	1.186	1.217	2.469

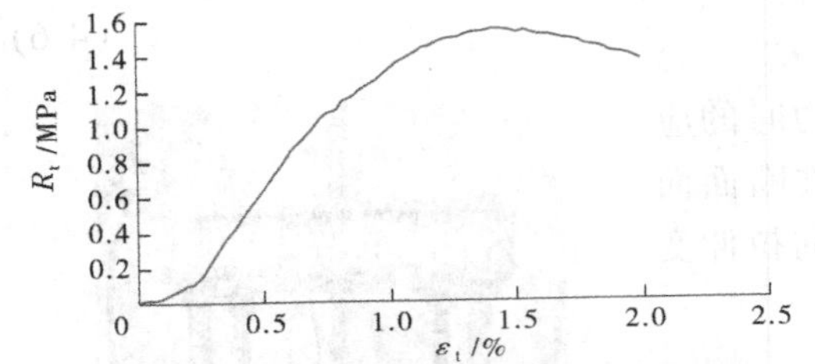

图 4-29 沥青混凝土拉伸试验应力-应变曲线（配合比 DHY-3，试件编号 L3-1）

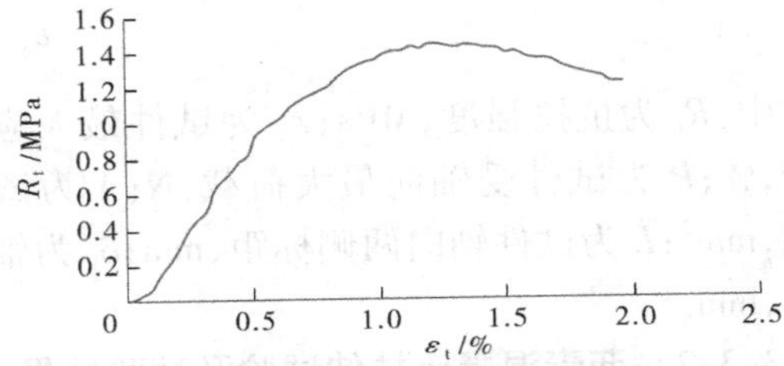

图 4-30 沥青混凝土拉伸试验应力-应变曲线（配合比 DHY-3，试件编号 L3-2）

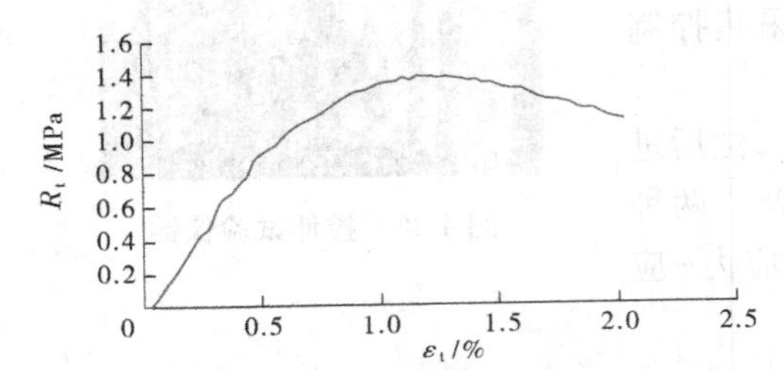

图 4-31 沥青混凝土拉伸试验应力-应变曲线（配合比 DHY-3，试件编号 L3-3）

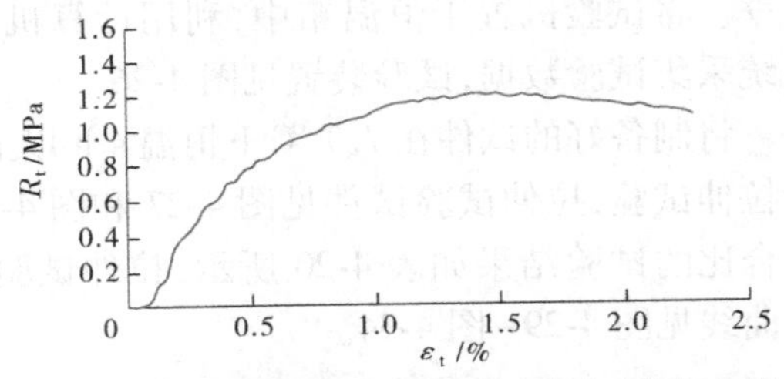

图 4-32 沥青混凝土拉伸试验应力-应变曲线（配合比 DHY-7，试件编号 L7-1）

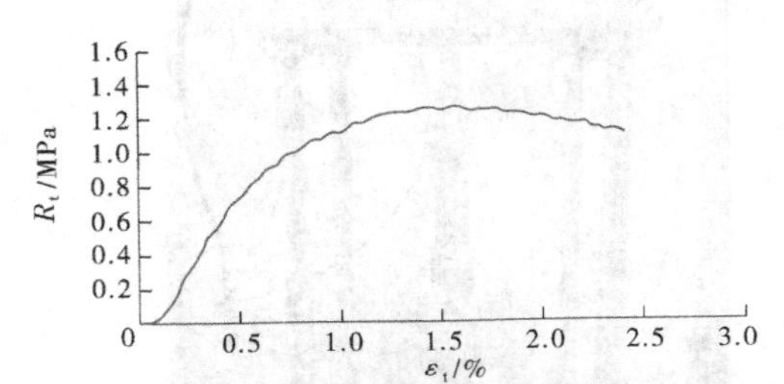

图 4-33 沥青混凝土拉伸试验应力-应变曲线（配合比 DHY-7，试件编号 L7-2）

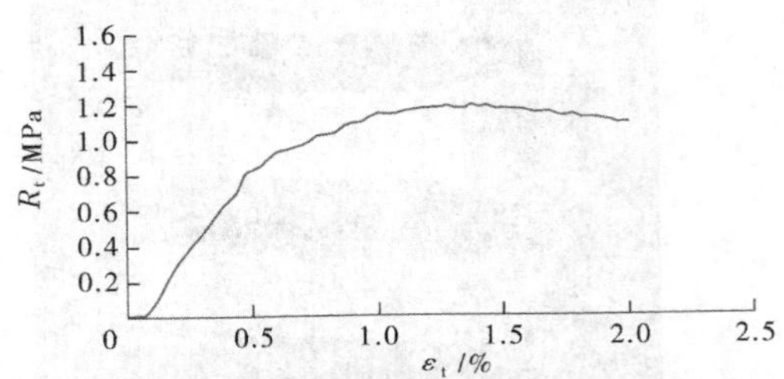

图 4-34 沥青混凝土拉伸试验应力-应变曲线（配合比 DHY-7，试件编号 L7-3）

从试验结果可以看出：

(1)抗拉强度：沥青混凝土 DHY-3 号(油石比 6.6%)大于沥青混凝土 DHY-7 号(油石比 6.9%)。

(2)拉伸应变：沥青混凝土 DHY-7 号(油石比 6.9%)大于沥青混凝土 DHY-3 号(油石比 6.6%)。

油石比对最大抗拉应力和最大拉应力时的应变均有影响，油石比为 6.6%的最大抗拉应力比 6.9%的稍大，油石比为 6.6%的最大抗拉应力时的应变比 6.9%的稍小。

4.3.4 小梁弯曲试验

4.3.4.1 试件成型方法及试验条件

(1)试件成型方法及试件尺寸：将沥青混合料制备成板式大试件，试件尺寸为 12 cm×6 cm×25 cm，用马歇尔标准锤击实 105 次。待板式大试件自然冷却后，再切割成 3.5 cm×4 cm×25 cm 的小梁弯曲试件，测定每一试件密度，计算孔隙率。

(2)试验温度：当地的平均气温 7.7 ℃。

(3)试验加载速率：速率为 1.67 mm/min，应变速率 1%/min。

计算弯曲强度、应变、挠跨比按以下公式：

$$\sigma_{\max} = \frac{3PL}{2bh^2} \tag{4-7}$$

$$\varepsilon = \frac{6fh}{L^2} \tag{4-8}$$

$$W_b = \frac{f}{L} \times 100\% \tag{4-9}$$

式中：P 为荷载，N；L 为跨距，mm；b、h 为试件宽、高，mm；ε 为应变(%)；f 为挠度，mm；W_b 为沥青混凝土的挠跨比，%。

4.3.4.2 沥青混凝土弯曲试验及试验结果

心墙沥青混凝土小梁弯曲试验原理见图 4-35。试验在沥青混凝土专用试验机上进行，该机通过调频电源可以无级调速，以控制加载的速率。将试验机置于恒温室中，利用计算机采集控制系统采集试验数据，小梁弯曲试验仪器见图 4-36。弯曲试验前、后的部分试件见图 4-37、图 4-38。

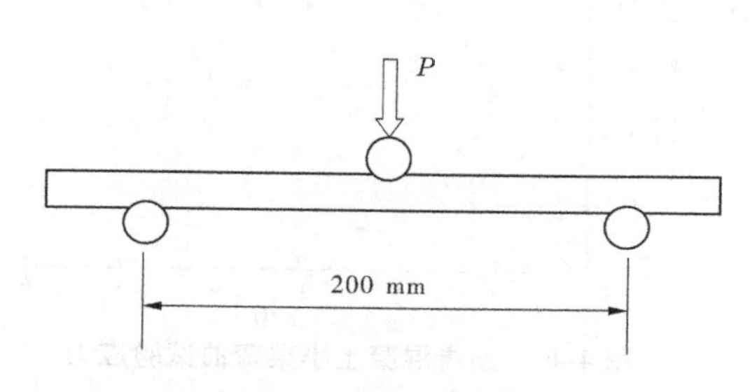

图 4-35 小梁弯曲试验原理

图 4-36 小梁弯曲试验仪器

图 4-37 试验前试件

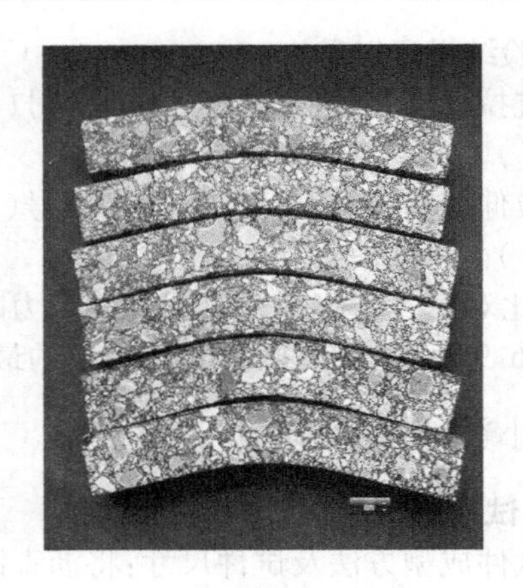

图 4-38 试验后试件

将制备好的试件在 7.7 ℃下恒温 4 h 以上，然后进行弯曲试验。试验结果见表 4-21，小梁弯曲试验应力-应变曲线见图 4-39～图 4-44。

表 4-21 沥青混凝土小梁弯曲试验成果

配合比编号	试件编号	孔隙率/%	σ_{max}/MPa	最大荷载时的挠度 f	ε/%	挠跨比 f/L
DHY-3	W3-1	1.572	2.12	7.93	4.80	3.97
	W3-2	1.501	2.31	6.68	3.91	3.34
	W3-3	0.584	2.40	4.26	2.51	2.13
	平均值	1.219	2.28	6.29	3.74	3.15
DHY-7	W7-1	0.830	1.75	6.76	3.95	3.38
	W7-2	1.048	1.84	6.85	4.06	3.42
	W7-3	1.689	1.98	6.43	3.77	3.21
	平均值	1.189	1.86	6.68	3.93	3.34

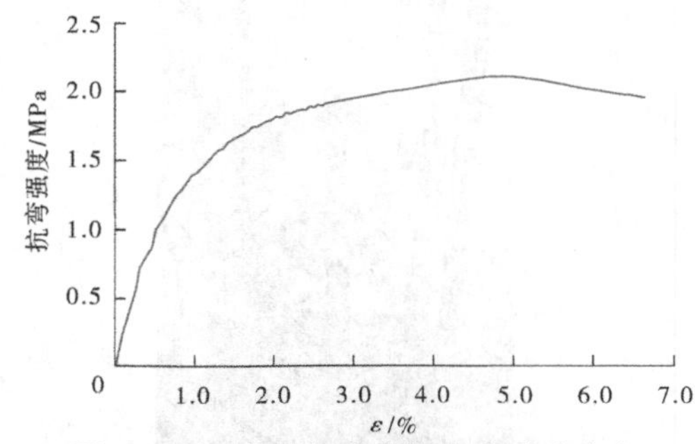

图 4-39 沥青混凝土小梁弯曲试验应力-应变曲线（配合比 DHY-3，试件编号 W3-1）

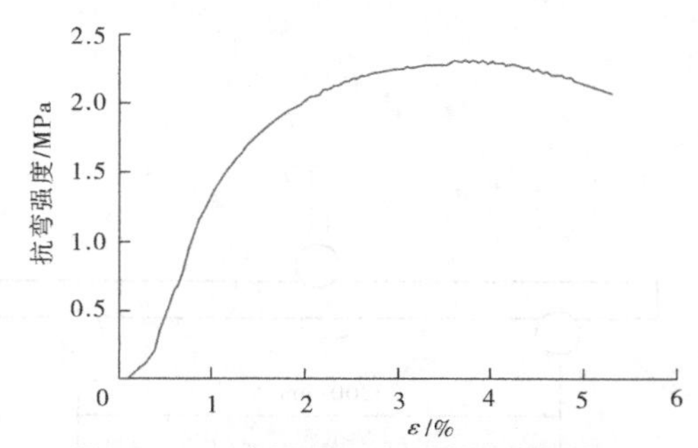

图 4-40 沥青混凝土小梁弯曲试验应力-应变曲线（配合比 DHY-3，试件编号 W3-2）

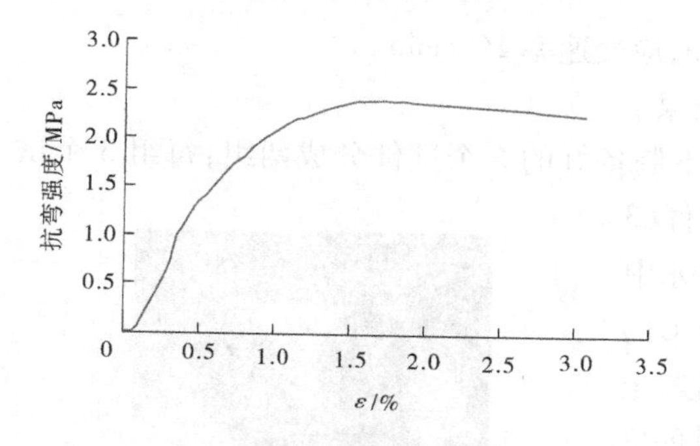

图4-41　沥青混凝土小梁弯曲试验应力-应变曲线(配合比DHY-3,试件编号W3-3)

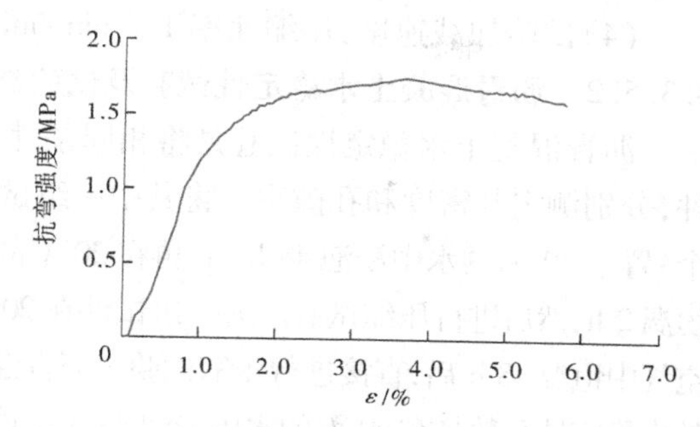

图4-42　沥青混凝土小梁弯曲试验应力-应变曲线(配合比DHY-7,试件编号W7-1)

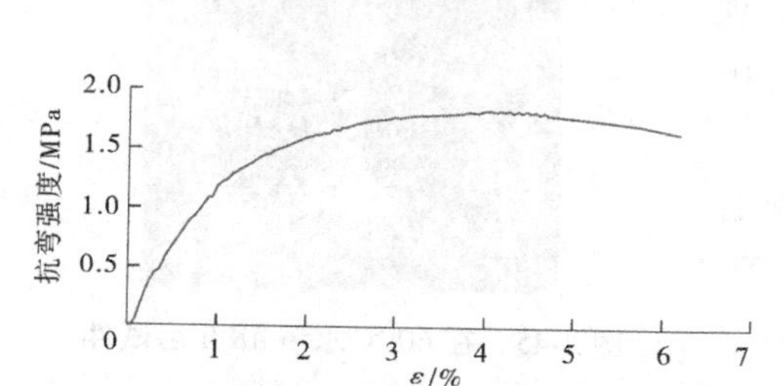

图4-43　沥青混凝土小梁弯曲试验应力-应变曲线(配合比DHY-7,试件编号W7-2)

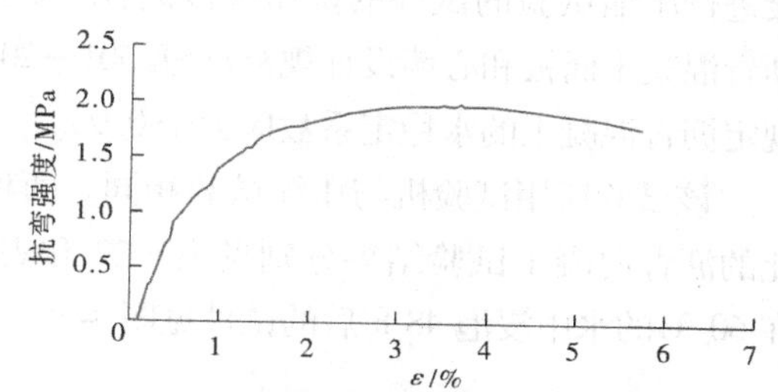

图4-44　沥青混凝土小梁弯曲试验应力-应变曲线(配合比DHY-7,试件编号W7-3)

从试验结果可以看出:

(1)抗弯强度:沥青混凝土DHY-3号(油石比6.6%)大于沥青混凝土DHY-7号(油石比6.9%)。

(2)抗弯应变:沥青混凝土DHY-3号(油石比6.6%)小于沥青混凝土DHY-7号(油石比6.9%)。

(3)弯屈挠跨比:沥青混凝土DHY-3号(油石比6.6%)小于沥青混凝土DHY-7号(油石比6.9%)。

沥青混凝土DHY-3号(油石比6.6%)配合比的沥青混凝土试件的挠度比DHY-7(油石比6.9%)配合比的沥青混凝土试件的挠度小,但最大抗弯强度大,这说明DHY-7(油石比6.9%)配合比较DHY-3(油石比6.6%)配合比的柔性较好,但抗弯强度略低。

4.3.5 水稳定性试验

4.3.5.1 试件成型方法及试验条件

沥青混凝土水稳定性试验是测定密实沥青混凝土浸水后抗压强度的变化,以评定沥青混凝土在水作用下的稳定性。

(1)试件成型方法:采用标准马歇尔击实仪成型试件,在φ100 mm的成型试模中分层击实,每层50 mm,击实35次,待最后一层击实后,将试模翻过来,再击实35次。

(2)试件尺寸为:φ100 mm×100 mm的圆柱体试件。

(3)试验温度:20 ℃。

（4）试验加载速度：压缩速率 1.0 mm/min，应变速率 1%/min。

4.3.5.2　沥青混凝土水稳定性试验及试验结果

沥青混凝土水稳定性试验是将相同条件下制备好的 6 个试件分成两组，每组 3 个试件，分别测定其密度和孔隙率。将其中一组试件（3 个）置于 60 ℃的水中浸泡 48 h 后，再在 20 ℃的水中恒温 2 h，然后进行压缩试验。另一组试件在 20 ℃的空气中恒温 48 h 后，直接进行压缩试验。沥青混凝土的水稳定性系数是在 60 ℃的水中浸泡 48 h 试件的抗压强度与另一组试件在 20 ℃的空气中恒温 48 h 直接进行压缩试验的试件的抗压强度之比。《土石坝沥青混凝土面板和心墙设计规范》（SL 501—2010）中规定沥青混凝土的水稳定系数应大于 0.90。

该试验所用试验机与压缩试验相同。两种配合比的沥青混凝土试验结果分别见表 4-22 和表 4-23。在 60 ℃的水中浸泡 48 h 后的试件见图 4-45。

图 4-45　在 60 ℃水浴 48 h 后试件

表 4-22　沥青混凝土水稳定试验成果（DHY-3 号）

试件编号		孔隙率/%	最大抗压强度 σ_{max}/MPa	σ_{max} 平均值/MPa	水稳定系数 k_w
不泡水	SW3-1	1.897	1.909	1.990	0.978
	SW3-2	1.397	1.969		
	SW3-3	1.515	2.093		
泡水	SW3-4	1.769	1.986	1.946	
	SW3-5	1.818	1.902		
	SW3-6	1.068	1.950		

表 4-23　沥青混凝土水稳定试验成果（DHY-7 号）

试件编号		孔隙率/%	最大抗压强度 σ_{max}/MPa	σ_{max} 平均值/MPa	水稳定系数 k_w
不泡水	SW7-1	1.543	1.771	1.758	0.934
	SW7-2	1.445	1.773		
	SW7-3	1.465	1.732		
泡水	SWD7-4	1.453	1.622	1.643	
	SWD7-5	1.785	1.645		
	SWD7-6	1.338	1.661		

从表 4-21、表 4-22 中可以看出,两种配合比的沥青混凝土的水稳定系数均较大,满足规范水稳定系数大于 0.90 的要求。

4.3.6 渗透试验

4.3.6.1 试件成型方法及试验条件

(1)试件成型方法:采用标准马歇尔击实仪成型试件,在 ϕ 100 mm 的成型试模,击实 35 次,待击实后,将试模翻过来,再击实 35 次。

(2)试件尺寸为:ϕ 100 mm×65 mm 的圆柱体试件。

(3)试验温度:20 ℃。

(4)试验方法:变水头渗透试验。

变水头渗透试验渗透系数计算按以下公式:

$$K_T = \frac{aL}{At}\ln\frac{\Delta h_1}{\Delta h_2} \tag{4-10}$$

式中:a 为测压管截面面积,cm^2;t 为渗水时间,s;L 为渗径,即试件厚度,cm;A 为试件面积,cm^2;Δh_1 为时段 t 开始时进水测压管和出水测压管的水位差,cm;Δh_2 为时段 t 结束时进水测压管和出水测压管的水位差,cm。

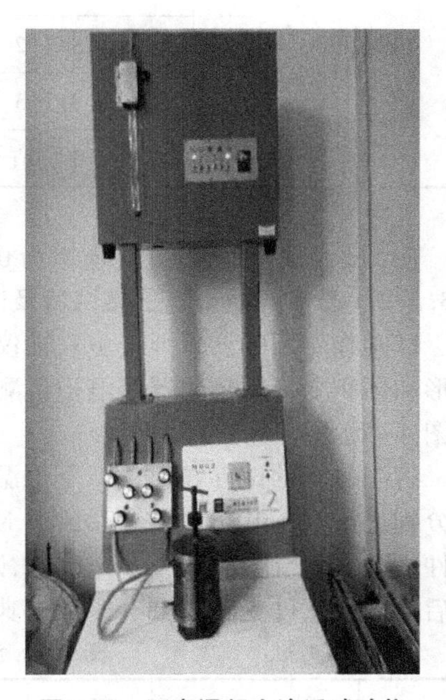

图 4-46　沥青混凝土渗透试验仪

4.3.6.2 沥青混凝土渗透试验及试验结果

将制备好的沥青混凝土试件在渗透试模中装好,试件周边密封,保证不渗水。将装有试件的试模置于沥青混凝土渗透试验仪上(沥青混凝土渗透试验仪见图 4-46)进行试验。试验结果见表 4-24。

从上述结果可以看出:配合比 DHY-3 和 DHY-7 的有试件的渗透系数都满足规范的要求,即小于 1×10^{-8} cm/s。

4.3.7 静三轴试验

4.3.7.1 试件成型方法及试验条件

(1)试件成型方法及试件尺寸:将沥青混合料制备成块板式大试件,试件尺寸为 12 cm×24 cm×25 cm,分层进行击实,分 4 层击实,每层 105 次。待块板式大试件自然冷却后,再钻取尺寸为 ϕ 100 mm×200 mm 的试件,测定每一试件密度,计算孔隙率。

(2)试验温度:当地的平均气温 7.7 ℃。

表 4-24　沥青混凝土渗透试验结果

配合比编号	试件编号	孔隙率/%	渗透系数 10^{-9}cm/s
DHY-3	ST3-1	1.622	4.719
	ST3-2	1.394	3.015
	ST3-3	1.622	5.001
	平均值	1.546	4.245
DHY-7	ST7-1	1.237	3.425
	ST7-2	1.221	3.513
	ST7-3	0.867	2.730
	平均值	1.108	3.223

(3)试验轴向加载速度:速率为 0.2 mm/min,应变速率 0.1%/min。

4.3.7.2　沥青混凝土静三轴试验及试验结果

试验在专用的沥青混凝土三轴仪上进行,三轴仪安装在恒温室内,围压、轴向力、轴向变形和体积变形由传感器经电子量测—控制系统测量,通过计算机采集数据,三轴试验仪见图 4-47。

将制备好的试件在 7.7 ℃下恒温 4 h 以上,然后进行试验。每种配合比的沥青混凝土分别进行 0.4 MPa、0.6 MPa、0.8 MPa、1.0 MPa 四个围压的三轴试验,每个围压做三个试件,两种配合比共做了 16 个试件,试验结果取其平均值,三轴试验结果见表 4-25,试验前后的三轴试件见图 4-48、图 4-49,典型试验曲线见图 4-50~图 4-57。

表 4-25　沥青混凝土静三轴试验结果

配合比	孔隙率/%	围压 σ_3/MPa	最大偏应力 $(\sigma_1-\sigma_3)_{max}$/MPa	最大偏应力时对应的轴向应变 ε_{1max}/%
DHY-3	1.207	0.4	1.603	8.10
	1.100	0.6	1.897	9.50
	1.076	0.8	2.216	11.04
	1.062	1.0	2.425	12.47
DHY-7	1.246	0.4	1.531	7.71
	1.415	0.6	1.798	10.43
	1.294	0.8	2.089	11.16
	1.265	1.0	2.316	14.01

图 4-47 三轴试验仪

图 4-48 试验前试件

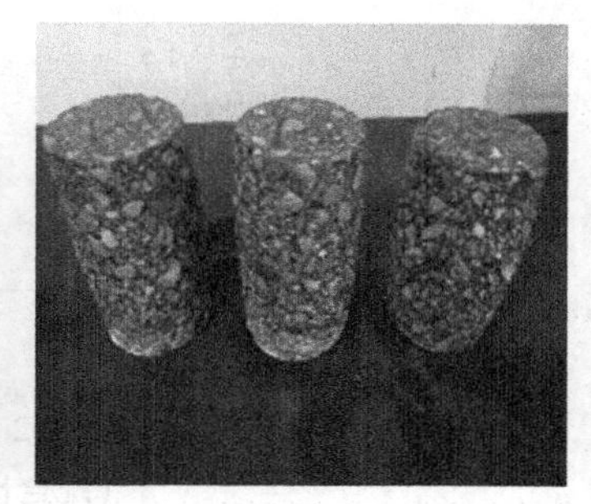

图 4-49 试验后试件

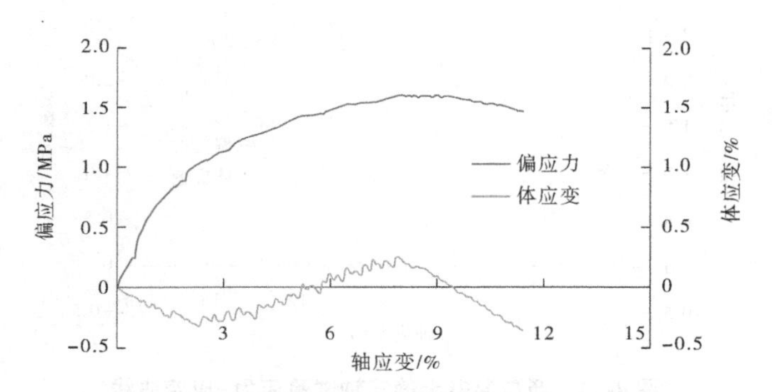

图 4-50 沥青混凝土静三轴试验应力-应变曲线
(配合比 DHY-3,试件编号 3-8,σ_3=0.4 MPa)

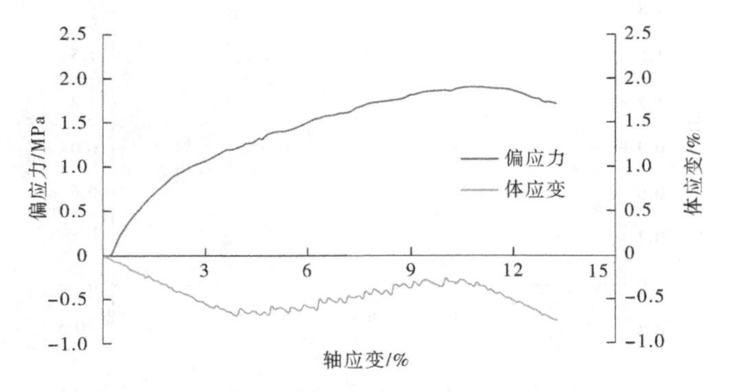

图 4-51 沥青混凝土静三轴试验应力-应变曲线
(配合比 DHY-3,试件编号 3-6,σ_3=0.6 MPa)

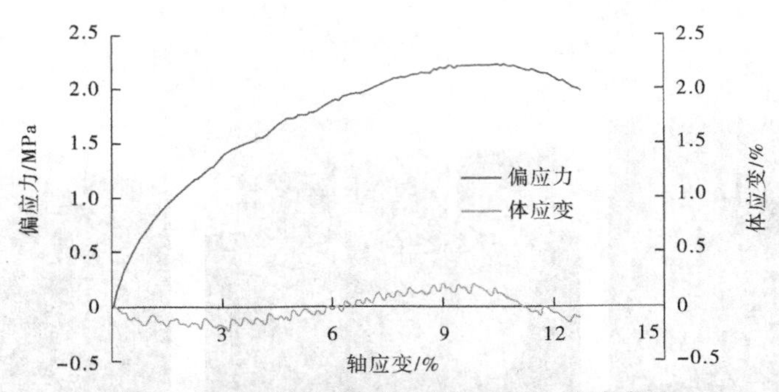

图 4-52　沥青混凝土静三轴试验应力-应变曲线
（配合比 DHY-3，试件编号 3-1，$\sigma_3=0.8$ MPa）

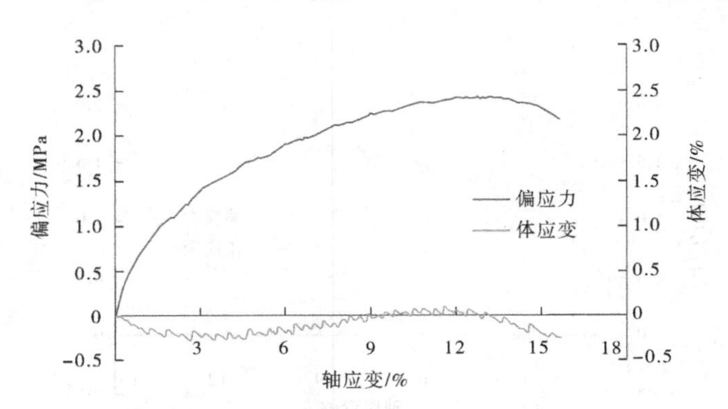

图 4-53　沥青混凝土静三轴试验应力-应变曲线
（配合比 DHY-3，试件编号 3-5，$\sigma_3=1.0$ MPa）

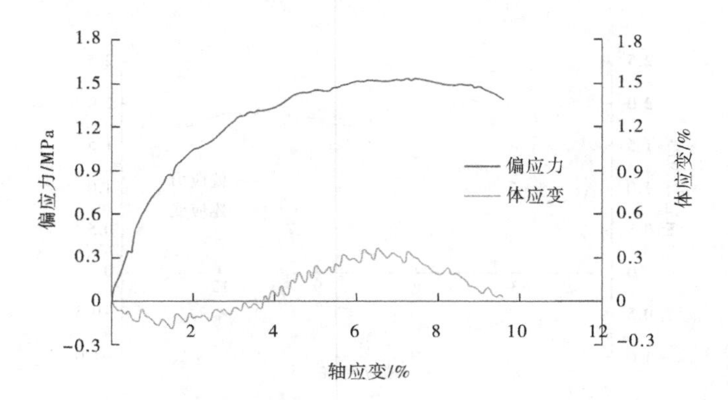

图 4-54　沥青混凝土静三轴试验应力-应变曲线
（配合比 DHY-7，试件编号 7-3，$\sigma_3=0.4$ MPa）

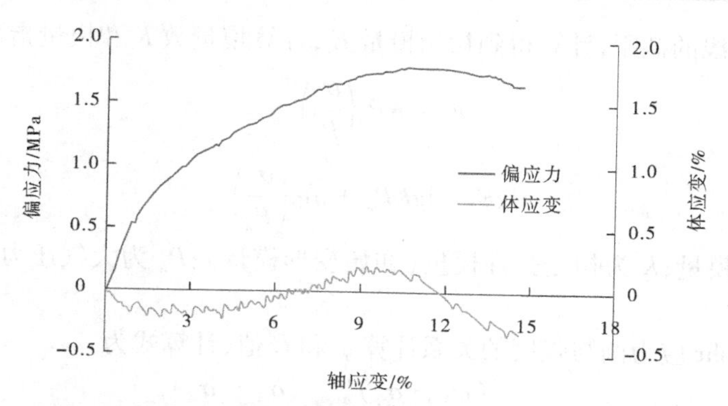

图 4-55 沥青混凝土静三轴试验应力-应变曲线
(配合比 DHY-7,试件编号 7-4,σ_3=0.6 MPa)

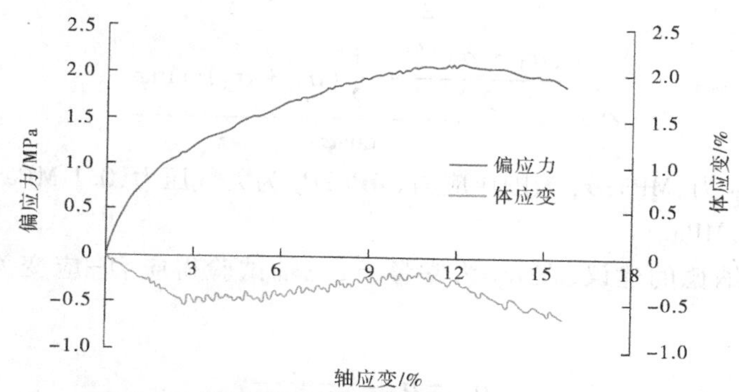

图 4-56 沥青混凝土静三轴试验应力-应变曲线
(配合比 DHY-7,试件编号 7-5,σ_3=0.8 MPa)

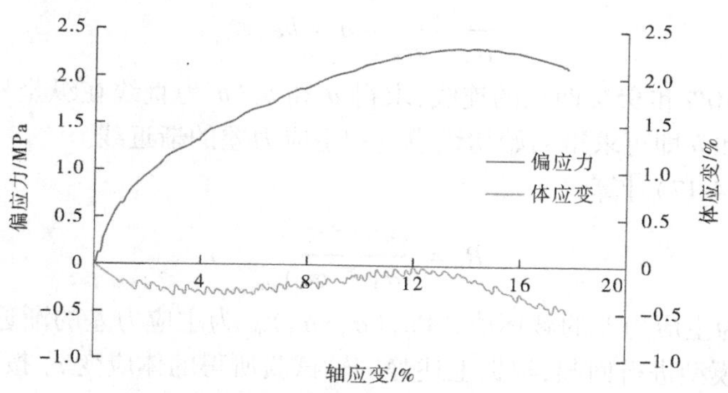

图 4-57 沥青混凝土静三轴试验应力-应变曲线
(配合比 DHY-7,试件编号 7-6,σ_3=1.0 MPa)

由沥青混凝土静三轴应力-应变曲线可以看出,这两种配合比的沥青混凝土,其应力-应变曲线在达到破坏点前呈近乎直线的线段,即应力-应变基本呈线性关系,当轴向应力(应变)达到一定数值后,才近似符合双曲线关系。

(1)表 4-24 和静三轴应力-应变曲线表明,其应力-应变曲线基本呈双曲线。双曲线变换坐标可得直线的截距,计算得到初始模量 E_i,计算模量数 K 和模量指数 n。

$$E_i = KP_a\left(\frac{\sigma_3}{P_a}\right)^n \tag{4-11}$$

$$\lg E_i = \lg KP_a + n\lg\left(\frac{\sigma_3}{P_a}\right) \tag{4-12}$$

式中:E_i 为弹性模量;K 为初始弹性模量(初始变形模量);P_a 为大气压力,0.1 MPa;n 为模量指数。

(2)根据 Mohr 应力圆与强度的关系计算 φ 和 C 值,计算式为:

$$\sin\varphi = \frac{\dfrac{(\sigma_1 - \sigma_3)'_a}{2} - \dfrac{(\sigma_1 - \sigma_3)'_b}{2}}{\dfrac{(\sigma_1 + \sigma_3)'_a}{2} - \dfrac{(\sigma_1 + \sigma_3)'_b}{2}} \tag{4-13}$$

$$C = \frac{\dfrac{(\sigma_1 - \sigma_3)'_a}{2} - \dfrac{1}{2}(\sigma_1 + \sigma_3)'_a\sin\varphi}{\cos\varphi} \tag{4-14}$$

式中:σ_1 为轴向应力,MPa;σ_3 为围压应力,MPa;P_a 为大气压力,0.1 MPa;φ 为内摩擦角,(°);C 为黏结力,MPa。

(3)根据康纳德的建议,在 σ_3 为常量下,三轴试验得应力-应变关系近似双曲线关系。

$$\sigma_1 - \sigma_3 = \frac{\varepsilon_a}{a + b\varepsilon_a} \tag{4-15}$$

变换坐标,如下所示:

$$\frac{\varepsilon_a}{\sigma_1 - \sigma_3} = a + b\varepsilon_a \tag{4-16}$$

取应力水平 70%和 95%两点的连线,求得 a 和 b。a 为直线在纵坐标上的截距,b 为直线斜率。由 a 和 b 即可求得初始切线模量和主应力差的渐近线。

破坏比按式(4-17)计算:

$$R_f = \frac{(\sigma_1 - \sigma_3)_f}{(\sigma_1 - \sigma_3)_{ult}} \tag{4-17}$$

式中:$(\sigma_1-\sigma_3)_f$ 为主应力差的破坏值,kPa;$(\sigma_1-\sigma_3)_{ult}$ 为主应力差的渐近线,kPa。

(4)按 E-B 模型进行回归,根据上述静三轴试验所得的体应变 ε_v 按下式可计算得体变模量 B:

$$B = \frac{\sigma_1 - \sigma_3}{3\varepsilon_v} \tag{4-18}$$

并可得体变模量与围压(B-σ_3)的关系式:

$$B = K_b P_a\left(\frac{\sigma_3}{P_a}\right)^m \tag{4-19}$$

近似地拟合成邓肯-张双曲线模型,得 K_b 和 m。

通过上述的模型计算,静三轴试验参数见表4-26。

表4-26　静三轴试验参数计算结果(E-B模型)

配合比	K	n	φ	C/MPa	R_f	体积变形参数	
						K_b	m
DHY-3	304.6	0.272	25.8	0.315	0.812	1 343.7	0.457
DHY-7	298.9	0.268	25.2	0.305	0.796	1 249.1	0.387

4.4　推荐施工配合比

通过原材料检测试验、配合比初选试验以及性能试验,得到以下结论:

(1)骨料:材料新鲜、质地坚硬,在加热过程中未出现开裂、分解等现象,且骨料经检测为碱性,与沥青黏附力强,从各项检测指标来看,满足沥青混凝土心墙对粗骨料的技术要求。为了确保施工质量,建议施工阶段加强对骨料的检测。

(2)人工砂质地坚硬、新鲜,在加热过程中未出现开裂、分解等现象。各项性能指标均满足规范要求,可以作为大河沿水库工程沥青混凝土心墙的细骨料使用。但该人工砂中粒径小于0.075 mm的颗粒比例较高,为便于施工过程中控制配合比,建议采取工程措施控制人工砂中矿粉含量尽量在15%以内。

(3)填料基本性能数据均满足沥青混凝土填料技术要求指标,可以作为大河沿水库工程沥青混凝土心墙的填料使用。

(4)从试验结果来看,道路石油沥青的性能指标均能满足水工沥青混凝土心墙用沥青的技术要求,可以作为大河沿水库工程的心墙用沥青。

(5)对初定的13种沥青混凝土配合比,进行配合比选择试验,从试验结果和分析可以看出,所有配合比的沥青混凝土的孔隙率均满足要求,劈裂强度、劈裂位移均较大。根据沥青混凝土心墙防渗性能和综合性能的要求,最终选出两种配合比作为各种性能试验推荐配合比,见表4-28。这两种配合比的沥青混凝土能满足心墙沥青混凝土对孔隙率的要求,且具有较高的强度和较好的变形性能。

表4-28　推荐配合比(级配指数0.39)

配合比编号	矿料级配	筛孔/mm											油石比/%
		19	16	13.2	9.5	4.75	2.36	1.18	0.6	0.3	0.15	0.075	
DHY-3	通过率/%	100	93.55	86.83	76.43	58.45	44.62	34.17	26.36	20.24	15.57	12	6.6
DHY-7	通过率/%	100	93.62	86.98	76.70	58.92	45.25	34.92	27.20	21.15	16.53	13	6.9

(6)对选出的配合比的沥青混凝土分别进行拉伸、压缩、水稳定、静三轴、马歇尔、小梁弯曲、渗透等性能试验，试验结果表明，两个配合比的沥青混凝土都可以作为心墙沥青混凝土现场试铺的配合比使用。沥青混凝土 DHY-7 号(油石比6.9%)的综合性能，特别是变形性能优于沥青混凝土 DHY-3 号(油石比 6.6%)，因此建议使用沥青混凝土 DHY-7 号(油石比 6.9%)，沥青混凝土 DHY-3 号(油石比 6.6%)可作为备用配合比。

(7)在施工现场，还需要根据现场的实际情况(矿料的生产、沥青的性质等)进行现场摊铺试验，最终确定施工配合比。以上室内试验配合比可作为基础，供现场摊铺试验参考。

(8)本次试验主要结果汇总如下：推荐配合比见表 4-27，原材料检验结果见表 4-28，推荐配合比的沥青混凝土主要性能见表 4-29。

表 4-28　原材料检验结果汇总

<table>
<tr><th colspan="3">项目</th><th>单位</th><th>要求指标</th><th colspan="2">实测</th></tr>
<tr><td rowspan="6">粗骨料</td><td colspan="2">密度</td><td>g/cm³</td><td>≥2.6</td><td colspan="2">2.705</td></tr>
<tr><td colspan="2">吸水率</td><td>%</td><td>≤2</td><td colspan="2">0.415</td></tr>
<tr><td colspan="2">酸碱性</td><td>—</td><td>碱</td><td colspan="2">碱</td></tr>
<tr><td colspan="2">黏附力等级</td><td>级</td><td>≥4</td><td colspan="2">5.0</td></tr>
<tr><td colspan="2">压碎率</td><td>%</td><td>≤30</td><td colspan="2">11.35</td></tr>
<tr><td colspan="2">耐久性(硫酸钠干湿循环5次质量损失)</td><td>%</td><td>≤12</td><td colspan="2">1.109</td></tr>
<tr><td rowspan="4">细骨料</td><td colspan="2">密度</td><td>g/cm³</td><td>≥2.55</td><td rowspan="4">人工砂</td><td>2.740</td></tr>
<tr><td colspan="2">水稳定等级</td><td>级</td><td>≥6</td><td>10.00</td></tr>
<tr><td colspan="2">吸水率</td><td>%</td><td>≤2</td><td>0.433</td></tr>
<tr><td colspan="2">硫酸钠5次循环损失</td><td>%</td><td><15</td><td>1.059</td></tr>
<tr><td rowspan="3">填料</td><td colspan="2">密度</td><td>g/cm³</td><td>≥2.5</td><td rowspan="3">矿粉</td><td>2.703</td></tr>
<tr><td colspan="2">含水率</td><td>%</td><td>≤0.5</td><td>0.39</td></tr>
<tr><td colspan="2">亲水系数</td><td>—</td><td>≤1</td><td>0.909</td></tr>
<tr><td rowspan="8">沥青</td><td colspan="2">针入度(25 ℃)</td><td>0.1 mm</td><td>60~80</td><td colspan="2">74.4</td></tr>
<tr><td colspan="2">软化点</td><td>℃</td><td>≥46</td><td colspan="2">48.6</td></tr>
<tr><td colspan="2">延度(15 ℃)</td><td>cm</td><td>≥100</td><td colspan="2">125</td></tr>
<tr><td colspan="2">密度</td><td>g/cm³</td><td>实测</td><td colspan="2">0.985</td></tr>
<tr><td rowspan="4">薄膜烘箱试验后(163 ℃,5 h)</td><td>质量损失</td><td>%</td><td>±0.8</td><td colspan="2">0.05</td></tr>
<tr><td>针入度比</td><td>%</td><td>≥61</td><td colspan="2">71.2</td></tr>
<tr><td>延度(15 ℃)</td><td>cm</td><td>≥80</td><td colspan="2">119.1(10 ℃,32)</td></tr>
<tr><td>软化点升高</td><td>℃</td><td>≤5</td><td colspan="2">4.8</td></tr>
</table>

表 4-29　推荐配合比的沥青混凝土性能试验结果

项目			单位	规范要求	沥青混凝土 DHY-3	沥青混凝土 DHY-7
沥青混凝土主要性能	密度		g/cm³	—	2.452	2.442
	孔隙率(马歇尔试件)		%	—	1.410	1.316
	马歇尔试验	马歇尔稳定度	kN	—	9.795	8.975
		马歇尔流值	0.1 mm	—	98.888	117.056
	压缩试验	抗压强度(7.7 ℃)	MPa	—	4.770	4.575
		最大抗压强度对应应变	%	—	6.312	6.512
	拉伸试验	抗拉强度(7.7 ℃)	MPa	—	1.46	1.217
		最大抗拉强度对应应变	%	—	1.354	2.469
	小梁弯曲试验	小梁弯曲最大荷载(7.7 ℃)	N	—	425.315	340.765
		小梁弯曲强度	MPa		2.28	1.86
		小梁弯曲强度对应应变	%		3.74	3.93
		小梁弯曲挠跨比		—	3.15	3.34
	水稳定试验	水稳定系数		>0.9	0.978	0.934
	渗透试验	渗透系数	cm/s	$<10^{-8}$	4.245	3.223
	静三轴试验计算参数	模量数 K	—		304.6	298.9
		模量指数 n	—		0.272	0.268
		内摩擦角 φ	(°)		25.8	25.2
		凝聚力 C	MPa		0.315	0.305
		破坏比 R_f	—		0.812	0.796
		E-B 模型 K_b	—		1 343.7	1 249.1
		E-B 模型 m	—		0.457	0.387

第5章　沥青混凝土心墙坝现场试验与施工技术

5.1　大坝坝体填筑现场试验及施工

坝体填筑材料从上游至下游依次分为上游混凝土护坡、细粒砂砾料、砂砾料填筑区、过渡料填筑区、沥青混凝土心墙、过渡料填筑区、砂砾料填筑区、坝内排水体、排水棱体、下游混凝土网格梁干砌石护坡。

本工程分别开展了砂砾料碾压试验、沥青混凝土心墙及过渡料摊铺碾压试验、砂砾石灌浆生产性试验等现场试验。

5.1.1　料场复查、砂砾料碾压试验

5.1.1.1　料场复查

在碾压试验前对C1料场、C2料场进行了料场复查,C1料场位于坝轴线上游0.5~2.5 km,宽度为170~380 m,C2料场位于坝轴线下游坝坡脚0.3~2.0 km,宽度为240~470 m。

(1)料场复查成果分析如下:

料场基本情况:C1料场共挖探坑12组,级配检测12组,最大取样深度4.6~5.0 m,复查结果表明C1料场级配分布较均匀,局部植被及覆盖层厚度0.3~0.8 m,右岸局部区域在0.6 m有较细淤泥夹层,大部分砂卵石裸露,基本无覆盖层,下挖1.0~2.3 m到水下位置。料场地形宽阔,分布较平坦,深度平均在2.0 m以下颗粒较细。地质结构比较密实,机械开挖困难,但靠河床中心部位还可利用机械顺利开采。料场地形宽阔,分布较平坦,有用层较厚。开采前必须疏通导流通道,降低河床水位。

C1料场共检测级配12组,试坑分水上、水下混合料取样。根据料场地形地貌的实际分布状况,每200~500 m布置一个探坑,通过料源级配状况分析,该料场满足砂砾石填筑料填坝要求。C1料场复查检测情况:C1料场开阔,料源充足,有利于大型设备开采,料场最大粒径在310~490 mm,平均417 mm,料场2 m以下深度零星分布大于500 mm粒径,料场水上水下整体含泥量较低,左、右岸局部覆盖层含泥较高,主要集中浅表位置,开挖时可清除,从料场整体情况可以看出,距坝址约3.5 km以上,水下部分小于5 mm的细颗粒含量略高于水上部分。

C1料场级配检测情况:整个料场颗粒级配不均匀系数C_u=26.9~67.6,平均42.0,均在大于5范围;曲率系数C_c=1.6~3.2,平均2.3,有个别超出1~3范围;级配较好,作为大坝填筑料及过渡料,各种料技术指标满足质量技术要求。

C1料场级配检测12组,整体小于5 mm含量17.7%~25.21%,平均20.2%,下部砂

卵石无风化层分布；小于0.075 mm含量在0.12%~0.68%，平均在0.69%左右。从级配曲线可以看出，级配线走势平滑均匀，整个料场级配变化不大。其他技术指标满足规范要求。

C1料场料质情况：C1料场骨料质地新鲜坚硬，以灰岩、花岗岩及石英岩等为主，颗粒密度2.75 g/cm^3，洁净，不含有机质和其他杂物；从级配曲线图表可以看出，级配连续，且颗粒均匀性较好，该料场料源质量满足技术指标要求。

(2)料场复查成果分析如下：

C2料场级配检测情况：根据料场地形地貌的实际分布状况，每200~500 m布置一个探坑，共检测级配10组，试坑混合料取样，整个料场颗粒级配不均匀系数C_u=20.0~175.0，平均61.2；曲率系数C_c=1.3~3.2，平均2.4；作为大坝填筑料，技术指标满足坝料质量技术要求。作为过渡料，通过筛选后，曲率系数C_c基本在1~3范围，不均匀系数C_u均大于5范围，级配曲线等技术指标满足规范良好要求。

C2料场整体小于5 mm含量检测10组，11.8%~30.5%，平均20.6%，砂砾石层无风化分布及夹层；小于0.074 mm含量在0.8%~5.0%，平均在2.4%。从级配曲线可以看出，级配线走势平滑均匀，整个料场级配变化不大。

C2料场料质情况：C2料场骨料质地新鲜坚硬，以灰岩、花岗岩及石英岩等为主，颗粒密度2.75 g/cm^3，洁净，不含有机质和其他杂物，级配连续，且颗粒均匀性较好，该料场料源质量满足技术指标要求。

C1、C2料场地形开阔，较平坦，砂砾料质地坚硬，覆盖层较薄，基本无夹层，弃料不多，有用层较厚，储量基本满足大坝填筑，场地满足机械化开采条件，级配及物理性能指标满足各种料源质量技术要求。

5.1.1.2 试验工艺流程及场地布置

大坝坝料碾压试验场地在坝基下游进行，选择地势相对较平整的基础面，采用推土机推平，人工配合机械精平后碾压16遍，基础坚实不再沉降，然后进行生产性碾压试验，主要进行砂砾石碾压试验；试验场地面积为25 m×35 m，分两场碾压试验。

碾压试验场地布置在坝基下游进行。求得满足设计技术要求的最佳施工参数及机具组合，以指导坝体填筑施工。砂砾石料碾压工艺试验选择参数见表5-1。

表5-1 坝料碾压试验各项参数

坝料名称	碾压厚度/cm	碾压遍数/遍	碾压机具	上料方式方法	说明
河床砂砾石料	60 80 100	8、10、12	22 t自行式振动碾	进占法	参数选择
河床砂砾石料	80	8、10、12	22 t自行式振动碾	进占法	校核试验

5.1.1.3 试验成果

2017年6月15—20日开展了砂砾料生产性试验，取得碾压试验成果参数见表5-2。

表 5-2　碾压试验成果参数

填筑区	料源料场	铺料方式	碾压机具	行进速度/(km/h)	铺料厚度/cm	碾压遍数/遍	加水量/%	填筑标准
砂砾料区	C1 料场	进占法	22 t 自行式振动碾	<3	85	8	0	$D_r \geq 0.85$

砂砾料碾压试验确定的砂砾石填筑施工参数用于大坝填筑施工，经过现场坝体填筑施工过程各项指标检测，满足设计各项指标要求。

5.1.2　心墙及过渡料摊铺碾压试验

5.1.2.1　试验场地布置

试验场地选择在平整、稳固的地面上，试验场地面积 330 m^2，长 25 m，宽 6 m，试验区面积 180 m^2，其中心墙基座 C20 混凝土宽度为 1.2 m，心墙两侧过渡料宽度为 2 m。

5.1.2.2　试验配合比

2017 年 5 月，对沥青混凝土心墙进行了理论配合比试验，2017 年 8 月通过工地试验室对沥青混凝土配合比进行验证试验分析，在推荐配合比基础上，通过室内试验及现场试验确定施工配合比。沥青混凝土配合比报监理审批后作为施工依据。施工配合比每天对热料仓进行取料筛分，根据筛分结果进行配合比调整。沥青混凝土心墙配合比见表 5-3、表 5-4。

表 5-3　沥青混凝土心墙配合比

材料名称	料场 100%破碎骨料/%				矿粉/%	沥青含量/%
	4#热料	3#热料	2#热料	1#热料		
规格	13.2~19 mm	4.75~13.2 mm	2.26~4.75 mm	0~2.36 mm	<0.075 mm	70 号 A 级道路石油沥青
组成比例	13	25	18	35.5	8.5	6.5

注：沥青为克拉玛依 70 号 A 级沥青，矿粉为新疆东湖水泥厂生产。

表 5-4　骨料设计级配及拟合级配曲线

粒径/mm	19	16	13.2	9.5	4.75	2.36	1.18	0.6	0.3	0.15	0.075
通过率设计/%	100	93.6	87.0	76.7	58.9	45.2	34.9	27.2	21.2	16.5	13.0

5.1.2.3　现场试验参数

现场铺筑试验分两层进行，第一层为人工摊铺，分为 3 段进行不同遍数的机械碾压，在对第一层试验成果分析后，初步确定施工参数，进行第二层复核试验，第二层为机械摊铺及碾压；试验时气温为 5 ℃及其以上，风速不宜大于 4 级，现场摊铺碾压试验参数见表 5-5。

5.1.2.4　试验成果

于 2017 年 8 月 15 日进行室外碾压试验，通过取芯做室内试验，各项指标符合设计规范要求，取得碾压试验成果参数见表 5-6。

表 5-5　沥青混凝土心墙及过渡料施工填筑参数

填筑区	料源料场	碾压机具	行进速度/（km/h）	铺料厚度/cm	碾压遍数/遍	填筑标准
沥青混凝土心墙	拌和楼拌制	XMR303 双钢轮振动碾	1.5	30	8	
过渡料区	C2 料场筛分	XMR303 双钢轮振动碾	<3	28	8	$D_r \geqslant 0.85$

表 5-6　碾压试验成果参数

<table>
<tr><td colspan="3">心墙沥青料碾压统一采用 3.0 t 振动碾，心墙铺筑后，心墙两侧 3～4 m 范围内，不应有 10 台以上机械作业；初碾温度为 140～150 ℃</td><td>第二层机械摊铺（复核试验）</td></tr>
<tr><td>静碾 2 遍→过渡料静碾 2 遍→心墙动碾 6 遍→过渡料动碾 6 遍→心墙静碾 2 遍，初碾温度 140～150 ℃</td><td>静碾 2 遍→过渡料静碾 2 遍→心墙动碾 8 遍→过渡料动碾 8 遍→心墙静碾 2 遍，初碾温度为 140～150 ℃</td><td>静碾 2 遍→过渡料静碾 2 遍→心墙动碾 10 遍→过渡料动碾 10 遍→心墙静碾 2 遍，初碾温度为 140～150 ℃</td><td>第一层人工摊铺</td></tr>
</table>

沥青混凝土摊铺碾压工艺确定的施工参数，经过现场沥青混凝土心墙施工过程各项指标检测，满足设计各项指标要求。

5.1.3　砂砾石灌浆生产性试验

5.1.3.1　试验区的选择与布置

试验区选在河床段，桩号为 B0+242.2～B0+253 范围内。

灌浆试验孔布设为 4 排孔，其中固结灌浆孔 3 排，控制性灌浆孔 1 排；固结灌浆孔排距 2.0 m，固结灌浆孔与控制性灌浆孔排距 1.5 m，控制性灌浆孔孔距 1.2 m。共布置 15 个固结灌浆孔，9 个控制性灌浆孔。按设计图纸，固结灌浆孔钻孔深 12 m，灌浆段长 10 m；控制性灌浆孔钻孔深 14 m，灌浆段长 12 m。

5.1.3.2　灌浆方法和方式

固结灌浆孔采用自上而下分段灌浆结合部分一次成孔，自下而上套管内分段灌浆，射浆管距孔底不大于 0.5 m。

控制灌浆孔采用自下而上水泥+水玻璃双液套管法灌浆，灌浆时尽量少用水玻璃。

5.1.3.3　灌浆段长和灌浆压力

固结、控制灌浆段长划分、灌浆压力参数见表 5-7。

5.1.3.4　浆液浓度及其变换

工程实践证明，优质的灌浆效果，浆液浓度与浆液适时的变换对其影响较大。灌浆浆液一般由稀到浓进行灌注。

固结灌浆第一段采用水灰比为 0.8:1、0.6:1、0.5:1 三个比级，第二段采用水灰比为 1:1、0.8:1、0.6:1、0.5:1 四个比级；控制性灌浆水灰比拟采用 0.8:1，根据实际情况调整浆液比级。

表 5-7　固结、控制灌浆段长划分、灌浆压力参数

段数	段长/m	孔序		说明
		Ⅰ序孔	Ⅱ序孔	
1	4	0.5	0.5	
2	6	0.8	0.8	
3	不分	0.8~1.0	0.8~1.0	控制灌浆压力

5.1.3.5　灌浆质量检查

试验区采用单孔灌前、灌后声波检查，对比波速提高百分比；灌后还采用了对穿声波检查、重型动力触探等方法检查验证灌浆效果。

在固结灌浆结束后 14 d 进行了声波检查，对穿声波检查结果：在 SSB-2 孔向小桩号 1.0 m 处，钻对穿声波测试孔，采取对穿声波检查，检查结果平均对穿波速为 2 040 m/s。重型动力触探检查结果：固结灌浆结束后 14 d，布置 SDT-1 动探孔，在孔深 4 m、9 m、12 m 处分别进行动力触探检查，三个部位检查击打 50 击，贯入深度分别为 15 mm、55 mm、90 mm，全部少于 100 mm。从动力触探结果表明，灌浆效果满足设计要求。从单孔声波测试灌前、灌后对比，波速提高率分别为 19.98%，21.39%，单孔测试 SSB-2 与对穿孔比较，单孔波速与对穿孔波速偏差较小，单孔测试满足要求。

砂砾石灌浆生产性试验确定的施工参数，经过现场固结灌浆和控制灌浆施工过程各项指标检测，灌浆效果显著，达到了固结灌浆标准的要求，布孔形式、施工参数科学可行，为固结灌浆施工提供了依据。

5.1.4　大坝填筑施工工艺流程

大坝填筑遵循均衡平起的原则进行，坝体填筑，总体上遵循与沥青混凝土心墙碾压全断面平起均衡上升的施工方法。对坝壳料，根据坝面面积大小及各类坝料分序、分区的不同，将坝面沿坝轴线方向按 50~100 m 分成若干个单元。在各单元依次完成填筑的各道工序，使各单元上所有工序能够连续流水作业。各单元之间进行鲜明标识，标明摊铺、碾压、检验等工作状态，以避免超压或漏压，坝体填筑施工程序见图 5-1。

5.1.5　坝料的开采及运输

5.1.5.1　坝料开采

本工程坝体砂砾石料来源于 C1、C2 砂砾料场，砂砾料储量丰富，且运距较近，交通方便。由于本工程砂砾料填筑量较大，质量满足筑坝及混凝土骨料质量要求，选定 C1、C2 砂砾料场作为坝壳砂砾料取料场，C2 砂砾料场作为过渡料、排水体料、混凝土骨料等取

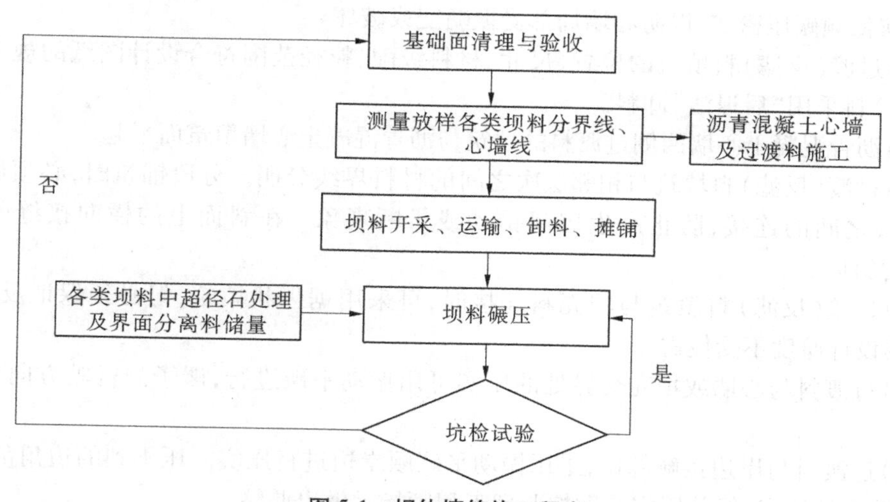

图 5-1　坝体填筑施工程序

料场。

(1)过渡料、反滤料、排水体料、砂砾石保护层等特种料加工。根据料场复查资料,特种料在 C2 料场选取适当位置进行开采制备,沥青混凝土心墙坝需制备主要有过渡料、反滤料、排水体料、排水棱体等。特种料均按照设计要求进行制备,过渡料从 C2 料场取料,根据料场复查后实际情况,在 C2 料场上游靠左岸布置一套筛分系统,配 80 mm 篦条筛一套。加工制备后的过渡料 $D \leqslant 80$ mm,小于 5 mm 含量为 30%~45%,小于 0.075 mm 含量不大于 5%。

(2)砂砾料。砂砾料开采前,首先由 220HP 推土机进行水平清表。清表主要是将 C1 料场区表层和 C2 料场区表层无用层进行清除。对清表弃料就近堆存。料场排水采用开挖导流明渠的方式降水。

5.1.5.2　坝料运输

(1)坝料用 2.0 m^3 挖掘机挖装,20 t 自卸汽车运输,车辆相对固定,并经常保持车厢、轮胎的清洁,防止残留在车厢和轮胎上的泥土带入清洁的过渡料、坝壳料填筑区。夜间坝料运输做好运输照明等施工措施。

(2)过渡(反滤)料运输及卸料过程中,采取措施防止颗粒分离。运输过程中过渡料保持湿润,卸料高度不大于 2 m。

(3)监理工程师认为不合格的过渡(反滤)料或坝壳料,一律不得上坝。

(4)坝料运输车辆必须在挡风玻璃右上角标明坝料分区名称。

(5)坝料运输时,车辆速度不大于 20 km/h,载重量不大于车辆的标定载重量。

5.1.6　坝体填筑施工技术

5.1.6.1　过渡(反滤)料填筑

(1)在沥青混凝土心墙施工过程中,做到心墙和过渡层的任何断面都高于其上、下游相邻的坝体填筑料 1~2 层,并在心墙铺筑后,心墙两侧过渡层以外 4 m 范围内坝壳料采用自行碾低频碾压密实,以防心墙局部受振畸变或破坏。

(2)过渡(反滤)料填筑的位置、尺寸、材料级配、粒径范围符合设计图纸的规定。过渡(反滤)料采用“后退法”卸料。

(3)沥青混凝土心墙两侧过渡料的填筑与沥青混凝土心墙填筑面平起。

(4)过渡(反滤)料填筑与相邻层次之间的材料界线分明。分段铺筑时,必须做好接缝处各层之间的连接,防止产生层间错动或折断现象。在斜面上的横向接缝收成缓于1:3的斜坡。

(5)过渡(反滤)料填筑与坝壳料连接时,可采用锯齿状填筑,但必须保证反滤(过渡)料的设计厚度不受侵占。

(6)过渡料与心墙或坝壳交界处的压实可用振动平碾进行,碾子的行驶方向平行于坝轴线。

(7)过渡料与岸边接触部位,采用振动平碾顺岸边进行压实。压不到的边角部位,用液压振动夯板压实,但其压实遍数按监理工程师指示做出调整。

(8)在过渡料与基础和岸边及混凝土建筑物(心墙基座混凝土)的接触处填料时,不允许因颗粒分离而造成粗料集中和架空现象。

(9)坝料运至坝面卸料后,及时摊铺,并保持填筑面平整,每层铺料后用水准仪检查铺料厚度,超厚时及时处理。

(10)过渡料填筑前,用防雨布等遮盖心墙表面,防止砂石落入钢模内。遮盖宽度超出两侧模板各30 cm以上。

(11)过渡料因方量少,不能逐层进行检查时,严格按监理人批准的施工参数施工,并加强现场监督,不允许出现漏压现象。

5.1.6.2　砂砾石料填筑

(1)砂砾石料的填筑,必须在坝基处理及隐蔽工程验收合格后,才能填筑。砂砾石基础需测其原始干密度,若其小于或等于砂砾石料填筑干密度,需增加处理措施,处理完后才能填筑砂砾石料。

(2)自卸汽车卸料时,采用“进占法”卸料,也可用“后退法”卸料,堆料高度不大于1.5 m。填料的纵横坡部位,优先用台阶收坡法,碾压搭接长度不小于1.5 m;当无条件时,接缝坡度不陡于1:3。

(3)岸坡处不允许有倒坡,防止大径料集中,其2 m范围内,用较细砂砾石料($d<200$ mm)填筑,而且先于坝体填筑料填筑,此处施工按小面积施工法铺筑压实。

(4)在铺好一层砂砾石料后,布点测量其压实前高程,以确定铺料厚度,采用料台控制铺料厚度的方法,铺填过程中时刻观察铺料厚度,推土机二次精平后进行碾压。

(5)砂砾石料碾压质量重在过程控制,重点监控碾压遍数、振幅、行驶速度、碾轮搭接宽度。碾压方向一般平行于坝轴线,岸坡一般沿坡脚进行。碾压完成后,再按布点测量其高程,以控制压实厚度。碾压后的表面平整度按0~±10 cm控制,若出现0~±30 cm的不平整现象,重新推平表面进行铺压。

(6)砂砾石料压实后,按规范要求由工地试验室取样,取样数量不小于5 000~10 000 m^3一个,且每层必须检查边坡结合部。检查合格后,组织三检,经监理工程师验收合格后方可进行下道工序。

(7)坝基砂砾石料永久坡位置,每填筑 2.4 m 厚进行测量放线,对坝坡进行修整,以保证边坡符合要求。

(8)压实后,在局部粗料集中处,进行二次处理。

(9)施工中堆石料的填筑遵守《碾压式土石坝施工规范》(DL/T 5129—2013)的规定,严格按照规范要求施工。

(10)砂砾石料压实后,按施工规范规定,每填 5 000~10 000 m^3 取样 1 次。根据土工试验要求,试坑直径 $D \geqslant (3\sim5)d_{max}$ 和 $D \geqslant 100$ cm 控制,试坑体积用灌水法和灌砂法相结合(灌水法在冬季无法使用)。试坑测试项目主要为湿密度、含水量、含泥量、颗粒级配(包括粗料 $d>5$ mm 颗粒含量),最终求出干密度和相对密度。碾压后取样结果满足设计要求,否则进行铺压,直至满足质量控制指标要求。

(11)砂砾石料的质量及颗粒级配按施工图纸所示的不同部位采用不同的标准,不得混淆。

(12)砂砾石料中不允许夹杂黏土、草、木等有害物质。

(13)砂砾石料在装卸时特别注意避免分离,不允许从高坡向下卸料。靠近岸边地带以较细石料铺筑,严防架空现象。

(14)压实砂砾石料的振动碾行驶方向平行于坝轴线,靠岸边处可顺岸行驶。振动碾难以碾及的地方,用小型振动碾或其他机具进行压实,其压实遍数按监理人指示做出调整。

(15)岸边地形突变及坡度过陡而振动碾碾压不到的部位,适当修整地形使振动碾到位,局部可用振动板或振动夯压实。

(16)砂砾石料采取大面积铺筑,以减少接缝。当分块填筑时,对块间接坡处的虚坡带采取专门的处理措施,如采取台阶式的接坡方式,或采取将接坡处未压实的虚坡石料挖除的措施。

(17)坝内安全监测仪器埋设完成后,须经过监理工程师的批准才可进行上部坝壳料的回填。

5.1.6.3　砂石料保护层填筑

上游围堰每层砂砾料填筑后依据施工图纸进行测量放线,清除超填部分砂砾料,采用挖掘机配合人工削坡,铺筑 2.0 m 厚细砂石料。自下而上 40 cm 分层填筑,采用 3 t 自行振动碾碾压,厚度和相对密度满足设计要求。

1 577 m 高程以上砂石料保护层填筑,每填筑 3 层砂砾料,依据施工图纸进行测量放线,清除多余部分砂砾料,采用挖掘机配合人工削坡,自下而上铺筑 30 cm 厚砂砾石垫层,待坝体填筑至坝顶后,采用 8 t 拖式振动碾进行压实。

5.1.6.4　坝体与岸坡接合部的填筑

坝体与岸坡接合部位包括坝体与原岸坡、坝体与心墙基座等,其接合部位填筑时,若采用自卸汽车卸料及推土机平料,容易发生超径石集中和架空现象,且局部区域碾压机械不易碾压。对该部位填筑采用如下技术措施:

(1)对岸坡反坡部位进行削坡、回填混凝土(浆砌石)予以处理。

(2)对接合部位按设计要求铺填细料,并由振动碾尽可能沿岸坡方向碾压密实。

(3)对岸坡接合部位的补坡体(混凝土、浆砌石等),在宽 2 m 范围内,采用减薄铺料厚度至 20 cm、增加碾压遍数及振动碾静压等方式进行碾压。对振动碾不易压实的边角部位,由 1 t 液压振动夯板压实。

(4)对坝体与心墙基座接合部位填筑,采用薄层(30 cm)静压多遍的方式进行碾压。对振动碾不易压实的边角部位,由 1 t 液压振动夯板压实。

5.1.6.5　过渡料与坝壳料搭接处施工

过渡料与坝壳料填筑,总体遵循平起施工,即三层过渡料(层厚 28 cm)与一层坝壳料(层厚 80 cm)平起施工,并在最后一层过渡料填平后进行骑缝碾压。

5.1.6.6　坝体填筑横向搭接接缝的处理

根据其他沥青混凝土心墙施工经验,坝体搭接坡比采用 1:3,主要包括沥青混凝土心墙、过渡层及坝壳料的搭接。在先期坝体填筑过程中,坝壳料、过渡料及沥青混凝土心墙料分层铺筑时形成 1:3的“人造边坡”,后期坝体铺筑时,由 1.2 m^3 挖掘机沿坡脚处将先期所填筑的坝壳料 1.0 m 范围内未压实区重新摊铺,并削成 1:2的边坡,形成 1.0 m 宽的预留台阶,上层坝料铺填时,将下层碾压面露出,台阶预留明显、整齐,随后期坝壳料填筑一并进行,并采用骑缝碾压,以确保接坡处碾压质量。

5.2　干热大风环境下沥青混凝土心墙的施工特点

5.2.1　干热高温条件下的施工特点

吐鲁番市多年平均气温为 14.7 ℃,最高气温为 47.8 ℃,最低气温为-25.2 ℃,一年中高于 30 ℃的天气有 108~161 d,高于 35 ℃的天气有 44~121 d,高于 40 ℃的天气有 2~29 d,吐鲁番的“火洲”之称由此而得名。大河沿专用气象站多年平均气温为 7.7 ℃,最高气温为 38.6 ℃,最低气温为-25.0 ℃。

碾压式沥青混凝土心墙是沿坝轴线不分段分层进行摊铺碾压施工的,在心墙中不可避免地形成较多不连续的结合层面。在新疆石门水电站、阿拉沟水库等工程的心墙施工中,干热高温环境给施工带来了一些难题。在干热高温环境下心墙沥青混凝土连续两层铺筑时,基层沥青混凝土降温变得缓慢,达到规范规定的结合面温度上限值 90 ℃需较长时间(一般 6 h 以上),一层沥青混凝土碾压结束后,需要等待较长时间才能进行上一层的摊铺和碾压,造成心墙沥青混凝土施工中断。在坝轴线较短时,这种施工不连续就更为突出,大大影响了心墙的施工速度。

对于干热高温环境下沥青混凝土心墙施工的问题,国内研究较少,规范仅根据两个工程进行了经验总结:一是四川冶勒水电站沥青混凝土心墙坝(坝高 125.5 m),二是四川金平水电站(坝高 91.5 m)。冶勒在坝体上进行了结合面不高于 90 ℃的多层碾压,取得了成功;金平水电站结合面温度在 91~93 ℃进行连续碾压,现今坝体运行良好。四川冶勒水电站沥青混凝土心墙进行了连续施工工艺的研究,其试验研究主要是为了确定心墙沥青混凝土的初碾温度,试验采取基层沥青混凝土温度分别为 70 ℃、90 ℃、110 ℃进行连续两层碾压。试验结果表明,基层沥青混凝土温度在 110 ℃时碾压上一层后的孔隙率小于 3%,但初碾温度在 150~165 ℃会出现陷碾的问题。当初碾温度控制在 145~160 ℃时,基层温度在 70 ℃和 90 ℃时的孔隙率均小于 3%,由于温度降至 70 ℃以下等待时间较长,无法实现每日两层铺筑,最终确定基层温度为不大于 90 ℃。

心墙沥青混凝土为热施工,初碾温度一般控制在 130~145 ℃,碾压结束后温度仍然维持在 120 ℃左右,施工规范规定"心墙沥青混凝土进行连续两层碾压时,结合面温度不宜高于 90 ℃"。干热高温环境下心墙沥青混凝土连续多层铺筑时,由于心墙沥青混凝土为大体积施工,温度散失缓慢,且心墙与过渡料同步碾压施工,在碾压完成后两侧过渡料形如一层保温层,减缓了心墙的降温过程,起到散热效果的部位仅为上表面(即为结合面),虽然心墙会与外界环境产生热量交换,但环境温度高导致这种热量交换更为缓慢,要达到规范规定的结合面温度上限值 90 ℃的要求需较长时间,造成心墙沥青混凝土施工中断。坝轴线较短时,这种施工不连续就更为突出,大大影响了心墙的施工速度。因此,研究在不影响施工质量的前提下,将基层沥青混凝土表面温度的上限值适当提高,尽可能缩短层间施工等待时间,实现沥青混凝土心墙全天候连续多层摊铺碾压的施工尤为重要。

5.2.2　大风条件下的施工特点

工程区全年盛行西北风,风向季节变化不大。年平均 8 级以上大风 108 d,最多达 135 d,以 3—6 月最为盛行,最大风速 25 m/s,出现在 1983 年 4 月 27 日,最大风力 12 级。主导风向为 E、N,主导风向频率 7%;次多风向为 SE、W、ESE。夏季常出现干热风,风灾是本区域的主要气象灾害之一。见表 5-8。

表 5-8　吐鲁番市气象站平均、最大风速风向统计

项目	1月	2月	3月	4月	5月	6月	7月	8月	9月	10月	11月	12月	年平均	年最大风速	年多见风向
平均风速/(m/s)	0.5	0.6	1.1	1.3	1.4	1.4	1.3	1.2	0.9	0.6	0.4	0.4	0.9		
最大风速/(m/s)	5	9.9	12	25	14	19	17	16	15.3	9	15	6.1		25	
日期	1990	2009	1983	1983	—	1982	1984	2003	1983	—	1990	2008		1983	
风向	SE	E	ESE	E	E	W	W	E	E	E	SE	E			E
频率/%	5	6	11	11	9	9	8	7	8	6	5	4			7

由于吐鲁番地区风沙天气频繁,对沥青混凝土的施工质量影响较大,需要对其专门研究。主要有以下几个方面的影响:

(1)大风环境裹挟沙尘流动,会影响沥青混合料质量,除原材料质量因素外,影响最大的就是混合料各组成材料的计量准确性,强风沙尘环境影响了矿料含量,使矿粉的合格

率产生较大波动,最终使沥青混合料的矿粉含量不稳定。

(2)强风沙将影响施工环境视野,强风可能会吹移金属定位线,影响心墙的摊铺对中。

(3)在大风环境下,风的表面降温作用强,加快了沥青混合料表层温度损失,容易使沥青混合料形成一个硬壳层,一方面影响了当前层的碾压效果,另一方面由于当前层的碾压质量不好,还会影响与下一层的结合。

(4)大风环境严重影响了沥青混合料内外温度的均匀性,入仓后沥青混合料内外温差较大,形成较大的初始温度应力,易使沥青混凝土表层形成温度裂缝,严重时裂缝由心墙两侧可横向贯穿心墙,大坝蓄水后形成渗水通道,影响沥青混凝土心墙的防渗安全。

(5)强风沙环境下施工区扬尘严重,新铺筑的沥青混凝土表面易受污染,心墙结合层面易形成薄弱环节,影响心墙分层间结合区的力学性能。

在大风环境下施工时,对沥青混合料各施工环节采用如下保温和温控措施:沥青混合料采用带电加热板的保温罐储存,采用车斗四周及底板带保温板的自卸式运输车,各保温机械料斗上架设保温篷布;心墙摊铺后覆盖防风帆布,压实后上层再加棉被保温;各施工环节温度均采用施工规范规定的上限值或适当提高最低下限值,特别针对初碾温度和终碾温度,采用初碾温度不宜低于 140 ℃,终碾温度不宜低于 120 ℃等。尽管采用了上述措施,还是会出现以下问题:风的表面降温作用强,严重影响沥青混合料入仓后的温度均匀性;沥青混合料在运输过程中温度散失加快,入仓后的混合料几乎没有时间排气,碾压后沥青混凝土内部气孔明显增多,影响施工质量;大风环境下空气易裹挟沙尘流动,心墙作业面受扬尘污染,影响施工进度和工程质量。

5.3　高温碾压心墙的侧胀变形规律

5.3.1　不同基层温度下心墙的侧胀变形

为研究高温碾压带来的侧胀问题,利用新疆大河沿水库沥青混凝土碾压试验段,进行了基层温度分别为 80 ℃、90 ℃、100 ℃、110 ℃的连续两层碾压试验,研究不同基层温度下沥青混凝土的侧胀变形规律,沥青混凝土现场施工配合比见表 5-9。

表 5-9　沥青混凝土现场施工配合比

项目	各项材料用量的比例(质量百分数)/%					
材料粒径	9.5~19 mm	4.75~9.5 mm	2.36~4.75 mm	0.075~2.36 mm	<0.075 mm	沥青
配合比/%	23	17	15	32	13	6.9

利用原沥青混凝土碾压试验场地选取 20 m 作为本次试验段,分别进行基层温度为 80 ℃、90 ℃(对照组),100 ℃、110 ℃(试验组)的心墙沥青混凝土连续两层铺筑碾压。采用人工摊铺的方法,每层摊铺宽度 60 cm,摊铺层数 2 层,每层摊铺厚度为 30 cm,如图 5-2、图 5-3 所示。先进行基层沥青混合料的摊铺,温度达到初碾温度 145 ℃时进行碾

压，碾压完成后记录其降温过程，温度计插入心墙表面 10 mm 处，并记录环境温度，如图 5-4、图 5-5 所示。待基层沥青混凝土温度分别达到试验温度后进行上层沥青混合料的摊铺，上层沥青混合料的温度降至初碾温度时开始碾压。碾压流程采用过渡料静碾 2 遍→沥青混合料静碾 2 遍+动碾 8 遍→过渡料动碾 8 遍的方法。

图 5-2　人工立模

图 5-3　人工摊铺

图 5-4　机械碾压沥青混合料

图 5-5　沥青混凝土温度监测

现场心墙沥青混凝土的侧胀量采用如图 5-6 的测试方法，挖开两侧过渡料后，在每个试验温度下测量心墙某一断面的尺寸，$h_{上}$ 和 $h_{下}$ 是指心墙上游侧和下游侧沿高度每隔 5 cm 测量值，得到心墙在不同高度下的宽度值，并计算某高度的相对侧胀量 R_i，计算公式见式(5-1)。为保证测量结果的准确性，在每个试验温度下分别测量 4 个断面。得到每个温度下心墙沥青混凝土在不同高度下的宽度，绘制心墙断面形状，计算心墙沥青混凝土在不同基层温度碾压后的相对侧胀量平均值 R，计算公式见式(5-2)。

$$R_i = \frac{H - h_{上} - h_{下} - H_{设}}{H_{设}} \times 100\% \tag{5-1}$$

$$R = \frac{\Delta A}{A} \times 100\% \tag{5-2}$$

式中：R_i 为心墙某深度的相对侧胀量，%；H 为两垂线基准宽度，cm；$h_{上}$ 为心墙上游距垂线的距离，cm；$h_{下}$ 为心墙下游距垂线的距离，cm；$H_{设}$ 为心墙设计宽度，cm；R 为心墙某层相对侧胀量，%；ΔA 为心墙侧胀部分面积，cm^2；A 为心墙设计断面面积，cm^2。

心墙侧胀情况如图 5-7 所示。计算不同基层温度连续两层碾压心墙沥青混凝土的侧胀变形结果见表 5-10。

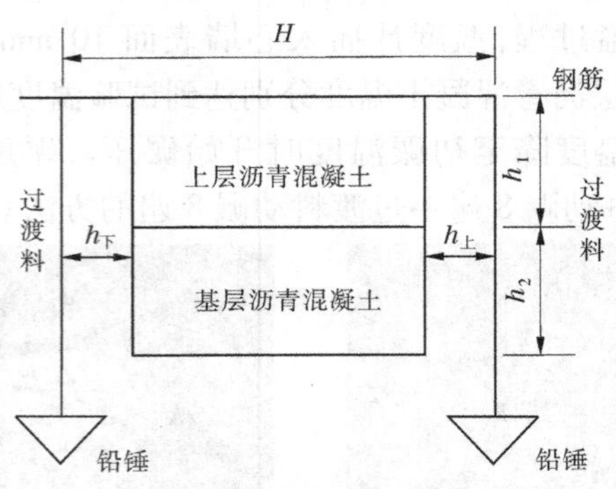

图 5-6　沥青侧胀测量方法示意图

图 5-7　心墙沥青混凝土侧胀

表 5-10　心墙沥青混凝土的侧胀变形结果

位置	高度/cm	相对侧胀量/%			
		基层温度 110 ℃	基层温度 100 ℃	基层温度 90 ℃	基层温度 80 ℃
上层	0	42.67	41.33	24.80	24.67
	5	42.50	41.33	24.63	24.67
	10	14.46	9.33	5.50	4.55
	15	0.54	3.17	1.50	4.21
	20	1.21	0.61	1.08	3.56
	25	2.25	0.67	1.03	1.33
基层	0	39.00	34.21	27.56	24.50
	5	23.25	17.88	9.96	10.43
	10	15.25	11.63	8.53	7.63
	15	16.38	11.54	9.53	8.20
	20	14.58	13.67	8.93	6.67
	25	—	—	8.80	6.50

由表 5-10 可看出，心墙在不同高度下的相对侧胀量不同。在经过连续两层碾压后，上层沥青混凝土和基层沥青混凝土存在一个相同特点：随着深度的增加，沥青混凝土的相对侧胀量逐渐减小。沥青混凝土在碾压过程中，上部沥青混凝土受到较大激振力产生侧胀变形，表现出“松塔效应”，此现象在心墙施工中普遍存在。由于基层温度的差异，连续两层碾压过程中心墙相对侧胀量也存在差别，随着温度升高，基层沥青混凝土在同一深度的相对侧胀量不断增大。基层温度为 90 ℃时，最大相对侧胀量为 27.56%（心墙侧胀量为 16.5 cm）；基层温度为 110 ℃时，最大相对侧胀量达到 39.00%（心墙侧胀量为 23.4 cm）。基层沥青混凝土温度在 80 ℃和 90 ℃时，上层料的碾压使基层高度比温度 100 ℃和 110 ℃的要高。产生这些现象的原因是，温度越高基层沥青混凝土越软，上层温度较高的沥青混合料对基层沥青混凝土再次加热升温，连续两层碾压时，基层沥青混凝土在上层沥青混合料的振动碾压过程中，产生二次侧胀变形，温度越高基层沥青混凝土二次侧胀量越大，碾压层高度也随之减小。

上述试验数据从不同深度反映心墙的侧胀情况。为直观反映心墙在不同基层温度连续两层碾压的侧胀变形，绘制不同基层温度下心墙碾压前后的断面形状，如图 5-8 所示。通过式(5-2)计算得心墙某层相对侧胀量，见表 5-11。

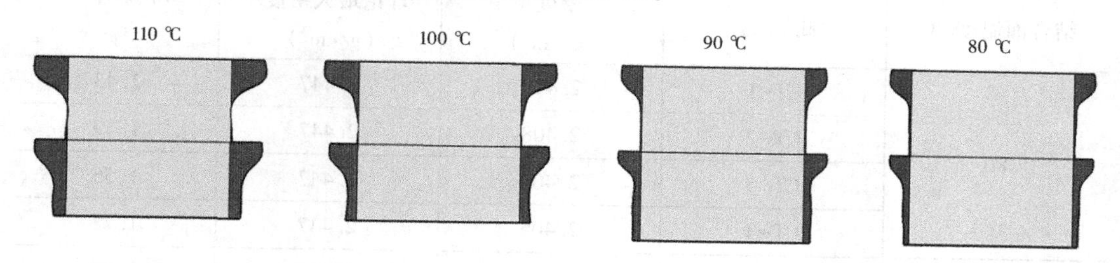

图 5-8　不同基层温度下心墙沥青混凝土侧胀变形

表 5-11　不同基层温度的心墙沥青混凝土某层相对侧胀量

位置	某层相对侧胀量/%			
	基层温度 110 ℃	基层温度 100 ℃	基层温度 90 ℃	基层温度 80 ℃
上层	13.44	12.67	7.90	8.02
基层	19.01	16.12	11.34	10.08

图 5-8 中黑色区域为连续碾压两层的心墙侧胀部分。可明显看出心墙的相对侧胀量随着基层温度的升高而增大，基层高度也在不断减小。从表 5-11 中得出沥青混凝土在连续两层碾压时，基层温度在 80 ℃和 90 ℃时上层和基层沥青混凝土相对侧胀量无较大差别，基层温度为 100 ℃和 110 ℃的相对侧胀量增大较多。心墙的侧胀量为超出设计部分的沥青混凝土用料，使心墙在高温连续碾压过程中用量增大。中国水电建设集团十五工程局有限公司在实际工程中发现，心墙沥青混凝土实际用量比设计用量普遍多了 10%～15%，这与我们的试验结果是基本吻合的，沥青混凝土碾压侧胀增加了一定的经济损失，

基层温度越高,侧胀量越大,损失也就越大。基层温度为 100 ℃时,上层碾压使得基层相对侧胀量较 90 ℃时高了 4%左右,基层温度为 110 ℃时相对侧胀量更大,较 90 ℃时高了 8%左右。

5.3.2 侧胀变形对孔隙率的影响

为研究心墙沥青混凝土在连续碾压过程中产生侧胀对结合区孔隙率的影响,在心墙沥青混凝土碾压结合区(结合面上下各取 20 mm 高)进行孔隙率的测定,分别测定上部沥青混凝土 CT-1、结合区 CT-2、下部沥青混凝土 CT-3、心墙两侧侧胀区 CT-4 的孔隙率。孔隙率试验测点位置示意如图 5-9 所示,孔隙率试验结果见表 5-12。

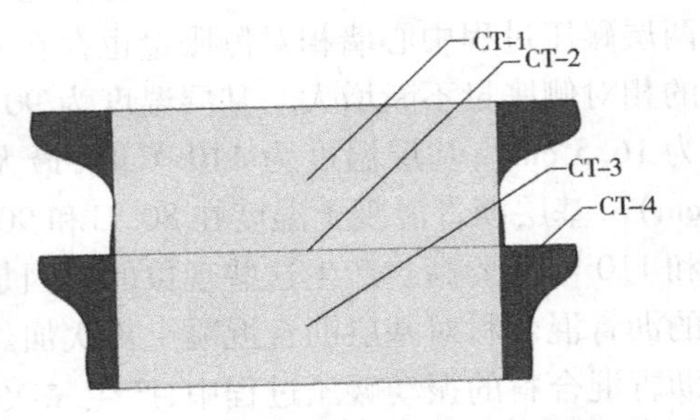

图 5-9 心墙沥青混凝土测点位置示意图

表 5-12 沥青混凝土孔隙率测定试验结果

结合面温度/℃	测点位置	密度/(g/cm³)	理论最大密度/(g/cm³)	孔隙率/%
80	CT-1	2.412	2.447	1.43
	CT-2	2.408	2.447	1.59
	CT-3	2.409	2.447	1.55
	CT-4	2.405	2.447	1.72
90	CT-1	2.405	2.447	1.72
	CT-2	2.401	2.447	1.88
	CT-3	2.407	2.447	1.63
	CT-4	2.408	2.447	1.59
100	CT-1	2.401	2.447	1.88
	CT-2	2.392	2.451	2.41
	CT-3	2.404	2.447	1.76
	CT-4	2.389	2.452	2.57
110	CT-1	2.401	2.447	1.88
	CT-2	2.374	2.458	3.42
	CT-3	2.405	2.446	1.68
	CT-4	2.377	2.456	3.22

从试验结果可看出,不同基层温度下的上层和基层沥青混凝土孔隙率并无明显变化,心墙沥青混凝土的压实性能基本不受影响。随着基层温度的升高,碾压结合区和侧胀部

位沥青混凝土的孔隙率均有所增加，基层温度为 110 ℃的沥青混凝土结合区孔隙率平均达到 3.42%，说明高温连续两层碾压心墙沥青混凝土时，基层温度过高造成沥青混凝土心墙的侧胀量增大，随之结合区孔隙率不断增大，将影响沥青混凝土防渗性能。

5.3.3　侧胀变形对渗透性能的影响

新疆农业大学风家骥教授对沥青混凝土渗透性的研究表明，温度对沥青混凝土的渗透系数影响不大，故本次渗透试验在室温 20 ℃下进行。渗透系数测定中作用水头是一个重要的控制指标，孔隙率小的沥青混凝土发生渗流的时间历时较长，反之则较短；并且考虑到围压对试样内部孔隙率有一定的影响，高围压对孔隙大的沥青混凝土影响较大，因此试验中孔隙较小的采用高水头加快渗流速度，孔隙率大的则采用低水头。由于试验当中不了解发生渗流时的临界水力坡降，因此对不同孔隙率的试验采取逐级加载围压的方式，当在同一压力下 2 h 未发生渗流加下一级压力。最终压力的设定值见表 5-13。

表 5-13　沥青混凝土压力取值

孔隙率/%	围压/kPa	渗透压力/kPa
1~3	200	250
	400	450
	600	650
	800	850
3~10	200	250
	400	450
	600	650
	800	850
10~15	100	150
	200	250
	300	350
	400	450
15~25	20	70
	40	90
	60	110
	80	130

采用上表压力设定值进行沥青混凝土渗透试验，由此可得出孔隙率与渗透系数的关系曲线，如图 5-10 所示。

从图中可看出，沥青混凝土的渗透系数随着孔隙率的增大逐渐增大，但增大的趋势逐渐变缓。可看出沥青混凝土孔隙率与渗透系数呈幂函数的关系，得出关系式(5-3)：

$$k = 9.8\times 10^{-10}(e - 1.79)^{4.87} \tag{5-3}$$

本试验的测试点虽然孔隙率的包含范围广，但在孔隙率的测试点存在较少的问题。为更清晰地描述沥青混凝土孔隙率与渗透系数的关系，并证实孔隙率与渗透系数关系的

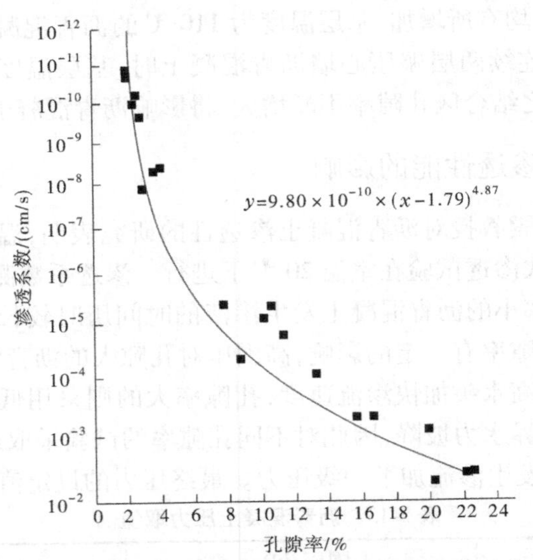

图 5-10　沥青混凝土孔隙率与渗透系数的关系曲线

真实性，根据国外学者 Hoeg. k 对沥青混凝土抗渗性的研究得出孔隙率与渗透系数的关系，如图 5-11 所示。其测定渗透系数的试验方法为常规渗透试验的方法，作用水头较低。图中试验结果说明，当孔隙率小于 4%时，渗透系数可以小于 10^{-7}cm/s。当孔隙率小于 3%时，渗透系数基本处于 10^{-8} cm/s 左右。

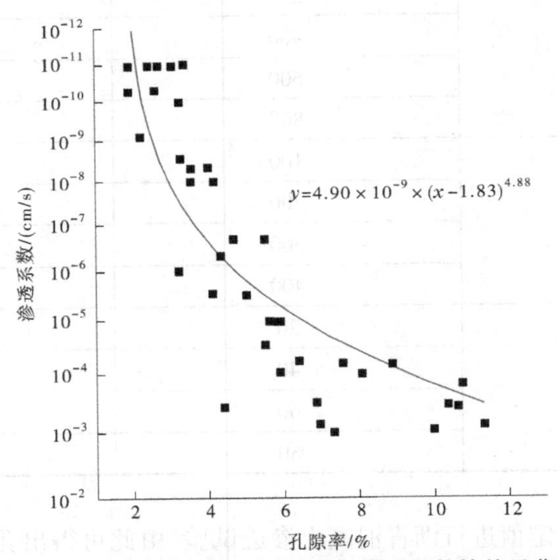

图 5-11　Hoeg. k 沥青混凝土孔隙率与渗透系数的关系曲线

从图中可看出，沥青混凝土孔隙率与渗透系数基本呈幂函数的形式。我们将两组数据进行并置拟合，沥青混凝土孔隙率 k 与渗透系数 e 的拟合结果如图 5-12 所示，得出关系式(5-4)：

$$k = 1.12\times10^{-9}\times(e-1.72)^{5.36} \tag{5-4}$$

由上述结果我们可以看出，沥青混凝土的抗渗性与孔隙率有很大关系，孔隙率越小，

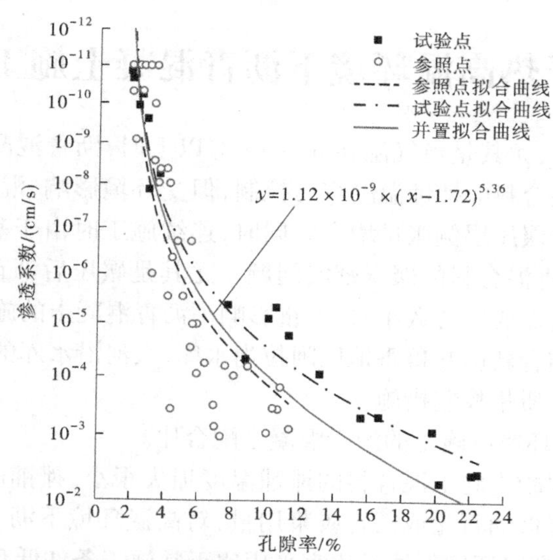

图5-12 并置拟合后沥青混凝土孔隙率与渗透系数的关系曲线

渗透系数也越小,沥青混凝土的渗透系数与孔隙率呈幂函数的关系。孔隙率在2%~4%区间内,试验点基本吻合;孔隙率大于4%后,试验数据和参照数据存在一定差异,试验点的数据较参照数据中的渗透系数总体高于统计数据。说明压力水头对于沥青混凝土的渗透系数存在一定影响,孔隙率较小时这种影响较低,孔隙率较大时则较高,这一表现说明了沥青混凝土的压密效应;沥青混凝土在不同水头作用下渗透系数存在差异,随着作用水头的升高而减小。拟合曲线中当孔隙率在3%时,对应渗透系数值在10^{-8} cm/s处,沥青混凝土基本是不透水的,施工中也以3%为孔隙率的控制指标,证实了孔隙率3%这一控制指标是可靠的,保证了沥青混凝土心墙的质量安全。

现场和室内试验结果均表明,沥青混凝土碾压过程中会出现"松塔效应",基层沥青混凝土温度提高后,上层沥青混合料碾压将进一步增大沥青混凝土的侧胀变形。现场基层温度为110 ℃时,心墙最大侧胀量可达40%,平均侧胀量接近20%,在此基层温度下进行上层沥青混合料的碾压将造成沥青混凝土用量增大。从沥青混凝土的压实效果来看,基层温度在100 ℃以下,可以保证上层沥青混合料的压实,且结合面的力学性能和防渗性都是有保证的。将基层沥青混凝土温度控制在100 ℃以下,可有效加快高温环境下的心墙施工速度,减少两层沥青混凝土施工中的等待时间。结合大河沿水库在高温季节心墙施工的现场温度监测资料,基层沥青混凝土温度由90 ℃提高至100 ℃后,施工等待时间可减少2 h左右,有效加快了施工进度。

应该说明的是,上述适当提高基层沥青混凝土温度只是解决高温环境下心墙施工的一个方法。为更好地解决高温环境下沥青混凝土心墙的连续施工问题,还应考虑其他施工措施,如在沥青混凝土拌和物上考虑适当降低出机口温度、延长摊铺碾压段长度、降低初碾温度等措施。降温措施上也可考虑心墙及过渡料填筑高程略高于坝壳料填筑高程的方法,利用风吹降温是有效的方法之一,这样既可保证沥青混凝土的施工质量,又在一定程度上减少了施工等待时间,加快了心墙施工进度。

5.4 干热高温环境下沥青混凝土施工技术

在夏季高温环境下，尤其是当气温在35~40 ℃以上时，沥青混凝土施工也是很困难的。高温气候下沥青混合料的摊铺温度容易控制，但受环境影响，混合料降温缓慢，碾压中容易出现沥青混凝土碾压层侧胀量增大。同时，连续施工时由于基层沥青混凝土温度过高，而影响上一层沥青混合料的碾压密实问题。尤其是碾压后沥青混凝土温度要下降至规范规定的90 ℃时，需要等待数小时，严重影响了沥青混凝土的施工连续性，给施工质量控制带来了困难。结合新疆吐鲁番地区阿拉沟水库、大河沿水库的施工，总结了高温环境下沥青混凝土的施工质量控制措施。

(1)选择适合高温环境下施工的沥青混凝土配合比。

高温环境下沥青混凝土施工混合料的摊铺温度损失很小，摊铺碾压段沥青混合料温度离散性不大。适当降低油石比或沥青胶浆用量，对高温环境下沥青混合料的施工是有利的。根据工程经验，高温环境下油石比宜采用比正常施工条件低0.3%左右。

(2)适当降低骨料加热温度和沥青混合料的出机口温度。

高温环境下沥青混凝土在拌和时出机口温度宜取规范要求的较低值，最高不宜超过160 ℃。沥青混合料的出机口温度取决于骨料的加热温度，此环境下骨料最高加热温度不宜超过180 ℃。适当降低沥青混合料出机口温度的目的在于缩短高温环境下的碾压施工的等待时间。

(3)适当延长摊铺碾压段长度，降低初碾温度。

高温环境下，可适当延长混合料摊铺碾压段长度在50 m以上，阿拉沟水库在环境温度35 ℃左右时，沥青混合料温度每小时平均下降5~6 ℃，沥青混合料出模后可以有足够的时间排气，初碾温度宜控制在130~140 ℃。在保证能够压实的前提下，初碾温度越低，碾压完成后上一层沥青混合料摊铺等待时间就越短，基本可保证沥青混凝土的连续施工。

(4)可适当提高结合面温度限制值，保证连续摊铺碾压施工。

高温气候下碾压后沥青混凝土温度下降是比较缓慢的，若以沥青混凝土终碾温度120~130 ℃，环境气温30~35 ℃进行估算，沥青心墙温度降至规范要求的温度90 ℃，至少需要5~6 h，将会影响心墙施工的连续性，造成设备和人员闲置。室内和现场试验均表明，如果将下层沥青混凝土温度上限值提高到100 ℃，可以保证上层沥青混合料碾压密实，且沥青心墙侧胀变形增加量小。这样沥青混凝土心墙每层施工的间隔时间可以有效缩短2 h以上，提高了施工速度，减少了资源闲置。

(5)适当减小摊铺厚度，做到连续摊铺碾压施工。

夜间环境温度相对较低，要保证照明可以进行夜间施工，沥青混合料摊铺后散热相对较快，碾压后的沥青混凝土降温也加快。同时，适当减小摊铺厚度，可有效加快施工进度。新疆石门水电站实现了夏季沥青混凝土心墙每日连续铺筑3层的施工强度，每层铺筑厚度25 cm，进行芯样检测孔隙率和渗透系数均满足规范要求。

(6)采取碾压后沥青混凝土快速散热的降温措施。

为加快碾压后沥青混凝土的降温速度，除控制沥青混合料温度取低限值外，施工中还可以采取一些降温措施。新疆五一水库工程夏季施工中采用了过渡料洒水降低心墙温度的方法,沥青心墙降温是沥青混凝土与大气温度、过渡料温度的交换,利用过渡料中冷水降温是比较科学的。阿拉沟水库夏季施工中采用心墙和过渡料施工高程高出两侧坝壳料3~5 m,充分利用自然风降温的办法。施工过程中不得将冷却水直接喷洒到沥青心墙表面降温,否则会影响沥青混凝土的层间结合。

5.5 大风环境下沥青混合料的散热规律

大风环境条件给碾压式沥青混凝土心墙的施工带来较大困难,也会影响施工质量。进一步研究大风环境下心墙沥青混凝土施工防风技术,保证沥青混凝土心墙连续碾压施工具有重要的工程应用价值,可以降低消耗,增加有效施工天数,使工程提前完工并发挥经济效益和社会效益。为了定量研究风速对沥青混合料温度影响的变化规律,探明其对沥青混合料的影响方式,进行室内试验模拟不同风速下沥青混合料摊铺后碾压前的散热情况;考虑工程现场气象条件复杂多变,待环境风速相对稳定时,定性观测现场不同风级下沥青混合料的散热情况,并与室内模拟结果对比分析。

5.5.1 室内试验

5.5.1.1 原材料与配合比

试验选用的沥青为中国石油克拉玛依石化公司生产的70(A级)道路石油沥青;粗骨料为人工破碎的天然砾石骨料,分为9.5~19 mm、4.75~9.5 mm、2.36~4.75 mm三种粒级;细骨料为砾石骨料破碎筛分后得到粒径为0.075~2.36 mm的人工砂,填料为小于0.075 mm的石灰粉。实验室对矿料采取二次人工筛分的方法,进一步观察骨料中各级含量的变化情况,严格控制各级配超逊径、针片状和含泥量等技术指标,减少以上情况对试验造成的误差。试验原材料按《水工沥青混凝土试验规程》(DL/T 5362—2018)对沥青的针入度、延度、软化点和填料的表观密度、亲水系数、含水率、粒径小于0.075 mm含量进行检测,各项技术指标检测结果满足规范要求。各项技术指标实测值见表5-14、表5-15。

表5-14 沥青技术性能指标

项目	针入度/mm	延度1/cm	延度2/cm	软化点/℃
规范要求	6~8	≥100	≥25	≥46
实测值	7.4	110.5	68.2	49.2

过渡料作为坝壳料与心墙之间的连接,起到保护心墙的作用。根据《土工试验规程》(SL 237—1999),骨料最大粒径应为试样直径的1/5~1/3。本试验中,过渡料试模的最小直径为50 mm,过渡料最大粒径定为10 mm。过渡料级配曲线如图5-13所示,骨料级配偏细,5~10 mm粒组占22.48%,5 mm以下的粒组占77.52%。

表 5-15　填料技术性能指标

材料名称	表观密度/(g/cm^3)	亲水系数	含水率/%	粒径<0.075 mm 含量/%
石灰石粉	2.7	0.55	0.1	100
规范要求	≥2.5	≤1.0	≤0.5	>85

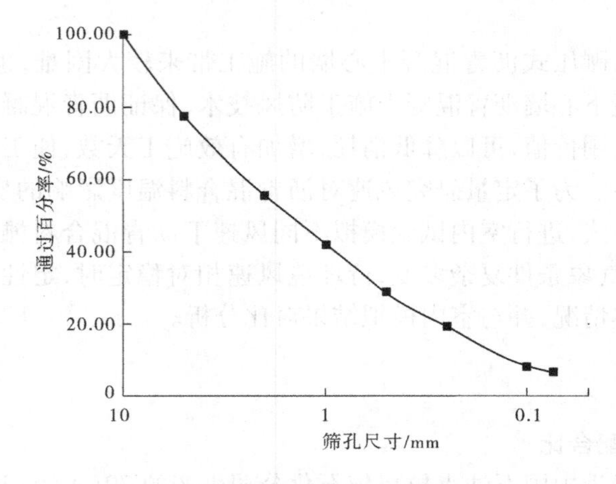

图 5-13　过渡料级配曲线

为确定过渡料的压实标准，根据《土工试验规程》(SL 237—1999)粗颗粒相对密度试验，采用上述级配，得到骨料的相对密度如表 5-16 所示。过渡料填筑的设计标准为相对密度 D_r≥0.85，本试验填筑指标采用相对密度的下限值 0.85 控制。过渡料含水率控制在 4.4%。

表 5-16　砂砾料相对密度试验结果

项目	最小干密度 ρ_{dmin}/(g/cm^3)	最大干密度 ρ_{dmax}/(g/cm^3)	天然干密度 ρ_{d0}/(g/cm^3)	相对密度 D_r
过渡料	1.73	2.23	2.14	0.85

根据沥青混凝土心墙的防渗性能和综合性能的要求，大河沿沥青混凝土心墙选择两种配合比作为各种性能试验的推荐配合比，见表 5-17。这两种配合比的沥青混凝土均能满足心墙沥青混凝土对孔隙率的要求，同时具有较高的强度和较好的变形性能。沥青混凝土 DHY-7 号(油石比 6.9%)的综合性能，特别是变形性能优于沥青混凝土 DHY-3 号(油石比 6.6%)。因此，建议选用沥青混凝土 DHY-7 号(油石比 6.9%)作为试验配合比。试验配合比设计参数矿料级配指数为 0.39，填料用料为 13%，沥青用量为 6.9%。

表 5-17　推荐配合比(级配指数 0.39)

项目	各项材料用量的比例(质量百分数)/%					
材料种类	9.5~19 mm	4.75~9.5 mm	2.36~4.75 mm	0.075~2.36 mm	<0.075 mm	沥青
DHY-3 配合比/%	24	18	13	33	12	6.6
DHY-7 配合比/%	23	18	14	32	13	6.9

5.5.1.2　试样制备

取模具内部空间尺寸为 250 mm×250 mm×250 mm 的钢模,四周及底面分别铺设过渡料,过渡料采用同一压实标准填入钢模周围压实,压实标准由上述密度控制。内部预留 150 mm×150 mm×150 mm 空间,具体模型见图 5-14。

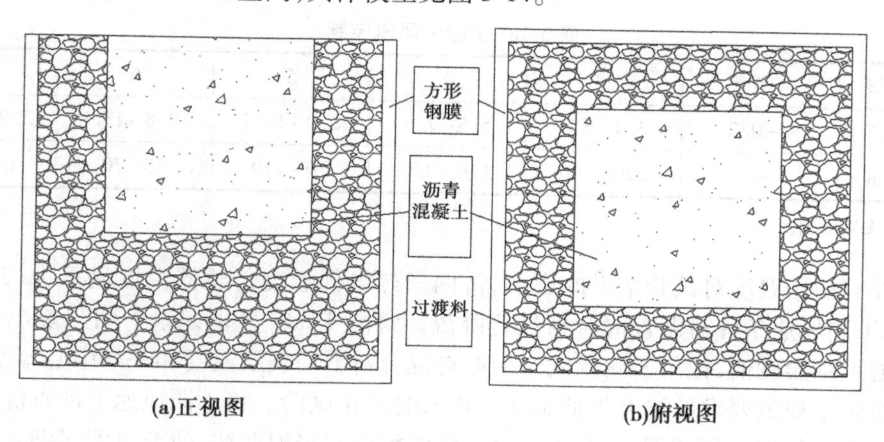

图 5-14　试验模型

将拌和而成的沥青混合料倒入试模中,沥青混合料入仓后不按标准击实功击实,仅将沥青混合料表面填平或稍微抹平,使沥青混合料顶面尽量避免存在麻面、裂缝等缺陷。沥青混合料表面平整后,取两只热电偶温度传感器分别将探头插入沥青混合料表面以下 10 mm 处和表面以下 75 mm 处,热电偶温度传感器布置位置示意图以及实际温度测量图分别见图 5-15 和图 5-16。

5.5.1.3　试验方法

为研究大风气候条件下沥青混合料摊铺后碾压前的散热情况,通过型号为 SFG4-2 的低噪声轴流通风机,设置风力为 0 级、3 级、4 级、5 级、6 级、7 级的 6 组风力条件。通过调整通风装置出风口距模具位置设置不同的风力条件,由模具正上方中心处的 TA8165 风速测定仪记录作业时的风速,经过多次实测数据整理得各组试验条件见表 5-18。其中,风力 0 级为通风装置不作业时沥青混合料的正常散热情况。本次试验由实际情况选定各风级风速为 0 m/s、4.4 m/s、6.4 m/s、9.1 m/s、12.1 m/s、14.9 m/s。

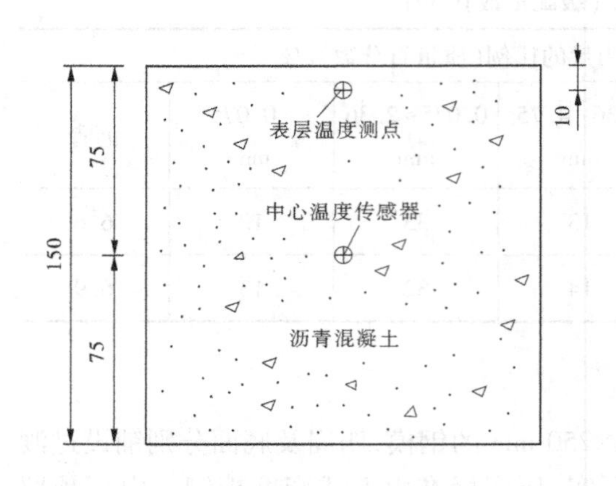

图 5-15　温度传感器布置

图 5-16　实际温度测量

表 5-18　风力-风速控制

风力等级	0	3	4	5	6	7
风速/(m/s)	0~0.2	3.4~5.4	5.5~7.9	8.0~10.7	10.8~13.8	13.9~17.1
距离/cm	—	220~360	110~220	70~110	35~70	0~35

注:室内无风情况。

为控制初始温度对试验结果的影响,待两只热电偶温度传感器温度显示为(160±1)℃后,以不同风速条件对沥青混合料进行降温。每隔 1 min 分别记录下两只热电偶温度传感器的平均温度值,记录所测温度作为沥青混合料平均表层温度和平均中心温度,表层温度降至施工规范要求的终碾最低温度 110 ℃时停止试验。将不同风速下沥青混合料散热试验的所得数据进行整理,绘制不同风速沥青混合料降温曲线,研究风速对沥青混凝土温度影响的变化规律。

注意事项:试验过程中观测环境温度和风速是否有明显变化,若变化明显较大,则会对试验结果造成较大误差,应立即停止试验,排除不利条件或等待环境条件稳定后再进行试验。各组试验初始条件及环境温度见表 5-19。

表 5-19　各组试验初始条件及环境温度

各组试验风速/(m/s)	0	4.4	6.4	9.1	12.1	14.9
环境温度/℃	21±1	21±1	22±1	23±1	21±1	22±1
表层初始温度/℃	160.4	160.7	160.2	160.8	159.8	159.9
中心初始温度/℃	160.2	160.6	160.7	160.9	159.8	160.4

5.5.1.4　试验结果与分析

对风速为 0 m/s、4.4 m/s、6.4 m/s、9.1 m/s、12.1 m/s、14.9 m/s 的沥青混合料降温情况,通过热电偶温度传感器实时数据监测,记录各风速下沥青混合料降温情况的实时监测数据,取表层温度接近施工规范初碾温度下限值 130 ℃时和表层温度达到终碾最低温度 110 ℃时的特征情况，记录数据见表 5-20。

表 5-20　不同风速沥青混合料室内降温特征数据

风速/(m/s)	0	4.4	6.4	9.1	12.1	14.9
初始表层温度/℃	160.4	160.7	160.2	160.8	159.8	159.9
中心初始温度/℃	160.2	160.6	160.7	160.9	159.8	160.4
历时/min	19	14	12	11	10	9
初碾表层温度下限值/℃	130.6	130.9	132	131.8	131.7	132.5
相应中心温度/℃	136.1	137.1	140.9	142.7	144.1	145.8
历时/min	42.4	21.5	19.7	17.7	16.7	15.6
终碾表层温度下限值/℃	110	110	110	110	110	110
相应中心温度/℃	118.1	119.4	122.7	125.2	126.7	127.8

结果表明：风速越大，沥青混合料表层温度降至施工规范初碾温度下限值 130 ℃附近所需时间越短，与无风自然降温情况下历时 19 min 对比，随着试验风速的增大，历时分别缩短了 5 min、7 min、8 min、9 min、10 min；沥青混合料表层温度达到终碾最低温度 110 ℃的时间也随风速增大而减小，无风自然降温情况下历时 42.4 min，随着试验风速的增大，表层由初始温度降至 110 ℃历时分别缩短了 20.9 min、22.7 min、24.7 min、25.7 min、26.8 min；沥青混合料的表层和中心温差随着降温过程总是增大，表层由初始温度降至初碾最低温度 130 ℃附近时，风速由小到大，沥青混合料表层和中心温差为 5.5 ℃、6.2 ℃、8.9 ℃、10.9 ℃、12.4 ℃、13.3 ℃，当表层温度降至 110 ℃时差异进一步增大，此时沥青混合料表层和中心温差为 8.1 ℃、9.4 ℃、12.7 ℃、15.2 ℃、16.7 ℃、17.8 ℃。

由数据显示，沥青混合料室内试验时，无风条件沥青混合料入仓后进行初碾的时间最迟不能超过 19 min，且需在入仓后 42.4 min 内完成终碾；4.4 m/s 风速降温条件沥青混合料入仓后进行初碾的时间最迟不能超过 14 min，且需在入仓后 21.5 min 内完成终碾；6.4 m/s 风速降温条件沥青混合料入仓后进行初碾的时间最迟不能超过 12 min，且需在入仓后 19.7 min 内完成终碾；9.1 m/s 风速降温条件沥青混合料入仓后进行初碾的时间最迟不能超过 11 min，且需在入仓后 17.7 min 内完成终碾；12.1 m/s 风速降温条件沥青混合料入仓后进行初碾的时间最迟不能超过 10 min，且需在入仓后 16.7 min 内完成终碾；14.9 m/s 风速降温条件沥青混合料入仓后进行初碾的时间最迟不能超过 9 min，且需在入仓后 15.6 min 内完成终碾。如遇机械故障等原因超过以上要求时间，只能进行废料处理，否则沥青混合料表层易形成硬壳(见图 5-17)，影响沥青混凝土当前层压

图 5-17　沥青混合料表层硬壳

实质量，且不利于与下一层的结合。

为清晰明了地反映沥青混合料在风速作用下的降温过程，绘制有风时沥青混合料表层和中心的降温曲线，如图 5-18 和图 5-19 所示。由图可知：不同风速沥青混合料表层降温总体上差异明显，风速越大，表层温度降至终碾最低温度所用时间越短，表层温度达到终碾最低温度时，表层温度与中心温度的差值越大。相同时间内，各风速沥青混合料中心温降情况总体上差异较小。这是因为风的表面降温作用强，风速的增大使沥青混合料表层温度散失加快，且风速越大，流通的低温冷空气流入量越多，可带走的热量越多，影响了沥青混合料入仓后的温度均匀性。沥青混合料是经人工选配具有一定级配组成的矿料与一定比例的水工沥青，在一定条件下拌制而成的混合料，其各组成成分均不善于传导热，作为热的不良导体，内部之间的热传递缓慢。

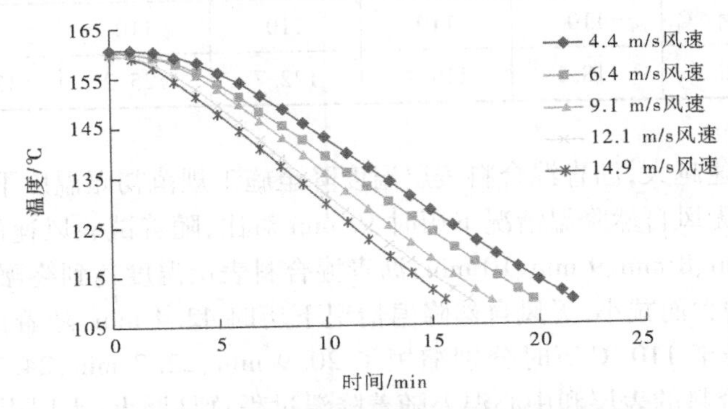

图 5-18　不同风速沥青混合料表层降温曲线

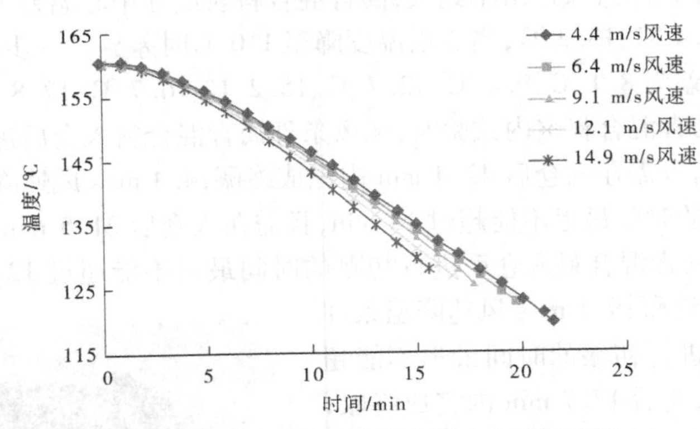

图 5-19　不同风速沥青混合料中心降温曲线

为阐明风速对沥青混合料的影响方式，进一步研究沥青混合料降温过程中单位时间内温差情况，由上述降温曲线绘制不同风速沥青混合料表层温差曲线和不同风速沥青混合料中心温差曲线，如图 5-20 和图 5-21 所示。

由图 5-20 可知，不同风速沥青混合料表层温差曲线基本呈抛物线趋势，前期温差增长显著，达到峰值后呈缓慢降低趋势，温差曲线高度拟合为三次多项式。不同风速沥青混合料表层温差变化明显，并且风速越大，温差曲线峰值越大，达到峰值所需时间越短。说明单位时间内表层温差变化较为敏感，风对沥青混合料的降温作用于表面。随着时间的

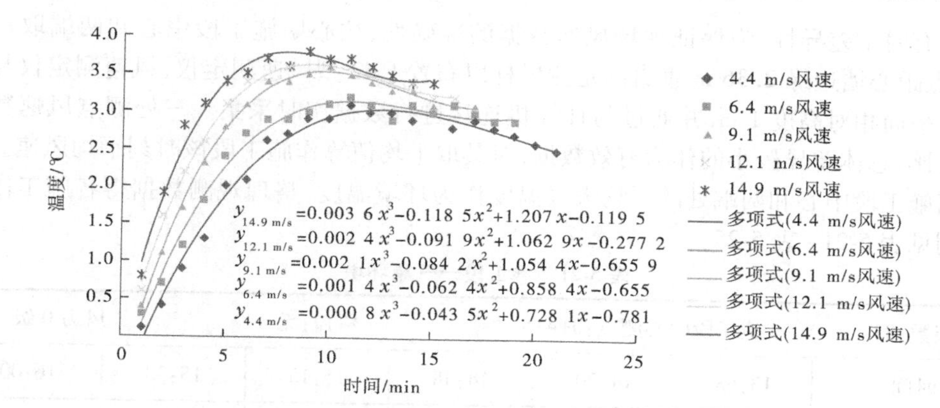

图 5-20　不同风速沥青混合料表层温差曲线

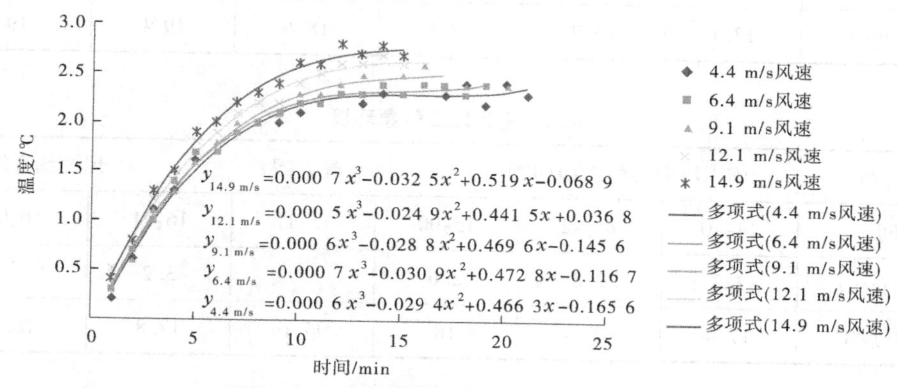

图 5-21　不同风速沥青混合料中心温差曲线

增长,表层温差增长梯度逐渐变小,且温差达到峰值后有所下降。这是由于沥青混合料表层和中心热传递,以及表层空气接触面的热交换共同作用引起的。表层温差达到峰值前,表层和空气热交换产生的温差一直比中心向自身内部周围热传递产生的温差大,从表层温差达到峰值时刻开始,表层和空气热交换产生的温差趋于稳定,而中心向自身内部周围热传递产生的温差仍保持短期增长后才趋于稳定,两者的共同作用导致表层温差出现峰值后下降的结果。

由图 5-21 可知,不同风级沥青混合料中心温差曲线基本呈抛物线趋势,前期温差增长显著,达到峰值后趋于平滑,温差曲线高度拟合为三次多项式。随着风级的增大,前期沥青混合料中心温差差异较小,随后逐渐出现较明显差异。这是由于前期沥青混合料中心温差变化主要受沥青混合料和过渡料热交换影响,两者热交换量稳定,受风力影响小。随表层和空气热交换逐渐进行,风力的提升提高了表层温度下降速率,使表层温度和中心温度的差值增大,使沥青混合料内部自身热传递效果得到改善。

5.5.2　现场试验

5.5.2.1　风速测定与温度测量

现场试验选择了 5 个心墙施工段,观测现场风速下沥青混合料的散热情况。考虑自然风具有时空差异性，为保证现场风速数据的准确性，按心墙施工段中心和两端取三个点，每点距心墙边缘 2.36 m 垂直固定测风杆以布置 EN2 型风速测定仪，风速测定仪与心墙施工平面相对高度 1 m，并通过与计算机连接进行数据实时采集。三处测点风速数据同步对比，总体差异较小的作为有效数据，对其取平均值算作施工段该时刻平均风速。且取心墙施工段中心和两端处的平均大气温度作为环境温度，整理观测数据得各施工段环境分别见表 5-21～表 5-25。

表 5-21　施工段一气象环境

层数:83	施工段中心测点:0+415		覆盖:无		风力 0 级
时间	13:58	14:20	14:48	15:15	15:38	16:00
风速/(m/s)	0	0	0.2	0	0.1	0
环境温度/℃	17.1	16.7	17.5	18.6	19.1	19

表 5-22　施工段二气象环境

层数:75	施工段中心测点:0+400		覆盖:无		风力约 2 级
时间	14:20	14:42	15:00	15:17	16:41	16:02
风速/(m/s)	3.3	2.8	2.6	3	3.2	5.2
环境温度/℃	17.4	17.6	18	17.6	17.8	18.2

表 5-23　施工段三气象环境

层数:62	施工段中心测点:0+340		覆盖:无		风力约 4 级
时间	13:45	13:05	13:22	14:40	15:04	15:20
风速/(m/s)	6.7	7.8	8.4	7.1	7.7	6.4
环境温度/℃	12.7	12.6	12.7	13.8	13.8	14.2

表 5-24　施工段四气象环境

层数:71	施工段中心测点:0+418		覆盖:帆布		风力约 4 级
时间	12:35	13:15	13:52	14:30	15:14	15:48
风速/(m/s)	7	7.8	7.4	6.7	7.7	9.4
环境温度/℃	12.7	12.6	12.7	13.8	13.8	14.2

表 5-25　施工段五气象环境

层数:56	施工段中心测点:0+265		覆盖:帆布+棉被		风力约 6 级	
时间	20:40	21:37	22:42	23:30	0:14	0:56
风速/(m/s)	10.9	12.7	11.6	13.3	14.2	13.4
环境温度/℃	10.7	10.8	10.3	9.4	9.2	9.1

考虑心墙施工段单次铺筑距离较远、耗时较长,导致沥青混合料整体温度不均匀,为方便试验计算,在施工段中心心墙表面以下 50 mm 处埋设耐高温的热电阻温度传感器,每 5 min 进行一次温度测量并记录,以此温度作为本次试验的心墙沥青混合料实时温度。

5.5.2.2　测试结果与分析

由实测数据绘制现场风速下沥青混合料降温曲线,见图 5-22。由图可知,现场心墙沥青混合料入仓后无覆盖形式下,沥青混合料降至终碾最低温度 110 ℃左右所需时间随风力等级的增大而减小,这一结果和室内研究规律一致。风力 0 级时沥青混合料降至终碾最低温度 110 ℃左右历时 122 min,与风力 0 级的情况相比,风力 2 级时历时减少了 20 min,风力 4 级时历时减少了 27 min。由增设心墙保温措施的试验结果可以看出,现场风力 4 级时,无覆盖形式下沥青混合料温度降至终碾最低温度 110 ℃左右需 95 min,沥青混合料摊铺后覆盖一层帆布后降温时间增长至 193 min,比无覆盖的降温时间延长了 98 min。说明:心墙覆盖帆布可延缓沥青混合料散热,有利于沥青混凝土心墙温度控制。随着风力增大到 6 级,心墙覆盖一层帆布和棉被后,沥青混合料降至终碾最低温度 110 ℃左右所需时间为 256 min,与风力 4 级仅覆盖一层帆布时相比,历时延长了 63 min。表明:尽管风力条件更差,但心墙摊铺后覆盖一层帆布再覆盖棉被比仅覆盖帆布的温控效果好。大风气候条件下现场施工时,若心墙施工区风力能控制在 4 级以下,则可延长沥青混凝土适宜摊铺和碾压的时间,且能保证沥青混合料在规范规定的碾压温度下连续施工。

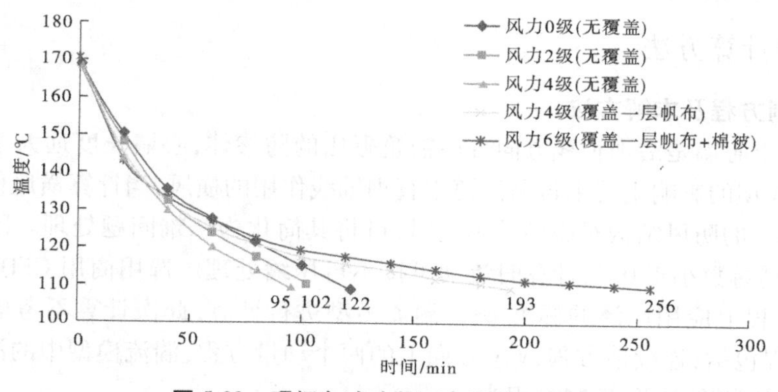

图 5-22　现场各试验段沥青混凝土降温曲线

将室内试验和现场试验中风力 0 级时的结果进行对比。得到现场沥青混合料降至终碾最低温度 110 ℃用时远大于室内情况,出现这种现象的原因是:室内的热沥青混合料试样体积小、热容量低，此时沥青混合料与过渡料的热交换对散热性的影响较明显，最终导致沥青混合料温度损失过快；热沥青混合料现场施工体积大，且心墙经层层铺筑后热容量高，经碾压后，表层封闭，内部孔隙减少，沥青混合料温度散失更不易。

5.6 大风环境下防风结构数值模拟

随着计算流体动力学（CFD）数值模拟技术的日益成熟，数值模拟技术的适用性越来越广阔，许多专家和学者不断考察其在风工程科研实践的可行性，证实了通过采用适合的数值模型和计算参数，可以模拟复杂结构的实际风场分布情况。因此，此技术已成为考察风工程的一种简便、高效的途径。

全尺寸的大坝防风试验存在着成本高、周期长等问题，进行系统的现场试验难度较大，而数值模拟技术具有成本低、耗时短、参数调节简便等优势。大坝风场数值模拟简化为二维问题处理，进行大气边界层中的定常绕流计算。因此，基于 CFD 技术的商用软件，首先以坝体防风结构建立数学模型，确定控制方程、求解方法、边界条件和网格划分等。其次，通过分析探讨风场计算域合理设置问题，确定大坝风场数值模型。最后结合现场防风试验结果对大坝风场数值模型进行验证。本节开展大坝风场数值模拟相关技术的研究工作，为大坝风场数值计算提供实际应用的参考。

5.6.1 防风结构简介

碾压式沥青混凝土心墙坝在大风气候条件下填筑时，为降低心墙施工区风速，使风力等级达到规范中的施工要求，提出了坝体与心墙填筑高差的防风技术。沥青混凝土心墙坝施工时利用坝体自身填筑，使坝壳料铺筑高度和心墙铺筑高度产生高差，心墙在凹槽内施工，两侧填筑的坝壳料形成类似的“土堤式挡风墙”（简称为防风结构）。其中，防风结构高差即坝壳料与心墙填筑高程的差值，设置距离即防风结构背风侧坡脚距心墙中心的距离。大坝防风结构填筑如图 5-23 所示。

5.6.2 数值计算方法

5.6.2.1 控制方程及求解方法

沥青混凝土心墙是沿坝轴线方向分层铺筑碾压的防渗体，心墙长度远大于其横向尺寸，且风场对大坝的影响主要来自顺河道垂直坝轴线作用的横风，当计算横风作用下坝体与心墙填筑高差的防风结构对心墙的影响时，可将其简化为二维问题处理。因横风风速小于 70 m/s，马赫数小于 0.3，计算时流动可按不可压缩处理。选用商用 CFD 软件 FLUENT 提供的工程上应用广泛的标准 $k-\varepsilon$ 湍流模型进行计算，此次计算不考虑热量的交换，则控制方程包括：连续性方程，x、y 方向上的两个动量方程，湍流模型中的湍流动能方程和湍流动能耗散率方程，控制方程为：

$$\frac{\partial\rho}{\partial t}+\frac{\partial(\rho u)}{\partial x}+\frac{\partial(\rho v)}{\partial y}=0 \tag{5-5}$$

$$\begin{aligned}\frac{\partial(\rho u)}{\partial t}+\nabla(\rho u v)&=-\frac{\partial p}{\partial x}+\frac{\partial \tau_{xx}}{\partial x}+\frac{\partial \tau_{yx}}{\partial y}+F_x\\\frac{\partial(\rho v)}{\partial t}+\nabla(\rho v u)&=-\frac{\partial p}{\partial y}+\frac{\partial \tau_{xy}}{\partial x}+\frac{\partial \tau_{yy}}{\partial y}+F_y\end{aligned} \tag{5-6}$$

$$\begin{aligned}\frac{\partial(\rho k)}{\partial t}+\frac{\partial(\rho k u_i)}{\partial x_i}&=\frac{\partial}{\partial x_j}\left[\left(\mu+\frac{\mu_i}{\sigma_k}\right)\frac{\partial k}{\partial x_j}\right]+G_k-\rho\varepsilon\\\frac{\partial(\rho \varepsilon)}{\partial t}+\frac{\partial(\rho \varepsilon u_i)}{\partial x_i}&=\frac{\partial}{\partial x_j}\left[\left(\mu+\frac{\mu_t}{\sigma_\varepsilon}\right)\frac{\partial \varepsilon}{\partial x_j}\right]+\frac{C_{1\varepsilon}\varepsilon}{k}G_k-C_{2\varepsilon}\rho\frac{\varepsilon^2}{k}\end{aligned} \tag{5-7}$$

式中:ρ 为流体密度,kg/m^3;t 为时间,s;u、v 为速度矢量的分量,m/s;x、y 为坐标分量;p 为微元上的压力,Pa;τ_{xx}、τ_{xy}、τ_{yy} 为微元表面上的切应力分量;F_x、F_y 为微元的体力分量,N;μ 为分子黏度系数;μ_t 为湍动黏度系数,$\mu_t=\rho C_\mu k^2/\varepsilon$,$C_\mu=0.09$;$\sigma_k$、$\sigma_\varepsilon$ 为与湍动能 k 和耗散率 ε 对应的 Prandtl 数,其中 $\sigma_k=1.0$,$\sigma_\varepsilon=1.3$;G_k 为平均速度梯度引起的湍动能,J;$C_{1\varepsilon}$、$C_{2\varepsilon}$ 为经验常数,其中 $C_{1\varepsilon}=1.44$,$C_{2\varepsilon}=1.92$。

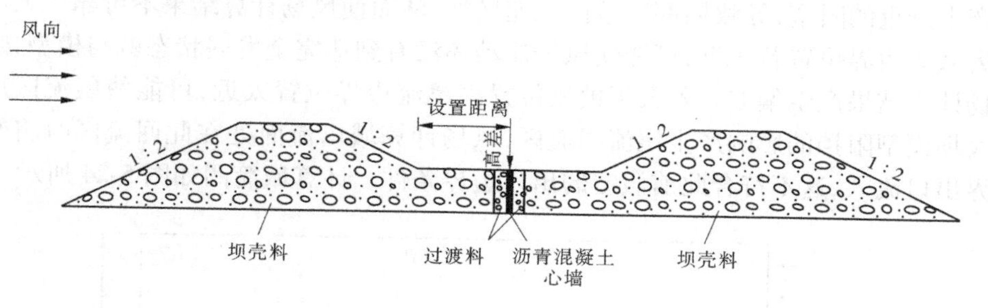

(a)结构填筑简图

(b)工程现场应用

图5-23　大坝防风结构填筑

计算方法采用有限体积法,将计算区域划分为网格,使每个网格点周围有一个不重复的控制单元,在每一个控制单元内积分待求解的控制方程,对得出的离散方程用 SIMPLE 算法对压力和速度耦合,用一阶迎风格式差分,逐个、顺序地求解代数方程组中的各未知量。

5.6.2.2 边界条件及网格划分

计算区域的边界条件如下，入口设置为速度进口，在 x 方向按均匀来流，y 方向速度都为零。出口设定为压力出口，静压为零。坝体表面及地面均采用无滑移边界条件，壁面粗糙高度为0，粗糙度为0.5。顶部设为对称边界，模拟自然状态下顶部气流自然流动的情况。

进行网格划分时，坝体结构较规则，为确保计算结果精度，采用四边形网格单元、结构化网格。本书注重心墙施工区计算结果，因此坝体心墙区域附近采用较密的网格，两侧的网格按比例稀疏。

5.6.3 计算域设置

大坝风场计算中，计算域的边界应使其对风场计算结果的影响程度降到最低。因此，大坝风场的计算域边界应当设置离大坝模型足够远处，使得研究区域内的计算结果受边界影响可忽略不计。但是，大坝风场计算域的设置也不可过大，否则会使网格数量大大增加，从而影响风场计算的效率。除此之外，若风场流域高度过低，会使风场流域因大坝模型而产生严重的阻塞，导致局部区域内风速增加，从而使风场计算结果不可靠。大坝模型位置离来流边界位置若太近，可能使风场流动还没有到达完全发展状态就与模型接触，则使风场计算结果产生偏差。若大坝模型位置离尾流边界位置太近，可能使尾流区风场流动受大坝模型阻挡的影响产生尾流回流区，风场计算域出流面处在此回流区时将有流体从边界出口流入，这不符合此前假定的出口边界条件。计算域简图如图5-24所示。

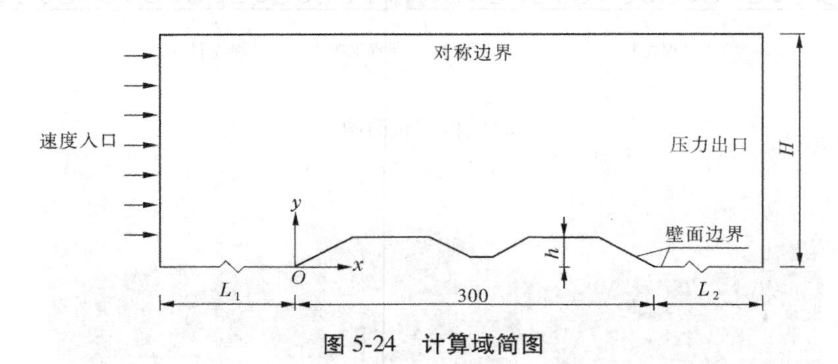

图5-24 计算域简图

通过选取一个较大的计算域，分析探讨风场计算域中流域高度 H、来流长度 L_1、尾流长度 L_2 随大坝填筑高度 h 的合理设置问题。

5.6.3.1 流域高度的确定

通过高度 z 处水平剖面上平均风压系数变化量来确定流域高度的设置。定义高度 z 处水平面上的平均分压系数变化量为：

$$\Delta C_P(z) = C_{P\max}(z) - C_{P\min}(z) \tag{5-8}$$

式中：$C_{P\max}(z)$、$C_{P\min}(z)$ 分别为高度 z 处水平面上的最大平均分压系数和最小平均分压系数，其差值大小代表此高度水平剖面的风压分布的均匀情况。可用来衡量计算域高度位置对大坝模型表面平均风压分布的影响，值越大，说明对大坝模型周围风场的影响越大。相反，值越小，则影响越小，说明此高度已不在大坝周围的风场区域。

由大坝周围的风场区域与离地相对高度（z/h）关系曲线（见图5-25），可以看出，当离地高度到达5(z/h)时曲线下降趋势仍明显;当离地高度到达10(z/h)时曲线趋于平缓;当离地高度到达20(z/h)时,该高度处对应平面剖面上的平均风压系数变化量仅为0.028(小于0.03),认为大坝周围风场受流域高度的影响范围为20h。参考前人研究,可认为大坝模型对周围风场的影响高度应不小于20h,本次计算取流域高度为20h。

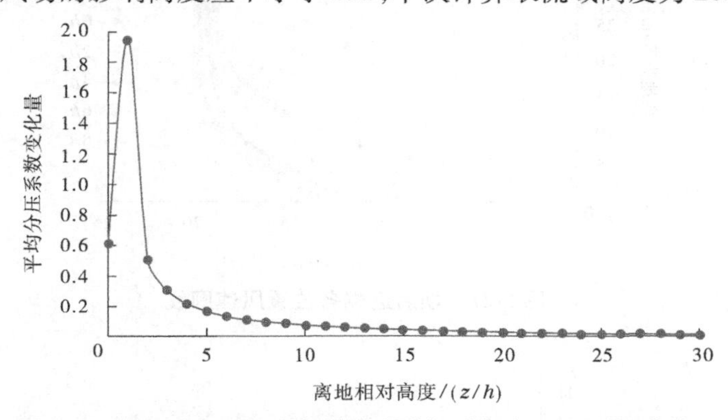

图5-25 平均分压系数变化量随离地相对高度(z/h)关系曲线

5.6.3.2 来流长度的确定

通过坝前水平方向相对静压分布情况来判断大坝模型周围风场受流域大小的影响范围,以此确定流域来流长度的设置。模拟出具有代表性的高度$z=0$和$z=h$处水平方向上相对静压分布,如图5-26所示。从图中可以看出,在来流长度0~10h范围内相对静压数值较大;10h以后慢慢趋近于零;当来流长度在14h时,高度$z=0$处相对静压为0 Pa,当来流长度在15h时,高度$z=h$处相对静压为0 Pa,可认为大坝模型对坝前流域影响范围为15h,再增大来流长度取值范围对坝前水平方向相对静压的影响几乎可忽略不计。因此,流域来流长度应不少于15h,本次计算取来流长度为15h。

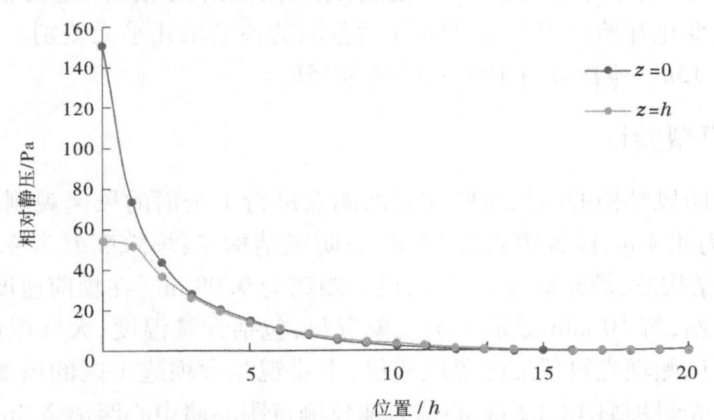

图5-26 高度$z=0$和$z=h$处水平方向上相对静压分布曲线

5.6.3.3 尾流长度的确定

通过坝后风速廓线变化情况来确定计算域尾流长度。在坝后背风侧$y=0$处纵剖面上,沿风场下游方向以大坝填筑高度h为单位选取了10个位置,在各个位置沿高度方向选取若干测点,以观测这些位置处各测点沿着流向的速度变化情况。图5-27和图5-28分别给出了坝后近端和坝后较远端各位置风速廓线的变化情况。

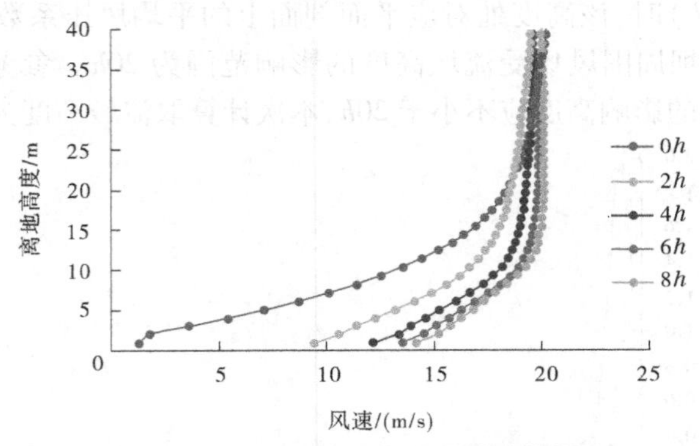

图 5-27　坝后近端各位置风速廓线

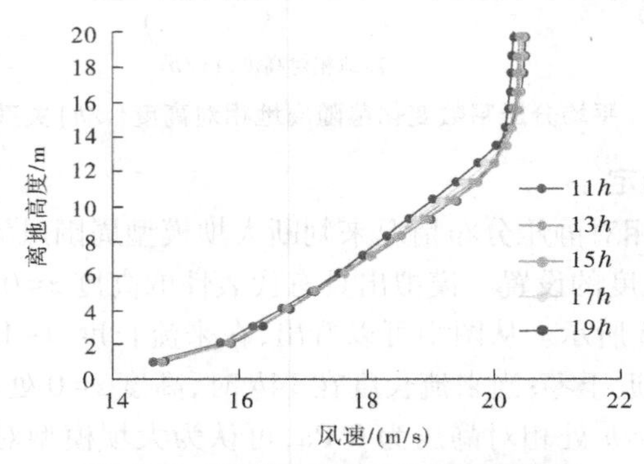

图 5-28　坝后较远端各位置风速廓线

图 5-27、图 5-28 中,尾流长度 0~8h 范围,地面附近沿流向的风速明显减少;11h~15h 范围内风速廓线变化开始趋于平缓;15h 往后范围的各结果几乎无差别。因此,计算域尾流长度应不小于 15h。本次计算取尾流长度为 15h。

5.6.4　数值模型验证

现场对三种防风结构的防风试验在局部测点进行了全面的风速观测。其中,防风结构一:填筑高差为 4.4 m,设置距离为 13.8 m;防风结构二:填筑高差为 4.4 m,设置距离为 9.08 m;防风结构三:填筑高差为 7 m,设置距离为 9.08 m。在坝前速度入口处固定位置装配自动气象站,每 10 min 记录一次气象资料,包括大气温度、大气湿度、风速及风向等。心墙处和迎风侧坝壳料顶部配置风速仪,主要观测大坝施工区的风场情况。坝壳料风速仪测点距坝壳料坝肩 18.82 m,心墙风速仪测点距心墙中心距离 2.36 m,测点布置如图 5-29 所示。

取上节风场计算域各边界的设定值和其余模型参数,以现场坝体填筑断面为模型做坝体流场的数值模拟计算。把速度入口处的气象站风速实测值代入数值模型进行计算,将现场试验结果和数值计算结果进行比较。统一变量,整理有效的数据资源后,试验结果分别见表 5-26~表 5-28。

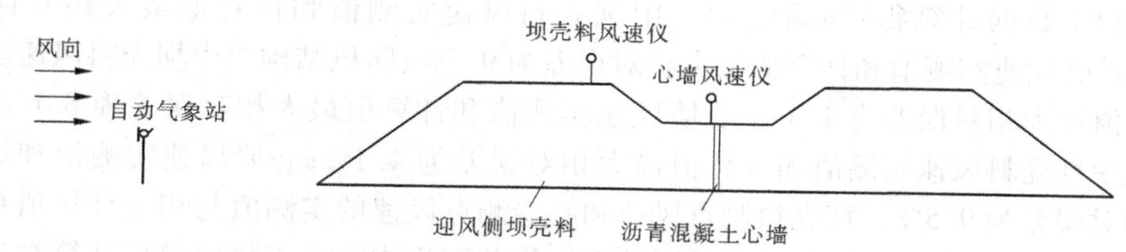

图5-29 现场防风试验测点布置简图

表5-26 防风结构一风速比较

单位:m/s

气象站风速	坝壳料风速实测值	坝壳料风速计算值	心墙风速实测值	心墙风速计算值
22.4	18.6	17.7	13.5	12.8
19.1	15.6	14.7	11.5	10.8
14.7	12.2	11.7	8.8	8.4
11.5	9.4	9.6	6.1	6.5
8.3	6.8	6.6	5.1	4.7
6.0	4.9	5.2	3.1	3.4

表5-27 防风结构二风速比较

单位:m/s

气象站风速	坝壳料风速实测值	坝壳料风速计算值	心墙风速实测值	心墙风速计算值
20.4	17.4	17.8	9.3	9.6
17.8	15.0	14.5	8.6	8.3
13.5	11.4	11.0	6.5	6.3
10.9	9.2	8.8	5.4	5.1
8.3	7.0	7.3	3.7	4.0
5.5	4.7	4.5	2.7	2.6

表5-28 防风结构三风速比较

单位:m/s

气象站风速	坝壳料风速实测值	坝壳料风速计算值	心墙风速实测值	心墙风速计算值
21.4	19.3	18.7	8.2	8.0
17.9	15.9	15.5	6.8	6.6
14.2	12.8	12.5	5.4	5.3
11.0	10.0	9.7	4.2	4.1
8.2	7.3	7.6	2.9	3.0
5.5	4.8	4.7	2.1	1.9

由以上数据计算得，防风结构一中坝壳料风速实测值和计算值最大相对误差为6.1%，心墙风速实测值和计算值最大相对误差为9.7%；防风结构二中坝壳料风速实测值和计算值最大相对误差为4.3%，心墙风速实测值和计算值最大相对误差为8.1%；防风结构三中坝壳料风速实测值和计算值最大相对误差为4.1%，心墙风速实测值和计算值最大相对误差为9.5%。坝壳料测点风速和心墙测点风速的实测值与相应计算值相对误差均小于10%，认为数值模拟计算的误差在容许范围之内。由于数值模拟计算结果和现场实测结果有较好的一致性，确认数值模型准确可靠。虽然三种形式下都起到了一定的防风作用，但风速较大时心墙施工区风速未削减到5.5 m/s（4级风力最小风速）以下。因此，需进一步对模型进行优化分析。

5.6.5 设置距离对防风效果的影响

5.6.5.1 模拟方案

坝体填筑时，考虑心墙施工区机械交叉作业对运行空间的需求，设置距离不宜太小，否则限制施工作业的开展。取流场入口风速为20.7 m/s，防风结构高差10 m时，对防风结构设置距离为5 m、10 m、15 m和20 m的工况进行模拟计算，分析防风结构不同设置距离对心墙施工区的防风效果。

5.6.5.2 结果及分析

图5-30给出了防风结构高差10 m时，设置距离为5 m、10 m、15 m、20 m的背风侧风速云图。

从图5-30中可以看出，随着设置距离的增大，背风侧上部风速衰减区（在防风结构高程以上部位的风速衰减区）三角形面积稳步增大，但背风侧下部风速衰减区（在防风结构高程以下部位的风速衰减区）梯形中底部蓝色的占比在减少。说明随着防风结构设置距离的增大，背风侧风速衰减区越大，但设置距离的增大不利于心墙近地表施工区风速衰减。

为进一步定量研究以上工况防风结构对背风侧近地表处的防风功效，以遮蔽效应系数作为防风作用的评价指标，直观地表示出背风侧近地表处风速削减情况。有效遮蔽效应系数作为防风有效的评价指标，直观地表示背风侧近地表处施工防风要求。

$$\text{遮蔽效应系数} = \frac{v_{\text{入口}} - v_{\text{测点}}}{v_{\text{入口}}} \tag{5-9}$$

$$\text{有效遮蔽效应系数} = \frac{v_{\text{入口}} - v_{\text{允许}}}{v_{\text{入口}}} \tag{5-10}$$

式中：$v_{\text{入口}}$为流场入口平均风速，m/s；$v_{\text{测点}}$为流场中任意测点处风速，m/s；$v_{\text{允许}}$为施工允许风速，m/s。取$v_{\text{允许}}=5.4$ m/s（3级风力风速上限），则有效遮蔽效应系数为0.74。

结合现场心墙摊铺的施工情况，取流场模型心墙施工区近地面水平方向1 m高处风速，计算相应的遮蔽效应系数，遮蔽效应系数越大，防风功效越好，若遮蔽效应系数大于有效遮蔽效应系数，则防风效果达到施工要求。现将20.7 m/s风速作用下，防风结构不同设置距离的背风侧遮蔽效应情况列入表5-29。

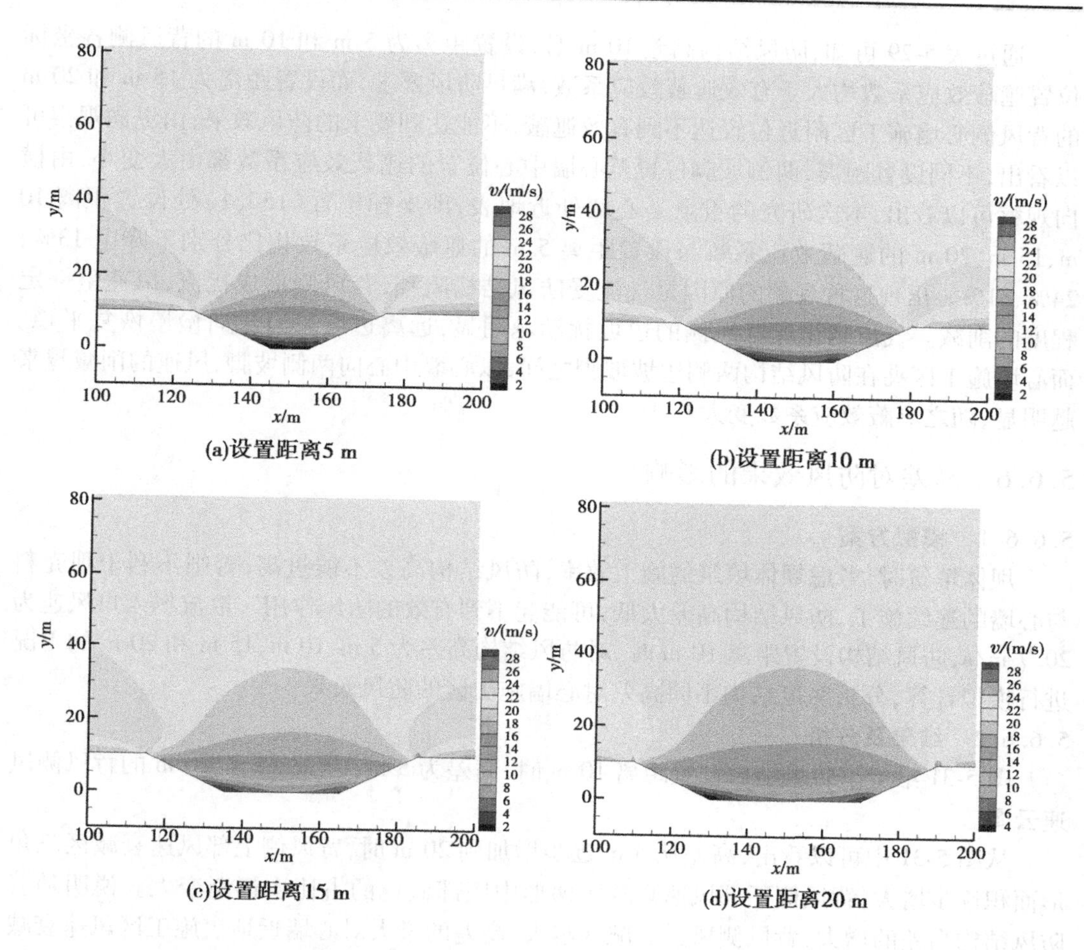

(a)设置距离5 m　(b)设置距离10 m　(c)设置距离15 m　(d)设置距离20 m

图 5-30　高差 10 m 时，设置距离为 5 m、10 m、15 m、20 m 的背风侧风速云图

表 5-29　不同设置距离的背风侧近地面遮蔽效应系数

坐标位置	设置距离 5 m	设置距离 10 m	设置距离 15 m	设置距离 20 m
(130,1)				0.83
(135,1)			0.85	0.73
(140,1)		0.88	0.74	0.66
(145,1)	0.92	0.81	0.70	0.62
(150,1)	0.89	0.77	0.68	0.61
(155,1)	0.90	0.78	0.68	0.61
(160,1)		0.82	0.71	0.62
(165,1)			0.78	0.66
(170,1)				0.75

通过表 5-29 可知，防风结构高差 10 m 时，设置距离为 5 m 和 10 m 的背风侧各坐标位置遮蔽效应系数均大于有效遮蔽效应系数，满足防风要求，而设置距离为 15 m 和 20 m 的背风侧心墙施工区附近位置达不到有效遮蔽，不能达到要求的防风效果；由纵向观察可以看出，不同设置距离，两侧坡脚位置至心墙中心位置的遮蔽效应系数都由大变小；由横向观察可以看出，本次研究的重点是心墙处近地表，即坐标位置(150,1)处设置距离 10 m、15 m、20 m 的遮蔽效应系数与设置距离 5 m 的遮蔽效应系数相比分别下降了 13%、24%、31%。出现这种现象的原因是气流受防风结构阻挡，背风侧形成扰流，风速呈一定程度的削减。气流越靠近背风侧的边坡扰动越明显，远离边坡后沿流向慢慢恢复平稳。而心墙施工区夹在防风结构两侧边坡坡脚之间，以心墙中心向两侧坡脚，风速的削减越来越明显，随之遮蔽效应系数变大。

5.6.6　高差对防风效果的影响

5.6.6.1　模拟方案

坝体填筑时，考虑坝体填筑的施工效率，防风结构高差不能过高，否则不利于坝壳料与心墙的连续施工，防风结构高差太低，可能起不到有效的防风作用。取流场入口风速为 20.7 m/s，防风结构设置距离 10 m 时，对防风结构高差为 5 m、10 m、15 m 和 20 m 的工况进行模拟计算，分析防风结构不同高差对心墙施工区的防风效果。

5.6.6.2　结果及分析

图 5-31 给出了防风结构设置距离 10 m 时，高差为 5 m、10 m、15 m、20 m 的背风侧风速云图。

从图 5-31 中可以看出，高差从 5 m 逐步增加到 20 m 时，背风侧上部风速衰减区三角形面积逐步增大，背风侧下部风速衰减区梯形中底部蓝色的占比也逐渐变大。说明随着防风结构高差的增大，背风侧风速衰减区越大，高差的增大对心墙近地表施工区风速衰减也有利。

取流场模型心墙施工区近地面水平方向 1 m 高处风速，计算相应的遮蔽效应系数。现将 20.7 m/s 风速作用下，防风结构不同高差的背风侧遮蔽效应情况列入表 5-30。

由表 5-30 可知，防风结构设置距离 10 m 时，仅有防风结构高差 5 m 的背风侧近地面水平方向 1 m 高处各位置均小于有效遮蔽效应系数，达不到有效的防风，其余三种高差的情况均能满足防风要求；设置位置一定时，防风结构高差从 5 m 到 15 m 时，相同坐标位置情况下随着防风结构高差增大遮蔽效应系数不断增大，说明防风效果越好；而高差达到 20 m 时的遮蔽效应系数相比高差 15 m 时的有些许变化，这是因为高差过高情况下，防风结构高差越高，边坡随之越长，防风结构迎风侧导流作用越强，背风侧尾涡区相应增大，尾涡区明显改变了周围气流的流动状态，流速分布的变化导致背风侧近地面遮蔽效应系数减小；剩余方面分析与前者相似，存在的差异主要在于高差 15 m 和高差 20 m 情况下防风结构背风侧出现了涡流，且高差 20 m 的涡流影响范围更大、效果更明显，流线图见图 5-32。

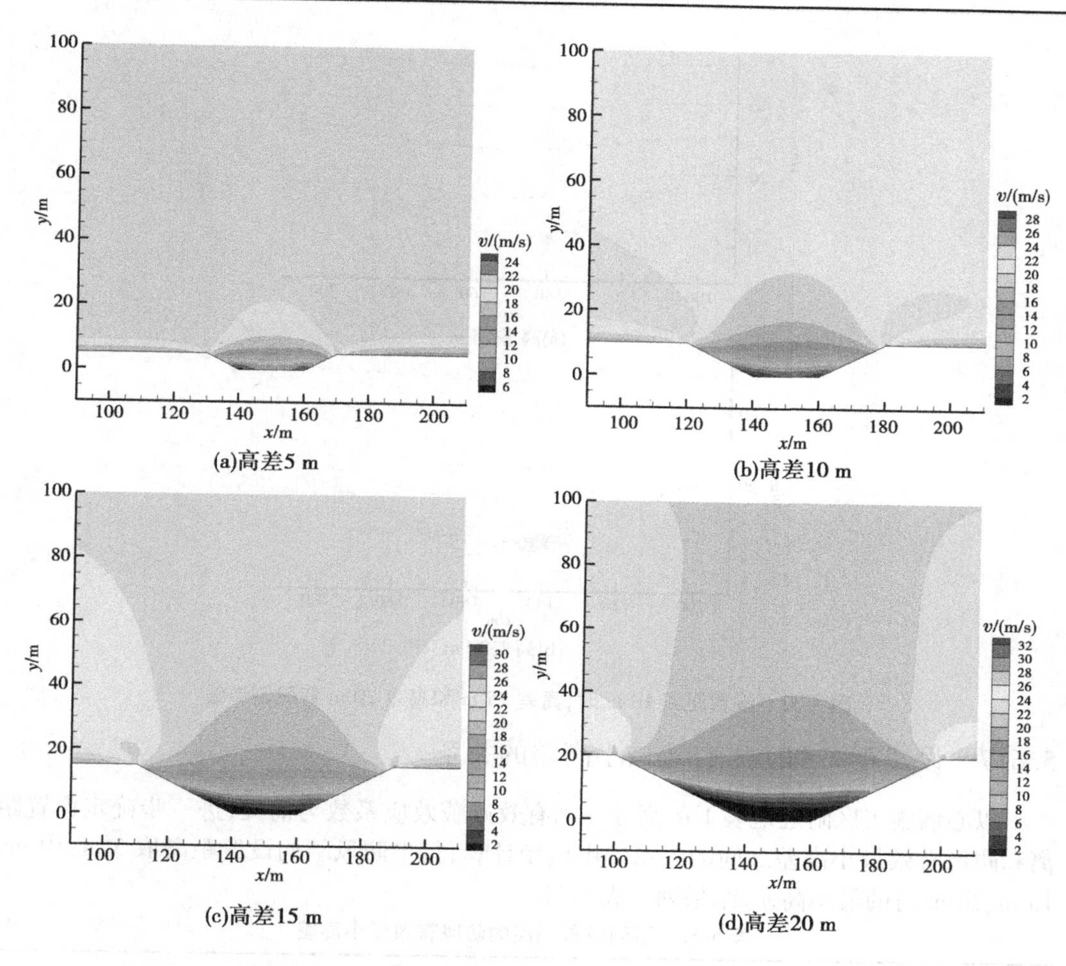

图5-31　设置距离10 m时,高差为5 m、10 m、15 m、20 m的背风侧风速云图

表5-30　不同高差的背风侧近地面遮蔽效应系数

坐标位置	高差5 m	高差10 m	高差15 m	高差20 m
(140,1)	0.68	0.88	0.94	0.90
(142.5,1)	0.63	0.85	0.95	0.90
(145,1)	0.58	0.81	0.96	0.91
(147.5,1)	0.56	0.79	0.96	0.92
(150,1)	0.55	0.77	0.95	0.94
(152.5,1)	0.56	0.77	0.94	0.95
(155,1)	0.57	0.78	0.93	0.95
(157.5,1)	0.61	0.80	0.93	0.95
(160,1)	0.66	0.82	0.94	0.95

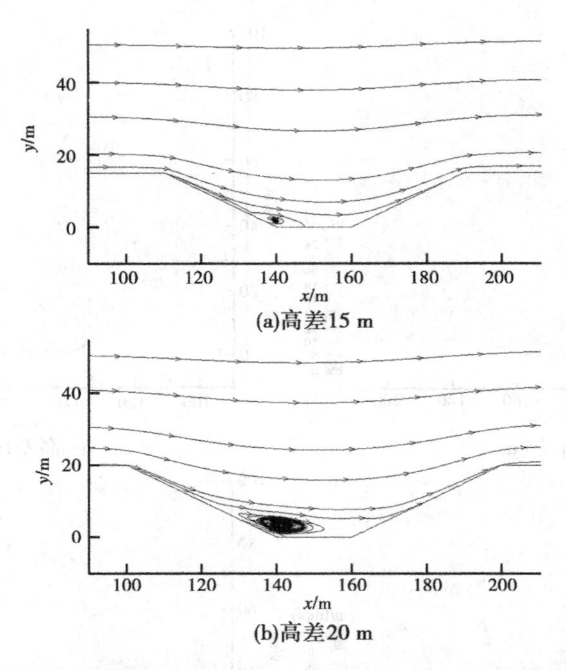

图 5-32　设置距离 10 m 时，高差 15 m 和高差 20 m 背风侧流线

5.6.7　设置距离和防风有效最小高差的关系

以心墙施工区附近地表 1 m 高处达到有效遮蔽效应系数为前提，进一步确定设置距离和防风有效最小高差之间的关系。由模型计算，得出防风结构设置距离取 5 m、10 m、15 m、20 m 时的最小高差，结果列于表 5-31。

表 5-31　不同设置距离的防风有效最小高差

防风结构形式				
设置距离/m	5	10	15	20
最小高差/m	6.4	9.2	11.7	14.3

对表 5-31 中防风结构设置距离和防风有效最小高差之间的关系进行拟合，得到拟合曲线及相应的函数关系见图 5-33。

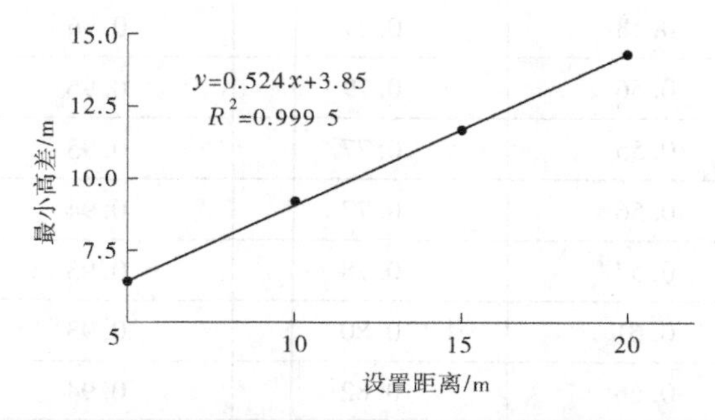

图 5-33　防风结构设置距离和防风有效最小高差的关系曲线

从图5-33中可以看出，防风结构高差和设置距离高度拟合为线性关系，拟合方程为$y=0.524x+3.85$，式中x为设置距离，y为最小高差。由此拟合函数可插值取得设置距离在5~20 m范围内相对应的防风有效最小高差。为满足施工机械运行空间的要求，建议施工时将防风结构设置距离为10 m，此时高差控制在9.2 m即可满足8级风力防风需要。

5.6.8　不同风级、风速下防风结构的数值模拟

5.6.8.1　模拟方案

取防风结构设置距离和高差均为10 m，进行不同风级、风速防风结构的数值模拟，分析不同风级、风速下防风结构心墙施工区的防风效果。此时，入口风速V_x按不同风级最不利工况进行计算，风级和风速关系见表5-32。

表5-32　风力等级

风力等级	名称	风速范围/(m/s)
0	无风	0~0.2
1	软风	0.3~1.5
2	轻风	1.6~3.3
3	微风	3.4~5.4
4	和风	5.5~7.9
5	强劲风	8~10.7
6	强风	10.8~13.8
7	疾风	13.9~17.1
8	大风	17.2~20.7
9	烈风	20.8~24.4
10	狂风	24.5~28.4
11	暴风	28.5~32.6
12	台风或飓风	32.7~36.9

由表5-32知，4级风力最大风速$V_x=7.9$ m/s，5级风力最大风速$V_x=10.7$ m/s，6级风力最大风速$V_x=13.8$ m/s，7级风力最大风速$V_x=17.1$ m/s，8级风力最大风速$V_x=20.7$ m/s，9级风力最大风速$V_x=24.4$ m/s，10级风力最大风速$V_x=28.4$ m/s。

5.6.8.2　结果及分析

图5-34给出了防风结构设置距离10 m、高差10 m时，不同风级背风侧风速云图。从图中可以看出，风力4级时背风侧下部风速衰减区显示有1 m/s的风速等值线，风力5~9级时背风侧下部风速衰减区显示最小风速等值线为2 m/s，风力10级时背风侧下部风速衰减区显示最小风速等值线仅有风速为4 m/s的等值线。并且随着风力的增大，背风侧下部风速衰减区各风速等值线所包围面积逐步减小。说明风级、风速越大，心墙施工区越不易满足施工防风要求。

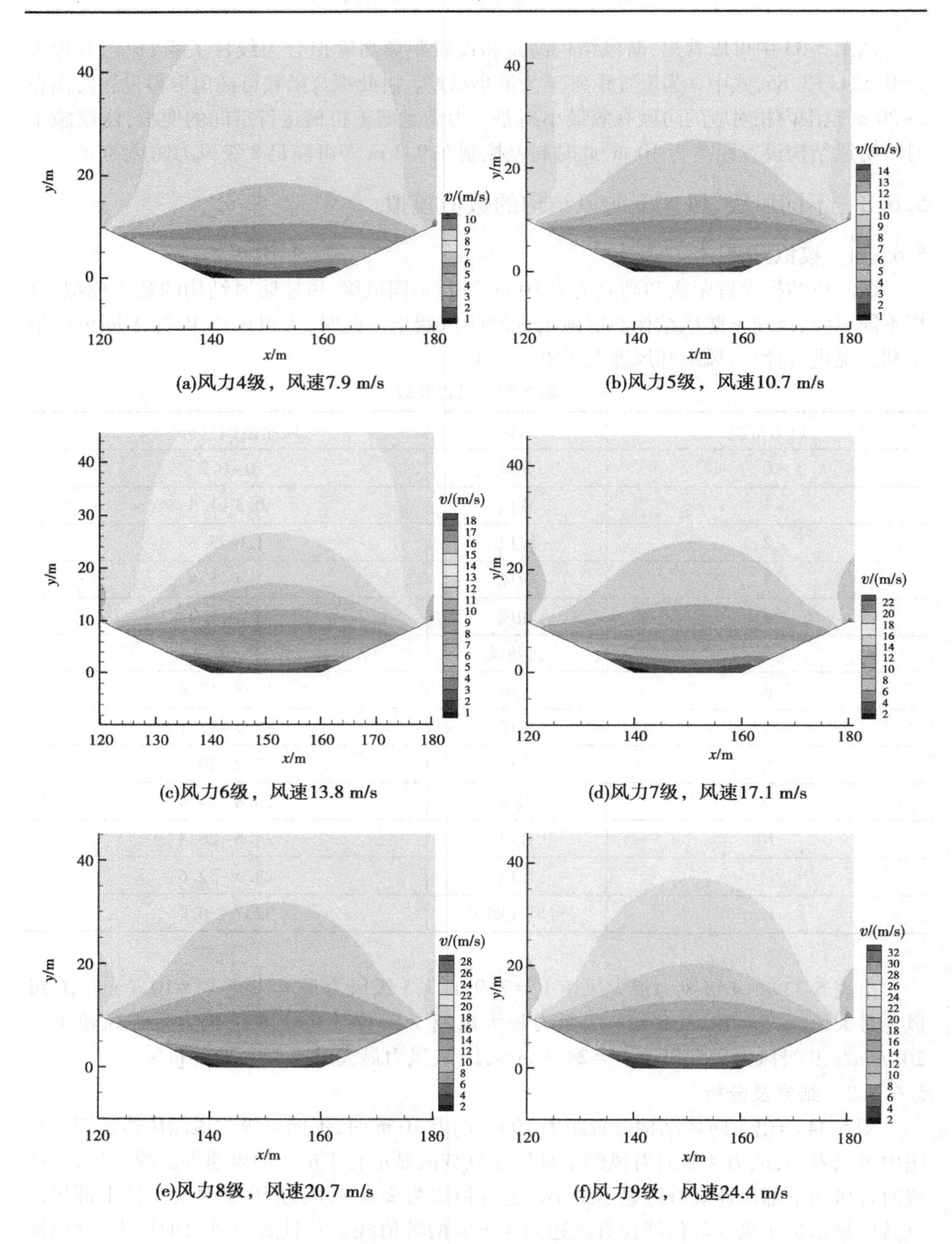

图 5-34　风力 4~10 级背风侧风速云图

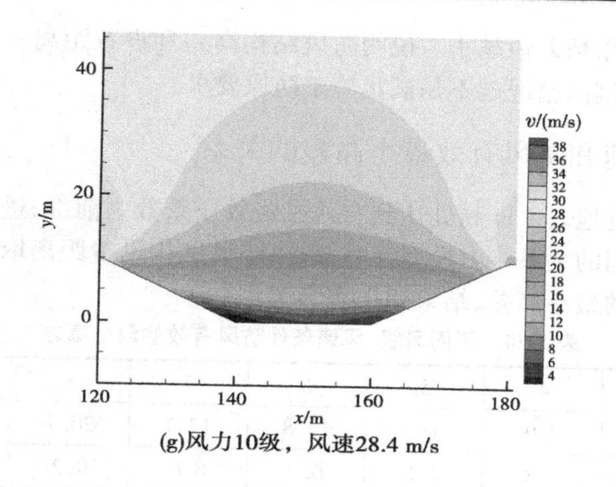

(g)风力10级，风速28.4 m/s

续图 5-34

取流场模型心墙施工区近地面水平方向 1 m 高处风速，计算相应的遮蔽效应系数。现将风力 4~10 级最不利工况下，防风结构背风侧近地面遮蔽效应情况列入表 5-33。

表 5-33 不同风级最不利工况的背风侧近地面遮蔽效应系数

坐标位置	4 级风力	5 级风力	6 级风力	7 级风力	8 级风力	9 级风力	10 级风力
(140,1)	0.90	0.89	0.89	0.89	0.88	0.88	0.88
(142.5,1)	0.87	0.86	0.87	0.86	0.85	0.85	0.85
(145,1)	0.84	0.82	0.83	0.83	0.81	0.81	0.81
(147.5,1)	0.81	0.80	0.81	0.80	0.79	0.79	0.79
(150,1)	0.79	0.78	0.79	0.78	0.77	0.77	0.77
(152.5,1)	0.79	0.78	0.79	0.78	0.77	0.77	0.77
(155,1)	0.80	0.79	0.79	0.79	0.78	0.78	0.77
(157.5,1)	0.82	0.80	0.81	0.81	0.80	0.79	0.79
(160,1)	0.84	0.83	0.84	0.83	0.82	0.82	0.82

但此时需要注意的是，有效遮蔽效应系数是反映背风侧近地面处达到施工要求所需的防风效果，不同风级、风速下的有效遮蔽效应系数不相同。4 级风力(V_x=7.9 m/s)时，有效遮蔽效应系数为 0.32；5 级风力(V_x=10.7 m/s)时，有效遮蔽效应系数为 0.5；6 级风力(V_x=13.8 m/s)时，有效遮蔽效应系数为 0.61；7 级风力(V_x=17.1 m/s)时，有效遮蔽效应系数为 0.68；8 级风力(V_x=20.7 m/s)时，有效遮蔽效应系数为 0.74；9 级风力(V_x=24.4 m/s)时，有效遮蔽效应系数为 0.78；10 级风力(V_x=28.4 m/s)时，有效遮蔽效应系数为 0.81。

由表 5-33 可以看出，防风结构高差和设置距离都为 10 m 时，仅有风力等级为 9~10 级时不能达到要求的防风效果，而风力等级为 4~8 级的背风侧各坐标位置遮蔽效应系数均大于有效遮蔽效应系数，满足防风要求。随着风级、风速的增大，有效遮蔽系数取值越大,且其和遮蔽效应系数差值越小。说明防风结构高差和设置距离一定时,风级、风速越大,心墙施工区风速削减情况越不易满足施工防风要求。

5.6.9　风级、风速和防风有效最小高差的关系

以心墙施工区近地表 1 m 高处达到有效遮蔽效应系数为前提,进一步确定风级和防风有效最小高差之间的关系。由模型计算,得出防风结构设置距离取 10 m 时不同风级、风速条件防风有效的最小高差,结果列于表 5-34。

表 5-34　不同风级、风速条件防风有效的最小高差

风力	4	5	6	7	8	9	10
入口风速/(m/s)	7.9	10.7	13.8	17.1	20.7	24.4	28.4
防风有效最小高差/m	1.3	4.1	6.2	8.0	9.2	10.2	11.1

当表 5-34 中防风结构设置距离为 10 m 时,对风级和防风有效最小高差之间的关系进行拟合,得到的拟合曲线及相应的函数关系见图 5-35。从图中可以看出,风级和防风有效最小高差之间呈二次多项式关系,拟合方程为 $y=-0.1929x^2+4.2929x-12.671$,式中 x 为风级,y 为防风有效最小高差。由风级和风速对应关系,可拟合出风速和防风有效最小高差之间的关系,拟合曲线及相应的函数关系见图 5-36。从图中可以看出,风速和防风有效最小高差之间呈二次多项式关系,拟合方程为 $y=-0.0206x^2+1.2047x-6.669$,式中 x 为风速,y 为防风有效最小高差。此拟合函数可插值取得风速 7.9~28.4 m/s 相对应的防风有效最小高差范围在 1.3~11.1 m。

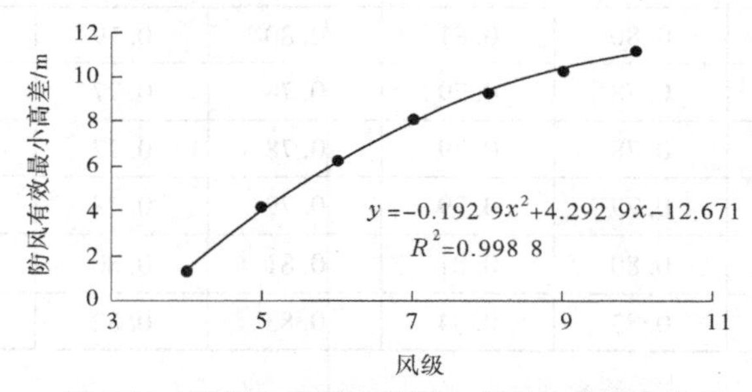

图 5-35　风级和防风有效最小高差的关系曲线

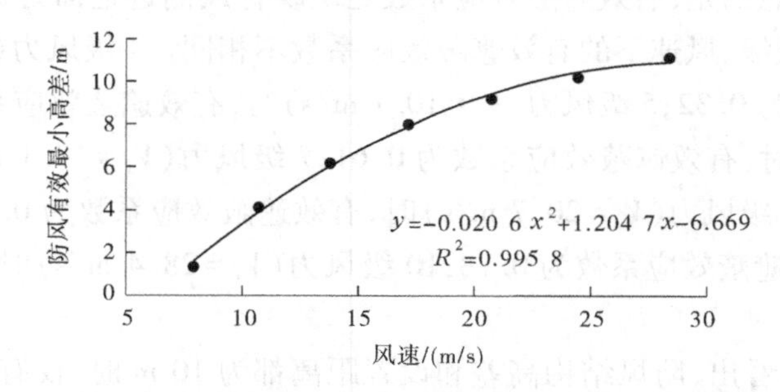

图 5-36　风速和防风有效最小高差的关系曲线

5.7 大风环境下沥青混凝土施工技术

针对上节提出的大风环境条件下对碾压式沥青混凝土心墙连续施工的影响,提出应对碾压式沥青混凝土心墙连续施工关键技术如下。

(1)利用坝体与心墙填筑高差的施工防风技术。

沥青混凝土心墙坝施工时利用坝体自身填筑,把上、下游坝壳料的铺筑高度超出心墙与过渡料,使坝壳料铺筑高度高于过渡料和心墙的铺筑高度,心墙施工断面形成凹槽。坝体与心墙产生填筑高差后,相当于在坝体两侧设置风场障碍物的“土堤式挡风墙”(称为防风结构),改变了背风侧槽内的风场状况。防风结构迎风侧与背风侧,风场发生较大改变,背风侧形成扰流。防风结构高差和设置距离的合理调整,可使心墙施工区近地表风速减小,达到施工规范中的防风要求。

(2)加强拌和系统计量设施维护。

定期检验拌和系统内计量设备的准确性,及时更换有问题的设施,确保计量系统的精度。同时,加强二次筛分后骨料的检测频次,及时了解骨料特别是矿粉含量变化情况,减小大风环境对原材料计量准确性的影响,并根据检测结果及时微调配合比,确保沥青混合料中矿粉含量的偏差在允许范围内。

(3)加强各施工环节的温度控制。

沥青混凝土心墙的施工方法为热施工,为减小各施工环节沥青混合料温度损失,需严格控制其拌和、入仓、碾压等温度。在大风气候环境下施工时,拌和系统的加热温度与沥青混合料的出机口、入仓、初碾、终碾温度均采用施工规范规定的上限值或适当提高最低下限值。拌和系统骨料加热温度可采用190 ℃,出机口温度采用185 ℃,沥青混合料摊铺温度采用150~175 ℃,初碾温度不宜低于140 ℃,终碾温度不宜低于120 ℃。此外,为随时掌握沥青混合料的温度变化情况,需加强对各施工阶段温度的检测频率。重点提高对摊铺、碾压温度的检测频率,可5 min检测一次。对于达到技术要求中140 ℃以下未能及时碾压和终碾后低于120 ℃的沥青混合料作为废料处理,避免沥青混合料碾压后密实度达不到设计要求。

(4)对沥青混合料储运和摊铺设备加设保温措施。

在大风环境下施工时,拌制好的沥青混合料要求采用带电加热板的保温罐储存,采用车斗四周及底板带保温板的自卸式运输车。运至坝上的沥青混合料由保温车卸入装载机的保温料斗中,再由装载机运至专用摊铺机的料斗中摊铺。在保温车、保温料斗和摊铺机的料斗上架设方便拆卸的可活动保温篷布。进行下一层混合料的铺筑时,需对心墙表层进行红外线加热处理,使结合层面温度达到规范要求,红外线加热设备底部四周增加挡风板,避免风力将热量带走而降低加热效果。

(5)控制摊铺机和振动碾行驶速度。

为增加施工效率,应严格控制摊铺机和振动碾作业时的行驶速度,可适当选取摊铺速度上限和碾压速度上限。规范规定:摊铺速度宜控制在1~3 m/min,碾压速度宜控制为20~30 m/min。大风环境下,可取摊铺速度为3 m/min、碾压速度为30 m/min。此外,为降低沥青混合料散热速度，摊铺后，先用碾压机械静压 2 遍，对表层进行压实和封闭，减少温度在沥青混合料内部孔隙、裂隙中的散失通道。

(6)控制施工段长度，过渡料下风侧备料。

在大风气候环境下施工时，沥青混合料在施工过程中的热量损失将随着作业区长度的延长而增加，为保证沥青混合料在规范规定的温度范围内施工，可缩短施工段长度，尽量随铺随碾，将每个施工段长度控制在 20~30 m 为宜。为保证心墙施工质量，过渡料备料前关注风向变化情况，在下风侧备料，防止强风吹起过渡料污染沥青混凝土。

(7)沥青混凝土心墙摊铺后覆盖防风帆布和保温棉被。

大风天气沥青混凝土心墙表层降温过快，沥青混合料几乎没有时间排气，碾压后内部气孔增多，导致孔隙率超标。表面易形成硬壳层，不仅影响碾压质量，还影响与下一层的结合。因此，强风环境下沥青混凝土心墙摊铺后覆盖防风帆布，上层再加棉被保温，整体上延缓了心墙温度的损失，增长了沥青混合料排气时间，且防止扬尘污染心墙，施工质量得到保证。

(8)加强施工组织管理。

在强风气候环境下，沥青混合料的热量损失随着作业时间的延长而增加。为此，施工中需加强施工组织管理，使各工序紧密无缝衔接，并保证拌和楼与施工现场的密切联系，做到及时拌和、及时运输、及时摊铺、及时碾压，尽量缩短每一阶段作业时间，减少沥青混合料在施工过程中的热损。

(9)加强施工质量控制。

沥青混凝土心墙是土石坝坝体防渗的关键性、隐蔽性工程，施工质量控制标准要求较高，是工程质量控制的重点。受强风天气等条件影响时，沥青混凝土心墙又不得不进行施工的情况，需采取相应保护措施，并加强施工全过程的质量控制。

第 6 章　沥青混凝土心墙坝质量控制

水利工程项目建设是一项复杂的系统工程，具有周期长、难度大、施工条件复杂、经济影响大等特点，其工程质量不仅关系到工程效益的发挥，而且直接影响人民群众生命财产的安危和国民经济的可持续、快速、健康发展。因此，在水利工程施工过程中，工程质量控制是确保工程按质量指标落实的重要手段。

6.1　原材料质量控制与检测

在水利工程的管理工作中，原材料质量控制与检测是保障工程质量的基础，可有效预防质量问题，提升水利工程的建设水平，延长工程结构的使用寿命。项目部所有采购的原材料，在产品进场前，必须有厂家提供的出厂合格证、质量保证书及使用说明书等，由物资部、质量部和试验室试验员在监理工程师旁站监督下由工地试验室取样检测、监理单位试验室抽检，或送第三方进行检测，经检测合格后方可进场使用。

6.1.1　原材料的质量控制

本工程主要原材料包括水泥、粉煤灰、外加剂、钢材、砂石骨料、沥青、铜止水、橡胶止水、闭孔板、土工布等。原材料进场后，首先进行外观检查及出厂合格证查验，并按照规范规定进行取样检验。工地现场的取样检验均按规范要求抽检频次抽检，重要部位不少于 1 组的原则对混凝土（砂浆）抗压强度进行抽样检验。对于关键部位、重点部位采用现场取样、加大取样频率、跟踪试验等方式进行检查。工程中所用的各原材料必须符合相关规程规范，本工程所涉及的原材料、中间产品等试验检测频次、试验方法、执行标准见表 6-1。

表 6-1　原材料检测项目及要求

试验、检测项目		检测频次	试验方法	执行标准
水泥	比表面积	进场材料按产地品种等级批号 200~400 t 取样 1 组，如不足 200 t 也取样 1 组	GB/T 8074—2008	符合 GB 175—2007 及设计文件、合同文件要求
	标准稠度用水量、凝结时间和安定性		GB/T 1346—2011	
	胶砂强度		GB/T 17671—1999	
	细度		GB/T 1345—2005	
	密度		GB/T 208—2014	
	烧失量		GB/T 176—2008	
	氯离子测定	开工时抽取代表性样品抽查 1 次（每批次材料报验以厂家检测报告为准）	JC/T 420—2006	
	氧化镁		GB/T 176—2008	
	三氧化硫			
	碱含量			

续表 6-1

试验、检测项目		检测频次	试验方法	执行标准
粉煤灰(F类)	细度	按产地品种等级批号200~400 t取样1组,不足200 t也取样1组	DL/T 5055—2007	符合DL/T 5055—2007及设计文件、合同文件要求
	含水量			
	需水量比			
	烧失量		GB/T 176—2008	
	三氧化硫	每5~7个批次检验1次	GB/T 176—2008	
	游离氧化钙			
钢筋	屈服强度	不同等级牌号≤60 t检验1次,不足60 t也检验1次	GB/T 228.1—2010 GJSYZYZD—2008 YB/T 081—2013	符合GB 1499.1—2008、GB 1499.2—2007及设计文件、合同文件要求
	抗拉强度			
	伸长率			
	冷弯		GB/T 232—2010	
水泥混凝土用粗骨料	含水率(拌和楼)	1次/4 h	SL 352—2006 DL/T 5151—2014	符合SL 677—2014及设计文件、合同文件要求
	超逊径(拌和楼)	1次/8 h		
	含泥量及泥块含量(拌和楼)	1次/8 h		
	针片状	同料源同规格每400 m^3抽检1次,有变化时随时抽检		
	中径筛余			
	颗粒级配			
	压碎指标值			
	表观密度			
	吸水率			
	有机质含量	同料源同规格每月抽检1~2次,有变化时随时抽检		
	坚固性			
	硫化物及硫酸盐含量			
	碱骨料反应	同料源时做1次,有变化时重做		
水泥混凝土用细骨料	含水率(拌和楼)	同料源时做1次,有变化时重做	SL 352—2006 DL/T 5151—2014	符合SL 677—2014及设计文件、合同文件要求
	含泥量及泥块含量	1次/4 h		
	石粉含量	成品骨料每工作班检测1次或600~1 200 t检测1次		
	细度模数			
	表观密度			
	云母含量			
	硫化物及硫酸盐含量	同料源每月抽检1~2次,有变化时随时抽检		
	有机质含量			
	坚固性			
	轻物质含量			

续表 6-1

试验、检测项目			检测频次	试验方法	执行标准
沥青混凝土用粗骨料	超逊径		每 100~200 m^3 检测 1 次,不足 100 m^3 也抽检 1 次	SL 514—2013 DL/T 5362—2018	符合 DL/T 5363—2016 及设计文件、合同文件要求
	颗粒级配				
	表观密度		每 1 000~1 500 m^3 检测 1 次,不足 1 000 m^3 也抽检 1 次		
	吸水率				
	针片状颗粒含量				
	坚固性				
	黏附性				
	含泥量				
沥青混凝土用细骨料	表观密度		每 1 000~1 500 m^3 检测 1 次,不足 1 000 m^3 也抽检 1 次	DL/T 5362—2018	符合 DL/T 5363—2016 及设计文件、合同文件要求
	吸水率				
	坚固性				
	黏土、尘土、炭块				
	水稳定等级				
	超径				
	石粉含量				
	含泥量				
	轻物质含量				
沥青混凝土用填料	密度		每 50~100 t 检测 1 次,不足 50 t 也抽检 1 次	DL/T 5362—2018	符合 DL/T 5363—2016 及设计文件、合同文件要求
	含水率				
	亲水系数				
	级配		每 10 t 检测 1 次,不足 10 t 也抽检 1 次		
沥青混凝土用沥青	针入度		每 10 t 检测 1 次,不足 10 t 也抽检 1 次	DL/T 5362—2018	符合 DL/T 5363—2016 附录 A 及设计文件、合同文件要求
	软化点				
	延度(15 ℃)				
	延度(4 ℃)				
	密度		同厂家、同标号沥青每批检测 1 次,取样 2~3 组,超过 1 000 t 增加 1 组		
	含蜡量				
	当量脆点				
	溶解度				
	闪点				
	薄膜烘箱	质量损失	同厂家、同标号每批检测 1 次,每 30~50 t 或一批不足 30 t 取样 1 组,若样品检测结果差值大,应增加检测组数		
		针入度比			
		延度(15 ℃)			
		延度(4 ℃)			
		软化点升高			

续表 6-1

试验、检测项目			检测频次	试验方法	执行标准
混凝土用外加剂		减水率	同厂家、同规格检测1次且不超过50 t。对于掺量0.01%的外加剂1~2 t检测1次	DL/T 5100—2014	符合DL/T 5144—2015和DL/T 5100—2014附录A及设计文件、合同文件要求
		含气量			
		泌水率比			
		凝结时间差			
		抗压强度比			
		对钢筋锈蚀作用		JC 475—1992	
水泥混凝土过程控制		计量器具	计量器具每季度不少于1次的检验校正,每工作班进行零点校验。1次/4 h	SL 632—2012 SL 677—2014 SL 352—2006	符合SL 632—2012、SL 677—2014及设计文件、合同文件要求
		拌和称量偏差			
		拌和时间			
		坍落度			
		拌和物温度、气温、原材料温度			
		含气量			
		外加剂溶液浓度	1次/天		
		抗压强度试件	同一强度等级混凝土抗压强度试件,大体积:28 d龄期500 m³成型1组,设计龄期1 000 m³成型1组;非大体积:28 d龄期100 m³成型1组,设计龄期200 m³成型1组。抗冻抗渗试件每季度在主要施工部位成型1~2组		
		抗渗试件			
		抗冻试件			
沥青混凝土原材料过程控制	沥青加热罐沥青	针入度	正常生产情况下,每天至少检测1次	DL/T 5362—2018	符合SL 514—2013及设计文件、合同文件要求
		软化点			
		延度			
		温度	随时监测	红外测温仪及插入式测温仪	按拌和温度确定
	加热仓粗细骨料	级配	计算施工配料单前应抽样检查,每天至少1次。连续烘干时应从热料仓抽样检查	DL/T 5362—2018	测定实际数值,计算施工配料单
		温度	在加热滚筒出口随时监测	红外测温仪及插入式测温仪	控制在比沥青加热温度高20 ℃内
	矿粉	细度	必要时检测	DL/T 5362—2018	计算施工配料单

续表 6-1

<table>
<tr><th colspan="3">试验、检测项目</th><th>检测频次</th><th>试验方法</th><th>执行标准</th></tr>
<tr><td rowspan="8">沥青混凝土原材料过程控制</td><td rowspan="8">沥青混合料</td><td>沥青用量</td><td rowspan="2">拌和楼出机口或铺筑现场正常生产情况下每天至少抽检1次</td><td rowspan="4">DL/T 5362—2018</td><td rowspan="2">符合 SL 514—2013 及设计文件、合同文件要求</td></tr>
<tr><td>矿料级配</td></tr>
<tr><td>马歇尔稳定度</td><td rowspan="2">拌和楼出机口或铺筑现场正常生产情况下每天至少检测1次</td><td rowspan="2">符合设计要求</td></tr>
<tr><td>流值</td></tr>
<tr><td>外观检查</td><td>混合料出机后,随时进行观察</td><td>眼睛观察</td><td>色泽均匀、稀稠一致、无花白料、无黄烟及其他异常情况</td></tr>
<tr><td>温度</td><td>随时监测</td><td>红外测温仪及插入式测温仪</td><td>按试拌试铺确定或根据沥青针入度选定</td></tr>
<tr><td>拌和称量误差</td><td>每工作班最少1次</td><td>观察配料记录</td><td>符合 SL 514—2013 及设计文件、合同文件要求</td></tr>
</table>

6.1.2　主要原材料试验检测结果及分析

本工程所有原材料均由项目部自行采购,使用混凝土由项目部拌和系统生产供应,现场试验室负责对混凝土和灌浆等方面相关原材料和中间产品的试验检测。

6.1.2.1　水泥

本工程所用的水泥为 P·O 42.5 一种强度等级。质量验收检测内容包括强度、细度、凝结时间、安定性、标准稠度用水量、比表面积,各项指标满足规范技术要求。从检测结果来看,水泥波动较小,品质较稳定,检测结果均符合国家标准要求,质量合格,满足工程施工需求。P·O 42.5 水泥质量检测结果统计见表 6-2。

表 6-2　P·O 42.5 水泥质量检测结果统计

水泥品种及等级	检测项目	统计值					合格率/%
		组数	控制指标	最大值	最小值	平均值	
P. O 42.5	比表面积/(m^2/kg)	61	≥300	410	350	374	100
	初凝/min		≥45	178	120	158	100
	终凝/min		≤600	234	170	202	100
	标准稠度/%		—	28.8	26.0	27.3	100
	安定性		沸煮法合格	合格	合格	合格	100
	3 d 抗折强度/MPa		≥4.0	7.0	4.9	5.9	100
	28 d 抗折强度/MPa		≥6.5	9.6	7.2	8.6	100
	3 d 抗压强度/MPa		≥22.0	29.0	23.3	27.5	100
	28 d 抗压强度/MPa		≥42.5	49.2	46.1	47.9	100
	细度		≤5.0	2.9	0.6	2.0	100

注:1. 如果水泥经压蒸安定性试验合格,则 MgO 含量可≤6.0%。

2. 筛余量为采用 80 μm 方孔筛的筛余量指标。

6.1.2.2　钢材

本工程所用的钢筋规格主要有Φ 8、Φ 12、Φ 16，主要用于上游混凝土护坡、下游护坡框格梁及坝顶工程等。主要检测项目为屈服强度、抗拉强度、伸长率、冷弯等。检测结果表明，各种规格型号的钢筋全都符合国家标准要求，质量合格，满足工程施工需求。检测情况见表 6-3～表 6-5。

表 6-3　Φ 8 钢筋力学性能检测结果统计

钢筋规格型号	检测项目	统计值				合格率/%
		组数	控制指标	实测值		
Φ 8	屈服强度/MPa	14	不小于 300	340	365	100
	抗拉强度/MPa		不小于 420	545	575	100
	断后伸长率/%		不小于 25.0	28.0	33.0	100
	正反向弯曲		无裂纹	无裂纹	无裂纹	合格
	内径偏差/mm		±0.3	7.8	8.0	100
	重量偏差/%		±6.0	−1.2		100

表 6-4　Φ 12 钢筋力学性能检测结果统计

钢筋规格型号	检测项目	统计值				合格率/%
		组数	控制指标	实测值		
Φ 12	屈服强度/MPa	3	≥400	445	460	100
	抗拉强度/MPa		≥540	590	620	100
	断后伸长率/%		—	24.0	30.0	100
	正反向弯曲		无裂纹	无裂纹	无裂纹	合格
	内径偏差/mm		±0.6	11.2	11.4	100
	重量偏差/%		±5.0	−2		100

表 6-5　Φ 16 钢筋力学性能检测结果统计

钢筋规格型号	检测项目	统计值				合格率/%
		组数	控制指标	实测值		
Φ 16	屈服强度/MPa	7	≥400	430	515	100
	抗拉强度/MPa		≥540	595	670	100
	断后伸长率/%		—	21.0	29.0	100
	正反向弯曲		无裂纹	无裂纹	无裂纹	合格
	内径偏差/mm		±0.6	15.2	15.4	100
	重量偏差/%		±5.0	−2		100

6.1.2.3　砂石骨料

水工混凝土用砂、石骨料及混凝土粗细骨料的质量标准应符合《水工混凝土规范》(DL/T 5144—2015)的品质要求。混凝土用天然砂石粗骨料由现场筛分系统生产。沥青混凝土用粗、细骨料在左岸矿山采石场采购石灰岩毛料，该料场岩性为石炭系下—中统博格达第二亚组(C_{1v}~C_2)所夹石灰岩透镜体，岩体较新鲜完整，力学强度较高，质量好，开采条件较好，采购毛料后在项目部自建筛分场破碎筛分。检测结果满足设计技术指标及规范要求。

1. 混凝土用砂、石骨料

检测结果均满足规范要求，检测情况见表6-6~表6-8。

表6-6　砂检测结果统计

生产厂家	规格品种	检测项目	统计值					
			控制指标	组数	最大值	最小值	平均值	合格率/%
项目部筛分场	中砂	表观密度/(kg/m³)	≥2 500	21	2 760	2 700	2 730	100
		堆积密度/(kg/m³)	≥1 350		1 715	1 695	1 710	100
		含泥量/%	≤5		1.3	0.4	0.9	100
		泥块含量/%	不允许		无	无	无	100
		云母含量/%	≤2		0.2	0.1	0.1	100
		吸水率/%	—		1.7	1.4	1.5	100
		有机质含量	不允许		无	无	无	100
		细度模数	2.4~2.8		3.0	2.7	2.8	100

表6-7　小石检测结果统计

生产厂家	规格品种	检测项目	统计值					
			控制指标	组数	最大值	最小值	平均值	合格率/%
项目部筛分场	5~20 mm	超径/%	<5	22	4.0	0	2.4	100
		逊径/%	<10		9.0	2.0	5.5	100
		针片状/%	≤15		9.0	0.7	5.0	100
		含泥量/%	≤1.0		1.1	0.3	0.7	100
		泥块含量/%	不允许		无	无	无	100
		堆积密度/(kg/m³)	—		1 600	1 600	1 600	100
		表观密度/(kg/m³)	≥2 550		2 730	2 670	2 710	100
		压碎指标	≤12		9.7	6.5	8.4	100
		吸水率/%	≤1.5		1.1	0.5	0.8	100

表 6-8 中石检测结果统计

生产厂家	规格品种	检测项目	统计值					
			控制指标	组数	最大值	最小值	平均值	合格率/%
项目部筛分场	20~40 mm	超径/%	<5	22	4.0	1.0	2.4	100
		逊径/%	<10		9.0	1.0	4.9	100
		针片状/%	≤15		11.0	0.6	4.4	100
		含泥量/%	≤1.0		0.8	0.2	0.5	100
		泥块含量/%	不允许		无	无	无	100
		堆积密度/(kg/m^3)	≥1 350		1 697	1 697	1 697	100
		表观密度/(kg/m^3)	≥2 550		2 720	2 670	2 690	100
		吸水率/%	≤2.5		0.9	0.4	0.7	100

2. 沥青混凝土用粗、细骨料

检测结果均满足规范要求，检测情况见表 6-9~表 6-11。

表 6-9 细骨料检测结果统计

生产厂家	规格品种	检测项目	统计值					
			控制指标	组数	最大值	最小值	平均值	合格率/%
项目部筛分场	4.75 mm 以下	表观密度/(g/cm^3)	≥2.55	20	2.73	2.70	2.72	100
		吸水率/%	≤2.0		1.40	0.90	1.18	100
		水稳定等级	≥6		9	9	9	100
		坚固性/%	≤15		1	1	1	100

表 6-10 粗骨料检测结果统计(4.75~9.5 mm)

生产厂家	规格品种	检测项目	统计值					
			控制指标	组数	最大值	最小值	平均值	合格率/%
项目部筛分场	4.75~9.5 mm	表观密度/(g/cm^3)	≥2.6	20	2.72	2.71	2.71	100
		吸水率/%	≤2.0		0.8	0.5	0.6	100
		含泥量/%	≤0.5		0.3	0.1	0.2	100
		针片状/%	≤25		1.9	1.5	1.7	100
		压碎值/%	≤30		12.6	12.6	12.6	100

表6-11　粗骨料检测结果统计(9.5~19 mm)

生产厂家	规格品种	检测项目	统计值					
			控制指标	组数	最大值	最小值	平均值	合格率/%
项目部筛分场	9.5~19 mm	表观密度/(g/cm³)	≥2.6	20	2.73	2.71	2.72	100
		吸水率/%	≤2.0		0.5	0.3	0.4	100
		含泥量/%	≤0.5		0.3	0.1	0.2	100
		针片状/%	≤25		2.6	2.3	2.5	100
		压碎值/%	≤30		12.2	11.6	11.9	100
		坚固性/%	≤12		1	1	1	100
		与沥青黏附性(级)	≥4		5	5	5	100

6.1.2.4　外加剂

水工混凝土常用的外加剂有高效减水剂、引气剂、普通减水剂、早强减水剂、缓凝减水剂、引气减水剂、缓凝高效减水剂、缓凝剂、速凝剂等。检验标准有《混凝土外加剂的分类、命名与定义》(GB/T 8075—87)、《混凝土外加剂应用技术规范》(GB 50119—2003)、《混凝土外加剂》(GB 8076—1997)、《混凝土外加剂与质量试验方法》(GB/T 8007—2000)、《水工混凝土外加剂技术规程》(DL/T 5100—1999)。

本工程根据混凝土的性能要求、施工需要,并结合工程选定的混凝土原材料进行适应性试验选择外加剂(减水剂、引气剂),从检测结果看,均符合规范及标准要求,无质量不合格产品,可以满足施工生产需求。

1. 减水剂

经检测,混凝土所用的减水剂检测结果均满足规范要求。检测情况见表6-12。

表6-12　减水剂质量检测结果统计

规格品种	检测项目		统计值					
			控制指标	组数	最大值	最小值	平均值	合格率/%
标准型	减水率/%		≥15	2	17	15.4	16.2	100
	泌水率比/%		≤70		52	50	51	100
	凝结时间差(初凝)/min		>+90		8	5	6.5	100
	凝结时间差(终凝)/min		>+90		15	12	13	100
	收缩率比/%	28 d	≤110		—	—	—	—
	含气量/%		≤6.0		2.5	1.6	2.1	100
	抗压强度比/%	3 d	≥130		143	137	140	100
		7 d	≥125		133	130	132	100
		28 d	≥120		130	128	129	100

2. 引气剂

混凝土所用的引气剂为 AE 型液体引气剂，检测结果均满足规范技术要求，检测情况见表 6-13。

表 6-13 引气剂质量检测结果统计

规格品种	检测项目	统计值						
		控制指标		组数	最大值	最小值	平均值	合格率/%
AE 型液体引气剂	减水率/%	≥6		0.5	7.7	7.0	7.4	100
	泌水率比/%	≤70			56	35	46	100
	凝结时间差(初凝)/min	-90~+120			46	45	46	100
	凝结时间差(终凝)/min	-90~+120			24	20	22	100
	含气量/%	≥3.0			5.0	4.8	4.9	100
	抗压强度比/%	3 d	≥95		120	115	118	100
		7 d	≥95		114	111	113	100
		28 d	≥90		102	99	101	100

6.1.2.5 **沥青**

沥青混凝土心墙用沥青均为克拉玛依 70 号 A 道路石油沥青，检测频率满足相关试验检测文件要求，检测结果均满足规范要求，检测情况见表 6-14。

表 6-14 沥青质量检测结果统计

生产厂家	检测项目		统计值					合格率/%
			组数	控制指标	最大值	最小值	平均值	
中石油克拉玛依石化有限责任公司	针入度(25 ℃,100 g,5 s)		112	60~80	76	75	70.7	100
	延度(5 cm/min、10 ℃)			≥100	169	123	140.6	100
	软化点(环球法)			≥45	50.5	48	49	100
	薄膜加热后	质量变化		≤±0.8	0	-0.1	-0.1	100
		残留针入度比(25 ℃)		≥57	77	68	73.3	100
		残留延度(10 ℃)		≥8	122	70	94.8	100

6.2 土石方开挖工程质量控制

6.2.1 水库大坝基础处理工程开挖控制

本工程大坝基础处理工程施工开挖主要包括坝体清基、砂砾石明挖、石方明挖。坝体清基厚度 1.0 m，上下游各 30 m；砂砾石明挖含两岸边坡沥青基座开挖量；石方明挖包括灌浆洞洞口开挖和两岸坝肩基座开挖。

施工过程应严格按照设计图纸、修改通知及相关技术规范来进行施工。测量随开挖及时精确放线,及时检查建基面超欠挖情况,严格控制开挖边线。石方爆破开挖,需通过现场试验确定最优爆破方案与爆破参数,严格控制单响药量,并由专业人员严格按国家爆破安全操作规程进行。边坡开挖执行自上而下分层开挖的原则,对开挖边线及渗水等不良地质地段及时进行支护或其他行之有效的处理方法。

在施工过程中,应随时对开挖边坡顶部及开挖边坡出露的渗水、剪切破碎带等进行稳定性监测,一旦出现裂缝或滑动迹象,要及时暂停施工,会同地质及监理工程师等进行检查研究处理。开挖完成后,要求施工方对建基面软弱夹层和破碎带进行清理,监理方会同业主、设代组人员与施工单位技术人员进行联合基础验收。

6.2.2　沥青混凝土心墙砂砾石坝工程开挖控制

6.2.2.1　土方开挖质量控制措施

土方开挖主要为左右岸陡坎和河床覆盖层砂砾石开挖。施工前测量放出设计开挖边线,对开挖范围内的原始地形、地貌进行复测,核实开挖原始断面,确定开挖及清理范围,人工配合 2.0 m^3 挖掘机或 220 型推土机清理开挖区内的植被、杂物,并在开挖开口边线外按设计要求做好边坡截水设施,确保开挖边坡安全稳定。岸坡土方开挖接近设计坡面时,按设计边坡预留 0.2~0.3 m 厚度的削坡余量,采用人工修整至设计要求的坡度和平整度。雨天施工时,施工台阶略向外倾斜,以利排水。在开挖施工过程中,根据施工需要,经常检测边坡设计控制点、线和高程,以指导施工,并在边坡地质条件较差部位设置变形观测点,定时观测边坡变形情况,如出现异常,立即要求施工方采取应急处理措施。

(1)边坡开挖前,应详细调查边坡的稳定性,包括设计开挖线内有不安全因素的边坡以及设计开挖线外对施工有影响的坡面和岸坡等。当山坡上存在危石及不稳定岩体时均应撬挖排除,并进行处理和采取相应的防护措施,如确实存在少量土坡悬浮岩块撬挖困难的问题,在经监理人同意后可用浅孔微量炸药进行爆破。

(2)边坡开挖符合施工图纸的规定,开挖自上而下进行。对于高度较大的边坡,采取分梯段开挖的措施。当边坡开挖的深度较大时,采用分层开挖的方法,梯段(或分层)的高度根据开挖地形、施工机械性能及开挖区布置等因素确定。垂直边坡梯段高度一般不大于 5 m,严禁采取自下而上的开挖方式。

(3)随着开挖高程下降,及时对坡面进行测量检查以防止偏离设计开挖线,避免在形成高边坡后再进行处理。

(4)进行高边坡开挖时,在坡顶部位根据监理人指示开挖截水槽排水沟、分流,严防雨雪融水等冲击土边坡造成开挖断面塌方等事故发生。

(5)开挖边坡的临时支护在分层开挖过程中逐层进行,上层的临时支护保证下一层的开挖安全顺利进行,如未完成上一层的临时支护,严禁进行下一层的开挖。

(6)直至工程验收前,定期对边坡的稳定进行监测,若出现不稳定迹象,及时通知监理人,并立即采取有效措施确保边坡的稳定。

(7)建基面上不得有反坡、倒悬坡、陡块尖角等,开挖坡面严格按照设计开挖坡比进行施工作业,除非另有规定。有结构要求的部位不允许欠挖,开挖面严格控制平整度,按设计要求进行施工作业。

(8)遵循“竖向分层、纵向分段、横向扩边”的开挖方法,严禁掏底施工。

(9)由于土方开挖顺序的要求,施工区段内每层开挖完成后首先根据设计要求对土边坡进行临时支护,确保开挖坡面安全稳定。

(10)土方开挖过程中,需加强监控量测的统计、分析工作,采取措施,对周边环境进行防护,切实减少围护结构的变形位移及土体的不均匀沉降。

(11)采取对称方式进行土方开挖,即横向由中间向两侧开挖,以免产生偏压现象。开挖过程中,严格按规范和方案要求进行,严禁掏挖。

(12)土方开挖边坡的开挖边线、长度、坡比及相应高程等应符合规范及设计要求。

6.2.2.2　石方开挖质量控制措施

石方开挖包括两岸边坡(非基槽部分)开挖、危石处理及左岸管理平台等的明挖工程,开挖时采用自上而下分区分层梯段爆破进行,分层台阶高度不大于10 m,主要采用YT-28手风钻钻孔。边坡保护层预裂爆破,边坡按马道高度一次预裂爆破开挖。马道或建基面部位预留1.5 m厚岩体采用水平光爆,水平光爆采用YT-28手风钻钻孔,孔径50 mm,孔距40 cm。局部欠挖处,采用人工撬挖,为保证开挖边坡基岩面完整性和坡面平整度,预裂孔采用导爆索连接起爆,爆破孔采用人工装药封堵,起爆采用导爆管毫秒微差孔内延时孔外接力的网络形式连接,电管起爆。

(1)边坡开挖前,应详细调查边坡岩石的稳定性,包括设计开挖线内有不安全因素的边坡以及设计开挖线外对施工有影响的坡面和岸坡等。当山坡上存在危石及不稳定岩体时均应撬挖排除,并进行处理和采取相应的防护措施,如确实存在少量岩块撬挖困难的问题,在经监理人同意后可用浅孔微量炸药进行爆破。

(2)边坡开挖符合施工图纸的规定,开挖自上而下进行,对于高度较大的边坡,采取分梯段开挖的措施。当边坡开挖的深度较大时,采用分层开挖的方法。梯段(或分层)的高度根据爆破方式(如预裂爆破或光面爆破)、施工机械性能及开挖区布置等因素确定。垂直边坡梯段高度一般不大于10 m,严禁采取自下而上的开挖方式。

(3)随着开挖高程下降,及时对坡面进行测量检查以防止偏离设计开挖线,避免在形成高边坡后再进行处理。

(4)对于边坡开挖出露的软弱岩层和构造破碎带区域,按施工图纸和监理人的指示进行处理,并采取排水或堵水等措施。

(5)开挖边坡的临时支护在分层开挖过程中逐层进行,上层的支护须确保下面的开挖安全顺利进行。未完成上一层的临时支护,严禁进行下一层的开挖。

(6)直至工程验收前,定期对边坡的稳定进行监测,若出现不稳定迹象,及时通知监理人,并立即采取有效措施确保边坡的稳定。

本工程土石方明挖主要为溢洪道、泄洪放空冲沙兼导流洞、灌溉洞及公路工程的土方、砂砾石、石方明挖工程。

在施工开挖前,建立测量控制网,控制网精度满足施工精度要求。按工程需求进行施工区域的纵横断面测量、工程测量复核并及时审核测量成果资料,复核测量控制网点,对加密控制网、增设水准点进行复核,并在测绘出的开挖纵、横断面图上审核工程量。对于开挖开口线的桩号、高程以及控制性点位,要做明显标志。测量控制点要设在安全可靠的地方,并做好保护,防止被机械破坏。建立定期(建议每半年复核一次)复核制度,配备性能先进的测量仪器,保证测量控制点的精度。

1. 砂砾石明挖质量控制

开挖前首先进行测量放样,标识出开挖边线,放出开挖上开口线,要求在开挖过程中加强对开挖断面尺寸、高程的监控测量。开挖至土岩分界线进行补充测量并校核土石方开挖工程量。开挖自上而下分层进行,每层3~5 m,土方采用现代275型液压反铲挖掘机开挖,自卸车运输。

导流洞进出口边坡为砂砾石明挖,进口开挖高度达54 m,开挖坡度1:2,每10 m高设置一道马道,马道宽2 m。开挖时确保边坡平整度,预留10~15 cm保护层,人工进行边坡修整,严格控制超欠挖。

2. 石方明挖质量控制

覆盖层开挖完成后,首先采用YT-28手风钻将出露的岩石顶面凸凹不平部位钻爆解平,装载机或反铲装,15 t自卸汽车出渣。大面清理平整后,自上而下进行石方开挖。边坡明挖用QJZ100B钻机造预裂和主爆孔,2#岩石炸药非电雷管联网起爆,PC220液压反铲装车运往渣场或堆料场,水平建基面预留1.5 m保护层,沟槽开挖采用中间斜孔掏槽,两边边坡预裂的方法,保护层和沟槽开挖用反铲装15 t自卸汽车出渣。

(1)质量保证措施。

对土石方开挖工程质量进行严格过程控制。认真、细致地进行现场爆破试验,包括预裂爆破、深孔梯段爆破、水平保护层和垂直保护层浅孔梯段小药量爆破,通过试验取得合理的爆破参数和爆破工艺。

(2)预裂爆破质量控制。

①采用全站仪现场放设孔位控制点,利用先进的钻机精确控制预裂孔钻孔角度,确保预裂孔钻孔质量。

②严格按照爆破试验确定的爆破装药结构进行预裂孔装药、连线和堵塞。

③每次预裂爆破完成后,要求爆破工程师检查工作面是否沿预裂线形成一定宽度的连续裂缝,在梯段爆破开挖完成后,再检查预裂面是否受到爆破震动破坏,残孔率和岩体平整度是否达到规范和技术条款要求,为进一步优化爆破参数提供依据。

(3)深孔梯段爆破质量控制。

①由全站仪现场放设孔位控制点,开孔孔位偏差不超过±10 cm,孔深偏差不超过50 cm,确保梯段爆破孔钻孔质量。

②由爆破工程师现场指挥装药和连线,严格按照爆破试验确定的爆破装药结构和爆破网络进行梯段爆破孔装药、堵塞和连线,并由爆破工程师和质量工程师逐孔进行检查,确保施工质量和安全。

③每次预裂爆破完成后,由爆破工程师检查爆堆分布情况、爆破石渣块度、爆破对临近岩体的震动影响,为进一步优化爆破参数提供依据。

(4)保护层开挖控制。

所有建基面和马道均按规范要求预留不小于1.5 m厚的水平保护层,采用预裂爆破技术沿开挖线进行预裂爆破,手风钻浅孔小药量一次爆破进行保护层开挖,以确保特殊部位开挖质量。保护层开挖施工时,在爆破工程师的现场指挥下进行钻孔、装药、堵塞、连线等工序,每道工序经检验合格后方可进行起爆,并由爆破工程师检查爆破开挖质量,分析和优化爆破参数,改进爆破工艺。

6.3　混凝土浇筑质量控制

6.3.1　基础防渗墙混凝土浇筑质量控制

6.3.1.1　导墙、施工平台质量控制

(1)导墙基础应坚实,如基土较松散或较弱时,修筑前应采取加固措施,本工程采取强夯法。强夯法是以8~12 t(甚至20 t)的重锤,提到高处使其自由落下(落距一般为8~20 m落距,最高达40 m),利用冲击波和动应力对土体进行夯实的方法。夯锤直径为2.5 m,同排夯点中心距4 m,相邻排距4 m,呈梅花形布置。根据规范要求,强夯四周边界需超出要求3 m,优先施工上下游区,再施工轴线开挖区。

(2)施工平台与导墙为钢筋混凝土结构,混凝土强度等级为C25。根据设计要求及现场水文地质条件,防渗墙导墙顶高程均为1 550.1 m,包括钻机平台、倒渣平台、排浆沟、抓斗施工平台和道路。钻机平台位于轴线上游侧,顶部高程和导墙顶高程一致。倒渣平台混凝土浇筑厚度30 cm,坡度为6%,倾向下游侧,以利于废浆液的排放。平台与导墙相接的部位应低于导墙顶5 cm。倒浆平台外侧分布有排浆沟,排浆沟做法与倒渣平台相同。排浆沟外侧为抓斗施工平台和施工道路,宽度为15 m,先行整平,然后铺50 cm左右碎石垫层,碾压密实平整。

(3)导墙采用"L"形断面,以防渗墙轴线为中心线,间距1.15 m,竖向混凝土高2 m,底宽1.8 m,导墙顶宽0.6 m。主筋采用Φ25螺纹钢筋,连接方式为绑扎交错搭接,搭接长度不少于$20d$;导墙底层布置7根主筋,顶层均匀分布3根主筋,钢筋保护层厚度10 cm;箍筋采用Φ12钢筋,孔深大于100 m时箍筋间距30 cm,孔深小于100 m时箍筋间距50 cm。要求混凝土坍落度为2~8 cm。混凝土料入仓时,必须分层振捣密实,不得出现蜂窝、麻面、狗洞等现象,内侧面要求垂直、光滑。混凝土浇捣时随时检查模板位置,如发现模板移位,及时进行纠正。浇筑成型后,要求混凝土墙顶高差不大于3 cm,导墙顶部高程根据现场实际地形,本着"挖填平衡"的原则确定。

(4)导墙轴线宜与防渗墙轴线重合,允许偏差±15 mm;导墙内侧竖直;墙顶高程允许偏差±20 mm。

(5)防渗墙施工平台坚固、平整,适合于重型设备和运输车辆行走,宽度满足施工要求。施工平台高于地下水位2 m以上,且高于导墙面0.2~0.5 m。

6.3.1.2　造孔成槽的质量控制

在大河沿引水工程建设过程中,采取的方法有钻凿法、抓斗施工法。防渗墙成槽开挖

采用抓斗与冲击钻机联合施工的“钻抓”法,即主孔采用CZ-6A型冲击钻机钻凿成孔,副孔的覆盖层采用抓斗抓取,底部基岩采用CZ-6A型冲击钻机钻凿。

6.3.1.3　槽孔位置和厚度孔深质量控制

槽孔的位置和厚度开工前,在槽孔两端设置测量标桩,根据标桩确定槽孔中心线并且始终用该中心线校核、检验所成墙体中心线的误差。孔位在设计混凝土防渗墙中心线上下游方向的允许偏差不得大于3 cm,在不同方向都应满足此要求。钻头的直径和抓斗的宽度决定了墙的厚度。所以,每一槽段终孔时钻头直径及抓斗宽度均不得小于墙的设计厚度,在槽孔内任一部位均可顺利下放钻头,并且可在槽孔内自由横向移动。

孔深必须达到设计要求,吐鲁番大河沿引水工程要求深基岩不小于2 m,遇到断层或破碎带加深,对此必须严格鉴定,进入基岩深度时取土样,岩样如不符合要求需继续下挖,直至符合设计要求,并记录深度。孔深控制和基岩鉴定孔深验收应在现场监理的监督下使用专用的孔深测绳进行测量,且使用前应对测绳进行检查校准。在造孔质量控制过程中,监理工程师重点抓主孔的单孔、小墙的验收。在施工单位三级检查制度的验收基础上,对主孔分段进行验收,对孔位、孔斜、孔深进行复核检测;对小墙采取的是“按设计墙厚的钻头能顺利放至孔底”这一标准进行复核。

6.3.1.4　基岩鉴定

基岩鉴定包括岩面鉴定和岩性鉴定,通过岩面鉴定确定入岩深度的计算起点,通过岩性鉴定会确定入岩深度和终孔深度。有勘探孔的部位根据该勘探孔的资料确定岩面深度和入岩深度,当感觉钻孔与勘探资料明显不符时,要查明原因,以验证勘探资料的正确性。

大多数没有勘探孔的部位须在钻进的过程中取样鉴定基岩面,在鉴别岩样的同时,综合考虑勘探孔岩面线、相邻主孔岩面、钻进感觉、钻进速度、钻具磨损情况等因素。

取样鉴定的方法是:当孔深接近预计基岩面时,即开始取样,每钻进10~20 cm取样一次,并对取样深度、钻进感觉等情况做记录;交由现场地质工程师对所取岩样的岩性和含量逐一进行鉴定,当某一深度岩样的岩性与基岩岩性一致,含量超过70%,且与钻进情况和相邻孔的岩面高程不相矛盾时,即可确定该深度为岩面深度。

当上述方法难以确定基岩面,或对基岩面发生怀疑时,应采用岩芯钻机钻取岩样,加以验证和确定。

每个鉴定部位(单孔)在终孔前均需填写基岩鉴定表,要注明孔位、取样深度、岩性、确定的岩面高程和终孔深度等内容,由监理工程师签认后作为检查入岩深度和工程验收的依据。自基岩顶面至终孔所取的岩样完好保存在岩芯箱中,以备验收时检查。

采用抽筒法抽取岩渣的取样方法,岩样经过设计地质工程师、现场监理工程师和值班技术员共同旁站现场抽取,根据地质勘探孔资料及地质剖面图初步确定基岩面后,当孔深接近预计基岩面后每间隔10~20 cm取一个岩样,所取岩样装袋,填写岩样标签,以单孔为编号,依孔深顺序存放于岩样箱内。设计地质工程师根据所取岩样,鉴定基岩面及岩性,确定终孔深度,以确保入岩深度。副孔的深度依据相邻主孔基岩面深度来确定。

6.3.1.5　造孔质量控制

防渗墙施工分两期进行,先施工一期槽孔,后施工二期槽孔。结合地层、施工强度、设备能力等综合考虑,本工程防渗墙成槽采用“两钻一抓”法。主孔采用CZ-6A型冲击钻机钻凿成孔，副孔的覆盖层采用抓斗抓取，底部基岩采用 CZ-6A 型冲击钻机钻凿。孔型即孔径宽度、孔位偏差、孔斜率，孔位偏差即建造孔轴心与导墙轴心的偏差，允许偏差±30 mm，施工过程中严格控制孔斜率不大于 4‰，遇有含孤石、漂石的地层及基岩面倾斜度较大等特殊情况时，孔斜率控制在 6‰以内。为了保证孔型质量，建槽开始必须精确抓斗下抓位置，使抓斗平行于防渗墙轴线方向和垂直于防渗墙轴线方向偏差都在允许范围内，开始下抓的上部 10 m 是关键，此过程中须有专人时刻观察指挥调整抓斗下抓位置以保证孔位偏差、孔斜率不超允许范围，勤进行孔斜测量，出现偏差立即纠正。施工中在钻进到 20 m 后采用孔口放纠偏器的办法纠偏。深度超过 10 m 后每隔 2 h 要检测钢丝绳在孔内居中的位置，如有偏差需调整到范围内。终孔后需检测孔位偏差、孔斜率，检测方法如下：孔位位偏测定是利用钢丝绳悬吊抓斗，在自重作用下，沿钻孔中心线每 5 m 测定抓斗偏离中心的距离的平均值；孔斜率是某一孔深处的孔位中心相对于孔口处的孔位中心偏差值与该处孔深的比值。

6.3.1.6　造孔过程中泥浆性能的检查

造孔过程中，监理工程师主要对泥浆的三项指标进行检查：①泥浆的黏度；②泥浆的含沙量；③泥浆的比重。另外，在拌制泥浆前，分别对黏土和膨润土浆液的其他性能进行了相应检测，如失水量、泥饼厚、pH 值、胶体率、稳定性、静切力等。施工过程中，随时观察槽孔内液面下降情况。尽管采取了上述有效措施，但在实际施工过程中，由于地层原因，仍有可能引起孔内坍塌。可采取预灌浓浆、抛填黏土、投入木屑、泥浆中掺加外加剂等多种措施，最后有效完成终孔、清孔以及混凝土浇筑工作。

6.3.1.7　清孔验收及混凝土浇筑前的准备措施

（1）本工程清孔方案为气举反循环法。气举反循环是借助空压机输出的高压风进入排渣管，经混合器将液气混合，利用排渣管内外的密度差及气压来升扬排出泥浆并挟带出孔底的沉渣。主要设备是空压机、排渣管、风管和泥浆净化机。具体清孔方法如下：①清孔时按照施工步骤，由钻机或吊车提升排渣管在槽孔主、副孔位依次进行，如槽底沉淀过多，则反复清孔。槽底含砂量较高的泥浆经泥浆净化机处理后返回槽孔，直到净化机的出渣口不再筛分出砂粒。槽底高差较大时，清孔应由高端向低端推进。②清孔结束前在回浆管口取样，测试泥浆的全性能，其结果作为换浆指标的依据。③根据清孔结束前泥浆取样的测试结果，确定需换泥浆的性能指标和换浆量。用膨润土泥浆置换槽内的混合浆，换浆量一般为槽孔容积的 1/3～1/2。④换浆量根据成槽方量、槽内泥浆性能和新制泥浆性能综合确定。换浆在槽孔的主、副孔位依次进行，钻机的移动方向从远离回浆管的一端至靠近回浆管的一端，并通过输浆管向槽孔输送新鲜泥浆。槽底抽出的泥浆通过回浆沟进入回浆池，成槽时再作为护壁浆液循环使用。

（2）接头刷洗。接头孔的刷洗采用具有一定重量的圆形钢丝刷子，通过调整钢丝绳位置的方法使刷子对接头孔孔壁进行施压，在此过程中，利用钻机带动刷子自上而下刷洗，从而达到对孔壁进行清洗的目的。结束的标准是刷子钻头基本不带泥屑，并且孔底淤积不再增加。清孔换浆完成 1 h 后进行检验，在槽孔内取样进行泥浆试验。如果达到结束标准，即可结束清孔换浆的工作。

6.3.1.8 清孔换浆质量控制

1. 一期槽清孔验收

清孔换浆验收时组织建设单位代表、设计代表、施工单位、监理单位等四方进行的联合验收。联合验收是清孔换浆完成后,在施工单位三级检查制度的验收基础上,按技术要求对孔内淤积深度及时进行检测验收,重点对接头混凝土孔壁刷洗质量进行复核检测。

清孔验收主要从孔底淤积、泥浆黏度、含砂量、比重等方面进行检查,孔内泥浆性能指标使用取浆器从孔内取试验泥浆,试验仪器有泥浆比重秤、马氏漏斗、量杯、秒表、含沙量测量瓶等。槽孔清孔换浆结束后1 h,孔内泥浆应达到下列标准:泥浆比重≤1.15 g/cm^3;泥浆黏度(马氏漏斗)≥32 s;泥浆含砂量≤4%。孔底淤积厚度采用测饼进行测量,测量结果应达到小于10 cm的标准。

浆液的取样位置采取距孔底50 cm左右进行抽样,孔内淤积采用测饼、测针的方式进行,测饼直径为120 mm,厚度为20 mm,中间开有直径30 mm的出浆孔。测针可用直径25~30 mm、长400~500 mm的钢筋制作。淤积厚度等于测针的测深减去测饼的测深。在进行淤积厚度测量时,为保证测量的准确性,应将测点尽量控制在固定的位置,此外,下测饼时应缓慢下放,不能反复提落。本工程采用拔管法施工,应先对二期槽的接头孔位置处淤积厚度进行验收,验收完毕,再下接头管并进行其余槽孔的清孔换浆工作。

2. 二期槽清孔验收

进行二期槽槽段清孔验收时,除按照一期槽清孔验收的步骤进行外,尤其要对一期和二期槽接头孔的位置进行检查。由于一期槽和二期槽接头位置附着有泥皮、泥屑,若清刷不干净,将成为薄弱环节,直接影响到整个防渗墙的防渗效果。首先使用特制钢丝刷(钢丝刷直径和大小应与槽孔规格一致,并能保证钢丝刷与接头孔位置紧密接触),下钢丝刷前,先对接头孔进行淤积测量,当淤积厚度满足要求时,再下钢丝刷。下钢丝刷时,通过工具(如钢管等)将钢丝刷尽量向相邻一期槽方向抵住,并徐徐用吊绳将钢丝绳下入槽孔底,再徐徐将钢丝刷吊上,检查钢丝绳上有无泥皮、泥屑。如有则表明接头孔清刷未净,需继续采取上述步骤反复清刷,直至钢刷上不再有泥皮、泥屑。当钢丝刷上没有泥皮、泥屑时,再对接头孔的淤积厚度进行二次测量,并与下钢丝刷前的第一次测量结果进行比较,看淤积有无明显增加,若存在明显增加,则验收不合格,需继续清孔换浆,至验收合格为准。清孔验收完毕后,混凝土浇筑应在4 h内进行,否则将重新进行清孔验收。

6.3.1.9 混凝土浇筑质量控制

1. 浇筑前质量控制

混凝土质量主要是从两方面进行现场质量控制,一是混凝土拌和物的拌和质量,二是混凝土浇筑质量。混凝土拌和质量控制中,拌和楼监理工程师重点对进场原材料、拌和楼设备的完好率、称量系统精度、水灰比、掺土量、外加剂掺量、出机口混凝土的取样检测进行了控制。

墙体材料是防渗墙施工的重要组成部分。鉴于混凝土抗压、抗渗等技术要求高,拔管所余混凝土难以施工等特点,混凝土力求达到“高强低弹”“早期强度低,后期强度高”的目的。墙体材料的主要力学指标为:采用C30普通混凝土,28 d抗压强度≥30 MPa,180 d抗压强度≥35 MPa,抗渗等级W10,渗透系数≤1×10^{-7} cm/s,弹性模量28 GPa。

混凝土物理特性指标要求如下：①入槽坍落度 18~22 cm；②扩散度 30~40 cm；③坍落度保持 15 cm 以上，时间应不小于 1 h；④初凝时间不小于 6 h，终凝时间不大于 24 h；⑤混凝土密度不小于 2 100 kg/m^3；⑥胶凝材料用量不少于 350 kg/m^3；⑦水胶比小于 0.60；⑧砂率不宜小于 40%。

2. 原材料要求

(1) 水泥：采用普通硅酸盐水泥，水泥强度等级应不低于 42.5。

(2) 粉煤灰：为抑制骨料的碱活性反应，提高混凝土抗硫酸盐侵蚀能力，在混凝土中掺入粉煤灰。

(3) 粗骨料：应优先选用天然卵石、砾石，其最大粒径应小于 40 mm，含泥量应不大于 1.0%，泥块含量应不大于 0.5%。

(4) 细骨料：应选用细度模数 2.4~3.0 范围的中细砂，其含泥量应不大于 3%，黏粒含量应不大于 1.0%。

(5) 外加剂：减水剂、防水剂和引气剂等的质量和掺量应经试验，并参照 DL/T 5100—1999 的有关规定执行。

(6) 水：按《混凝土用水标准》(JGJ 63—2006) 的规定执行。

3. 对混凝土生产过程进行跟踪控制

除做好上述准备工作外，还应配备相应的导管提升设备，并应保证一台设备控制一根导管的提升。导管的配备应根据孔深情况进行，当防渗墙混凝土快浇筑完毕时，此时导管内的混凝土压力小，不易浇筑，故应在底部适当多增加一些 3 m 的短管，以便于快浇筑完毕时拆卸。另外，对浇筑用的导管应进行外观变形检查，若发现明显存在变形的情况，浇筑前应进行处理。或检查内径是否能正常通过隔离球，若不能通过，在浇筑前也应进行及时处理。此外，还应确保浇筑前拌和楼、骨料、水泥、膨润土等材料的准备及混凝土运输车辆准备充分等。

6.3.1.10　混凝土浇筑导管及接头管下设

1. 浇筑导管下设

混凝土浇筑质量控制由监理工程师对导管的配管及下设、导管间距及导管与槽端距离在施工自检的基础上进行复核。混凝土浇筑导管采用快速丝扣连接的 ϕ 250 钢管，导管接头设有悬挂设施。导管使用前做调直检查、压水试验、圆度检验、磨损度检验和焊接检验。检验合格的导管做上醒目的标识，不合格的导管不予使用。导管在孔口的支撑架用型钢制作，其承载力大于混凝土充满导管时总重量的 2.5 倍以上。导管按照配管图依次下设，每个槽段布设 2~3 根导管，导管安装应满足如下要求：导管距孔端或接头管距离 1~1.5 m，导管之间中心距不大于 3.5 m；当孔底高差大于 50 cm 时，导管中心置放在该导管控制范围内的最深处。

2. 接头管下设

下设前检查接头管底阀开闭是否正常，底管淤积泥沙是否清除，接头管接头的卡块、盖是否齐全，锁块活动是否自如等，并在接头管外表面涂抹脱模剂。采用吊车起吊接头管，先起吊底节接头管，对准端孔中心，垂直徐徐下放，一直下到 ϕ 120 mm 销孔位置，用 ϕ 108 mm 厚壁 (18 mm) 钢管对孔插入接头管，继续将底管放下，使 ϕ 108 mm 钢管担在拔管机抱紧圈上，松开公接头保护帽固定螺钉，吊起保护帽放在存放处，用清水冲洗接头配合面并涂抹润滑油，然后吊起第二节接头管，卸下母接头保护帽，用清水将接头内圈结合面冲洗干净，对准公接头插入，动作要缓慢，接头之间决不能发生碰撞，否则会造成接头连接困难。吊起接头管，抽出 ϕ 108 mm 钢管，下到第二节接头管销孔处，插入 ϕ 108 mm 钢管，下放使其担在导墙上，再按上述方法进行第三节接头管的安装。重复上述程序直至全部接头管下放完毕。

6.3.1.11　混凝土浇筑质量控制

混凝土浇筑参数控制，主要包括以下几个方面：

(1)浇筑导管在槽孔的形态、导管口距槽底最佳距离。为了确保后续混凝土浇筑，开浇后首批混凝土须将导管下口埋住一定深度(至少 30 cm)，保证导管埋深则需根据槽孔深度、导管口距槽底距离来控制。

(2)混凝土在导管内下降形态。受浇筑下料方式和导管侧壁阻力作用，混凝土在导管内下降将出现脱开现象，即混凝土不是连续到达浇筑面，而可能出现间断现象，间断会造成成墙质量下降和下料不畅。

(3)混凝土下降速度与孔深的关系。对于超深防渗墙浇筑而言，超长的混凝土浇筑距离易造成混凝土粗细骨料和水泥砂浆发生离析，即较大粒径骨料最先到达浇筑面，而水泥砂浆在骨料之上，进而造成混凝土防渗墙成墙质量下降，甚至不能成墙。保证混凝土浇筑质量，需根据浇筑深度，通过控制混凝土浇筑速度等实现。

(4)导管在混凝土中的埋深。导管埋入混凝土内的深度保持在 1~6 m，特别是要防止导管提出混凝土面，造成断墙事故。埋深过小容易混浆，1 m 是最低要求；当采用接头直径较小的导管或浇筑速度较快时，最大埋深可适当放宽。

(5)导管内混凝土与槽内泥浆的高差。导管内混凝土与槽内泥浆高差是保证浇筑面上升的关键，尤其在终浇阶段，由于内外压力差减小，导管内的混凝土面越来越高，经常满管，下料不畅，保证浇筑顺利进行需通过控制导管内混凝土槽内泥浆高差来完成。

(6)混凝土与泥浆界面分析。在混凝土与泥浆交接界面，由于水泥砂浆、泥浆浆液相互作用，容易引起板结、泥浆絮凝等现象，进而影响施工进度和质量，要控制混凝土浇筑质量，需对混凝土与泥浆界面进行分析，确定引起上述现象的根本原因。

6.3.1.12　混凝土浇筑过程质量控制

1. 混凝土浇筑

(1)混凝土搅拌车运送混凝土通过马道进槽口储料罐，再分流到各溜槽进入导管。混凝土开浇时采用压球法开浇，每个导管均下入隔离塞球。开始浇筑混凝土前，先在导管内注入适量的水泥砂浆，并准备好足够数量的混凝土，确保隔离的球塞被挤出后，能将导管底端埋入混凝土内。混凝土必须连续浇筑，槽孔内混凝土上升速度不得小于 2 m/h，并连续上升至设计规定的墙顶高程以上 500 mm。导管埋入混凝土内的深度保持在 1~6 m，以免泥浆进入导管内。槽孔内混凝土面应均匀上升，其高差控制在 500 mm 以内。每 30 min 测量一次混凝土面，每 2 h 测定一次导管内混凝土面，在开浇和结尾时适当增加测量次数，严禁不合格的混凝土进入槽孔内。浇筑混凝土时，孔口设置盖板，防止混凝土散落在槽孔内。槽孔底部高低不同时，从低处浇起。混凝土浇筑时，在机口或槽孔口入口处随机取样,检验混凝土的物理力学性能指标。

(2)混凝土拌和运输应保证浇筑连续,如因故中断,时间应控制在 40 min 之内。

(3)全过程监测槽内混凝土面上升情况,每小时测量一次混凝土面的上升情况并与所浇入的混凝土量相核对,其结果填入“浇筑指示图”。

(4)专人负责导管的下设长度和深度及拆卸导管(包括拔管)的详细记录,完成导管拆卸记录表。

(5)混凝土在出机后 1 h 之内必须浇入槽孔中,如果因故停等过久,应重新测量坍落度,若不合规范要求,禁止入槽。混凝土开浇情况、槽内混凝土浇筑上升速度、槽内混凝土上升的均匀性等在施工自检的基础上进行复核,并详细做好隐蔽工程旁站记录。

2. 接头管起拔

拔管法施工关键是要准确掌握起拔时间,起拔时间过早,混凝土尚未达到一定强度,会出现接头孔缩孔和垮塌现象;起拔时间过晚,接头管表面与混凝土的黏结力使摩擦力增大,增加了起拔难度,甚至接头管被铸死拔不出来,造成孔内事故。为了防止接头孔缩孔、垮孔和铸死接头管现象发生,采取如下技术措施:①接头管起拔时间在管底部混凝土浇筑 20 h 后开始;②随着接头管起拔,及时向接头孔补充泥浆;③在底部混凝土浇筑 6~8 h 后,槽内混凝土上升过程中,经常向上微动接头管;④控制槽内混凝土上升速度,混凝土上升速度控制在 3 m/h 左右。

3. 混凝土取样及性能检测

对砂、石、水泥等原材料抽检比例按常态混凝土进行。混凝土的取样:在拌和楼出机口进行防渗墙混凝土的取样,正常情况下要求每班 2 次检测,每次应检测混凝土温度、含气量、坍落度及扩散度。抗压强度试件按规范要求成型,每个墙段至少成型一组,抗渗性能试件每 3 个墙段成型一组,弹性模量试件每 10 个墙段成型一组。混凝土试块按要求制作、养护,及时送检,以便对混凝土质量进行综合评价(监理每 4 个槽段取 1 组,并建立表格形成自己的取样序列)。同时,在混凝土浇筑现场,也应对混凝土进行取样,检测温度、含气量、坍落度(18~22 cm)及扩散度(34~40 cm),坍落度保持在 15 cm 以上的时间不小于 1 h,初凝时间不小于 6 h,终凝时间不宜大于 24 h,混凝土的密度不宜小于 2 100 kg/m^3。

6.3.2　上游护坡混凝土浇筑质量控制

浇筑前坡面整理坝料填筑时采用超填 1.6 m^3 挖掘机削坡,削坡误差控制在±10 cm。再配合人工削坡,人工削坡采用方格网形式放线,人工挂线找平,找平后进行夯实。监理工程师对坡比及坡面相对密度验收复核,在符合设计要求后再进行下道工序施工。

侧面模板采用定型口字钢按设计尺寸加工而成,并用钢筋桩加固。模板安装接缝严密,加固牢靠。模板平整度不大于 3 mm,结构边线与设计边线偏差不大于 10 mm。简易滑模采用 B25 槽钢加工完成,滑模牵引采用 2 t 卷扬机。混凝土护坡面板板间缝反滤无纺布按设计尺寸加工好后运至施工现场,铺设在分缝中间,铺设误差控制在±2 cm,接头搭接 25 cm。

要求施工方每次浇筑前向监理部上报施工配合比,经监理人员确认后方可开始拌和混凝土。坍落度、含气量检测频率为1次/4 h,检测不合格混凝土不得使用。严禁在运输途中和卸料时加水。在高温或低温条件下,混凝土运输工具设置遮盖或保温设施,以避免天气、气温等因素影响混凝土质量。混凝土采用8 m^3 混凝土罐车运输,入仓采用溜槽入仓。混凝土采用30型振捣棒振捣,距滑模及侧模10 cm,不得触碰模板,振捣时快插慢拔,边振捣滑模边上升。振捣时间以混凝土粗骨料不再显著下沉,并开始泛浆为准,避免欠振或过振。振捣后有原浆泛浆,抹面机结合人工收面,保证原浆压面。混凝土终凝后采用工业毛毡覆盖并洒水养护,养护时间不少于28 d。按照规范要求,对混凝土取样送检,由试验室做28 d抗压强度试验,对不合格产品,坚决销毁。

6.4　大坝填筑质量控制与检测

大坝填筑的质量控制与检测,是沥青混凝土心墙坝施工管理的重要内容。为保证坝体的填筑质量,必须按相关规范及设计具体要求,对每一个施工环节进行严格的控制。大坝填筑质量控制包括坝料的开采、运输、摊铺、碾压和试验检测等方面。

6.4.1　坝体填筑质量控制措施

6.4.1.1　施工准备阶段质量控制

(1)对经基础开挖完成后的坝基面,严格按照设计规范要求进行清理和验收。

(2)坝基基础处理对两岸岸坡内陡坡与倒悬突兀部位,需做削坡开挖处理,其成型坡比不陡于1∶0.5;对陡坡与倒悬低凹部位,采用混凝土、浆砌石及过渡料处理,其成型坡比不陡于1∶0.5。

(3)坝基基础范围内埋设观测仪器设备,对坝基范围内布置的观测设备进行保护,设醒目标志,设专人负责监护,以免破坏。

6.4.1.2　坝料开挖、运输过程中质量控制

(1)为防止坝料在开挖运输过程中发生粗料集中现象,各类坝料在开挖中,以立面开采为主。

(2)坝料运输采用自卸汽车,运输车辆相对固定,并经常保持车厢、轮胎的清洁,防止残留在车厢和轮胎上的泥土带入清洁的反滤料、垫层料、过渡料、排水体料和坝壳料的料源及填筑区当中。

(3)坝料运输车辆必须在挡风玻璃右上角标明坝料分区名称。

(4)坝料运输时,车辆速度不得大于20 km/h(桥梁处不大于15 km/h),载重量不得大于车辆的标定载重量。

(5)对雨季和低温季节坝料运输道路,设专人对路面进行养护,并在道路旁做醒目标志;尤其在跨沥青混凝土心墙栈桥处,设专职人员,负责车辆运输安全,以确保坝体填筑顺利进行。

6.4.1.3　坝体填筑分区和分块

根据本工程特点,坝面填筑分上游砂砾石填筑区、上游过渡料Ⅰ区、下游过渡料Ⅰ区、下游砂砾石填筑区进行填筑。上下游过渡料区由于填筑面积相对较小,划分为一块整体

填筑,与心墙铺筑同步施工,配置两套碾压设备,从右岸坡向左岸坡填筑。上下游砂砾石填筑区面积较大,划分为三个施工块采用流水作业法组织施工,即一个施工块铺料填筑,一个施工块碾压,一个施工块取样验收,三个施工块沿坝轴线布置划分。

6.4.1.4　坝体填筑过程质量控制

1. *过渡料填筑*

在沥青混凝土心墙施工过程中,心墙和过渡层都应高于其上、下游相邻的坝体填筑料1~2层,并在心墙铺筑后,心墙两侧过渡层以外4 m范围内需采用20 t自行式振动碾低频碾压密实,以防心墙局部受振畸变或破坏。过渡料区每层铺筑厚度30 cm,碾压机械为3 t平板振动碾,碾压8遍。紧邻心墙的过渡料采用摊铺机摊铺,其余过渡料采用"后退法"卸料。

沥青混凝土心墙两侧过渡料的填筑与沥青混凝土心墙填筑面平起,过渡料填筑与相邻层次之间的材料界线分明。分段铺筑时,必须做好接缝处各层之间的连接,防止产生层间错动或折断现象。在斜面上的横向接缝收成缓于1∶3的斜坡。过渡料填筑与坝壳料连接时,采用锯齿状填筑,但必须保证过渡料的设计厚度不受侵占。为增强压实效果,过渡料碾压前需做加水润湿试验,根据试验结果确定是否加水及加水量。过渡料与心墙或坝壳料交界处的压实可用振动平碾进行,碾子的行驶方向平行于坝轴线。过渡料与岸边接触处可用振动碾顺岸边进行压实。压不到的边角部位,采用液压振动夯板压实,但其压实遍数按监理工程师指示做出调整。在过渡料与基础和岸边及混凝土建筑物接触处填料时,不允许因颗粒分离而造成粗料集中和架空现象。坝料运至坝面卸料后,及时平整,并保持填筑面平整,每层铺料后用水准仪检查铺料厚度,超厚时及时处理。

2. *砂砾石料填筑*

砂砾石料的填筑,需在坝基处理及隐蔽工程验收合格后才能开始。大坝砂砾石料区铺筑厚度每层80 cm,碾压机械为26 t平板振动碾,碾压8遍,砂砾石中不允许夹杂黏土、草、木等有害物质。坝壳料在装卸时应特别注意避免分离,不允许从高坡向下卸料。靠近岸边地带以较细石料铺筑,严防架空现象。自卸汽车卸料采用"进占法"或"后退法",堆料高度不大于1.5 m。填料的纵横坡部位,优先用台阶收坡法,碾压搭接长度不小于1.5 m,如无条件时,接缝坡度不陡于1∶2。岸坡处不允许有倒坡,防止大径料集中,其2 m范围内,用较细砂砾石料(d<200 mm)填筑,而且先于坝体填筑料填筑,此处施工按小面积施工法铺筑压实。

在铺好一层坝壳料后,布置测点,测量其压实前高程,以确定铺料厚度,铺料厚度满足方可填发测量合格证进行坝壳料碾压。坝壳料碾压时重点监控碾压遍数、振幅、行驶速度,碾压方向一般平行于坝轴线,岸坡一般沿坡脚进行。碾压完成后,定点测量其高程,以控制压实厚度。碾压后的表面平整度误差不超过10 cm,若出现误差不超过30 cm的不平整现象,重新推平表面进行铺压。每填筑3 m厚进行测量放线,对坝坡进行修整,以保证边坡符合要求。

坝体坝壳料压实后,按施工规范规定,坝壳料每填5 000~10 000 m^{3}取样1次。根据土工试验要求,试坑直径$D \geqslant (3\sim5)d_{max}$和$D \geqslant 100$ cm控制,测定试坑体积采用灌水法和灌砂法相结合(因灌水法在冬季无法使用)。试坑测试项目:主要为湿密度、含水率、含泥量、颗粒级配(包括粗料 $d>5$ mm 颗粒含量),最终求出干密度和相对密度。碾压后取样结果应满足设计要求,否则进行补压,直至满足质量控制指标要求。压实坝壳料的振动平碾行驶方向平行于坝轴线,靠岸边处可顺岸行驶。振动平碾难以碾及的地方,用小型振动碾或其他机具进行压实,但其压实遍数按监理人指示做出调整。岸边地形突变及坡度过陡而振动碾碾压不到的部位,适当修整地形使振动碾到位,局部可用振动板或振动夯压实。坝体坝壳料采取大面积铺筑,以减少接缝。当分块填筑时,对块间接坡处的虚坡位置采取专门的处理措施,如采取台阶式的接坡方式,或采取将接坡处未压实的虚坡石料挖除的措施。

根据施工规范质量控制有关条文规定:根据坝址地形、地质及坝体填筑料性质、施工条件,对防渗体及坝壳料选定若干个固定取样断面,固定高差沿坝高每 5~10 m 取代表性原状试样进行室内物理力学性质试验,作为复核设计及工程管理依据。必要时留样品蜡封保存,竣工后移交工程管理单位。

6.4.2　智能碾压新技术应用实践

科技手段是提高工程质量水平的有力保障,随着质量监控技术的快速发展,成熟的科技手段逐步取代传统手段,精准、高效、实时的质量管控体系已成为工程质量管理发展的趋势。为进一步提高工程质量,大河沿工程通过使用先进设备进行工程坝体填筑碾压工序,科学定量的控制压实质量,实现由人工定性判断向仪器设备定量、定位判断的转化,实现质量控制点由事后向事中、事前的转移。用数据说话,增强质检工作的科学性、准确性,避免了人为因素的干扰,保证了坝体填筑施工的质量,提高了质量预控能力和优良率。

6.4.2.1　大坝填筑压实工序现状

在土石方填筑施工过程中,土石料的碾压是一道关键施工工序,对其碾压速度、遍数、搭接宽度等施工参数有着严格的要求,且碾压工序工作量大、强度高,而目前碾压机械的智能化程度比较低,施工质量主要依靠驾驶员手动控制。传统压实系统相较于无人驾驶智能压实系统主要存在以下问题:①易返工,漏压、欠压、超压,一次优良率低,需返工处理;②强度大,驾驶员连续工作时间长;③效率低,控制精度低(搭接宽度、遍数等)、为避免报警而低速施工;④限制多,夜间、沙尘天气施工易受影响,安全保证率低。

为提升大坝工程填筑科技水平,在大河沿大坝填筑过程中,提出使用无人驾驶智能压实系统的新设备试点研究工作,引进了无人驾驶智能压实系统 32 t 大吨位压路机(见图 6-1),在大河沿坝体填筑压实工序中开展试点运行。

6.4.2.2　无人驾驶智能压实系统

无人驾驶智能压实系统,通过规划放样高效同步,管理指令数字下达,压实质量实时监控,施工进度随时掌控,设备状态模拟屏显,昼夜全程高效施工,压实过程快速纠偏,施工精度精准可控,压实结果及时反馈,施工报告数字可视等层面的具体实施,做到高效、精准、安全地实现填筑碾压工序。

无人驾驶智能压实系统集成应用了超大激振力压路机、北斗卫星定位系统、数字化施

图 6-1　压路机实图

工导航系统。通过建立指挥监控系统，进行状态检测与反馈控制，应用北斗卫星导航精准定位，实现振动碾压机械的无人驾驶精确碾压工作。无人驾驶智能压实系统整体架构如图 6-2 所示。

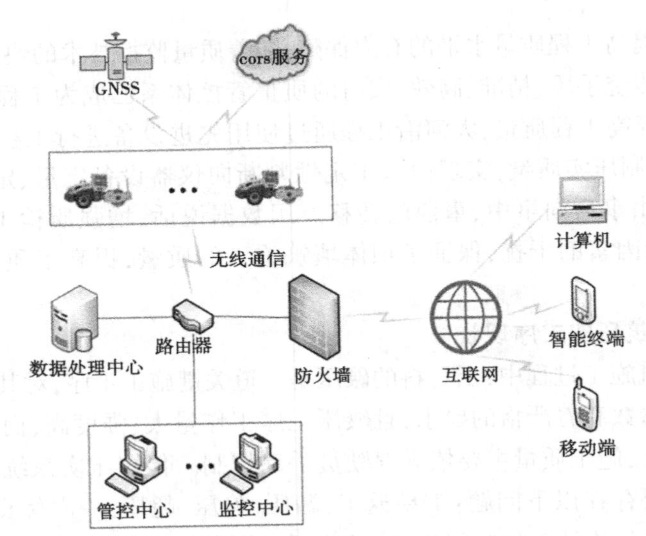

图 6-2　无人驾驶智能压实系统整体架构

无人驾驶智能压实系统硬件方面采用 ECU 车载电脑控制技术，液压系统采用电液比例控制技术，全车采用专用控制器控制；软件方面采用高精度 GNSS 定位系统控制技术，压实参数采用实时测算技术。工程云服务平台对实时获取的 GNSS、机械姿态、工作状态等数据进行分析计算、生成图形报告，保证指挥中心实时掌控施工进度和施工质量。

机械端构架（见图 6-3）包括工程机械、工程机械北斗智能终端、GNSS 天线、车载信息终端。

6.4.2.3　工程应用效果

通过现场的实际运行情况，大河沿项目无人驾驶碾压设备的应用实施性成果如下：

（1）32 t 无人驾驶自行碾碾压效率大幅提升，大吨位碾压设备在大坝填筑施工中的应

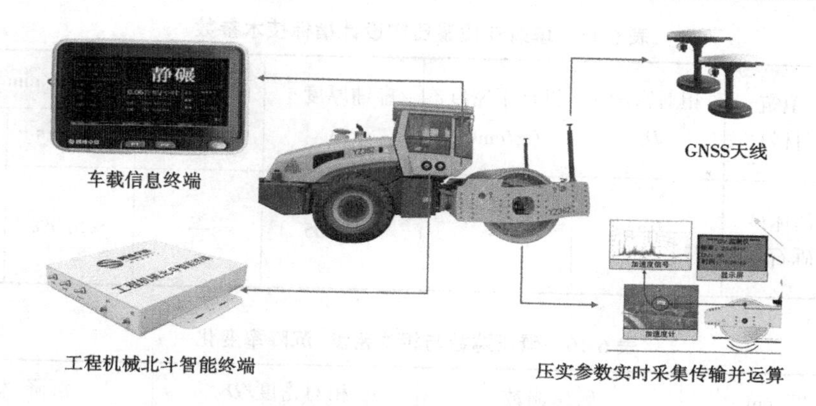

图 6-3　无人驾驶智能压实系统机械端构架

用，减少了机上人工，一人可同时操作 6 台压路机；无人驾驶碾压检测一次性通过率高，减少了人为因素造成的返工等问题，碾压工序中可减少人工翻牌计数等人工消耗。大吨位压实设备在相同压实指标下压实遍数减少，提高了施工速度，有效节约了碾压时间 20%以上；同时加快了大坝填筑施工流水作业；有效工作量情况下减少了碾压设备的配置，据统计，单位压实方耗油量有所减少，节约了碾压成本，增加了效益。

(2)32 t 无人驾驶自行碾压实效果较好，无人驾驶智能碾压系统在使用前进行了相关的碾压试验，本项目坝体填筑采用 26 t 振动碾铺料 85 cm，选取振动碾压 8 遍的施工参数，坝料相对密度指标符合设计要求；在使用 32 t 无人驾驶智能碾压振动碾，同样铺料厚度，振动碾压 6 遍，坝料相对密度指标符合设计要求，避免漏压、欠压、超压，确保一次碾压合格率。

6.4.3　大坝填筑试验检测

6.4.3.1　坝壳料碾压试验

大坝砂砾石填筑料分为大坝开挖可以用 C1 和 C2 料场砂砾石料，大坝开挖可用 340 万 m^3。填筑施工前砂砾石料进行了碾压试验。施工现场对大坝填筑可利用料进行了碾压试验，并进行了颗粒分析试验。砂砾料碾压试验场地布置在坝基下游进行，试验场地 17 m×25 m。采用 XS26-2 全液压 22 t 自行式振动碾碾压，选择虚铺厚度 65 cm、85 cm、105 cm，碾压遍数 8 遍、10 遍、12 遍，三个不同铺料厚度，不同碾压遍数的对比试验。填筑料质量压实设计指标技术参数如表 6-15 所示。

在铺料厚度一定的条件下采用 22 t 振动碾，其相对密度随碾压遍数的增加而增大，相对密度变化趋势基本趋于平稳；相反，随着铺筑厚度的增加，相对密度减小。填筑料的沉降率随碾压遍数增加而增大，沉降率的变化随碾压遍数的增加逐渐减小，表明填筑料的沉降趋于稳定，符合正常规律。碾压遍数与相对密度、沉降率变化见表 6-16。

表 6-15　填筑料质量压实设计指标技术参数

填筑料名称	填筑材料	相对密度/D_r	设计干密度/(g/cm^3)	虚铺厚度/cm	级配要求/mm		
					<5.0	<0.075	d_{max}
上下游填筑料	河床砂砾石料	≥0.85	—	65~105	—	≤5.0%	≤600

表 6-16　碾压遍数与相对密度、沉降率变化

铺料厚度/cm	碾压遍数	相对密度/D_r	沉降率/%
65	8	0.89	6.4
	10	0.93	6.9
	12	0.97	7.4
85	8	0.91	4.8
	10	0.91	5.0
	12	0.87	5.1
105	8	0.84	4.1
	10	0.85	4.1
	12	0.87	4.3
复核 85	8	0.88	0.88
	10	0.91	0.91

为满足相对密度≥0.85,通过试验数据分析,河床砂砾石料级配良好,能作为坝体填筑料使用。施工中采用前进法结合进占法卸料,虚铺厚度 85 cm,采用 XS26-2 全液压 22 t 自行式振动碾碾压,行进速度控制在不大于 3 km/h、高频率低振幅、碾压 8 遍。试验表明,试验提供的碾压参数满足设计要求。

6.4.3.2　过渡区碾压试验

为满足过渡区相对密度≥0.85,通过试验数据分析,碾压 8 遍后相对密度 0.87,全部满足设计要求,且经济合理。通过试验数据分析,确定施工碾压参数为:心墙铺筑厚度 30 cm,碾压遍数为 1 遍静碾,8 遍动碾,1 遍静碾收光,碾压机具为 XMR303 振动碾。过渡料摊铺厚度为 30 cm,压实遍数为 2 遍静碾,8 遍动碾,碾压机具为 XMR303 振动碾,压实方式为先静碾过渡料,后碾压沥青混合料+动碾过渡料,最后贴缝碾压。过渡料碾压试验成果见表 6-17。

表 6-17　过渡料碾压试验成果

铺筑厚度/cm	碾压遍数	虚铺厚度/cm	压实厚度/cm	实测沉降量/cm	平均沉降/cm	含水率/%	干密度/(g/cm^3)	相对密度	平均/%
30	6	30.2	28.2	2.0	2.13	3.6	2.29	0.85	0.85
		30.4	28.3	2.1		3.5	2.22	0.84	
		30.1	28	2.1		3.1	2.28	0.85	
		30.3	28	2.3		3.8	2.27	0.85	
	8	30.8	28	2.8	2.68	3.5	2.27	0.88	0.87
		30.6	27.7	2.9		3.8	2.28	0.87	
		30.5	28	2.5		3.6	2.29	0.86	
		30.3	27.8	2.5		3.9	2.27	0.86	
	10	30.7	27.8	2.9	3.05	3.4	2.29	0.89	0.91
		30.8	27.8	3.0		3.3	2.27	0.88	
		30.6	27.4	3.2		3.6	2.25	0.89	
		30.9	27.8	3.1		3.2	2.27	0.96	
	复核 8	30.6	28	2.6	2.47	3.8	2.29	0.89	0.89
		30.7	28.2	2.5		4.8	2.30	0.88	
		30.8	28.5	2.4		3.5	2.31	0.91	
		30.5	28.1	2.4		4.2	2.30	0.90	
		30.8	28.2	2.6		3.7	2.28	0.87	
		31	28.6	2.4		3.8	2.31	0.90	

6.4.3.3　大坝填筑料检测成果

本工程按照施工规范要求进行大坝填筑质量的抽检，检测内容包括砂砾石料相对密度、渗透系数、颗粒分析试验。大坝砂砾石填筑料检测项目统计见表 6-18。

表 6-18　大坝砂砾石填筑料检测项目统计

序号	检测项目		施工方检测组数	监理检测组数	合格率/%
1	相对密度	坝壳料	996	227	100
2		过渡料	624	279	100
3		上游围堰	248	53	100
4		排水体	47	8	100
5		排水棱体	89	3	100
6		反滤层	254	2	100
7		反滤料	315	11	100

监理部门对坝体填筑中的坝壳料现场检测 227 组，相对密度 D_r 均值为 0.89，在 0.85~1 范围内，符合设计指标及规范要求。过渡料现场检测 279 组，相对密度 D_r 均值为 0.90，符合设计技术指标（≥0.85）及规范要求。上游围堰填筑检测 53 组，相对密度 D_r 均值为 0.90，符合设计技术指标（≥0.85）及规范要求。大坝下游排水体填筑检测 8 组，孔隙率 n(%) 均值为 22.1，符合设计技术指标（≤32）的要求。大坝下游排水棱体检测 3 组，其中报告 DHY20170064 孔隙率 n(%) 检测结果为 15.8、报告 DHY20170077 孔隙率 n(%) 检测结果为 20.5、报告 DHY20170122 孔隙率 n(%) 检测结果为 21.2，三组检测结果均满足技术指标≤24。反滤层检测 2 组，DHY20170065 报告检测结果为 0.91，DHY20170076 报告检测结果为 0.88，两组检测数据均满足技术指标（≥0.70）。反滤料填筑检测 11 组，检测结果均值为 0.86，满足设计技术指标（≥0.70）。大坝上、下游原基共检测 3 组，DHY20170055 报告检测结果为 0.91、DHY20170097 报告检测结果为 0.87、DHY20170099 报告检测结果为 0.88，三组检测结果均满足设计技术指标（≥0.85）。

现场渗透试验共检测 7 组，其中上游围堰检测 2 组 DHY20170059 报告检测结果为 2.97×10^{-2}，DHY20170170 报告检测结果为 3.18×10^{-2}，两组检测结果表明均满足设计技术指标（$\geq1.0\times10^{-2}$）的要求。过渡料检测 2 组，DHY20170171 报告检测结果为 2.11×10^{-2}，DHY20180158 报告检测结果为 5.43×10^{-2}，两组检测结果表明均满足设计技术标准（$\geq1.0\times10^{-3}$）。坝体填筑（坝壳料）检测 3 组，DHY20170172 报告检测结果为 1.61×10^{-2}，DHY20180156 报告检测结果为 1.38×10^{-2}，DHY20180157 报告检测结果为 2.66×10^{-2}，三组检测结果表明均满足设计技术指标（$\geq1.0\times10^{-3}$）。

现场颗粒分析共检测 6 组，大坝填筑（坝壳料）3 组，过渡料及大坝下游反滤料 2 组，大坝下游排水体 1 组，具体见表 6-19。

表 6-19　大坝工程土工检测结果统计分析

工程部位	组数	检测数据			
大坝填筑	3	粒组含量/%	>60 mm		22.1
			2~60 mm		55.5
			0.075~2 mm		17.7
			<0.075 mm		4.8
		不均匀系数	C_u	—	68.3
		曲率系数	C_c	—	3.0
过渡料Ⅰ区	1	粒组含量/%	>60 mm		8.2
			2~60 mm		71.9
			0.075~2 mm		18.1
			<0.075 mm		1.8
		不均匀系数	C_u	—	19.8
		曲率系数	C_c	—	2.5

续表 6-19

工程部位	组数	检测数据			
过渡料Ⅰ区及大坝下游反滤料	1	粒组含量/%	>60 mm		11.6
			2~60 mm		69.1
			0.075~2 mm		18.5
			<0.075 mm		0.9
		不均匀系数	C_u	—	27.6
		曲率系数	C_c	—	1.6
大坝下游排水体	1	粒组含量/%	>80 mm		4.8
			40~80 mm		32.9
			10~40 mm		61.0
			5~10 mm		1.3
			<5 mm		0
		不均匀系数	C_u	—	2.1
		曲率系数	C_c	—	0.9

检测结果表明级配良好，符合设计技术要求。

6.5　沥青混凝土心墙施工质量控制与检测

6.5.1　心墙施工质量控制措施

由于沥青混凝土心墙施工过程中对技术要求高，且工艺复杂，任一工序失控，不仅影响下一道工序，而且可能给心墙的质量造成严重后果。因此，铺筑过程中需严格控制沥青混凝土施工质量，应加强常规的沥青混凝土质量检验和各工序的工艺控制，还应建立工地试验室，从原材料、温度控制、碾压过程、成品检测多方面严格执行摊铺试验及规范要求。

6.5.1.1　拌制现场的质量控制

1. 原材料质量控制

沥青混合料所用原材料有沥青、粗细骨料、填充料，施工首先必须做好原材料的质量控制。按施工规范及设计文件的要求，对原材料的进场质量及施工过程检验要严格控制，一旦发现不合格材料，必须进行处理。

(1) 沥青的质量控制。沥青是混合料的重要组成部分，是影响沥青混凝土性能的主要成分。本工程选用的沥青为满足工程施工质量要求的标准工业产品。沥青主要进行针入度、软化点、延度三项指标的检测，其他指标在必要时进行抽查。对现场沥青分别取样检验，每 30~50 t 为一取样单位，从 5 个不同部位提取，总量不少于 2 kg，混合均匀后作为样品检验。每批沥青至少抽取一个样品检验。拌和楼正常生产情况下,每天从沥青恒温罐取样一次,进行针入度、软化点及延度等试验,同时对恒温罐的沥青温度随时检测,保证沥青加热温度控制在规定范围内。

(2)骨料的质量控制。沥青混合料所用的骨料质量指标包括含泥量、针片状含量、超逊径含量与沥青的黏附性、吸水率、水稳定性、耐久性。这些指标主要通过骨料破碎筛分后经试验检测来控制,提供拌和系统满足级配要求的合格料。

根据施工经验,拌和楼正常生产情况下,骨料若不能保持稳定的级配,将导致表面积和空隙率的变化,使沥青混合料的性能受到影响。本工程拌制现场还要从热料仓中取样进行级配的检测试验,每 100~200 m^3 为一取样单位,且每天不少于 1 次,必要时进行其他项目的技术指标抽样检验。同时监测热料斗中骨料温度,严格控制温度在规定范围内。

(3)填充料质量控制。填充料(矿粉)是沥青混合料的重要组成部分,本工程矿粉质量主要通过进货验收检查时进行抽样检验控制。矿粉运到工地后,采用专用矿粉罐,妥善保管,防止雨水浸湿。填充料主要进行级配和含水率的检测试验,每批取样检验 1 次,检验合格后,方能使用。

2. 沥青混合料拌和质量控制

拌和楼生产必须按当天签发的沥青混凝土配料通知单进行拌料。配料通知单的依据是:①二次筛分后热料仓矿料的级配试验指标;②前一单元沥青混合料的抽提试验成果。

沥青混合料拌和质量严格按试验确定,并按监理工程师批准的配料单生产,配料误差控制在规范范围内。拌和出的沥青混合料随时观察外观,保证其色泽均匀,稀稠一致,无花白料,无冒黄烟等异常现象,同时要抽查出机口的温度,使之控制在规定范围内。

凡沥青混合料质量出现下列情况之一时,自动按废料处理:

(1)沥青混合料配比计算错,用错或输入配料指令错误。

(2)配料时,任意一种材料的计量失控或漏配。

(3)未经监理工程师同意,擅自更改了配料单。

(4)外观检查发现有花白料,混合料时稀时稠或有黄烟等现象。

(5)拌制好的沥青混合料在成品料仓内保存不超过 24 h。

6.5.1.2 铺筑现场的质量控制

沥青混合料在铺筑过程中要对温度、厚度、宽度、轴线、摊铺碾压及外观进行检查控制,在施工过程中,设置质量控制点,严格控制管理。

摊铺心墙沥青混合料前,需检查立模的中心线和尺寸,模板中心线与心墙轴线的偏差应不超过 10 mm。基座结合面应清理干净,涂刷 2 cm 厚沥青玛琋脂,与基座连接铜止水校正顺直;心墙中段 80 cm、60 cm 段采用摊铺机进行摊铺,心墙与基座结合放大角段采用立模人工摊铺的方法,人工摊铺时装载机卸料应均匀,以减少人工劳动强度,注意不污染仓面,不使混合料离析,摊铺过渡料厚度控制在 30 cm 以内,摊铺机行走速度控制在 2.0~3.0 m/min。每层沥青混合料铺筑前,要对层面进行清理,铺料后对心墙取样进行抽提试验,铺筑结束后,次日铺筑开始时,对心墙容重、孔隙率采用无核密度仪进行无损检验,每隔 10~30 m 设置一个测点;抗渗指标渗气仪每隔 100 m 检测一次。沥青混凝土碾压使用 XMR303 振动碾,初碾温度控制在 140~150 ℃,终碾温度为 130~140 ℃,碾压遍数为 1 遍静碾、8 遍动碾、1 遍静碾。碾压后,沥青混凝土心墙的厚度不小于设计厚度,心墙碾压完成后立即用防雨帆布覆盖保护,避免雨水及尘土污染。因机械故障等原因需设横缝时,心墙端头进行斜坡碾压处理,坡度不小于 1∶3。沥青混凝土心墙每升高 2~4 m 或每摊铺 1 000~1 500 m^3 进行钻芯取样,沿坝轴线每 100~150 m 布置钻取芯样 2 组,用钻机钻取芯样,进行密度、孔隙率、渗透系数检测;根据设计要求进行马歇尔稳定度、马歇尔流值、水稳定系数、小梁弯曲、三轴试验等检测。沥青混凝土心墙钻取芯样后,心墙内留下的钻孔需及时回填。回填时,先将钻孔冲洗、擦干,用煤气喷枪将孔壁烘干、加热,再用热细粒沥青混凝土分层回填捣实。

铺筑现场的质量控制主要包括:

(1)厚度控制。由于沥青混凝土摊铺时,摊铺机行走部分位于沥青混凝土心墙两侧压实后的过渡料上,因此施工过程中为保证摊铺厚度的均匀性,过渡料摊铺采用人工辅助扒平,确保底层的平整,保证铺筑后的心墙略高于两侧过渡料。为了保证心墙厚度,摊铺机摊铺沥青混合料的速度必须控制均匀。

(2)温度控制。沥青的加热和保温温度应控制在 160 ℃±10 ℃,骨料的加热温度宜控制在 180 ℃±10 ℃。考虑沥青混合料运输、待料及摊铺过程中的温度损失和摊铺、碾压温度等因素的影响,沥青混合料出机口温度根据现场碾压温度动态控制。因沥青混凝土温度控制是沥青心墙施工质量的关键,在低温季节进行沥青混凝土施工时,必须在施工前做好准备,需对沥青混凝土拌和站容易冻结部件采取辅助加热措施,对运输车辆采取保温措施。施工现场沥青混合料摊铺后,为了防止表面温度降温过快,采用帆布和棉被保温,保证施工质量。

(3)宽度控制。沥青混凝土施工前测定出心墙轴线并弹线标识,调整摊铺机模板中线,与心墙轴线重合。摊铺机行走时,通过机器前面的摄像机可使操作者在驾驶室里通过监视器驾驶摊铺机精确地跟随细丝前进,从而保证心轴线上、下游侧宽度满足设计要求。

(4)碾压控制。振动碾碾压前,人工将碾轮清理干净,对碾压温度、遍数、方式、速度要严格按批准的试验成果控制,振动碾行走过程中保持匀速行走。碾压后心墙表面平整度、宽度符合设计要求,表面返油色泽均匀、无裂缝。

(5)外观检查。沥青混凝土心墙铺筑时,对每一铺层随时进行外观检查,发现蜂窝、麻面、空洞及花白料等现象及时处理。

6.5.2 心墙质量检测

6.5.2.1 沥青混合料检测

沥青混合料拌和站出机口取样,制作马歇尔试件检测马歇尔稳定度、流值、沥青含量。各检验 209 次均满足设计要求,检测记录统计结果见表 6-20、沥青含量试验矿料级配见表 6-21。

表 6-20 沥青混合料检验结果统计

检测项目	密度/(g/cm³)	孔隙率/%	马歇尔稳定度/kN	马歇尔流值/0.1 mm	沥青含量/%
设计值	≥2.35	<2.0	≥5	30~110	6.2~6.8
检测组数	209	209	209	209	209
实测值	2.378~2.399	0.52~0.79	6.550~7.340	75~86	6.41~6.68
平均值	2.395	0.700	6.980	81.0	6.52
标准差	0.002	0.043	0.133	2.206	0.044
离差系数	0.001	0.062	0.019	0.027	0.007
合格率	100	100	100	100	100

表 6-21 沥青含量试验矿料级配统计

粒径/mm		通过率百分率/%										
		19.0	16.0	13.2	9.5	4.75	2.36	1.18	0.6	0.3	0.15	0.075
油石比	最大值	100	97.9	94.9	82.0	63.1	49.5	38.5	30.5	24.0	18.4	13.7
	最小值	100	91.8	83.1	73.0	54.9	41.5	31.1	24.1	18.6	14.7	12.5
	平均值	100	95.1	88.4	77.7	59.7	46.2	35.4	27.6	21.6	16.7	13.1
	设计值	95.0~100.0	88.5~98.5	81.8~91.8	71.4~81.4	53.5~63.5	40.6~48.6	30.2~38.2	22.4~30.4	16.2~24.2	11.6~19.6	11.0~15.0

马歇尔稳定度共检测 209 组,所有检测结果均满足设计要求,平均值 6.980 kN,σ=0.133,C_v=0.019。从数据可以看出:所有检测结果均在马歇尔稳定度平均值±3σ 范围内,质量控制水平优良。

马歇尔流值共检测 209 组,检测结果符合设计要求,平均值 81.0(0.1 mm),σ=2.206,C_v=0.027。从数据可以看出:所有检测结果均在马歇尔流值平均值±3σ 范围内,质量控制水平优良。

抽提试验共检测沥青含量 209 组,检测结果符合设计要求,平均值 6.52%,σ=0.044;C_v=0.007。从数据可以看出:检测结果在油石比平均值±3σ 范围内,质量控制水平优良。

6.5.2.2 沥青混凝土仓面检测

1.仓面无损检测

沥青混凝土心墙工程量约 19 694.6 m³,铺筑质量检测严格按照规范频次检测,无损检测 314 组,均满足设计规范要求,无损检测成果见表 6-22。

表6-22　沥青混凝土现场无损检测汇总

检测项目	碾压温度	仪器检测密度/(g/cm³)	仪器检测孔隙率/%	仪器检测压实度/%	渗透系数/(1×10^{-9} cm/s)
设计值	—	≥2.35	<3.0	—	小于 1×10^{-8}cm/s
检测组数	1 560	4 566	4 566	4 566	314
最大值	152	2.408	2.03	99.8	8.89
最小值	138	2.361	0.25	98.0	3.25
平均值	145.5	2.384	1.14	98.9	6.11

2. 取芯检测

沥青混凝土心墙按规范要求,每升高不大于4 m钻取芯样1组,检测密度、孔隙率、马歇尔稳定度、马歇尔流值,共取芯样19组,各项指标均符合设计要求,检测结果统计情况见表6-23。

表6-23　沥青混凝土心墙取芯检验统计结果

编号	高程/m	马歇尔试验			
		密度/(g/cm³)	孔隙率/%	稳定度/kN	流值/0.1 mm
1	EL1551.600~EL1551.880	2.383	1.16	6.95	79
2	EL1554.680~EL1554.960	2.386	1.12	7.02	80
3	EL1558.600~EL1558.880	2.379	1.33	7.08	81
4	EL1562.520~EL1562.800	2.382	1.20	7.11	80
5	EL1566.720~EL1567.000	2.382	1.24	7.04	81
6	EL1551.320~EL1551.600	2.380	1.34	7.06	83
7	EL1556.920~EL1557.200	2.386	1.11	6.85	82
8	EL1562.240~EL1562.520	2.390	1.02	7.03	81
9	EL1567.000~EL1567.280	2.384	1.26	6.93	81
10	EL1571.480~EL1571.760	2.385	1.23	6.85	82
11	EL1577.080~EL1577.360	2.386	1.12	6.75	82
12	EL1579.880~EL1580.160	2.387	1.09	6.85	85
13	EL1585.200~EL1585.480	2.386	1.02	6.92	81
14	EL1587.720~EL1588.000	2.386	1.16	6.88	77
15	EL1593.320~EL1593.600	2.383	1.26	6.92	80
16	EL1598.640~EL1598.920	2.387	0.97	6.81	82
17	EL1605.640~EL1605.920	2.386	1.16	7.32	84
18	EL1610.400~EL1610.680	2.387	1.09	6.92	86
19	EL1617.400~EL1617.680	2.384	1.20	7.04	82

6.5.2.3　芯样委托检测

委托芯样最大密度、小梁弯曲、渗透系数、水稳定系数、静三轴试验各检测 4 组，各项指标均符合设计要求，检测结果统计情况见表 6-24。

表 6-24　沥青混凝土心墙委托芯样检验统计结果

检测项目	最大密度平均值/(g/cm^3)	小梁弯曲(7.7 ℃)		渗透系数/(1×10^{-9} cm/s)	水稳定系数	静三轴试验(7.7 ℃)	
		最大抗弯强度/MPa	最大弯曲应变/%			凝聚力/MPa	内摩擦角/(°)
设计指标	>2.35	≥0.4	≥1	$\leqslant1\times10^{-8}$	≥0.9	≥0.3	≥25
第一批 EL1558.88	2.408	2.28	4.64	2.801	0.904	0.55	25.9
第二批 EL1571.76	2.422	1.975	6.181	2.509	0.939	0.51	26.4
第三批 EL1598.92	2.415	1.848	4.317	2.566	0.934	0.49	27.7
第四批 EL1617.40	2.412	1.39	4.527	2.756	1.025	0.32	25.09

第7章 大坝安全监测

大坝安全监测是检验设计、指导工程安全运行与科学调度的重要手段。大坝安全监测应可靠、准确地反映坝的实际性态,及时发现异常迹象,为大坝的安全评价提供必要依据。大河沿水库属于中型水库,工程等级为Ⅲ等,主要建筑物级别3级、次要建筑物级别4级、临时建筑物级别5级,由于最大坝高75.0 m,超过土石坝70 m堤级标准,大坝级别为2级。坝基河床砂砾石覆盖层深厚,达185 m,设计采用186 m深混凝土防渗墙进行防渗处理。根据工程场地地震安全性评价成果,场区50年超越概率10%的地震动峰值加速度为0.178g,对应的地震基本烈度为Ⅷ度(0.2g档),工程按Ⅷ度设防,大坝抗震设防类别为乙类。为了确保工程的安全,充分发挥工程的效益,建立完善的工程安全监测系统是必要的。

根据枢纽的地质条件和建筑物的结构特点,为监视枢纽建筑物的安全运行,及时了解各建筑物的运行状况,建立以安全监测为主的自动化安全监测系统,同时可以校核设计,评价施工质量,并兼顾为同类建筑物的设计和研究提供参考资料。

7.1 大坝监测设计

大坝监测项目主要有坝体表面变形(垂直位移、水平位移);坝体和坝基内部变形;沥青混凝土心墙变形(含接缝位置);坝体、坝基及绕坝渗流;沥青混凝土心墙应力、应变;水库水位、降水量、气温、库水温、坝前淤积、地震等监测项目。

7.1.1 变形监测

7.1.1.1 表面变形检测

大坝表面变形监测包括坝体表面垂直位移(沉降)监测和水平位移监测,采用全站仪、水准仪人工监测。设置4个监测纵断面和5个监测横断面,4个监测纵断面分别为平行于坝轴线上游桩号0-009.0 m位置、坝顶下游侧桩号0+005.0 m位置、坝轴线下游桩号0+055.0 m位置(一级马道1 594.3 m平台)、下游坝坡0+108.0 m位置(二级马道1 569.30 m平台);5个监测横断面分别为大坝断面桩号0+109.0 m、0+187.0 m、0+265.0 m、0+340.0 m、0+415.0 m位置,共布设表面位移测点19个。在每一纵排测点的延长线两岸新鲜基岩上布设工作基点各一个,共8个工作基点。为监测沥青混凝土心墙顶部垂直位移,在坝顶部5个观测横断面上各埋设一个水准标点。

在大坝左右坝端山顶上和坝下游左侧山顶,选取地质条件良好,基础稳固、能长久保存的位置布置基准点,结合施工控制网,建立一等三角水平位移监测控制网和二等垂直位移监测控制网,为整个坝址区各建筑物的变形监测提供基准。共设立8个水平位移监测控制网点和3个垂直位移监测控制网点。基准点及监测点上设置强制对中底盘,采用不锈钢罩进行保护,水平位移观测还需配置活动坐标。

7.1.1.2　内部变形监测

1. 坝体内部变形

在 0+187.0 m、0+270.0 m 两个监测断面的 1 550 m、1 570 m、1 595 m 三个高程沥青混凝土心墙下游坝体内部分别布设 6 组水管式沉降仪和 6 组引张线水平位移计,用于监测下游坝体内部水平、垂直位移变形。共计 18 套水管式沉降仪测点及 18 套引张线水平位移计测点。水管式沉降仪及引张线水平位移计布置示意图见图 7-1、图 7-2。

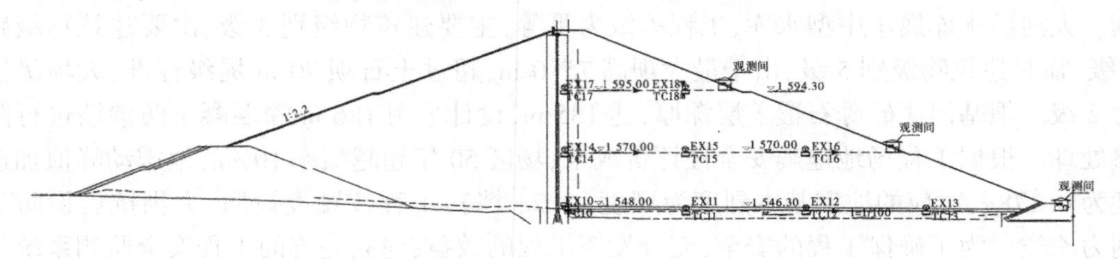

图 7-1　0+187 m 断面水管式沉降仪及引张线水平位移计布置图

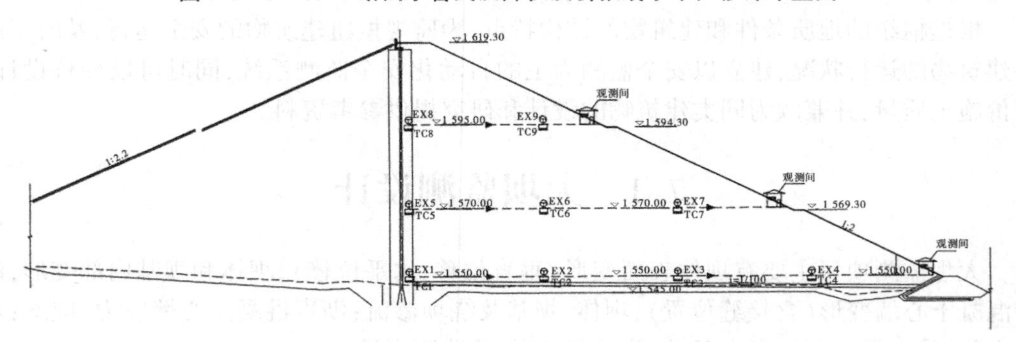

图 7-2　0+270 m 断面水管式沉降仪及引张线水平位移计布置图

2. 建基面沉降变形

在 0+270.0 m 监测断面防渗墙与深厚覆盖层的顶表面(建基面上)新增布设 1 组 5 测点的二维矢量倾斜位移计,测点间距 30 m,监测坝体基础沉降和深厚覆盖层顶部(建基面)相对于防渗墙的竖向位错及开度变形。位移计埋设示意图见 7-3。

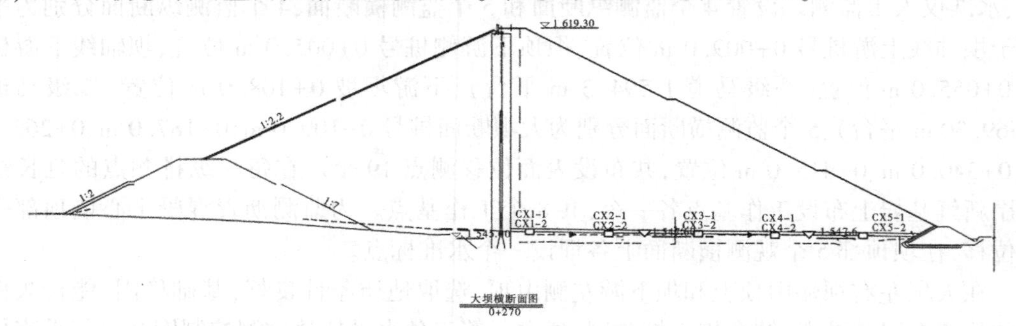

图 7-3　0+270 断面倾斜位移计布置图

3. 沥青混凝土心墙与心墙基座、过渡料变形监测

(1)沥青混凝土心墙和心墙基座位移变形监测,在沥青混凝土心墙基础 1 550 m 高程 0+130.0 m、0+187.0 m、0+270.0 m、0+310.0 m 桩号及左右心墙基座岸坡的 1 565 m、1 572 m、1 594.4 m 高程部位分别设置双向位移计,共计 9 组双向位移计,以监测混凝土心墙和心墙基座位移变形。

(2)沥青混凝土心墙和过渡料位错变形监测,分别在 0+187.0 m、0+270.0 m 两个监测断面 1 545 m、1 563 m、1 580 m、1 598 m、1 616 m 高程的沥青混凝土心墙上、下游两侧各布设一支位错计,用于监测沥青混凝土心墙和过渡料位错变形。位错计埋设示意图见图 7-4~图 7-6。

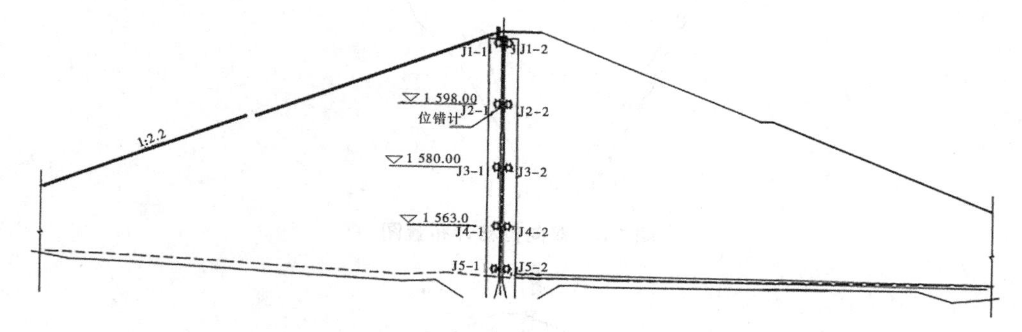

图 7-4　0+187 断面位错计布置图

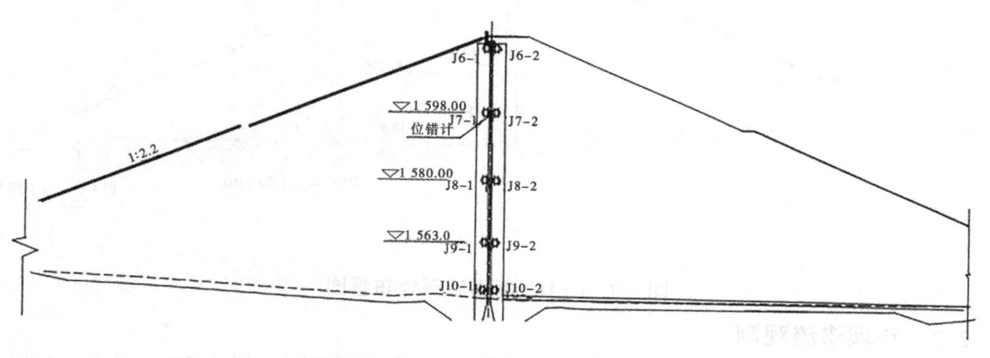

图 7-5　0+270 断面位错计布置图

7.1.2　渗流监测

渗流监测包括大坝坝体和坝基渗透压力、渗流量和绕坝渗流监测。

7.1.2.1　坝体和坝基渗流、浸润线观测

根据大坝平面布置情况,坝体和坝基渗流监测设置 5 个渗流监测横断面,分别为 0+109.0 m、0+187.0 m、0+265.0 m、0+340.0 m、0+415 m 断面,共计 24 支渗压计。另在 0+255.0 m 和 0+270.0 m 断面上游防渗墙断面各埋设 1 支渗压计,下游防渗墙断面 1 377.3 m(1 361.3 m)、1 393 m、1 423 m、1 453 m、1 483 m、1 513 m、1 529 m 七个高程下游两侧分别埋设 1 支渗压计,两个断面新增渗压计共计 16 支。渗压计埋设布置图见图 7-7~图 7-10。

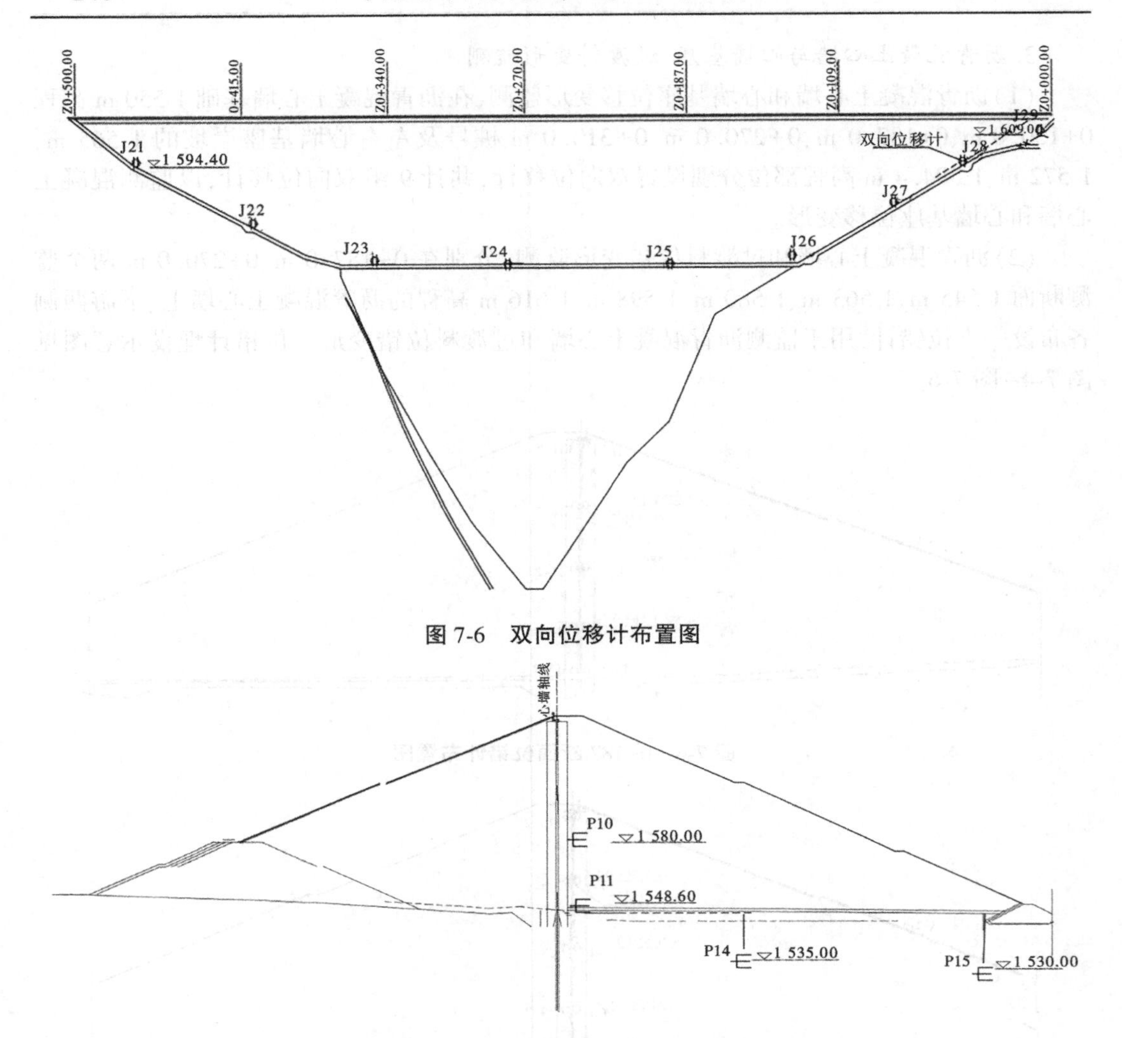

图 7-6　双向位移计布置图

图 7-7　0+187 断面渗压计布置图

7.1.2.2　绕坝渗流观测

在左、右岸坝轴线下游岸坡上各布置 4 个绕坝渗流观测点，每个测点埋设一支渗压计，共计 8 支渗压计，采用测压管内安装埋设方法。

7.1.2.3　渗流量观测

坝体渗水引出坝后，渗水沿排水沟排入下游河道，在原河床处设置 1 个量水堰，量测渗水流量。为便于自动观测，在堰板前 1 m 位置设置量水堰计（水位计）。

7.1.3　沥青心墙温度监测

将 0+187.0 m、0+270.0 m 两个断面设置监测断面，分别在两个监测断面 1 548.8 m、1 563 m、1 580 m、1 598 m、1 616 m 高程的沥青混凝土心墙内部设置高温温度计，用于监测沥青混凝土心墙温度，共埋设 10 支，沥青混凝土心墙温度计布置图见图 7-11。

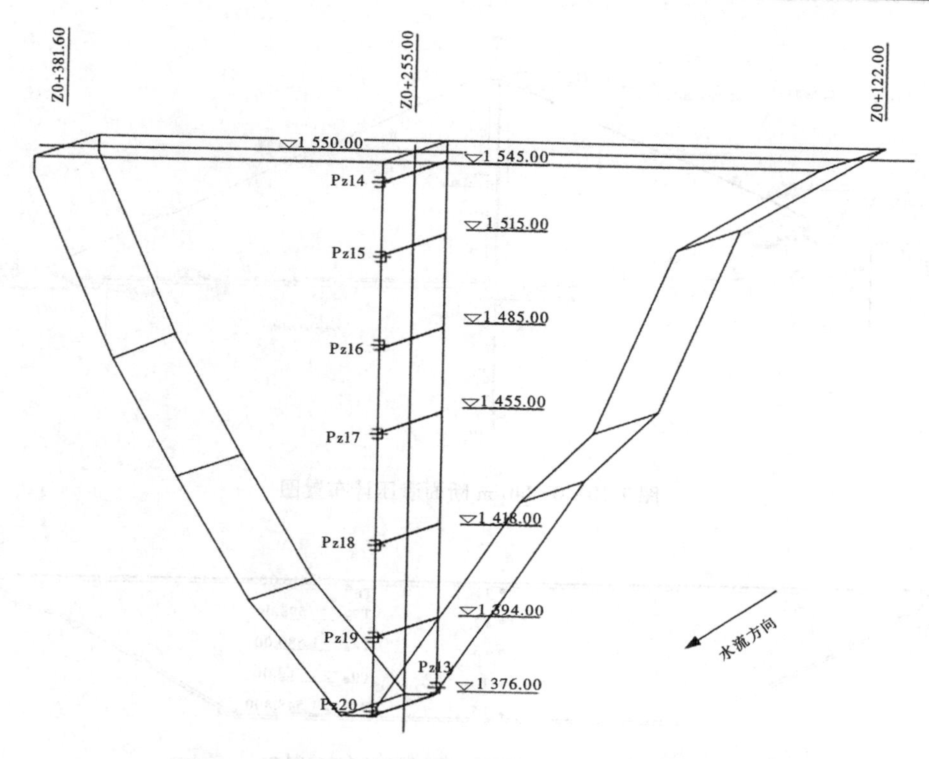

图 7-8　0+255 m 断面防渗墙上、下游两侧渗压计布置图

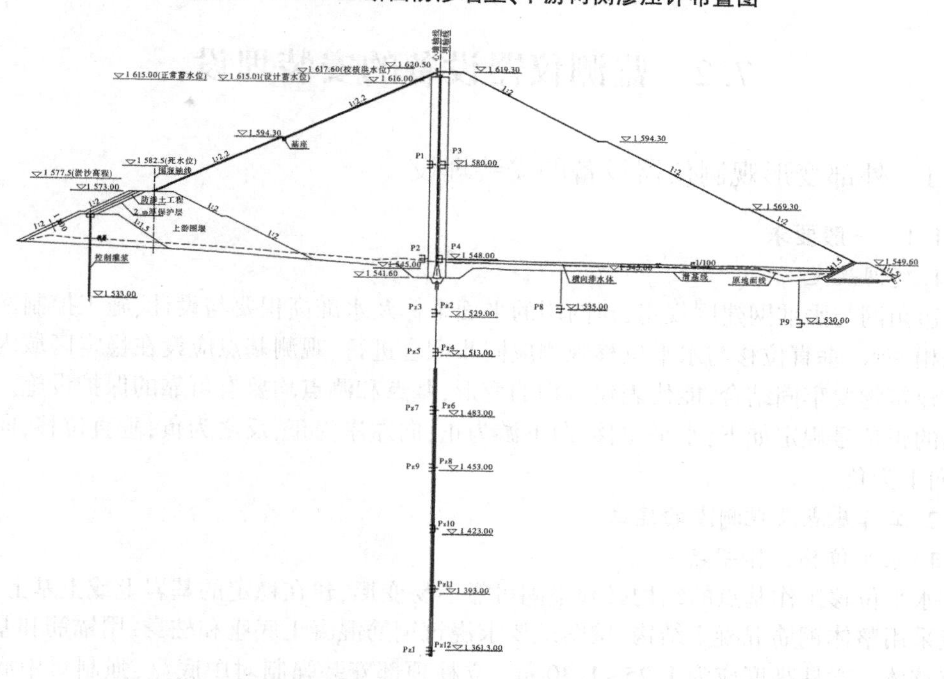

图 7-9　0+270 m 断面上、下游两侧渗压计布置图

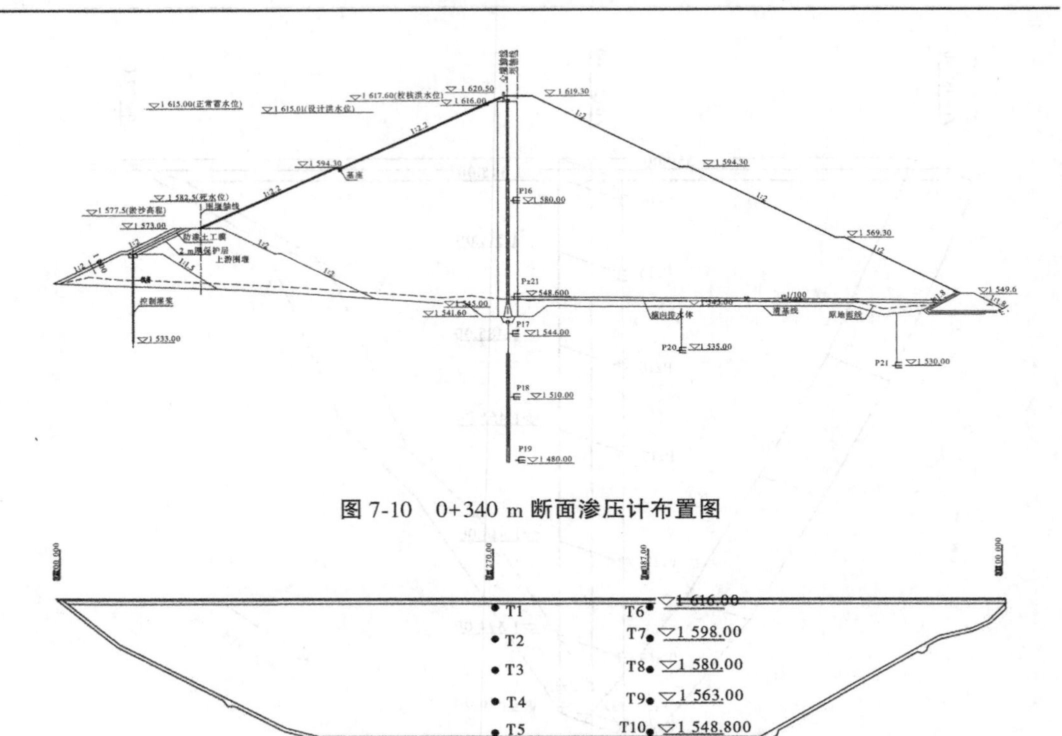

图 7-10　0+340 m 断面渗压计布置图

图 7-11　沥青混凝土心墙温度计布置图

7.2　监测仪器设备的安装埋设

7.2.1　外部变形观测仪器设备的安装埋设

7.2.1.1　一般要求

1. 建网规定

边角网与水准网建网规定，建网用的平面坐标及水准高程要与设计、施工控制网坐标系统相一致，垂直位移与水平位移观测应同步配合进行，观测基点应设在稳定区域内。测点与建筑物要牢固结合，能代表建筑物的变形，基点和测点均要有可靠的保护设施。变形观测的正负号规定如下：水平位移，向下游为正，向左岸为正，反之为负；垂直位移，向下为正，向上为负。

2. 工作基点及观测点的建立

1）水平位移工作基点

水平位移工作基点的结构必须坚固可靠不易变形，建在稳定的基岩上或土基上；工作基点采用整体钢筋混凝土结构，按图纸要求浇筑钢筋混凝土底座和柱身，用锚筋和基岩连接成整体。立柱高度应为 1.25～1.30 m。立柱顶部安装强制对中底盘，强制对中底盘应调整水平，对中误差应小于 0.1 mm。在土基上建立的工作基点，基础必须开挖到原状土以下，并在平整的原状土上浇筑标墩；在基岩上建立的工作基点，可凿坑就地浇筑混凝土。

2）水准工作基点

水准工作基点应尽量建在基岩上，实地选点时，以完整露面的新鲜基岩为好，否则应清除覆盖层和全风化层、强风化层，再浇筑钢筋混凝土底座及埋设水准标心。建在土基上的水准工作基点，其底座必须在平整的原状土上浇筑钢筋混凝土标石，水准工作基点地面部分应设牢固的保护设施。

3）观测点

观测点的建造，应与建筑物牢固结合，并浇筑钢筋混凝土底座和柱身。底座和柱身结构与水平位移观测工作基点类似，观测点结构依据设计图纸及有关规范规定。

7.2.1.2 观测墩及精密水准标的安装埋设

1. 工作基点、校核基点和位移标点监测墩的施工

若观测墩的基础在土层上，观测墩埋深应在冻土层 0.5 m 以下。当开挖达到设计要求时，进行钢筋绑扎和立模，浇筑基础混凝土。在基础浇筑完毕后进行二次立模浇筑，中下部放置垂直位移不锈钢位移标点，立模后用仪器对模板进行校正，使其位于视准线上，合格后方可浇筑混凝土。浇筑到顶部时预埋强制对中盘的支座，并进行调整校核，其倾斜度不得大于4°，并用水平尺使其表面保持水平。调整合格后，再对强制对中盘进行安装和浇筑。

如监测墩的基础是在岩层上，先开挖到新鲜基岩上，然后清除岩层表面的破碎层并清洗干净，在基岩上钻孔并用钢筋锚固后再按图纸浇筑监测墩（方法同上）。

2. 水平监测基准点、工作基点的建造

基础应开挖至新鲜基岩，在岩石基岩面上插筋，与监测基准点连接成整体，按图纸要求浇筑钢筋混凝土基础和标身。

3. 高程观测基准点、工作基点的建造

基准点、工作基点采用基岩标点。实地选点时，以完整露面的新鲜基岩为好，否则应清除覆盖层和全风化层、强风化层，再浇筑钢筋混凝土底座及埋设水准标心（根据设计图纸进行埋设，其方法见图7-12）。

观测点的建造：观测点应与建筑物牢固结合，并浇筑钢筋混凝土基础和标身。基础和标身结构与平面观测工作基点相同（埋设方法见图7-12）。基准点、观测点均应设保护装置。

4. 观测方法

坝体水平位移在施工期采用视准线法观测，视准线两端的工作基点的水平位移由水库外围的监测网进行观测，其中测小角法比较常用。

小角法：左、右两个度盘各观测一次为一个测回，共需观测4个测回，取平均数为小角观测值，观测时半测回差不应超过2″，各测回差不应超过3″，如超限则应重测。

工作基点的高程值：由水库外围的水准点，用二等水准测量方法引测求得；坝体上的沉降标点的位移值由工作基点引测，采用国家三等水准测量方法进行往返观测，各监测墩之间往测与返测的高差不符值不能超过 $1.4\sqrt{n}$，其中 n 为两观测墩之间的测站数。坝体上位移标点应布置成网，观测完成后进行统一平差，最后求得沉降标点的位移值。

工作基点的水平位移：是将两期坐标差经过分析后，算至垂直坝轴线的横向位移和平行坝轴线的纵向位移。

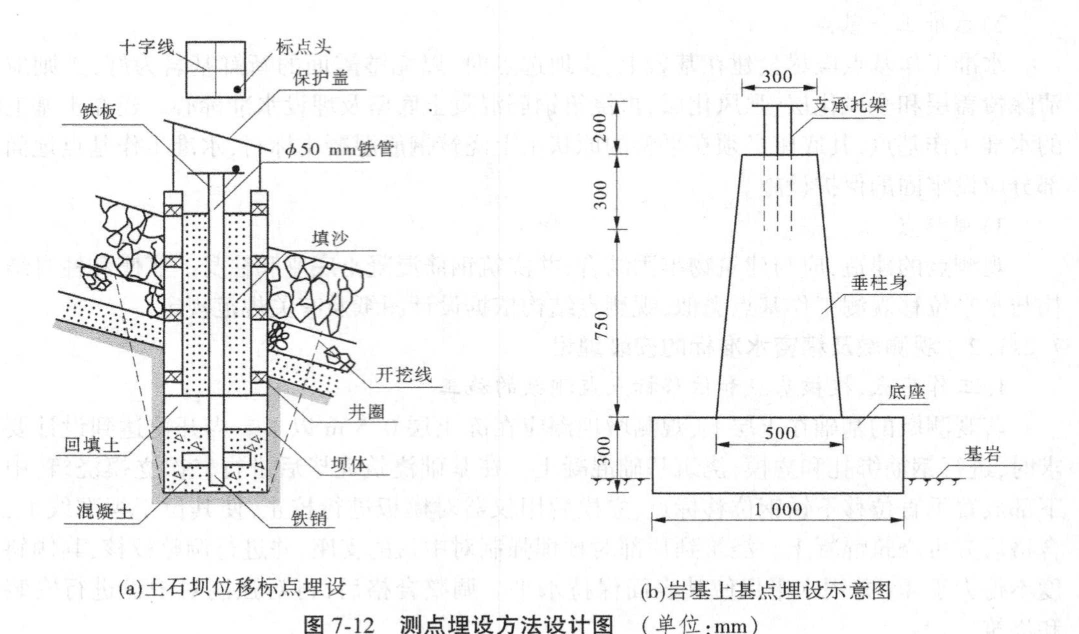

(a)土石坝位移标点埋设　　(b)岩基上基点埋设示意图

图 7-12　测点埋设方法设计图　（单位：mm）

7.2.2　大坝内部变形监测仪器设备的安装埋设

7.2.2.1　测斜管

1. 测斜管的安装

在心墙安装的测斜管，底部固定浇筑在混凝土盖板中，其随填筑而接管延伸，直至坝顶，管口保护按设计图纸所示进行处理，主要安装要求如下：

(1)测量定位，主要测量复核是否在设计位置。

(2)基座在盖板浇筑前预埋，一般采用钢架固定并定位，控制如下：

①钢架要求有一定的牢度，确保绑缚其上的测斜管在安装过程中不因外部扰动出现弯折、脱节等明显的变形和扭曲。

②钢架就位能防止测斜管发生扭转，能确保管体顺直；捆绑的测斜管在混凝土浇筑前要复核保证其位置，导槽方向保持在设计位置。

③测斜管底座及管接头要有必要的密封措施，防止浇筑时水泥浆渗入管内；浇筑过程中要控制浇筑速度，保持测斜管两侧振捣均衡。

④浇筑完成后要复核管内是否通畅，必要时可用清水冲洗测斜管内，以防止水泥砂浆渗到管内凝结在导槽里。

若盖板为钢筋混凝土结构，可考虑将固定钢架与盖板钢筋网结合处理。

(3)盖板浇筑完成后，在填筑接管前，在盖板上部安装沉降基准环，固定牢并测量记录其安装高程。

(4)斜管接长安装采用先填法，即测斜管周围的心墙料填筑要先于坝体填筑，但不得超过坝体填筑一个填筑层。其施工控制如下：

①在管体附近应有测量管口位置、高程和导槽方向的控制点,用于定位和校正。

②接管时可参考设计沉降量,在管接头处预留一定伸缩量。

③在测斜管周围20 cm范围内,用木夯人工夯实,1.5 m范围内不得使用大型碾压机械,一般用小型振动机具人工振捣压实,碾压遍数不少于4次。每个填筑层采用分层人工填筑并压实,控制最大填筑层厚不超过20 cm。

④在填筑期间,每隔约1 m进行一次测量检查以调整测斜管,使其管身保持铅直,导槽方向保持在设计方向上。

(5)填筑过程中,除量测外,均应盖上管口盖。

(6)坝顶管口保护设施按设计图纸所示进行处理。

2. 观测方法及注意事项

1)观测方法

(1)把探头平稳地放入测斜管顶部,并把电缆放入加在管口卡口滑轮装置的滑轮槽中,使高轮方向对准在A+方向(A+方向通常被选定为预期的位移方向)。应在测斜管上做出A+方向标记。

(2)如果电缆存放在卷盘中,应拉出足够长的电缆,以便能使电缆到达测斜管底部。把电缆接到读数仪上并打开读数仪,以使电源通到探头。

(3)给探头定位使得探头高端滑轮在A+导槽上,这应确保A+方向对应于随倾斜量增加的正电压输出。

(4)小心地把探头下降至测斜管底部,不要让电缆从手中滑过而使探头自由下落。虽然这样做是为了加快速度,但却冒了极大的风险,容易使探头狠狠碰到测斜管底部并损坏探头内的加速度仪。建议在测斜管底部放一些软填料如泡沫、橡胶粒等,用来消除所有可能对探头造成的震动损坏。

(5)应允许探头有足够的时间来达到温度平衡稳定。观察读数仪上的读数将显示读数什么时候达到稳定。

(6)提升探头直到最近的电缆标记节放到卡口滑轮装置的卡口中,如果未使用卡口滑轮装置,直到最近的电缆标记在测斜管管口。确保电缆在滑轮装置里,并按读数仪手册指南读取第一个数据。

(7)提升探头直至下一个电缆标记进入卡口,等2 s再读数,重复此过程直至探头到达测斜管顶部。让探头在每次读数时保持静止至关重要,同时允许有足够的时间(2 s)让探头在读数之前静置。

(8)把探头从测斜管中取出,旋转180°直到高轮在A-方向,然后把探头再次放至测斜管底部。重复以上步骤并储存数据。

(9)当观测完成时,把探头擦干净并晾干。装上接头上的盖子并把探头放回到携带箱。电缆应擦干净并重绕,装上接头上的盖子。

2)观测注意事项

由于测斜仪采用的是高灵敏度的传感器,且在施工期观测过程中,周围不断有大型碾压机工作,其观测过程必须严格按照技术要求进行。

(1)观测同一测斜管需采用同一测斜仪和控制电缆,观测时,尽量采用滑轮装置,保证测量基准。

(2)在每次观测时,采用一致的底部(孔底)基准,要求位置的重复度达到 5 mm 以内,以保证每次观测均在同一点进行数据的采集。

(3)总是自下而上地提升探头至测读深度,若意外地拉过测读深度,应将探头放低到先前位置,然后提升到当前位置,保证探头稳定地固定。

(4)探头到达孔底后,应静置 10 min 以上,使探头与孔内温度一致。

(5)同一轴线正反向读数偏差不得大于规定要求,偏差过大时应进行复测,仍过大时应寻找原因并及时纠正,并现场重新测量。

施工期的数据处理相对安装完毕后的数据处理较为复杂,由于测斜管的高度不断增加,测斜的基准值是逐时段确定的。在测斜管的安装过程中,需要不断地修正计算公式,对于计算出的位移量,一般绘制成位移-深度曲线和位移-时间曲线,两种曲线图都是认为孔底测点是固定不变的,以方便分析。

3. 固定式测斜仪的安装

1)初步检验

安装前要检查传感器是否正常。对每个测斜仪都提供一张定表,显示读数和倾斜度的关系。测斜仪的导线(通常是红线和黑线)与读数仪相连,当前读数和校正读数有对照。仔细将传感器垂直放置,观察读数。传感器必须放稳,一般要几秒钟的时间达到平衡状态。读数要在厂家提供的读数范围内,随倾斜度变化。所显示温度应接近环境温度。

测斜仪的震动会导致摆块永久性偏移,甚至破坏悬挂架,在埋设时要有防震措施。

2)固定式测斜仪的安装

连接保险绳,根据需要连到底部滑轮带螺丝孔的部件,保险绳可选用尼龙绳或合适的钢丝绳。

将第一段连接管接到底部滑轮组件上,这段管的长度以设计的尺寸为准(某些情况下,两根管用特殊方法连在一起)。用配套的螺丝、螺母连接安装,并在螺纹连接处滴一滴螺纹锁固剂将安装好的螺纹锁紧。注意连接管公差要适应紧配合。若螺丝不能通过连接处,要用钻扩孔。锁固剂连接管螺丝的锁固,接下来连接下一支仪器组件。固定式测斜仪安装示意图见图 7-13。

一般传感器按指定方向连接在滑轮组件上,这样,固定导轮表示倾斜的正方向。正方向倾斜的读数应是增加值,即 A+方向。用螺丝、螺母和 Loctite-271 螺纹锁固剂将传感器与管件连接。

在测斜管上端组件固定的同时,将传感器、滑轮组件和万向节连接并降至同一方向。这时系统重量已经很大,组装时要用夹子支撑以免测斜仪组件掉入孔中。建议将组件用绳子拉住,也便于传感器的检查、维修或回收。

继续添加剩下的仪器连接管、传感器、滑轮组件,直到安装完最后一个传感器。这时,顶部托架必须与上部的滑轮组件(或仪器连接管)相连接。组件与滑轮(或管)用螺栓连接方法同前,然后降至顶部托架的位置。测斜管口必须相对平直,以防对顶部传感器部件的干扰。

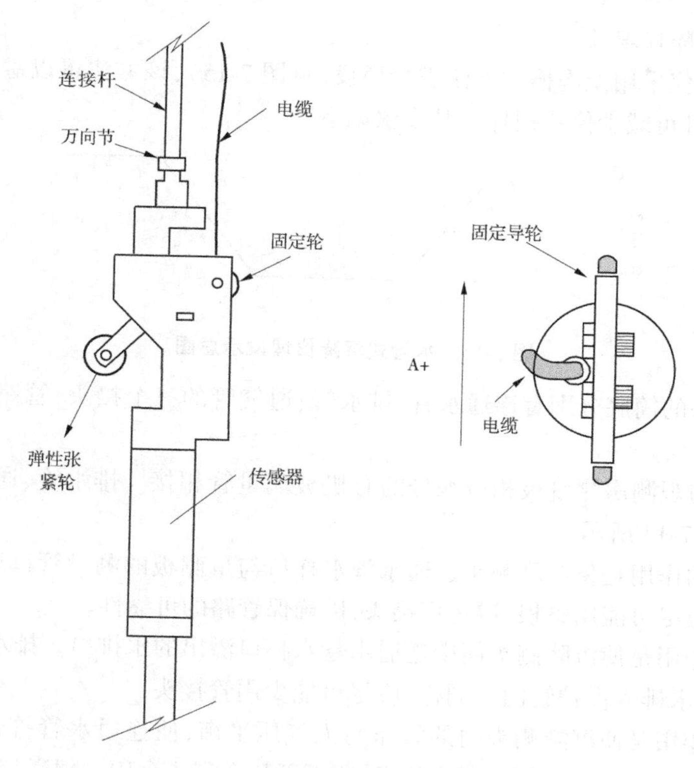

图 7-13　固定式测斜仪安装示意图

传感器就位后，连接电缆至读数点，并进行终端连接或固定。安装完毕可以立即读数，但建议记录初始读数前系统先稳定几小时再采集读数。

7.2.2.2　水管式沉降仪

1. 水管式沉降仪结构

水管式沉降仪主要由沉降测头、管路、量测板(观测台)等三部分构成，示意图见图 7-14。

图 7-14　水管式沉降仪构造示意图

2. 水管式沉降仪埋设

水管式沉降仪采用挖沟槽的方法进行埋设(见图 7-15),该方法可以避免与坝面填筑施工互相干扰,且可减少仪器损坏。其步骤如下:

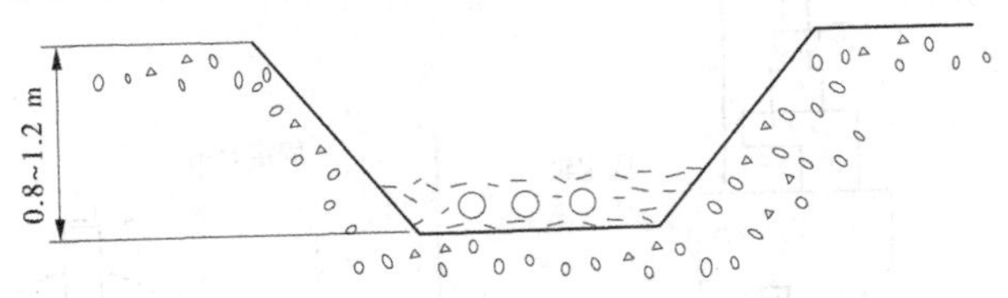

图 7-15　水管式沉降仪埋设示意图

在沉降测头的筒底分别有连通水管、排水管、通气管的三个接头,管路外必须用保护管保护。

连通水管与观测房测量板相应编号的有机玻璃量管相接。排水管、通气管也必须接至观测房,如图 7-14 所示。

连通水管的作用是将沉降测头连通水管水杯口与量测板的测量管口连通,形成 U 形管。连通水管应尽可能用整根,避免用接头,以确保管路的可靠性。

排水管的作用是使沉降测头筒中连通水管水杯口溢出的水排出。排水管必须引至观测房,切不可将水排入保护管内。同样,应尽可能少用管接头。

通气管的作用是使沉降测头内的气压与大气压平衡,使连通水管符合 U 形管原理。每个沉降测头的通气管也必须引至观测房,切不可几个测头合用一根通气管。同样,应尽可能少用管接头。

水管式沉降仪的观测台布置在土石坝沉降测量高程下游坡面处的观测房内,观测房地面高程应按 1%坡度高程线。

观测房内地面设有观测标点,该标点由设在大坝两端的视准线标定。测量管不锈钢板尺零刻度高程等于标点高程与标点和刻度尺零刻度之和。各测点沉降量的可测性,必须符合 U 形管的原理。管路埋设高程必须按 1%坡度沉降测头内连通水管水杯口的高程。管路埋设坡度一般采用 1%倾向于观测房,这有利于连通水管充水排气,也有利于排水管的排水,并且通气管内也不易积水。

3. 水管式沉降仪施工期人工观测

1) 观测

按《土石坝安全监测技术规范》(SL 551—2012)的规定,根据工程建筑物级别,确定施工期、蓄水期、运行期的观测次数。

每次人工观测时,用水准仪测出观测房测量板测尺零点刻度的标点高程,检查各部件的工作性能,先读出各测点测量板测量管上水位读数,作为校验仪器工作性能的读数,然后逐个向沉降测头连通水管充水排气。

量测管的稳定数值判定方法:每 20 min 读一次数,直至最后三次读数不变。若读的数值与排气前的读数相同或稍大均属正常,若低些或大得较多均属不正常,应分析原因。主要应考虑前后排气是否正确,再考虑其他原因。

寒冷地区,应用防冻液代替无气水。防冻液可采用乙二醇、甲醇和水混合液,配比为:乙二醇:甲醇=655:345(体积比)。这样混合液的密度为1。再掺入0.4(体积比)的蒸馏水。这种防冻液可达到-52 ℃不冻的效果。

每次观测时,均应测读各测量水管的稳定水位(沉降测头溢流水杯的水位)并以水准仪测出测量水管上钢板尺零刻度的高程,换算出沉降测头的实际沉降量。

2)维护

每3个月检查一次水管、水箱与机柜连接处是否漏水。

测控装置及控制仪的蓄电池由测控装置内的充电器进行浮充,应每3个月检查一次蓄电池是否完好,并每4年更换一次蓄电池。

水管内的水位读数与测控装置显示水位读数不一致时,打开机箱上部保护盖,抓住浮子上的钢丝不动,上下调节滑轮,此时对比水管内的水位读数与测控装置显示水位读数一致为止。

在检测时水位读数出现大幅度的变化时,应检查水管、水箱与机柜连接处是否有漏水现象,对比水管内的水位读数与测控装置显示水位读数一致为止。

7.2.2.3　引张线式水平位移计

1.水平位移计结构

引张线式水平位移计主要由锚固板、铟钢丝、钢丝固定盘、分线盘、保护管、伸缩接头、固定标点台、游标卡尺等组成,结构示意图如图7-16所示。

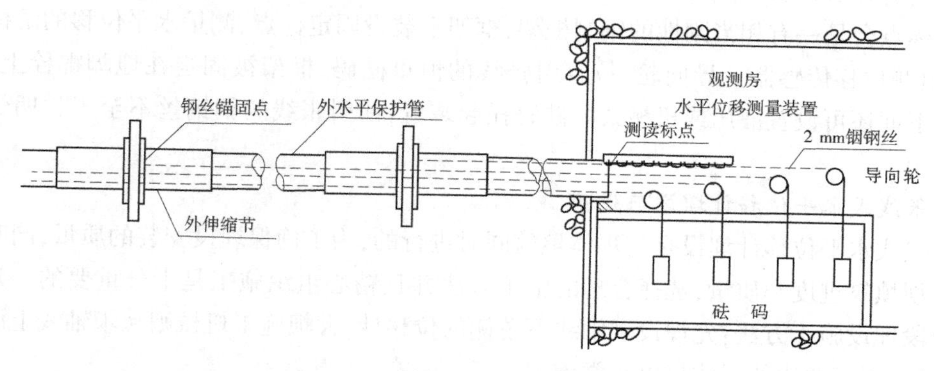

图7-16　引张线式水平位移计结构示意图

1)锚固板

锚固板是一个高400 mm、长400 mm、厚6~10 mm的矩形钢板,在锚固板的中心开一配保护外径的圆孔128 mm,埋入坝体的端部锚固板应装一固定引张线钢丝的压帽。

2)铟钢丝

铟钢丝主要是由Co和Cr等材料冶炼拉制成的直径为2 mm的铟瓦合金钢丝,有一定的柔性,不生锈,线膨胀系数低[每1 ℃为$(6\sim7)\times10^{-7}$],强度高。

3)保护管

保护管一般用镀锌钢管,或高强度的硬质PVC塑料管,管径为120 mm,长1~3 m。

装锚固板的保护管端应车制螺纹,其他管段的两端口只需去毛刺打磨平整。

4)钢丝端头固定盘和分线盘

固定盘与分线盘是同一件用铝合金或经防锈处理的钢板制成的一个圆盘,其厚度为7~10 mm,它与伸缩接头相配,均布打穿线孔,孔的数量取决于测点的多少。

5)伸缩接头

伸缩接头是一个比保护管大一些,带法兰盘与另一伸缩接头可连接的短管。两伸缩接头之间可夹持锚固板或分线盘,它与保护管连接处应设一阻挡泥沙进入伸缩接头内的挡泥沙圈。这个密封圈还起使保护管置于伸缩接头管端的中间位置的作用。挡泥沙圈由压环、浸油石棉盘根、压紧螺母等构成。伸缩接头结构如图 7-17 所示。

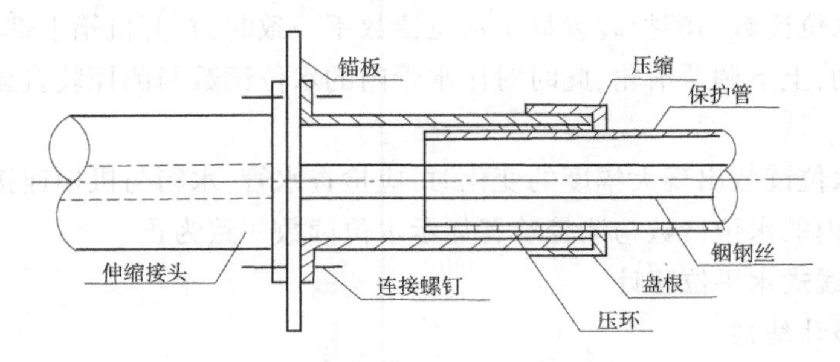

图 7-17　伸缩接头结构示意图

6)固定标点台(观测台)

固定标点台是一有相当刚性的钢制框架,框架上装设固定标点,测量水平位移的游标卡尺(或电测位移传感器)、导向轮,拉直引张线的恒重砝码,框架被固定在地脚螺栓上。在观测台下面还可设置液压或机械式的砝码托起装置,使引张线的铟钢丝不至于长期受拉力的作用。

2. 引张线式水平位移计埋设与观测

引张线式水平位移计埋设是与坝体填筑同时进行的,为了确保埋设安装的质量,同时不影响大坝填筑进度和质量,选择合理的施工方法并且精心组织施工是十分重要的。建议采用分段埋设施工方法:先埋设坝轴线下游侧的位移计,大坝施工机械则从坝轴线上游侧通过,埋设剖面两边的坝体仍可正常施工。

坝轴线下游侧张线式埋设安装后,即对坝轴线上的侧张线式进行埋设。

在现场安装引张线式水平位移计过程中,应日夜有人保管设备防止丢失;对已埋设备,应设立警戒线,禁止施工机械通过。

引张线式水平位移计埋设方法有沟式法、槽式法和沟槽混合法。

1)沟式法

当坝面填筑到埋设高程以上 0.8~1.2 m 时,在粗粒料坝体中挖深到埋设高程以下 30 cm,用碎石料填平补齐压实到埋设高程以下 10~15 cm;在细粒料坝体中挖深到埋设高程以下 10~15 cm 时,应仔细操作,避免超挖,整平压实基床,压实密度应与周围填筑的坝体相同。

沟的底宽应大于压实机具的宽度。如图 7-18 所示。

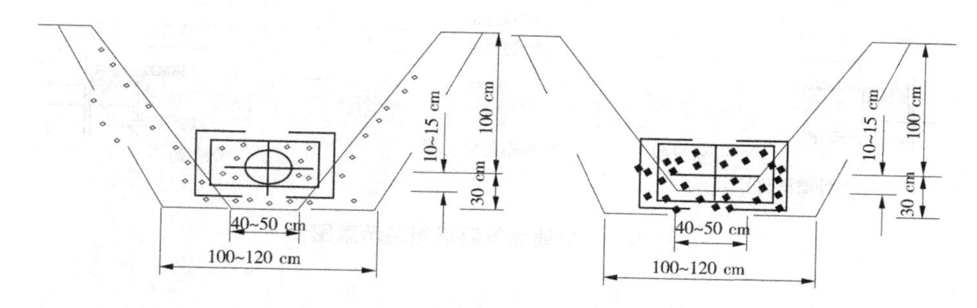

图 7-18　引张线式水平位移测量装置埋设基床横断面图

2)坑槽法

当坝体填筑到埋设高程以下 30 cm 时,在埋设剖面线两边用填筑坝体的块石砌墙,墙高 0.6~0.8 m。坑槽法如图 7-19 所示。

图 7-19　坑槽法示意图

在槽内铺垫 10~15 cm 碎石料,在伸缩节、保护管周边覆盖 20 cm 碎石料,然后沿管线分层填筑,压实坝体料。当坝筑到埋设高程以上 1.2 m 时,即可正常填筑坝体。不允许将块石直接卸在槽内,只能卸在槽的两侧,用推土机缓慢推入槽内。

3)沟槽混合法

当沿引张线埋设高程坝体填筑高度不同时,可采用沟式法和槽式法,参考上述沟式法、槽式法。

4)锚固板、固定盘的埋设

在埋设锚固板、固定盘的基床处,使基床面积为(宽×长)1.2 m×0.8 m。再挖深 30 cm,然后铺垫碎石料压实,使碎石料基床面低于埋设高程 30 cm,在锚固板、固定盘处立模,尺寸为 1.0 m×0.35 m×0.6 m。待安装管线、测试仪器、性能符合要求后,方可填筑混凝土(400#、加速凝剂)。混凝土块体不可将固定盘两端的保护管封牢。测点锚固板的埋设如图 7-20 所示。

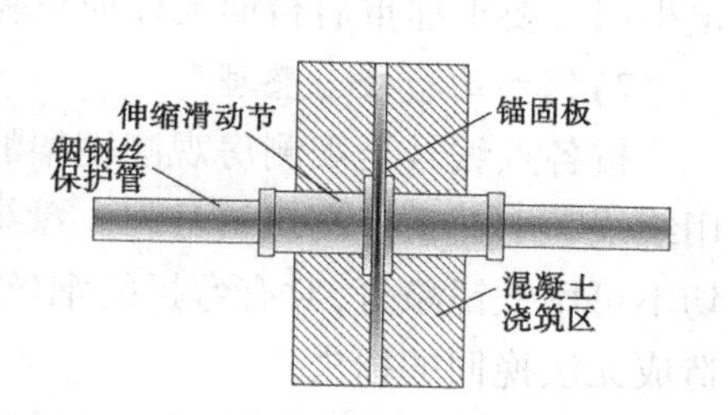

图 7-20　测点锚固板示意图

5)保护管的配置

施工时可预先将 6 m 长的保护管路和伸缩接头组装成如图 7-21 所示的分线盘管路段,组装后的长度约为 6.2 m。对于不足 6 m 的保护管也可按上述方法组装,目的只是使两测点间的伸缩管路段总长符合设计施工要求。

水平位移计的锚固板、固定盘两侧的固定盘管路段的组装如图 7-22 所示,其中长度 1 m 的保护管的一端带有螺纹,压环也带有螺纹。组装后的长度约为 1.2 m(1.16~1.24 m)。

将组装后的管路段按观测设计要求预先分置于沟槽边坡,待穿线时再逐段抬到沟槽基床上。

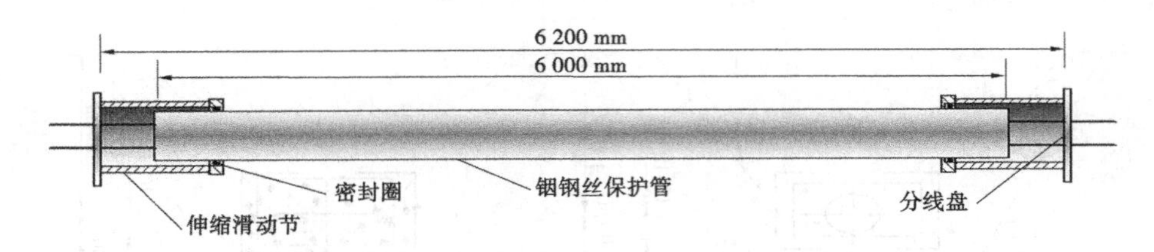

图 7-21　分线盘管路段组装示意图

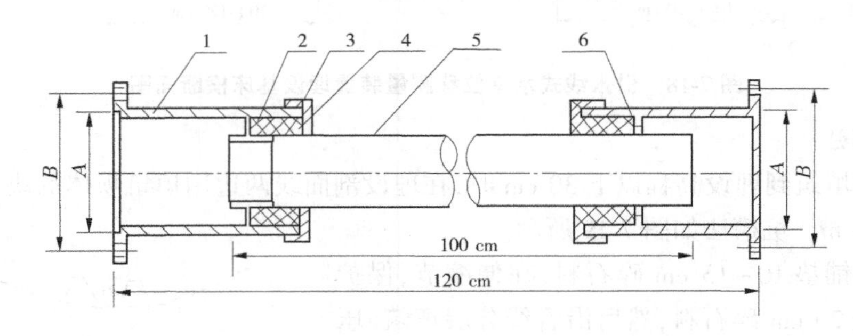

1—伸缩接头;2—压环(有螺纹);3—压帽;4—浸油石棉盘根;5—1 m 长保护管(一端有螺纹);6—压环(无螺纹)。

图 7-22　固定盘管路段组装示意图

6)观测钢架的安装

观测台的纵轴线应与待安装的管路中心线大致在同一轴线,测量台面高程与保护管路中心线大致在同一高程,或低于保护管中心线。安装时,观测台与观测房管路端头应有不小于 0.5 m 的距离。考虑到 SSC-1 型水管式沉降仪的观测台的安装,观测房地面高程应比管路中心线高程低 0.80~1.00 m。用膨胀螺钉(M12)或地脚螺钉将观测台与地面固定牢固。要求挂重后台面无任何位移,这是至关重要的。

7)钢丝的检查与整理

按各点编号至观测房观测钢架的距离配钢丝长度,每根应放长 3~5 m,分别盘绕在专用绕线盘上并系上测点编号牌。盘绕钢丝时切忌交叉和弯折,微弯的钢丝应用木锤整直,切不可用铁锤敲打,对有弯折的钢丝则不允许使用。否则,安装后挂重,钢丝将会被拉断,造成无法挽回的损失。

将钢丝套上紧线夹并系好编号牌,嵌放在专用穿线工具的牵引器内,并盖好保护套。分线盘结构如图 7-23 所示。

按前述,将已装好的钢丝线夹嵌入穿线工具的牵引器(如图 7-24 所示),上好保护套,防止钢丝线夹脱出,接着便是穿越管路。穿越管路的工作,最好有三人操作:一人照看绕线轮盘,防止钢丝弯折等;另一人将穿线工具送入管路,穿线工具送入管路过程中,应防止往后退出,这样易使钢丝弯折;第三人在管前接应穿线工具的牵引扁铁,随即将穿线工具送入下一管路段。操作穿线工具的前后二人,应协同工作,随时注意引线工具上的红色方向标记,防止穿线工具在管路内转动,造成钢丝

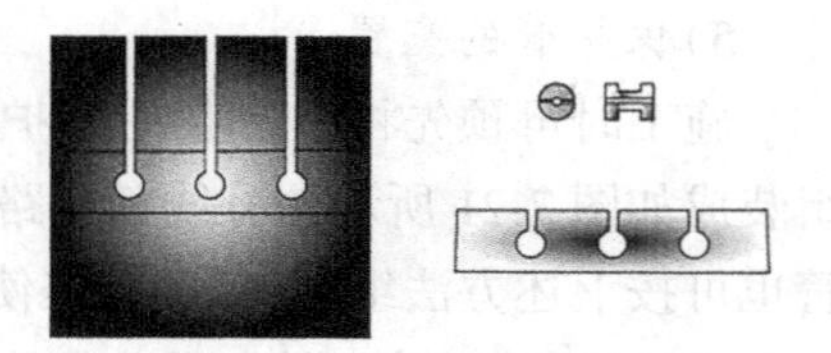

图 7-23　分线盘结构示意图

缠绕交叉，这是绝不允许的。

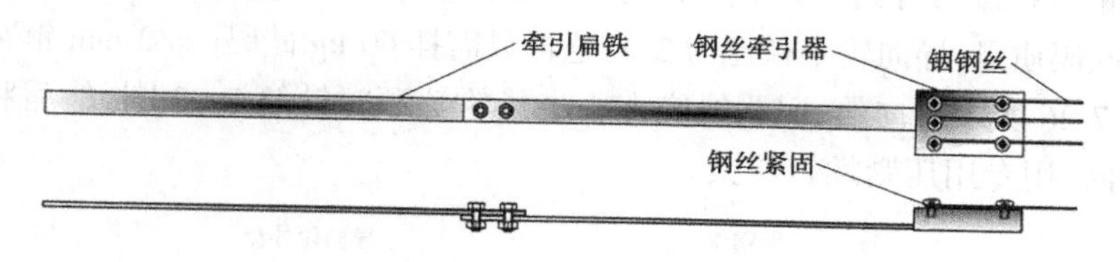

图 7-24　铟钢丝管路牵引器

当穿线工具的牵引器从第一管路段出来后，立即装管路的分线盘（见图 7-23）和滑动瓣，装配时也应按顺序对号入座。分线盘嵌在伸缩管接头法兰凹槽内。

将穿线工具的牵引器推入下一管路段的保护管后，将此管路段移近第一管路段，使已装半导管的对开分线盘外圆边嵌入两伸缩接头的止口内，并用两只螺栓暂时连接伸缩接头的法兰。

按上述方法逐段穿越管路，当穿线工具进入测点位置时，装配固定盘，使测点钢丝穿过穿线套、固定盘、夹紧芯、拧紧螺钉、夹紧座。用六角螺栓 M8×20、垫片和弹簧垫片将夹紧座与固定盘固定，再用专用工具拧紧压紧螺钉，使铟钢丝在夹紧芯内被夹紧。多余的钢丝绕在 M8×30 六角螺栓下并紧。

将锚固板放置在两个固定盘管路段之间，用螺栓连接。

按上述方法，使钢丝穿越该高程的各个分线盘管路段，固定盘管路段，直至最上游的一个测点。最上游的一个测点，需用一个短法兰将固定盘、锚固板连接。终端测点锚固混凝土填筑如图 7-25 所示。

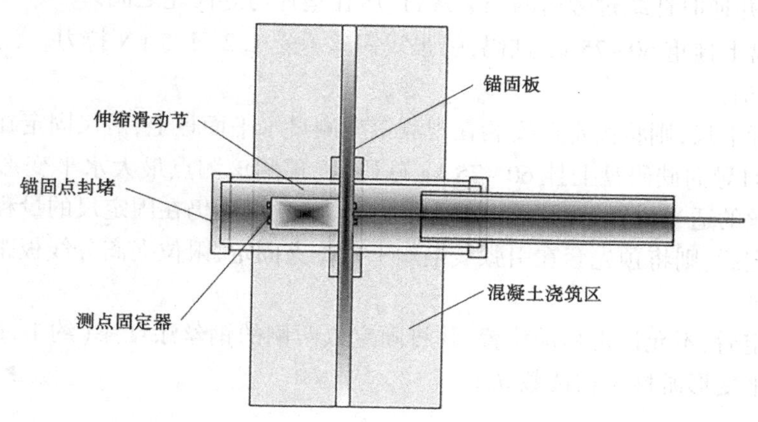

图 7-25　终端测点锚固混凝土填筑示意图

8）锚固板立模

按全包锚固板混凝土块体尺寸（厚 35 cm，长 80 cm，高 60 cm）立模。使各个测点的锚固板固定，不允许移动。能承受下游侧 2.4 kN 的拉力。

9）观测钢架水平位移计钢丝的安装

在各个测点钢丝套上限位夹即钢丝线夹。夹紧芯头向上游，先套夹紧螺套，钢丝穿越夹紧芯，夹紧螺杆。

各测点钢丝按编号穿过分线板上的导管,绕过导向轮,并系挂砝码盘。

为减小砝码质量,导向轮半径比为 2:1,这样只需挂 60 kg 砝码(φ 2 mm 铟瓦钢丝)。

对于图 7-26 所示导向轮,引张线应在小半径轮上顺时针绕 2~3 圈,然后将钢丝端头按图所示走向,用专用压紧螺钉压紧。

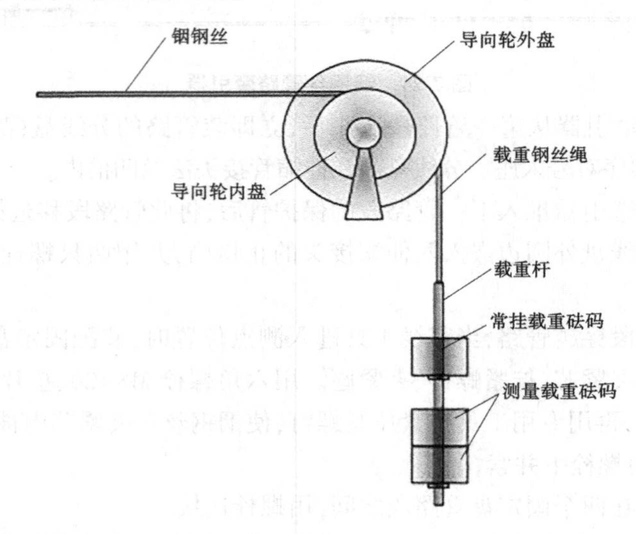

图 7-26　导向轮

系砝码的钢丝绳(φ 2~3 mm),在导向轮大半径上绕 2~3 圈,然后从缺口边绕过专用压紧螺钉,并逆时针绕过旁边的压紧螺钉,压在垫片与导向轮之间。

在砝码盘上挂重 60~75 kg 砝码,引张线钢丝承受 1.2~1.5 kN 拉力。

10) 安装测尺

若用游标卡尺,则将固定尺安装在观测钢架测量水平面板上,滑尺固定在引张线钢丝上,在半径 2:1导向砝码盘上挂 60~75 kg 砝码后,预测该测点最大水平变形量。将滑尺固定在该钢丝的适当位置,该测点水平变形达最大时,滑尺仍在固定尺的量程范围内。

滑尺固定后,则将预先套在引张线钢丝上限位夹固定,限位夹离分线板距离应大于预估最大变形量。

滑尺固定后,不允许再移动位置,并将固定点两侧的钢丝涂红漆(约 1 cm 长)。滑尺固定点即水平变形游标尺初读数 d_0。

11) 试测

在各测点导向轮砝码盘上分别加砝码,使钢丝承受 2.0 kN 拉力(以半径 2:1导向轮加约 100 kg 砝码)。在此拉力下引张线钢丝(φ 2 mm)应不被拉断,测点处钢丝端头固定牢固。

减砝码,使钢丝承受约 300 kg(φ 2 mm)拉力,按测试规定 30 min 后读数,再每隔 15 min 读数一次。当二次读数相同时,即认为仪器正常。

经试测正常后,即可对各伸缩接头紧固连接螺钉。对锚固板固定盘浇混凝土(400#)块体,可在混凝土中加速凝剂,进行沟槽回填工作。

如测值不正常、读数不符合,则必须找出原因;钢丝断开,则必须重新穿。

7.2.2.4　位错计

根据设计施工要求,备齐包括各种附件(如锚固钢筋、锚固板、连接杆、接长杆、塑料尘封、密封圈、护套、平面铰)的成套仪器和电缆,同时考虑适当备用量。将成套仪器进行检查、调试安装和测量,用五芯电缆接长仪器电缆,做好编号和存档工作。位错计一般采用坑式埋设方法。安装示意图见图7-27,具体方法如下:

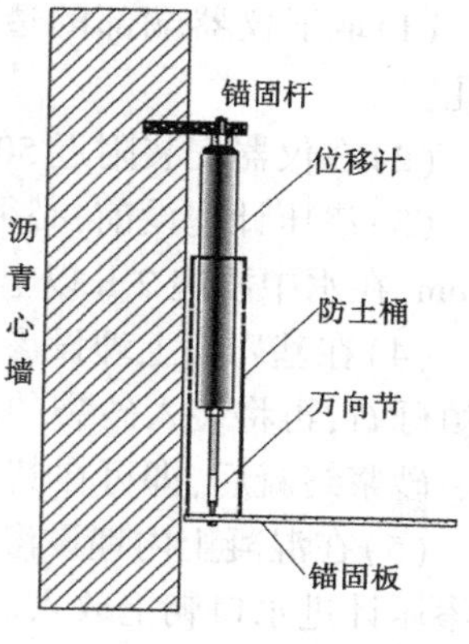

图7-27　位错计安装示意图

(1)在仪器安装高程上预埋钢板,用于固定位移计(心墙内3~5 cm)。然后在坝体填筑面超过测点高程0.6 m时,在平面上进行测点放样。

(2)按测点放样线开挖坑槽至埋设高程,坑槽底部宽应大于600 mm,长度大于全套仪器总长。将底部整平夯实,用粗颗粒料筑坝时要适当加细粒料使底部不平整度不大于±2 mm。

(3)将位移计和锚固钢杆的平面铰接好,在铰上涂黄油并用带黄油的棉纱包裹,位移计塑料尘封、密封圈套好。另一端和连接杆、接长杆连接并和锚固板焊接。所有外露的连接杆、接长杆在连接前均应涂上黄油并套上塑料套管,以防止埋设后为土料约束,妨碍变形传递。

(4)调整仪器的拉压量程,进行监测,确认仪器和电缆均正常后进行人工回填压实,直至其上1.2 m以后才可进行正常填筑施工。

7.2.2.5　双向测缝计

(1)双向测缝计必须垂直缝面安装,可采用预留件的方式进行埋设。

(2)当采用预留件方式时,应在沥青混凝土浇筑完毕并达到要求后,于沥青混凝土和心墙盖板之间安装双向测缝计。

7.2.3　渗流监测仪器设备的安装埋设

7.2.3.1　测压管内渗压计安装

(1)渗压计安装前量测测压管内水位。

(2)依据设计位置测量好下入管内的电缆长度,做好标记,并套好管口固定装置。

(3)向测压管内放渗压计至设计位置,静置一段时间后将仪器提出管内水面,测读零读数,再放回设计位置,读取初始读数。

(4)做好管口保护,并引出电缆至指定位置。

7.2.3.2　渗压计的埋设

1.埋设前的准备工作

安装埋设前,应做好以下准备:

(1)仪器检验合格后,取下透水石,在钢模上涂一层防锈油。按需要长度接好电缆。

(2)将渗压计放入水中浸泡2 h以上,使其充分饱和,排除透水石中的气泡。

2. 钻孔及基岩面安装

(1)取下仪器端部的透水石,在钢模片上涂一层黄油或凡士林以防生锈,但要避免堵孔。

(2)在仪器安装附近 50 m 范围内的灌浆工作结束以后,才能安装渗压计。

(3)渗压计埋设前,必须进行室内检验。埋设前,将渗压计用砂袋包裹,砂袋直径约 10 cm,在水中浸泡 2 h 以上,使其达到饱和状态。

(4)在基岩面上埋设渗压计时,应先在预定位置钻一个直径不小于 50 mm 的孔,孔内充填砾石,再将装入砂袋的渗压计放到集水孔上。渗压计就位并固定后,周围用砂浆糊住。砂浆终凝后,即可在其上浇筑混凝土。

(5)在混凝土内埋设渗压计时,在混凝土浇筑层面处挖 15 cm×15 cm ×15 cm 的方坑,将渗压计进水口朝上放入。

(6)在测压管中安装渗压计时,仪器的安装位置应位于最低水位以下 0.5~1 m。

3. 坝体渗压计埋设

在坝体埋设的渗压计采用直埋方式。埋设前仪器须包裹在砂袋内,砂袋直径约 10 cm,并在水中浸泡 2 h 以上;在填筑层面处挖 50 cm×50 cm×40 cm 的方坑,将渗压计水平放入,回填填筑料。

7.2.4　应力应变监测仪器设备的安装埋设

7.2.4.1　应变计组的埋设

应变计是埋设在混凝土中监测混凝土应力应变的仪器,应变计组一般可分为单向、两向、三向、四向、五向、七向和九向布置,方法如下:

(1)按设计要求,先测量放样,确定应变计的埋设位置,采用预埋锚杆固定支座位置和方向。在支座上安装支杆,调准支杆的方向,再将应变计固定在支杆上。所有应变计应严格控制方向,埋设仪器的角度误差应不超过 1°。

(2)埋设过程中应进行现场维护,非工作人员不得进入埋设点 5 m 半径范围以内。仪器埋好后,其部位应做明显标记,并留人看护。

应变计组布置在新建混凝土防渗墙中,混凝土浇筑时容易遭到破坏,埋设时尤其需要注意。应变计埋设时应确保设计要求的方向,其单支应变计角度误差不得超过 1°。安装方法如下:

首先做好准备工作,按设计要求接长电缆,并打上设计编号,准备好电缆保护管;在混凝土浇筑到槽孔时,将仪器固定在预先做好的钢架上,钢架下放时注意垂直度,以确保安装仪器位置的准确性;最后注意钢架的投放深度,确保仪器安装高程的准确性。应变计埋设示意图见图 7-28。

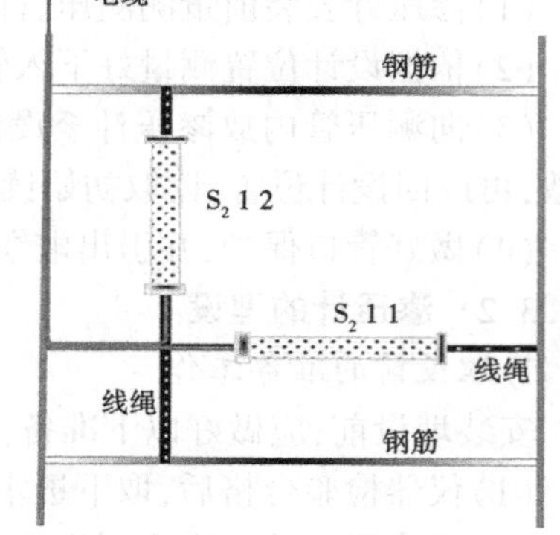

图 7-28　应变计埋设示意图

7.2.4.2　钢筋计的埋设

钢筋计是安装在大坝混凝土受力钢筋上,用来监测钢筋应力的仪器,埋设在混凝土中。钢筋计的安装方法为：

(1)按钢筋(锚杆)直径选配相应规格的钢筋计，如果规格不相符，应选择尽量接近于钢筋直径的钢筋计。

(2)按照设计施工要求采用专用五芯电缆将仪器电缆接长，接线完成后检查仪器的电阻比和电阻值是否正常，要求焊接可靠且接头的防水性能达到耐水压要求。做好仪器的编号和存档工作。

(3)钢筋计可在钢筋加工场预先与钢筋焊好，焊接时应将钢筋与钢筋计中心对正，之后采用对接法把仪器两端的连接杆(帮条)分别与钢筋焊接在一起。如果在现场焊接，先将钢筋截下相应的长度，之后将钢筋计焊上，并且为了保证焊接强度，在埋设前涂以沥青并包上麻布，以便与混凝土脱开。为了避免焊接时仪器温度过高而损坏仪器，焊接时仪器要包上湿棉纱并不断在棉纱上浇冷水，直到焊接完毕后钢筋冷却到一定温度。焊缝在未冷却到发黑之前，切忌浇上冷水。焊接过程中仪器测出的温度应低于 60 ℃。

(4)一般直径小于 25 mm 的仪器才能采用对焊机对焊，直径大于 25 mm 的仪器不宜采用对焊机焊接。现场电焊安装前应先将仪器及钢筋焊接处按电焊要求打好坡口 45°~60°，并在接头下方垫上 10 cm 略大于钢筋的角钢，以盛熔池中的钢液，焊缝的焊接强度应得到保证。钢筋计采用便携式数字式电阻比指示仪进行测量，仪器在被混凝土埋没前和刚被埋没时应立即进行观测，此后按 2 h 测一次共 4 次，4 h 测一次共 4 次；24 h 之后至 15 d 内按 1~2 次/d；15~30 d 为 1 次/2 d；30~90 d 为 1~2 次/周；90 d 以后为 1~3 次/月。此后转入正常观测，按部颁标准《混凝土大坝安全监测技术规范》进行。

7.2.4.3　温度计的埋设

(1)按设计要求，先测量放样，确定温度计的高程和埋设位置。

(2)埋设在混凝土内的温度计，可在该层混凝土浇筑后挖坑埋入，再回填混凝土，并人工捣实。

(3)仪器埋设过程中及混凝土碾压密实后应进行监测，如发现不正常应立即处理或更换仪器重埋。

7.3　坝体监测分析

7.3.1　坝体内部变形监测

7.3.1.1　基座处沥青混凝土心墙下游面形变与应变

1. 主河床坝段

在 0+109 断面、0+187 断面、0+270 断面、0+340 断面 1 548.6 m 高程沥青混凝土心墙与混凝土基座的结合部位下游面分别埋设了一组双向位移计，仪器编号分别为 J26、J25、J24、J23，以监测主河床坝段沥青混凝土心墙与混凝土基座结合部位的变形情况；其中-1 水平方向埋设，一端锚固在沥青混凝土心墙下游表面上，另一端埋设在过渡料内，以监测基座处沥青混凝土心墙附近与过渡料之间的应变情况；-2 是竖直方向埋设，一端锚固在沥青混凝土心墙下游表面上，另一端锚固在混凝土基座上，以监测混凝土基座附近沥青混凝土心墙的竖向应变情况。

2017 年,坝体填筑,对基座处沥青混凝土心墙附近与过渡料之间的水平挤压变形影响不大,直到 2019 年 10 月坝体填筑完成,J23、J24、J25 的水平挤压变形量分别为 2.3 mm、0.15 mm、1.75 mm;截至 2020 年 10 月 18 日,J23、J24、J25 的水平挤压变形量分别为 2.35 mm、0.35 mm、1.75 mm。

坝体填筑与混凝土基座附近沥青混凝土心墙的竖向压缩变形密切相关,2019 年 10 月坝体填筑完成,J23、J24、J25 的竖向压缩变形量分别为 20.41 mm、18.92 mm、18.48 mm,后期继续受坝体填筑高度的影响,呈继续增大的趋势。截至 2020 年 10 月 18 日,J23、J24、J25 的竖向压缩变形量分别为 20.56 mm、19.17 mm、18.68 mm。换算成应变分别为 49.91×10^{-3}、44.79×10^{-3}、46.23×10^{-3}。

J26 位于左岸斜坡坝段和水平主河床坝段的拐角处,受力情况较为复杂,2018 年 4 月 15 日坝体填筑前,水平挤压变形 3.66 mm,截至 2020 年 10 月 18 日,水平挤压变形 11.24 mm;自埋设以来竖向基本无压缩变形。主河床坝段基座处沥青混凝土心墙下游面形变与应变如表 7-1 所示,主河床坝段混凝土基座处沥青混凝土心墙变形过程线如图 7-29 所示。

表 7-1　主河床坝段基座处沥青混凝土心墙下游面形变与应变　　单位:mm

测点编号	J23			J24			J25			J26		
横桩号	0+340			0+270			0+187			0+109		
观测日期(年-月-日)	水平挤压	竖向变形	竖向应变	水平挤压	竖向变形	竖向应变	水平挤压	竖向变形	竖向应变	水平挤压	竖向变形	竖向应变
2017-12-06	-0.15	-1.30	-3.16	-0.15	-2.25	-5.26	-1.60	-6.16	-15.24	-3.21	0.00	0.00
2018-04-03	-1.85	-5.65	-13.72	-0.15	-2.85	-6.67	-1.60	-6.56	-16.24	-3.66	0.00	0.00
2018-11-30	-2.30	-19.01	-46.14	-0.10	-16.92	-39.53	-1.75	-16.77	-41.52	-9.48	0.00	0.00
2019-04-30	-2.30	-19.26	-46.75	-0.10	-17.32	-40.46	-1.70	-17.22	-42.63	-9.99	0.00	0.00
2020-01-17	-2.30	-20.41	-49.54	-0.15	-18.92	-44.20	-1.75	-18.48	-45.73	-10.74	0.05	0.12
2020-10-18	-2.35	-20.56	-49.91	-0.35	-19.17	-44.79	-1.75	-18.68	-46.23	-11.24	0.05	0.12

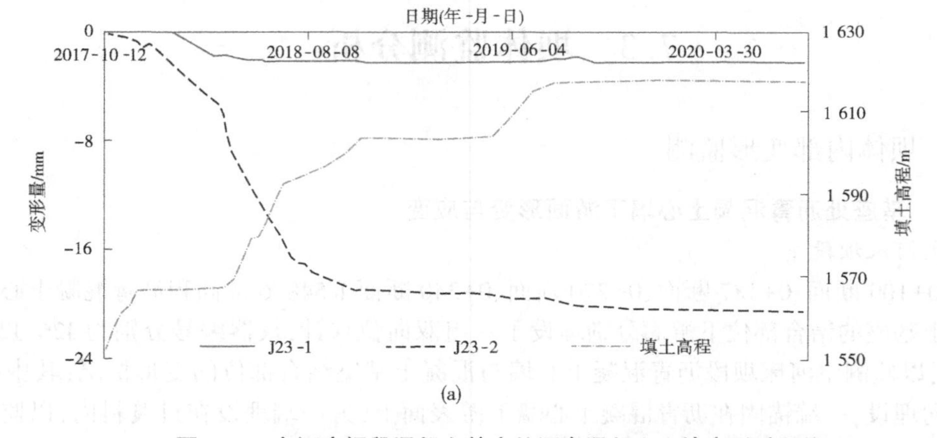

(a)

图 7-29　主河床坝段混凝土基座处沥青混凝土心墙变形过程线

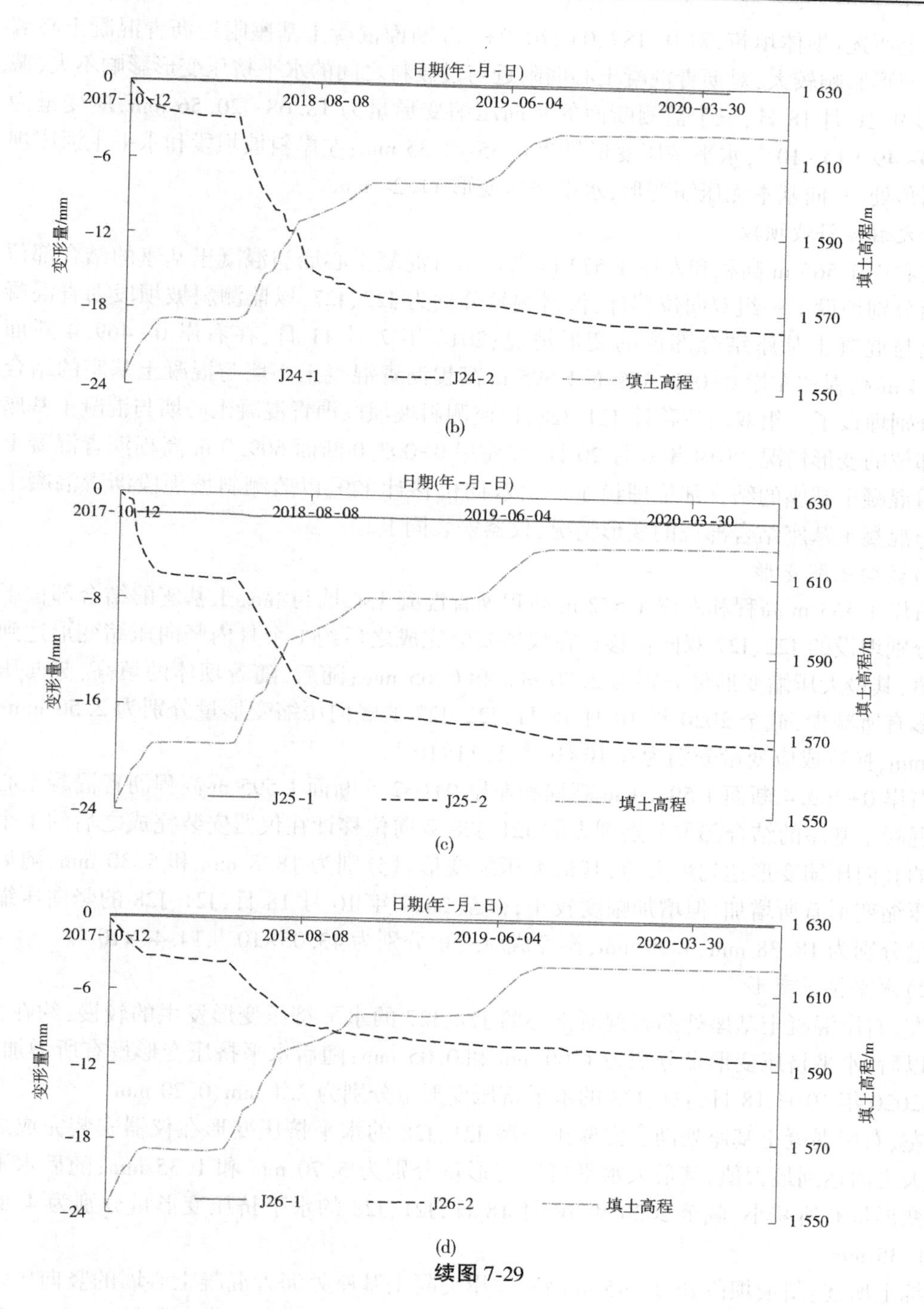
日期(年-月-日)
2017-10-12
2018-08-08
2019-06-04
2020-03-30
变形量/mm
填土高程/m
J24-1
J24-2
填土高程
(b)
J25-1
J25-2
(c)
J26-1
J26-2
(d)

续图 7-29

综上所述：坝体填筑，对 0+187、0+270、0+340 断面混凝土基座附近沥青混凝土心墙的竖向变形影响较大，对沥青混凝土心墙附近与过渡料之间的水平挤压变形影响不大，截至 2020 年 10 月 18 日，三个监测断面的竖向压缩变形量为 18.68～20.56 mm，应变量为 $(44.79～49.91)×10^{-3}$，水平挤压变形量为 0.35～2.35 mm；左岸斜坡坝段和水平主河床坝段的拐角处，竖向基本无压缩变形，水平挤压变形 11.24 mm。

2. *左右岸斜坡坝段*

在右岸 1 565 m 高程和左岸 1 572 m 高程沥青混凝土心墙与混凝土基座的结合部位下游面分别埋设了一组双向位移计，仪器编号分别为 J22、J27，以监测斜坡坝段沥青混凝土心墙与混凝土基座结合部位的变形情况；2018 年 7 月 11 日，在右岸 0+469.4 断面 1 594.4 m 高程和左岸 0+032.5 断面 1 595 m 高程沥青混凝土心墙与混凝土基座的结合部位分别埋设了一组双向位移计 J21、J28，以监测斜坡坝段沥青混凝土心墙与混凝土基座结合部位的变形情况；2019 年 6 月 20 日，在左岸 0+003.0 断面 609.0 m 高程沥青混凝土心墙与混凝土基座的结合部位埋设了一组双向位移计 J29，以监测斜坡坝段沥青混凝土心墙与混凝土基座结合部位的变形情况，仪器安装同上。

1）竖向压缩变形

右岸 1 565 m 高程和左岸 1 572 m 高程沥青混凝土心墙与混凝土基座的结合部位下游面分别埋设的 J22、J27 双向位移计在仪器安装完成之后约 1 个月内竖向压缩变形达到最大值，其最大压缩变形量分别为 2.70 mm 和 0.65 mm；随后，随着坝体的填高，竖向压缩变形有所减少，截至 2020 年 10 月 18 日，J22、J27 的竖向压缩变形量分别为 2.50 mm、0.55 mm，换算成应变量分别为 $6.10×10^{-3}$、$1.24×10^{-3}$。

右岸 0+469.4 断面 1 594.4 m 高程和左岸 0+032.5 断面 1 595 m 高程沥青混凝土心墙与混凝土基座的结合部位分别埋设的 J21、J28 双向位移计在仪器安装完成之后约 1 个月内的竖向压缩变形达到最大值，其最大压缩变形量分别为 18.8 mm 和 5.30 mm；随后竖向压缩变形有所增加，但增加幅度较小，截至 2020 年 10 月 18 日，J21、J28 的竖向压缩变形量分别为 18.38 mm、5.95 mm，换算成应变量分别为 $43.05×10^{-3}$、$14.44×10^{-3}$。

2）水平挤压变形

左、右岸混凝土基座处沥青混凝土心墙 J22、J27 的水平挤压变形发生的较慢，约在 1 个月以后，水平挤压变形量分别为 1.00 mm 和 0.05 mm；随后水平挤压变形量有所增加，截至 2020 年 10 月 18 日，J21、J28 的水平挤压变形量分别为 2.1 mm、0.20 mm。

左、右岸混凝土基座处沥青混凝土心墙 J21、J28 的水平挤压变形在仪器安装完成之后几天之内达到最大值，其最大水平挤压变形量分别为 5.70 mm 和 1.35 mm；随后水平挤压变形量有所减小，截至 2020 年 10 月 18 日，J21、J28 的水平挤压变形量分别为 4.80 mm、1.35 mm。

综上所述：斜坡坝段处，1 595 m 高程左岸混凝土基座处沥青混凝土心墙的竖向压缩变形较大，其量值为 18.38 mm，相应应变量为 $43.05×10^{-3}$，其余部位变形量 0.05～0.55 mm，相应应变量为 $(2.5～1.24)×10^{-3}$；水平挤压变形均较小，变形量 0.10～5.70 mm。

左右岸斜坡混凝土基座处沥青混凝土心墙变形过程线如图 7-30 所示。

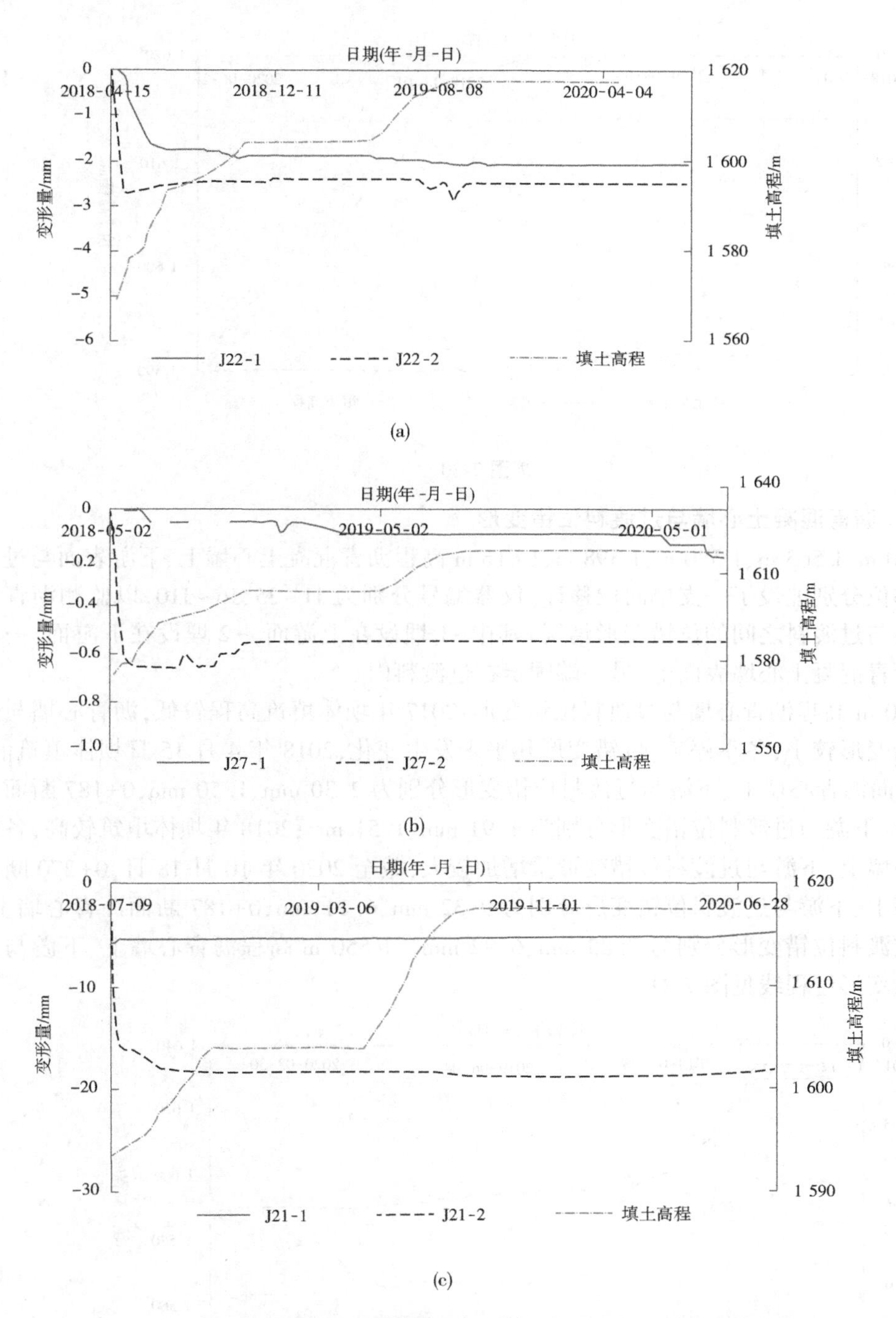

图7-30　左右岸斜坡混凝土基座处沥青混凝土心墙变形过程线

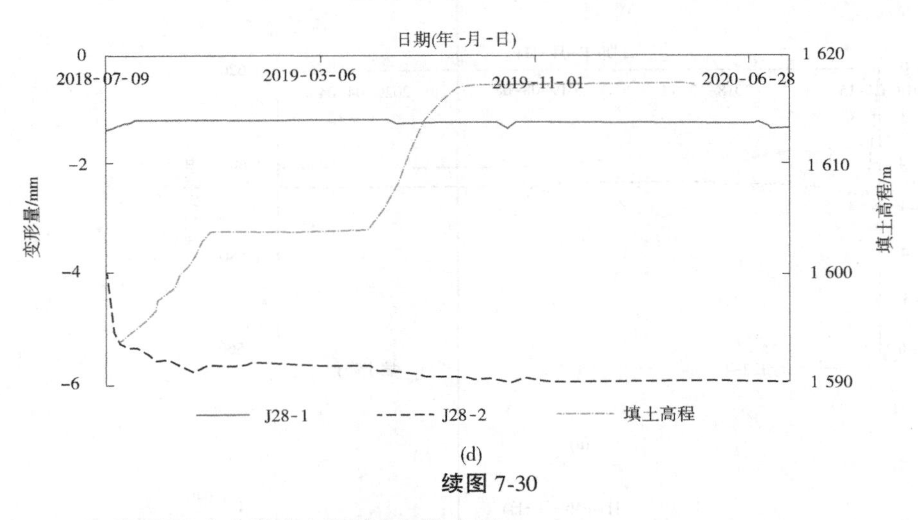

(d)

续图 7-30

7.3.1.2　沥青混凝土心墙与过渡料位错变形

1 550 m、1 563 m、1 580 m、1 598 m、1 616 m 高程沥青混凝土心墙上、下游表面与过渡料结合部位分别埋设了一支单向位移计，仪器编号分别为 J1～J5、J6～J10，以监测沥青混凝土心墙与过渡料之间的位错变形情况；其中-1 埋设在上游面，-2 埋设在下游面，一端锚固在沥青混凝土心墙表面上，另一端固定在过渡料内。

1 550 m 高程沥青心墙与过渡料位错变形：2017 年坝体填筑高程较低，沥青心墙与过渡料位错变形较小，冬季停工，位错变形几乎未发生变化，2018 年 4 月 15 日坝体填筑前，0+270 断面沥青心墙上、下游与过渡料位错变形分别为 2. 30 mm、1. 50 mm，0+187 断面沥青心墙上、下游与过渡料位错变形分别为 1. 91 mm、1. 51 mm；2018 年坝体填筑较高，各断面沥青心墙上、下游与过渡料位错变形量增加较大，截至 2020 年 10 月 18 日，0+270 断面沥青心墙上、下游与过渡料位错变形分别为 9. 32 mm、6. 11 mm，0+187 断面沥青心墙上、下游与过渡料位错变形分别为 7. 83 mm、6. 92 mm。1 550 m 高程沥青心墙上、下游与过渡料位错变形过程线见图 7-31。

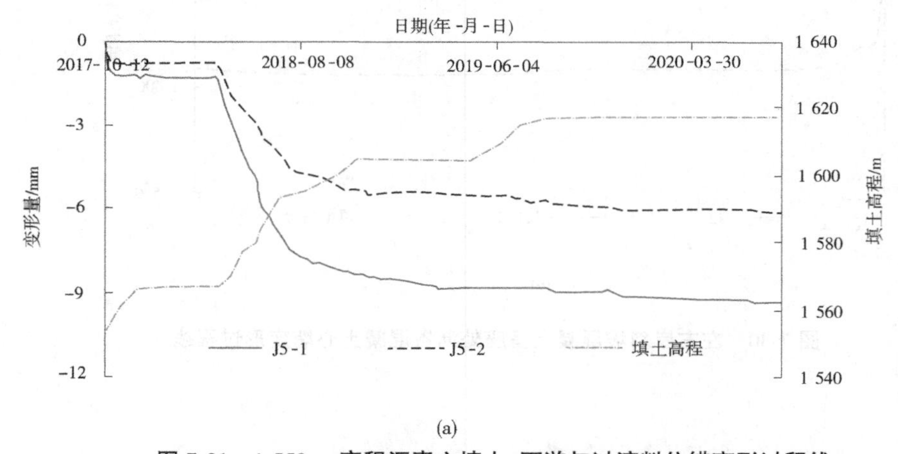

(a)

图 7-31　1 550 m 高程沥青心墙上、下游与过渡料位错变形过程线

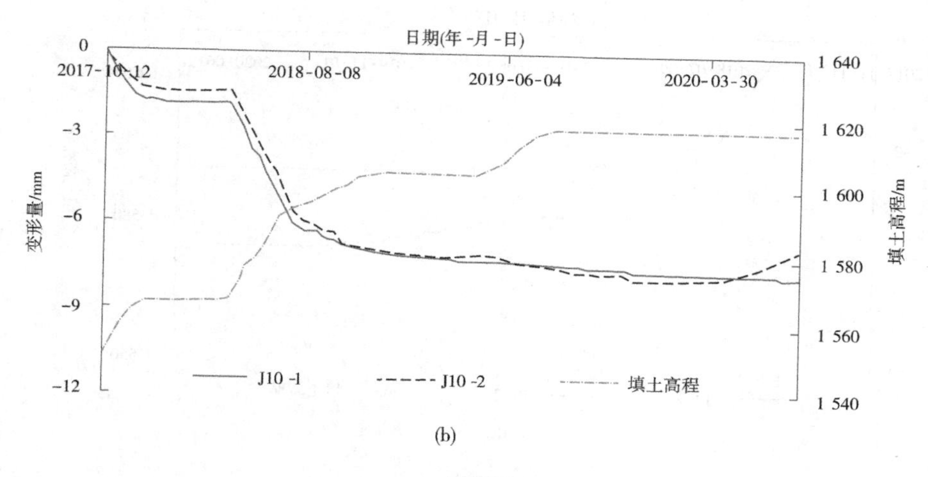

(b)

续图 7-31

1 563 m 高程沥青心墙与过渡料位错变形:0+270 断面沥青心墙上、下游与过渡料位错计于 2018 年 4 月 15 日埋设,沥青心墙与过渡料位错变形与坝体填筑密切相关,2018 年 10 月 31 日,冬季停工前,沥青心墙上、下游与过渡料位错变形分别为 3.51 mm、4.72 mm,截至 2020 年 10 月 18 日,其变形量分别为 4.11 mm、5.83 mm。0+187 断面沥青心墙上、下游与过渡料位错计于 2017 年 11 月 15 日埋设,其位错变形与 1 550 m 高程沥青心墙与过渡料位错变形规律基本一致,截至 2020 年 10 月 18 日,其变形量分别为 2.51 mm、4.02 mm。1 563 m 高程沥青心墙上、下游与过渡料位错变形过程线见图 7-32。

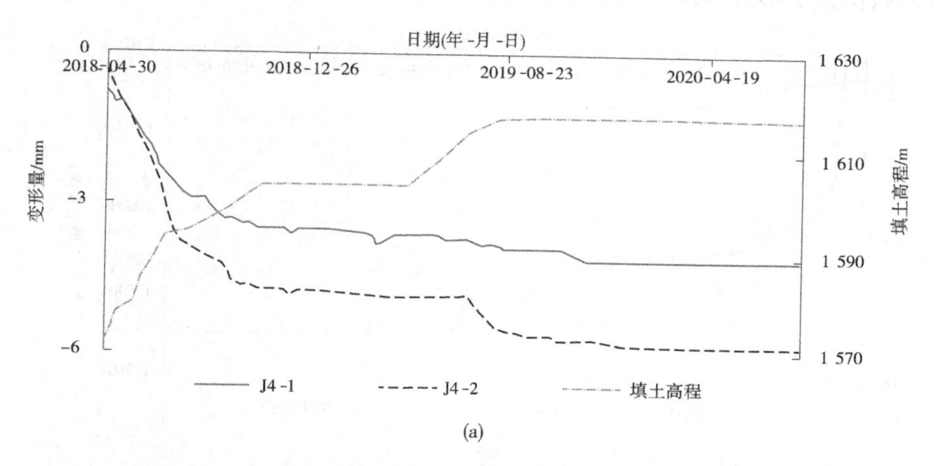

(a)

图 7-32 1 563 m 高程沥青心墙上、下游与过渡料位错变形过程线

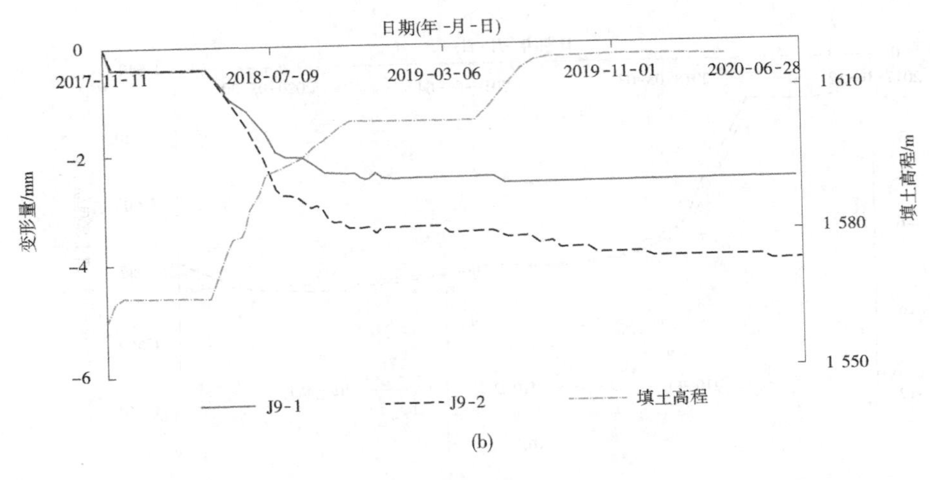

(b)

续图 7-32

1 580 m 高程沥青心墙与过渡料位错变形：2018 年 6 月 1 日沥青心墙上、下游与过渡料位错计安装完毕，2018 年坝体填筑较高，各断面沥青心墙下游与过渡料位错变形量增加较大，上游与过渡料位错变形量变化较小，越冬期间，各断面沥青心墙下游与过渡料位错变形量持续增加，上游与过渡料位错变形量几乎无变化，截至 2020 年 10 月 18 日，0+270 断面沥青心墙上、下游与过渡料位错变形分别为 5. 32 mm、15. 91 mm，0+187 断面沥青心墙上、下游与过渡料位错变形分别为 2. 11 mm、20. 04 mm，0+270 断面、0+187 断面沥青心墙上、下游与过渡料位错变形相差 10. 59 mm、17. 93 mm。1 580 m 高程沥青心墙上、下游与过渡料位错变形过程线见图 7-33。

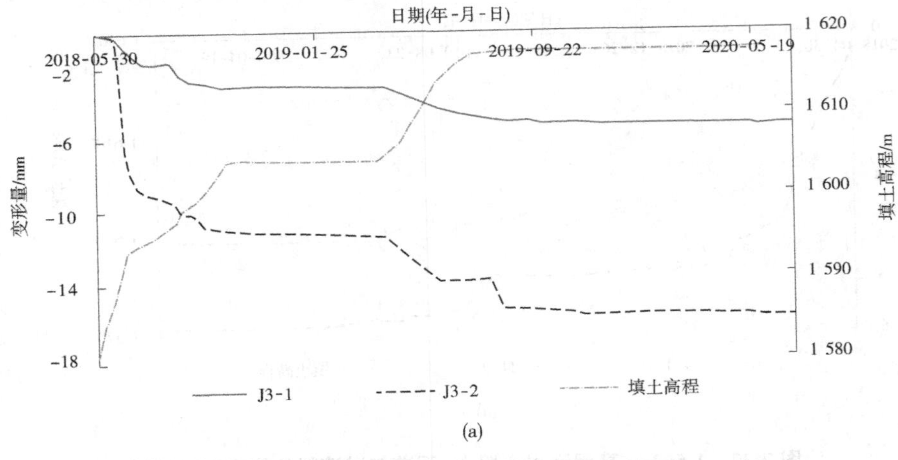

(a)

图 7-33　1 580 m 高程沥青心墙上、下游与过渡料位错变形过程线

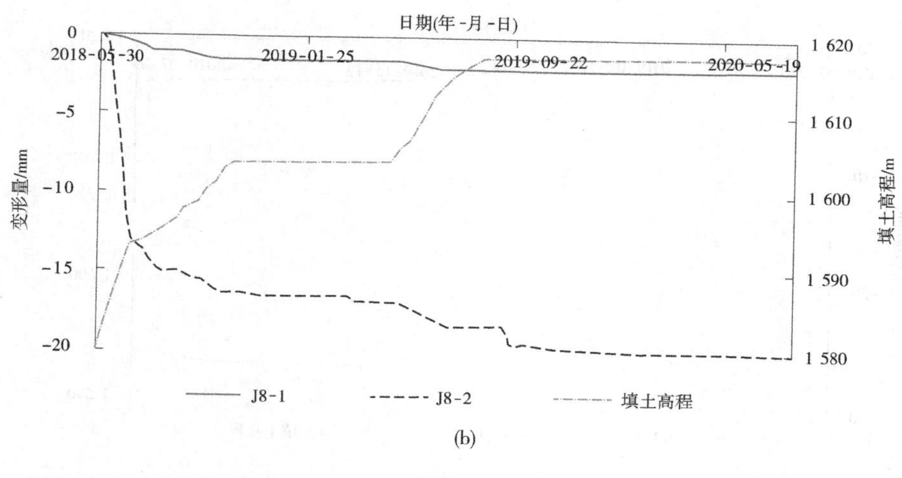

(b)

续图 7-33

1 598 m 高程沥青心墙与过渡料位错变形：2018 年 7 月 20 日，沥青心墙上、下游与过渡料位错计安装完毕，沥青心墙上、下游与过渡料位错变形主要发生在施工期，冬季停工位错变形量较小，截至 2020 年 10 月 18 日，0+270 断面沥青心墙上、下游与过渡料位错变形分别为 3. 41 mm、3. 62 mm，0+187 断面沥青心墙上、下游与过渡料位错变形分别为 25. 19 mm、3. 80 m，0+270 断面上、下游面的位错变形相差较小，0+187 断面沥青心墙上、下游与过渡料位错变形相差 21. 39 mm，上游面位错较大。1 598 m 高程沥青心墙上、下游与过渡料位错变形过程线见图 7-34。

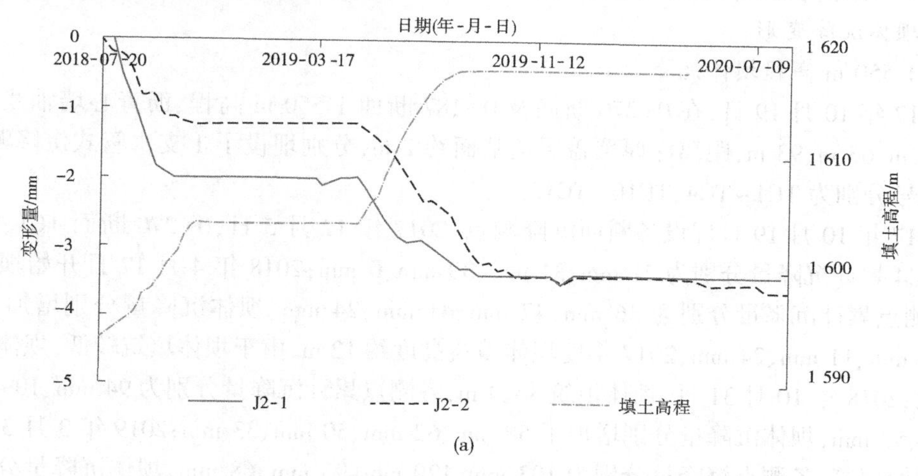

(a)

图 7-34　1 598 m 高程沥青心墙上、下游与过渡料位错变形过程线

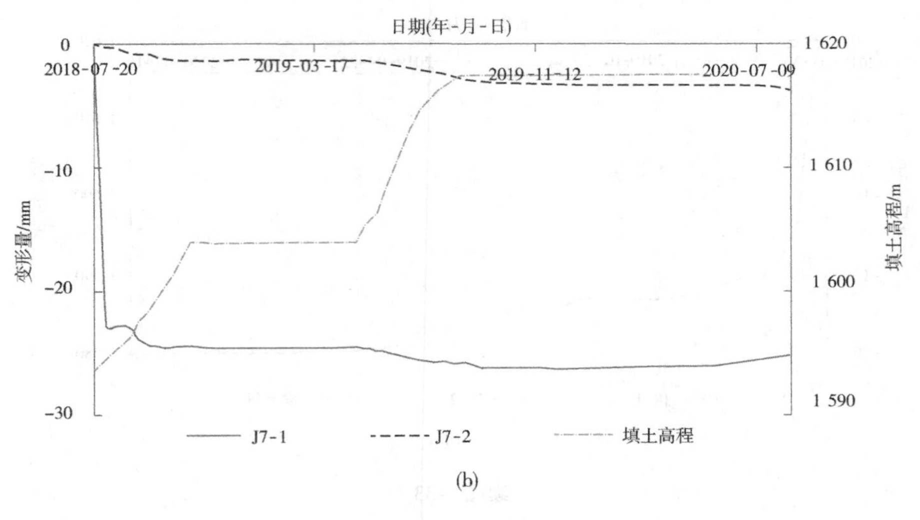

(b)

续图 7-34

综上所述:各位错计自埋设以来的监测资料表明,沥青心墙上、下游面与过渡料之间的垂直位错变形均为负值,表明沥青心墙上、下游面的沉降量大于过渡料的沉降量;位错变形随大坝填筑而增大,相关性较好。1 580 m 高程 0+270 断面、0+187 断面的下游面与过渡料位错分别较上游面大 10. 59 mm 和 17. 93 mm,1 598 m 高程 0+187 断面沥青心墙上游面与过渡料位错变形较下游面大 21. 39 mm。

7. 3. 1. 3 坝体内部沉降及水平位移变形

1. 坝体沉降变形

1) 1 550 m 高程坝体沉降

2017 年 10 月 19 日,在 0+270 断面及 0+187 断面 1 550 m 高程、沥青心墙轴线以下 3 m、33 m、63 m、93 m,距离深厚覆盖层建基面约 2 m,分别埋设了 1 支水管式沉降测点,仪器编号分别为 TC1~TC4、TC10~TC13。

2017 年 10 月 19 日埋设各断面沉降测点,2017 年 12 月 5 日,0+270 断面 TC1、TC2、TC3、TC4 累计沉降量分别为 21 mm、31 mm、30 mm、0 mm;2018 年 4 月 17 日开始坝体填筑,各测点累计沉降量分别为 36 mm、47 mm、41 mm、24 mm,坝体沉降量分别增加了 15 mm、16 mm、11 mm、24 mm,2017 年度坝体填筑高度约 12 m,由于坝体填筑较低,坝体沉降量不大;2018 年 10 月 31 日,坝体填筑 36. 4 m,各测点累计沉降量分别为 94 mm、109 mm、91 mm、57 mm,坝体沉降量分别增加了 58 mm、62 mm、50 mm、33 mm;2019 年 3 月 31 日,坝体开始填筑,各测点沉降量分别为 103 mm、120 mm、93 mm、68 mm,坝体沉降量分别增加了 9 mm、11 mm、2 mm、11 mm;2019 年 10 月 30 日,坝体填筑完成,截至 2020 年 10 月 18 日,各测点累计沉降量分别为 91 mm、124 mm、76 mm、35 mm,坝轴线以下 3 m、63 m、93 m 的沉降量减少了 12 mm、17 mm、33 mm,而坝轴线以下 33 m 处的沉降量增加了 4 mm,其中坝轴线以下 33 m 处的坝体内部沉降量最大。

0+187 断面坝体沉降的变化规律与 0+270 断面的基本相似,2017 年 12 月 5 日,0+187 断面 TC10、TC11、TC12、TC13 累计沉降量分别为 31 mm、0 mm、16 mm、6 mm;2018 年

4 月 17 日开始坝体填筑前，各测点累计沉降量分别为 65 mm、14 mm、41 mm、11 mm，坝体沉降量分别增加了 34 mm、14 mm、25 mm、5 mm；2018 年 10 月 31 日，各测点累计沉降量分别为 140 mm、34 mm、69 mm、46 mm，坝体沉降量分别增加了 75 mm、20 mm、28 mm、35 mm；2019 年 3 月 21 日，坝体开始填筑前，各测点累计沉降量分别为 118 mm、34 mm、78 mm、53 mm，坝体沉降量分别增加了 0 mm、9 mm、7 mm；坝轴线以下 3 m 的沉降量减少了 22 mm，而坝轴线以下 33 m 处的沉降量增加了 65 mm，截至 2020 年 10 月 18 日，各测点累计沉降量分别为 129 mm、44 mm、96 mm、22 mm。

1 550 m 高程坝体沉降与坝体填筑高度关系密切，在坝体填筑期，随坝体填筑高度的增加沉降量增大，在冬休停工期，坝体沉降量继续增加。目前，0+187 断面坝轴线以下 3 m 处的坝体内部沉降量最大，沉降量为 129 mm。1 550 m 高程坝体相对沉降量特征值统计见表 7-2，坝体内部沉降过程线见图 7-35。

表 7-2　1 550 m 高程坝体相对沉降量特征值统计　　单位：mm

测点编号		TC1	TC2	TC3	TC4	TC10	TC11	TC12	TC13	填土高程/m
横桩号		0+270				0+187				
心墙轴线以下/m		3	33	63	93	3	33	63	93	
日期（年-月-日）	2017-12-05	21	31	30	0	31	0	16	6	1 567
	2018-04-17	36	47	41	24	65	14	41	11	1 567.6
	2018-10-31	94	109	91	57	140	34	69	46	1 604
	2019-03-21	103	120	93	68	118	34	78	53	1 604
	2019-10-30	114	159	110	74	132	50	89	57	1 617.4
	2020-01-17	128	163	115	81	135	52	94	59	1 617.4
	2020-10-18	91	124	76	35	129	44	96	22	1 617.4

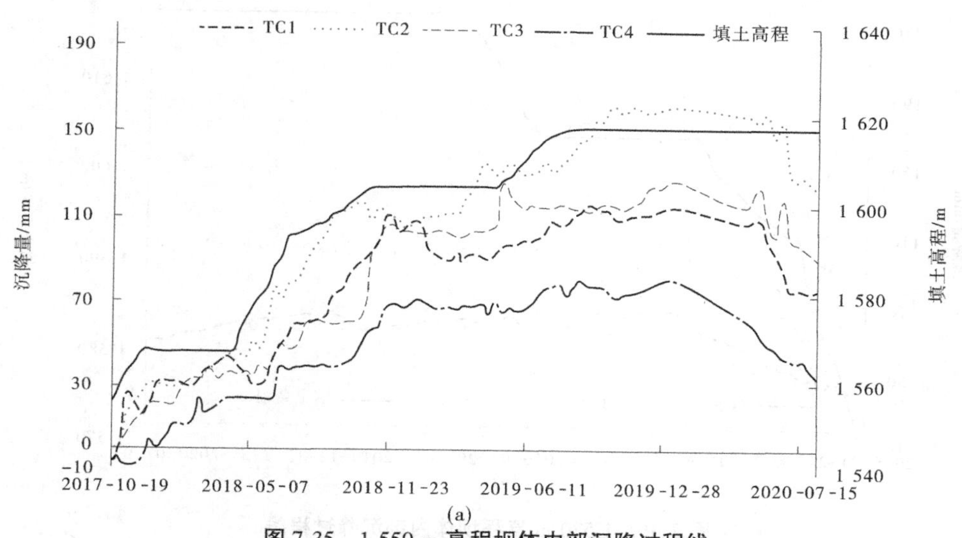

(a)

图 7-35　1 550 m 高程坝体内部沉降过程线

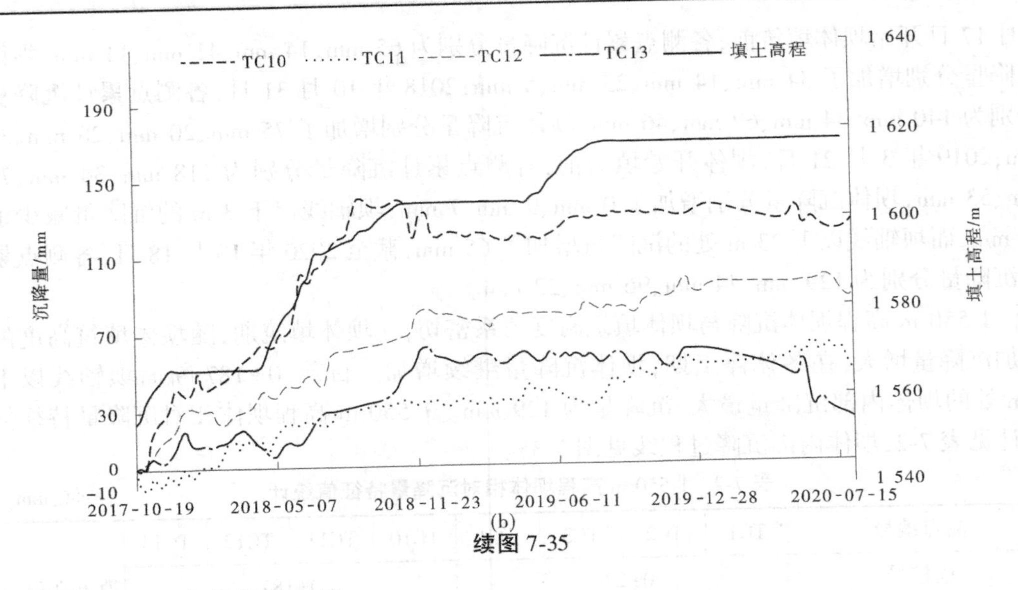

(b)

续图 7-35

2) 1 570 m 高程坝体沉降

2018 年 4 月 24 日在 0+270 断面及 0+187 断面 1 570 mm 高程、沥青心墙轴线以下 3 m、33 m、63 m，分别埋设了 1 支水管式沉降测点，仪器编号分别为 TC5～TC7、TC14～TC16。

2018 年 10 月 31 日，0+270 断面各测点累计沉降量分别为 126 mm、96 mm、55 mm，0+187 断面各测点累计沉降量分别为 134 mm、93 mm、81 mm。2019 年 3 月 31 日，坝体开始填筑前，0+270 断面各测点累计沉降量分别为 137 mm、105 mm、60 mm，坝体沉降量分别增加了 11 mm、9 mm、5 mm；0+187 断面各测点累计沉降量分别为 155 mm、100 mm、87 mm，坝体沉降量分别增加了 21 mm、7 mm、6 mm。冬季停工，坝体沉降量增加较小。截至 2020 年 10 月 18 日，0+270 断面各测点累计沉降量分别为 160 mm、104 mm、48 mm，0+187 断面各测点累计沉降量分别为 126 mm、106 mm、73 mm。1 570 m 高程坝体内部沉降过程线见图 7-36。

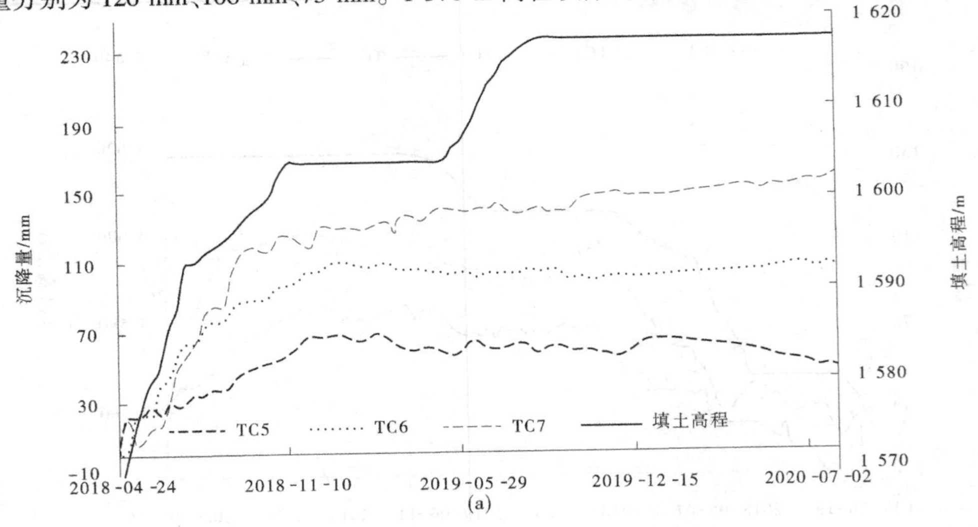

(a)

图 7-36　1 570 m 高程坝体内部沉降过程线

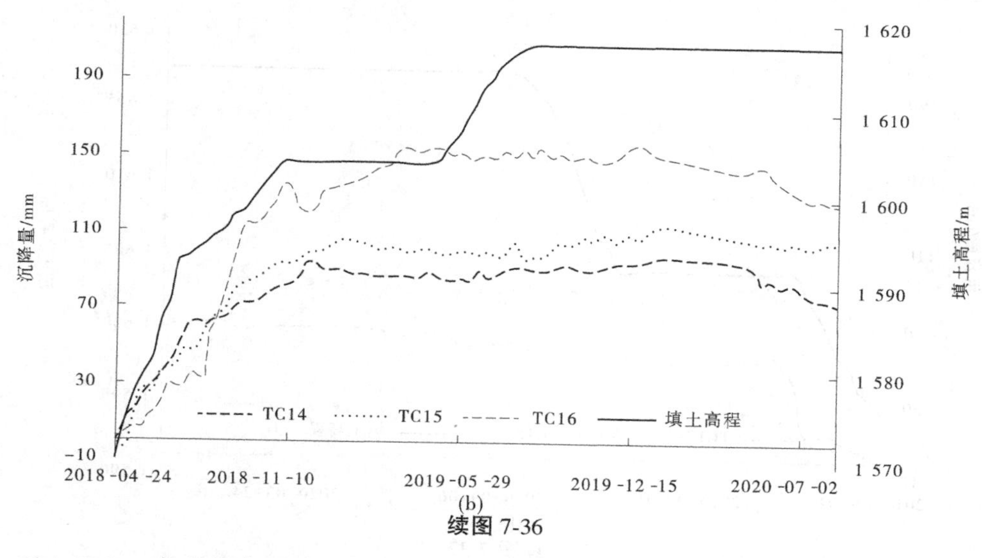

(b)

续图 7-36

3)1 595 m 高程坝体沉降

2018 年 8 月 2 日在 0+270 断面及 0+187 断面 1 595 m 高程、沥青心墙轴线以下 3 m、33 m,分别埋设了 1 支水管式沉降测点,仪器编号分别为 TC8~TC9、TC17~TC18。

2018 年 10 月 31 日,0+270 断面各测点累计沉降量分别为 35 mm、67 mm,0+187 断面各测点累计沉降量分别为 41 mm、84 mm。2019 年 3 月 31 日,坝体开始填筑前,0+270 断面各测点累计沉降量分别为 48 mm、41 mm;0+187 断面各测点累计沉降量分别为 24 mm、58 mm。由于 1 595 m 高程坝体填筑高度较小,约 9 m,坝体沉降量增加较小,其次观测间的沉降量大于坝体内部的沉降量,引起沉降量观测值减小,截至 2020 年 10 月 18 日,0+270 断面各测点累计沉降量分别为 91 mm、25 mm;0+187 断面各测点累计沉降量分别为 67 mm、54 mm。1 595 m 高程坝体内部沉降过程线见图 7-37。

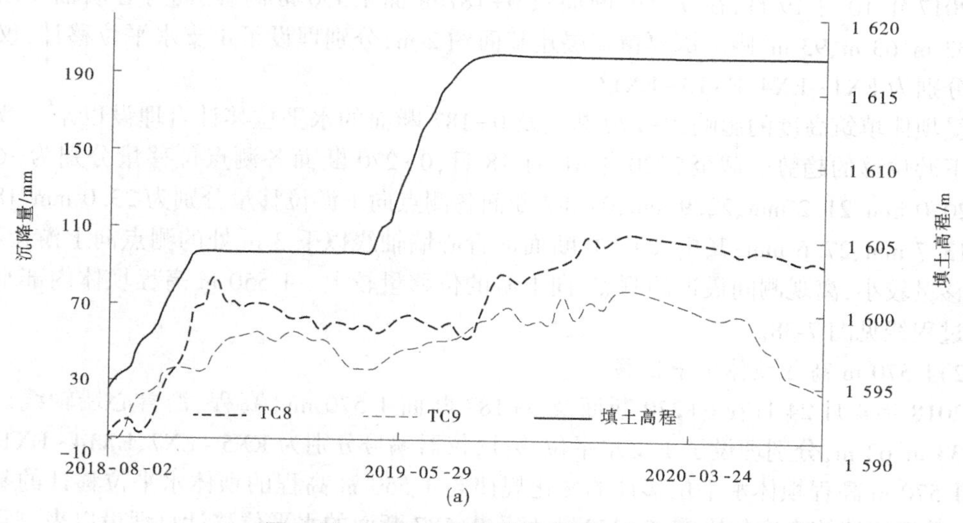

(a)

图 7-37　1 595 m 高程坝体内部沉降过程线

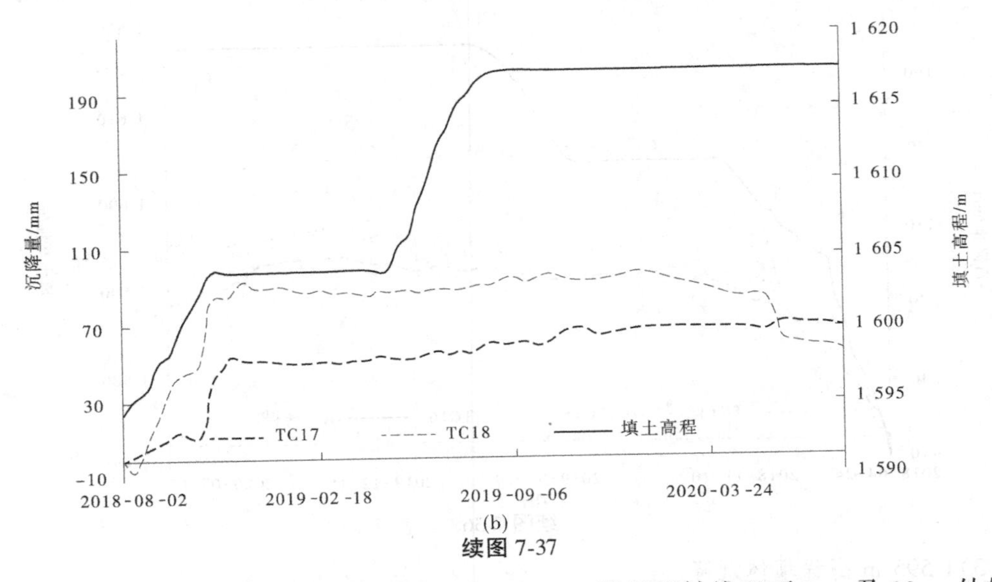

(b)

续图 7-37

综上所述:1 550 m 高程(距坝体建基面约 2 m)附近坝轴线以下 3 m 及 33 m 处的坝体内部沉降量 44~129 mm,其中坝体内部沉降量最大的部位为 1 570 m 高程 0+270 断面坝轴线以下 3 m 处的 160 mm;其次是 1 550 m 高程 0+187 断面坝轴线以下 3 m 处的坝体内部沉降量为 129 mm,约为坝体填筑高度的 1/3;0+270 断面建基面以上、沥青心墙轴线以下 3 m、33 m、63 m、93 m 处的坝体累计沉降分别为 91 mm、124 mm、76 mm、35 mm;0+187 断面建基面以上、沥青心墙轴线以下 3 m、33 m、63 m、93 m 处的坝体累计沉降分别为 129 mm、44 mm、96 mm、22 mm。

2. 坝体内部位移

1)1 550 m 高程坝体水平位移

2017 年 10 月 19 日,在 0+270 断面及 0+187 断面 1 550 m 高程、沥青心墙轴线以下 3 m、33 m、63 m、93 m,距离深厚覆盖层建基面约 2 m,分别埋设了 1 支水平位移计,仪器编号分别为 EX1~EX4、EX10~EX13。

受坝体填筑高度的影响,0+270 断面及 0+187 断面的水平位移计自埋设以来一致处于向下游位移的趋势。截至 2020 年 10 月 18 日,0+270 断面各测点位移量分别为-6. 1 mm、20. 0 mm、21. 2 mm、22. 9 mm,0+187 断面各测点向下游位移量分别为 23. 0 mm、18. 3 mm、13. 7 mm、27. 6 mm;其中,0+270 断面沥青心墙轴线以下 3 m 处的测点向上游位移,但位移量较小,离观测间最近的测点,向下游的位移量较大。1 550 m 高程坝体内部水平位移过程线见图 7-38。

2)1 570 m 高程坝体水平位移

2018 年 4 月 24 日在 0+270 断面及 0+187 断面 1 570 mm 高程、沥青心墙轴线以下 3 m、33 m、63 m,分别埋设了 1 支水平位移计,仪器编号分别为 EX5~EX7、EX14~EX16。

1 570 m 高程坝体水平位移计的变化规律与 1 550 m 高程的坝体水平位移计的基本一致,受坝体填筑高度的影响,0+270 断面及 0+187 断面的水平位移计自埋设以来一致处于向下游位移的趋势。截至 2020 年 10 月 18 日,0+270 断面各测点向下游位移量分别为

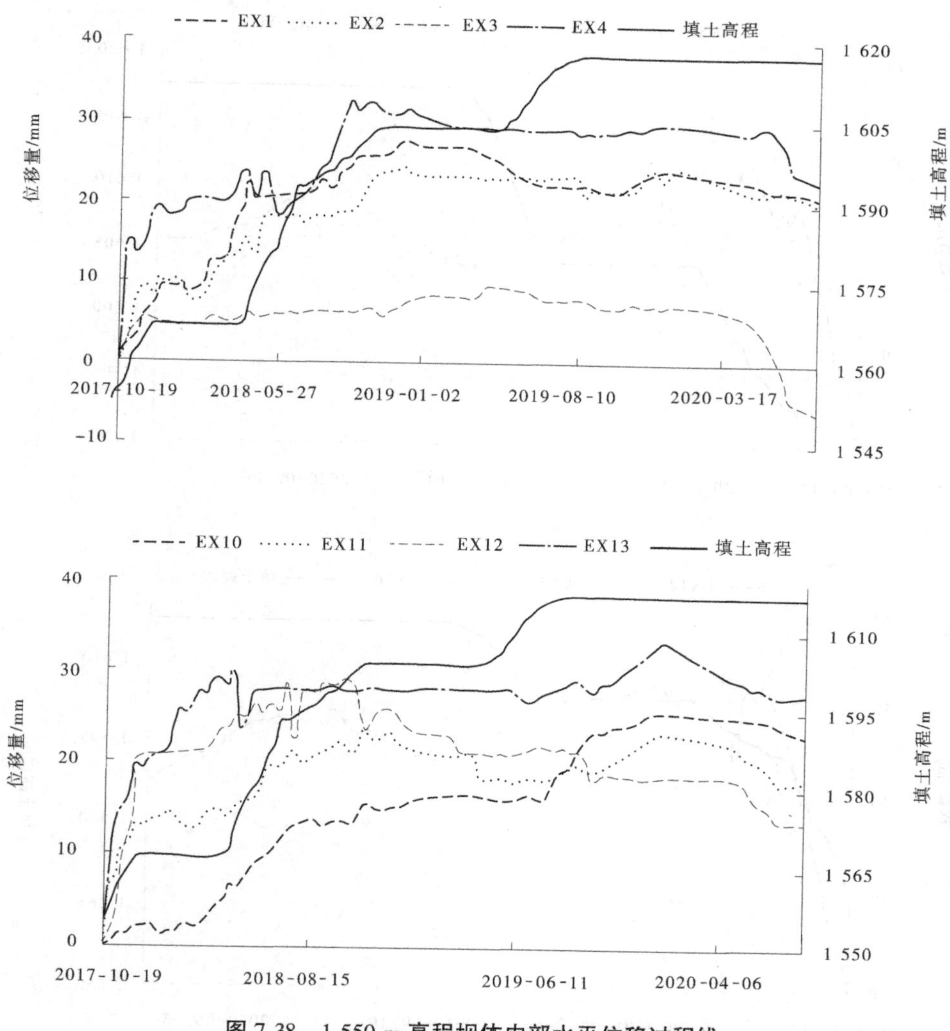

图 7-38 1 550 m 高程坝体内部水平位移过程线

4.8 mm、16.8 mm、20.7 mm，0+187 断面各测点向下游位移量分别为 6.8 mm、21.9 mm、21.6 mm。1 570 m 高程坝体内部水平位移过程线见图 7-39。

3) 1 595 m 高程坝体水平位移

2018 年 8 月 2 日在 0+270 断面及 0+187 断面 1 595 m 高程、沥青心墙轴线以下 3 m、33 m，分别埋设了 1 支水平位移计，仪器编号分别为 EX8～EX9、EX17～EX18。

截至 2020 年 10 月 18 日，0+270 断面各测点向下游位移量分别为 8.7 mm、16.6 mm；0+187 断面各测点向下游位移量分别为 3.3 mm、15.8 mm。1 595 m 高程坝体内部水平位移过程线见图 7-40。

总体而言，坝体内部水平位移量较小，对同一高程埋设的水平位移计而言，沥青心墙轴线以下 3 m 处的测点向下游位移量最小，离观测间最近的测点，向下游的位移量最大；高程越高坝体内部位移量越小，符合一般规律。1 550 m 高程 0+270 断面坝体内部向下

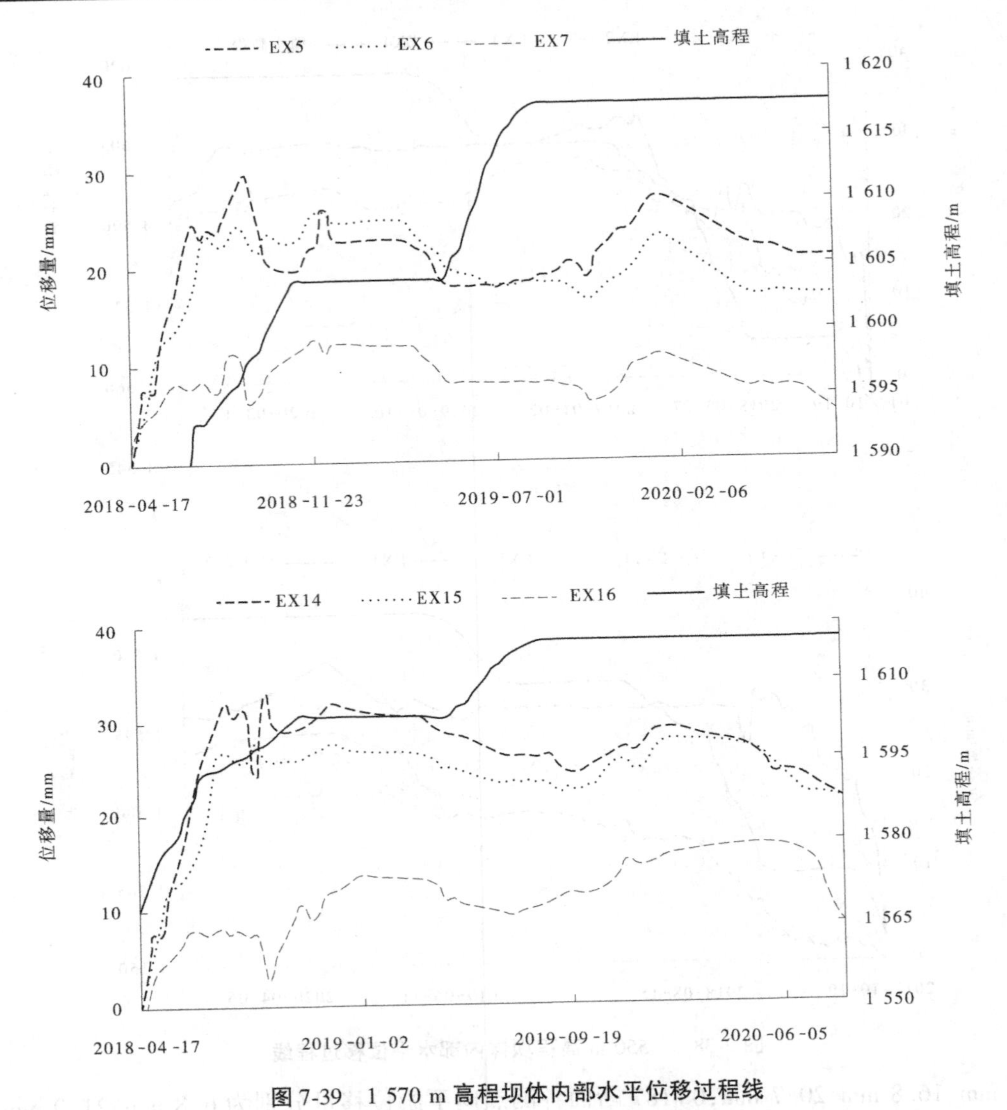

图 7-39　1 570 m 高程坝体内部水平位移过程线

游位移量分别为-6.1~22.9 mm,0+187 断面坝体内部向下游位移量分别为 13.7~27.6 mm;1 570 m 高程 0+270 断面坝体内部下游位移量分别为 4.8~20.7 mm,0+187 断面坝体内部向下游位移量分别为 6.8~21.9 mm;1 595 m 高程 0+270 断面坝体内部向下游位移量分别为 8.7~16.6 mm,0+187 断面坝体内部向下游位移量分别为 3.3~15.8 mm。

7.3.1.4　建基面变形

2017 年 10 月 18 日,在 0+270 断面 1 548 m 高程、心墙轴线以下 3 m、33 m、63 m、93 m、123 m,分别埋设了 1 组串联杆式倾斜位移计,仪器编号分别为 CX1~CX5,串联杆式倾斜位移计的一端锚固在混凝土基座下游壁上,距基座顶面约 0.5 m,以监测坝体建基面(深厚覆盖层)相对于沥青混凝土基座的竖直变形情况。

建基面的沉降变形与坝体填筑高度密切相关,各测点累计沉降量主要发生在 2018 年

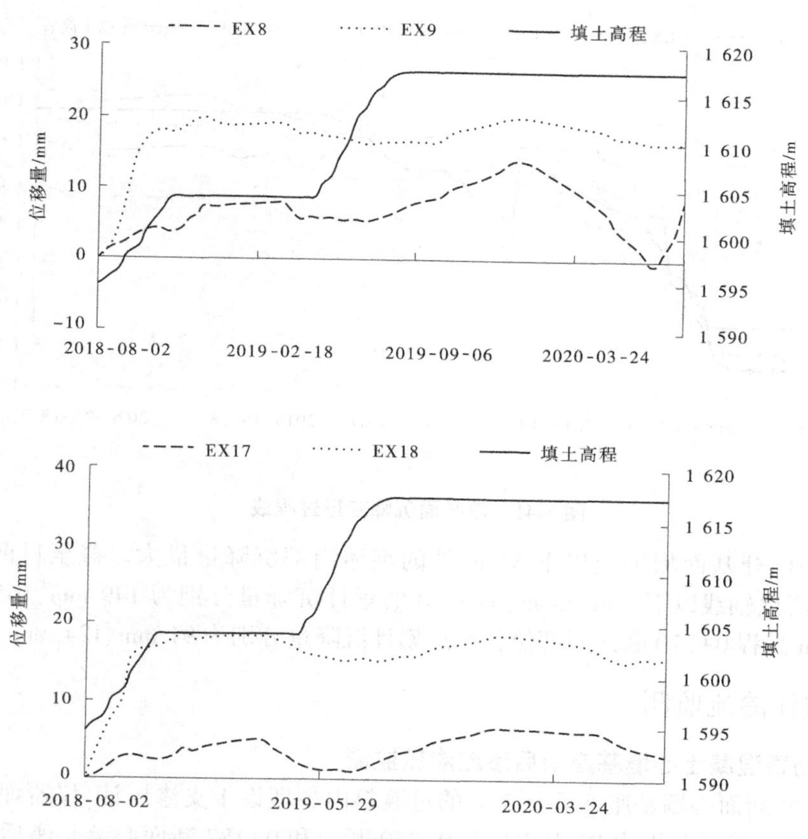

图 7-40 1 595 m 高程坝体内部水平位移过程线

坝体填筑期,2017 年填筑期各测点累计沉降量分别增加了 23 mm、13 mm、13 mm、13 mm、13 mm,2018 年填筑期各测点累计沉降量分别增加了 101 mm、113 mm、92 mm、79 mm、61 mm。冬季停工期坝体累计沉降量较小,2017~2018 年冬季停工期各测点累计沉降量分别增加了 3 mm、10 mm、10 mm、5 mm、10 mm,2018~2019 年冬季停工期各测点累计沉降量分别增加了 4 mm、3 mm、0 mm、0 mm、11 mm。截至 2020 年 10 月 18 日,各测点累计沉降量分别为 149 mm、165 mm、136 mm、111 mm、96 mm。各测点建基面变形量见表 7-3,建基面沉降变形过程线见图 7-41。

表 7-3 建基面变形量统计

单位:mm

测点编号		CX1	CX2	CX3	CX4	CX5
心墙轴距/m		3	33	63	93	123
日期(年-月-日)	2017-12-06	23	13	13	13	13
	2018-04-03	26	23	23	18	23
	2018-11-10	127	136	115	97	84
	2019-04-30	131	139	115	95	95
	2020-01-17	143	159	132	103	98
	2020-10-18	149	165	136	111	96

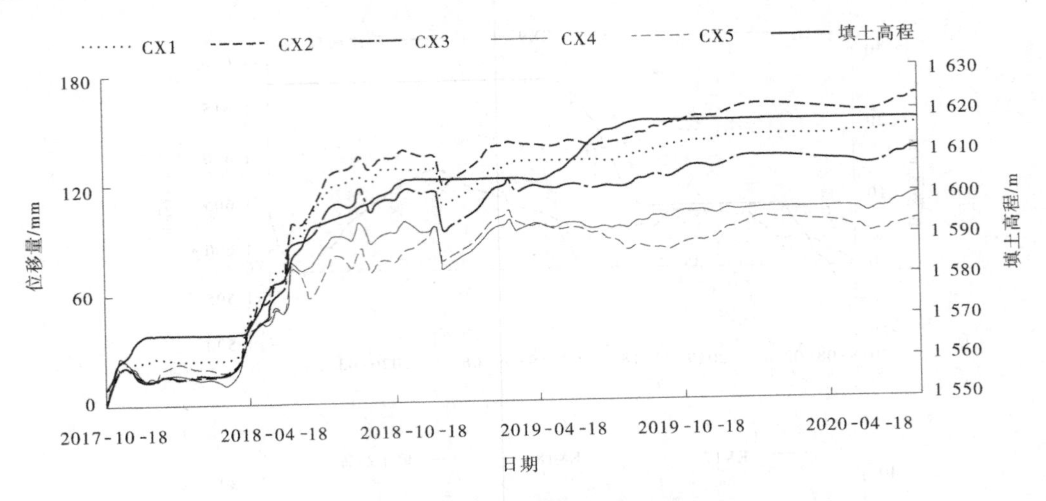

图 7-41　建基面沉降变形过程线

综上所述：建基面坝轴线以下 33 m 处的坝体内部沉降量最大。截至目前，建基面 0+270 断面心墙轴线以下 3 m、33 m、63 m 处的累计沉降量分别为 149 mm、165 mm、136 mm；1 550 m 高程 0+270 断面同部位各测点累计沉降量分别为 91 mm、124 mm、76 mm。

7.3.2　坝体渗流监测

7.3.2.1　沥青混凝土心墙基座前后渗流渗压监测

在 0+270 断面心墙基座前后 0.5 m 的过渡料内各埋设 1 支渗压计，仪器埋设高程为 1 548.6 m，测点编号分别为 P2 和 P4；在 0+340 断面和 0+187 断面心墙基座后 0.5 m 的过渡料内各埋设 1 支渗压计，仪器埋设高程为 1 548.6 m，测点编号分别为 PZ21 和 P11。

受库水位影响，0+270 断面的上游 P2 水位略有变化的幅度略有区别，其他部位测点的渗压水位无变化，心墙下游测点处于无水状态。心墙前后渗压水位过程线见图 7-42。

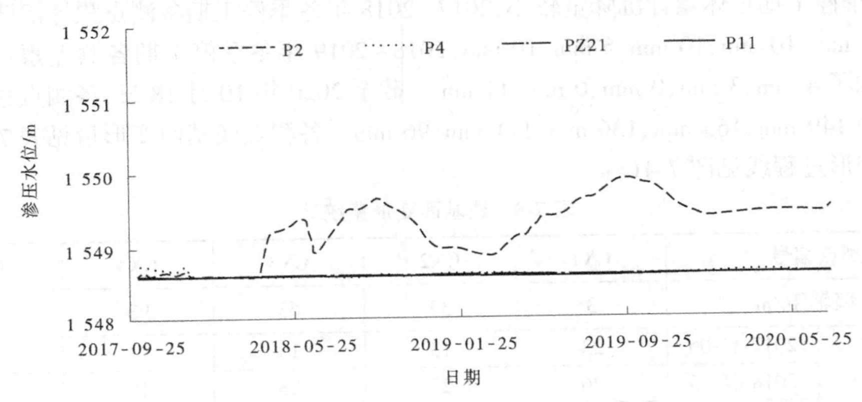

图 7-42　心墙前后渗压水位过程线

7.3.2.2　1 580 m 高程坝体内部渗压渗流监测

在 0+270 断面 1 580 m 高程心墙前后 0.5 m 的过渡料内各埋设 1 支渗压计，测点编号分别为P1和P16;在0+340断面和0+187断面心墙后0.5 m的过渡料内各埋设1支渗压计,测点编号分别为P3和P10。

截至2020年10月18日,1 580 m高程心墙上、下游均处于无水状态。

7.3.3　沥青心墙温度监测

心墙温度监测的主要目的是监测施工期沥青混凝土防渗墙温度的消散过程、蓄水及运行期防渗墙温度场的变化。通常沥青混凝土混合料入仓温度一般为150~170 ℃。本工程以0+187.0 m、0+270.0 m两个断面的1 550 m、1 567 m、1 573 m、1 598 m、1 616 m高程作为沥青心墙温度监测断面,分别埋设1支高温温度计,其实测温度统计、温度特征值统计如表7-4、表7-5所示。

表7-4　沥青混凝土心墙实测温度统计

仪器编号	桩号/m	高程/m	埋设日期(年-月-日)	碾压温度/℃	温度降幅/℃			2020-10-18温度/℃
					1 d	3 d	10 d	
T1	0+270	1 616	2019-07-27	154.5	82.1	47.7	41.9	18.9
T2		1 598	2018-07-18	132.5	70.3	48.5	33.2	19.0
T3		1 573	2018-05-30	150.4	125.6	49	46.9	17.8
T4		1 567	2018-04-10	173.6	116.4	68	46	11.7
T5		1 550	2017-10-08	158.5	125.1	88.5	41.1	9.2
T6	0+187	1 616	2019-07-27	155.4	76.1	43.5	43.5	18.5
T7		1 598	2018-07-18	155.4	71.25	46	32.3	19.0
T8		1 573	2018-05-30	128.9	67.8	62.8	40	17.3
T9		1 567	2018-04-10	129.8	99.1	45.2	14.5	10.6
T10		1 550	2017-10-08	155.4	126.2	73.6	41.4	7.7

表7-5　沥青混凝土心墙温度特征值统计

仪器编号		T1	T2	T3	T4	T5	T6	T7	T8	T9	T10
桩号/m		0+270					0+187				
高程/m		1 616	1 598	1 573	1 567	1 550	1 616	1 598	1 573	1 567	1 550
最高温度/℃		154.5	132.5	150.4	173.6	151	158.5	155.4	128.9	129.8	155.4
2017	max		—	—	—	151		—	—	—	155.4
	min		—	—	—	21.8		—	—	—	19.2
2018	max		132.5	150.4	173.6	31.4		155.4	128.9	129.8	32.9
	min		25	21.5	13	10.5		25.2	21.4	8	11
2019	max	154.5	23.5	20.5	12.8	10.5	158.5	25	21	10.2	10.1
	min	9.6	18.8	18.5	11.8	9.7	11.7	18.8	18.0	10.4	9.8

2017年10月8日至2020年10月18日的温度监测资料表明:浇筑时实测沥青混凝土最高温度128.9~173.6 ℃,平均浇筑温度为147.1 ℃,浇筑后沥青混凝土温度变化非常快,碾压后温度为118.3~144.15 ℃,平均碾压温度为128.1 ℃。非线性降温幅度较

大,影响降温的主要因素是沥青浇筑强度及心墙浇筑间歇期,之后沥青混凝土温度进入线性区,降幅较为缓慢,且历时较长,30 d 以后逐渐趋于稳定。至 2020 年 10 月 18 日,0+270 m 和 0+187 m 断面 1 550 m 高程沥青混凝土温度分别为 9.2 ℃和 7.7 ℃,1 567 m 高程沥青混凝土温度分别为 11.7 ℃和 10.6 ℃,1 573 m 高程沥青混凝土温度分别为 17.8 ℃和 17.3 ℃,1 598 m 高程沥青混凝土温度分别为 19.0 ℃和 19.0 ℃,1 616 m 高程沥青混凝土温度分别为 18.9 ℃和 18.5 ℃。目前 1 616 m 高程的沥青混凝土温度下降速度快是因为施工速度慢使得降温快。2017 年浇筑的沥青混凝土温度为 9.0~12.3 ℃,2018 年浇筑的沥青混凝土温度为 19.6~20.2 ℃,2019 年浇筑的沥青混凝土温度为 7.5~9.1 ℃,2017 年年底浇筑的沥青与 2018 年年初浇筑的沥青混凝土温差较大。2017 年年底浇筑的沥青与 2019 年年初浇筑的沥青混凝土温度比较接近。

沥青混凝土心墙 1 550 m、1 567 m、1 573 m、1 598 m、1 616 m 高程的温度过程线见图 7-43,沥青混凝土温度分布见图 7-44。

7.3.4 坝体监测成果评价

7.3.4.1 监测成果评价

安全监测工作是大河沿引水工程建设中重要的组成部分。经过对原型监测仪器埋设施工和监测资料成果的整理分析,评价如下:

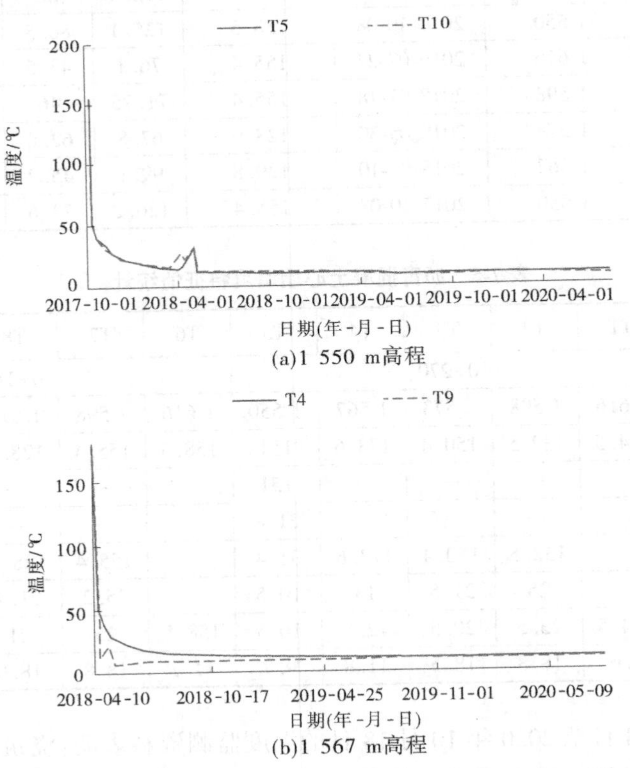

(a)1 550 m高程

(b)1 567 m高程

图 7-43 沥青混凝土心墙 1 550 m、1 567 m、1 573 m、1 598 m、1 616 m 高程的温度过程线

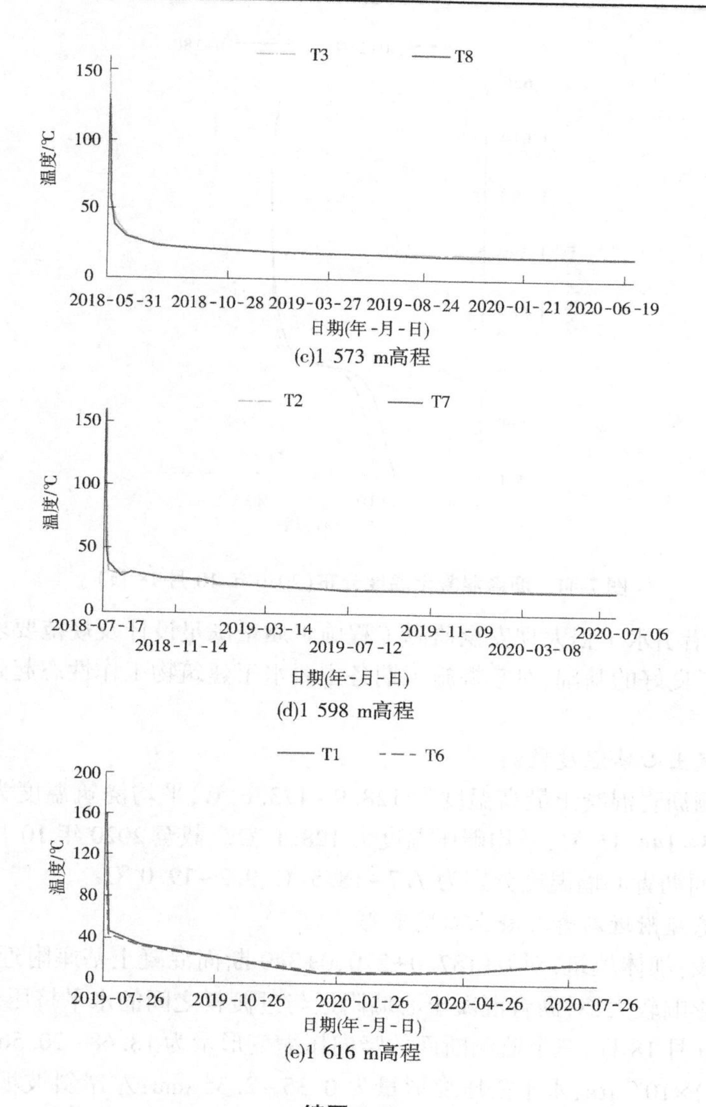

(c)1 573 m高程

(d)1 598 m高程

(e)1 616 m高程

续图 7-43

(1)仪器选型合理,仪器质量满足合同要求,检验率定满足规范要求。

(2)基准值的取得符合设计及规范要求,并和本工程的实际情况紧密结合。观测频次符合设计及规范要求。

(3)监测仪器设施的安装埋设满足设计要求,仪器设备完成量约占设计量的 90.9%。仪器埋设完好率较高,达到 93.2%,满足《大坝安全监测系统验收规范》(GB 22385—2008)规定“土石坝可更换和修复的仪器设备和表面设施完好率 100%,埋入式不可更换仪器设施完好率 80%以上,为合格”的要求。

(4)原始资料收集及记录齐全,观测方法得当,质量控制良好。

(5)监测资料整编及时、方法正确,资料分析充分结合现场主体建筑物施工面貌及施工特点,分析成果及时可靠。

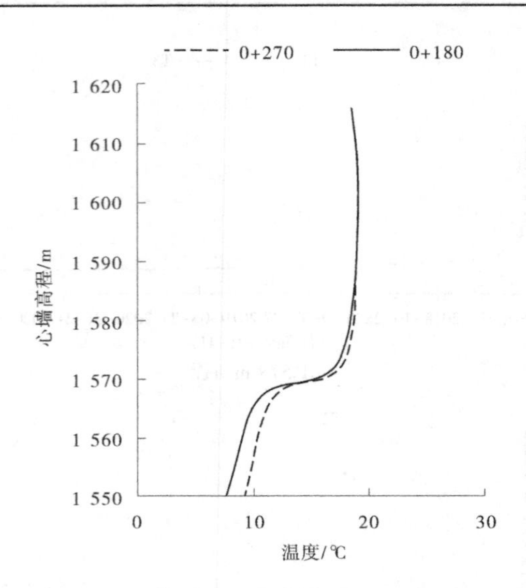

图 7-44　沥青混凝土温度分布(2020 年 10 月 18 日)

因此,大河沿引水工程大坝安全监测工程施工质量满足设计及规范要求,为进行监测数据分析奠定了良好的基础,对掌握施工期各主要水工建筑物工作性态起到了重要作用。

7.3.4.2　结论

1. 沥青混凝土心墙温度监测

浇筑时实测沥青混凝土最高温度为 128.9~173.6 ℃,平均浇筑温度为 147.1 ℃,碾压温度为 118.3~144.15 ℃,平均碾压温度为 128.1 ℃。截至 2020 年 10 月 18 日,0+187 m、0+270 m 断面沥青心墙温度分别为 7.7~18.5 ℃、9.2~19.0 ℃。

2. 混凝土基座附近沥青混凝土心墙变形

主河床坝段:坝体填筑,对 0+187、0+270、0+340 断面混凝土基座附近沥青混凝土心墙的竖向变形影响较大,对沥青混凝土心墙附近与过渡料之间的水平挤压变形影响不大。截至 2020 年 10 月 18 日,三个监测断面的竖向压缩变形量为 18.68~20.56 mm,应变量为 $(44.79\sim49.91)\times10^{-3}$ με,水平挤压变形量为 0.35~2.35 mm;左岸斜坡坝段和水平主河床坝段的拐角处,竖向基本无压缩变形,水平挤压变形 11.24 mm。

斜坡坝段处,1 595 m 高程左岸混凝土基座处沥青混凝土心墙的竖向压缩变形 18.38 mm,相应应变量为 43.05×10^{-3} με,其余部位变形量 0.05~0.55 mm,相应应变量为 $(2.5\sim1.24)\times10^{-3}$ με;水平挤压变形均较小,变形量 0.10~5.30 mm。

3. 沥青混凝土心墙与过渡料之间的位错变形

心墙上下游面与过渡料之间的垂直位错变形均为负值,表明心墙上下游面的沉降量大于过渡料的沉降量;两个断面的位错量在 2.1~25.2 mm,且位错变形随大坝填筑而增大,相关性较好。

4. 坝体内部沉降及水平位移变形

坝体内部沉降:截至目前,1 550 m 高程 0+270 断面建基面以上、沥青心墙轴线以下 3 m、33 m、63 m、93 m 处的坝体累计沉降分别为 91 mm、124 mm、76 mm、35 mm,约占坝体填筑高度的0.13%、0.22%、0.18%、0.19%；0+187断面建基面以上、沥青心墙轴线以下3 m、33 m、63 m、93 m处的坝体累计沉降分别为129 mm、44 mm、96 mm、22 mm，约占坝体填筑高度的0.18%、0.07%、0.23%、1.2%。1 570 m高程，0+270断面各测点累计沉降量分别为160 mm、104 mm、48 mm，约占坝体填筑高度的0.23%、0.18%、0.11%。0+187断面各测点累计沉降量分别为126 mm、106 mm、73 mm，约占坝体填筑高度的0.18%、0.18%、0.17%。1 595 m高程，0+270断面各测点累计沉降量分别为91 mm、25 mm；0+187断面各测点累计沉降量分别为67 mm、54 mm，沉降量较小。坝体内部沉降量最大的部位为1 570 m高程0+270断面坝轴线以下3 m处的160 mm；其次是1 550 m高程0+187断面坝轴线以下3 m处的坝体内部沉降量为129 mm，约为坝体填筑高度的1/3。

水平位移：1 550 m高程0+270断面坝体内部向下游位移量分别为-6.1~22.9 mm，0+187断面坝体内部向下游位移量分别为13.7~27.6 mm；1 570 m高程0+270断面坝体内部下游位移量分别为4.8~20.7 mm，0+187断面坝体内部向下游位移量分别为6.8~21.9 mm；1 595 m高程0+270断面坝体内部向下游位移量分别为8.7~16.6 mm，0+187断面坝体内部向下游位移量分别为3.3~15.8 mm。

5.坝体渗流监测

截至2020年10月18日，受库水位影响，0+270断面的上游P2水位略有变化的幅度略有区别，其他部位测点的渗压水位无变化，心墙下游测点处于无水状态。

参考文献

[1] 仲深意. 阿拉沟水库枢纽工程碾压式沥青混凝土低温施工实践[J]. 中国水利,2014(4):12-14.

[2] 黄华新,谢南茜,秦强. 大河沿水库超厚覆盖层上防渗系统应力变形特性研究[J]. 水力发电,2019,45(7):55-60,98.

[3] 向尚君,石林,廖佼. 高海拔地区碾压式沥青混凝土心墙施工技术——以旁多水利枢纽大坝为例[J]. 水利水电科技进展,2014,34(2):50-53,58.

[4] 刘儒博. 寒冷地区碾压式沥青混凝土心墙坝冬季施工关键技术研究[D]. 杨凌:西北农林科技大学,2012.

[5] 马基栋. 新疆南疆地区土石坝沥青混凝土心墙施工质量与进度控制研究[D]. 西安:西安理工大学,2016.

[6] 梁晓东. 尼尔基水利枢纽工程碾压式沥青混凝土心墙低温施工技术研究[D]. 西安:西安理工大学,2005.

[7] 房晨,连永秀. 碾压式沥青混凝土心墙低温施工分析[J]. 水科学与工程技术,2011(5):91-93.

[8] 何鹏飞. 沥青混凝土冬季施工工艺模拟试验[J]. 建筑与工程,2011(19):357-358.

[9] 万连宾,裴成元,杨合刚. 常规温度条件下沥青混凝土心墙层间结合质量研究[J]. 水利水电技术,2011,42(11):62-68.

[10] 王为标,等. 延长碾压式沥青混凝土冬季施工的可行性[R]. 西安:西安理工大学水工沥青防渗研究所,2012,31(5):15-20.

[11] 朱西超,何建新,凤炜,等. 上层恒温下层变温浇筑时碾压沥青混凝土心墙结合面劈裂抗拉试验研究[J]. 水电能源科学,2014(11):77-80.

[12] 朱西超,何建新,杨海华. 心墙结合面温度对碾压式沥青混凝土强度影响[J]. 中国农村水利水电,2014(8):138-141.

[13] Höeg K., Valstad T., Kjaernsli B., et al. Asphalt Core Embankment Dams: Recent Case Studies and Research. International Journal on Hydropower and Dams[C]. 2007,13(5):112-119.

[14] 蒋富强,李莹,李凯崇,等. 兰新铁路百里风区风沙流结构特性研究[J]. 铁道学报,2010(3):105-110.

[15] 王厚雄,高注,王蜀东. 挡风墙高度的研究[J]. 中国铁道科学,1990,11(1):14-22.

[16] 程建军,蒋富强,等. 戈壁铁路沿线风沙灾害特征与挡风沙措施及功效研究[J]. 中国铁道科学,2010(5):15-20.

[17] Liu fenghua. Wind-proof effect of different kinds of windbreak walls on the security of trains[J]. Journal of Central South University (Science and Technology),2006(8):176-182.

[18] Jiang cuixiang, Liang xifeng. Effect of the vehicle aerodynamic performance caused by the height and position of wind-break wall[J]. China Railway Science,2006,27(2):66-70.

[19] 庞巧东,程建军,蒋富强,等. 戈壁铁路挡风墙背风侧流场特征与挡风功效研究[J]. 铁道标准设计,2011(2):1-5.

[20] 董汉雄. 兰新铁路百里风区挡风墙设计[J]. 路基工程,2009(2):95-96.

[21] Wang zhengming. Design of Route Selection and Windproof Measures for Strong Wind-hit Section of Second Double Line of Lanzhou-Urumqi Railway[J]. Journal of Railway Engineering Society,2015(1):1-6.

[22] Huang zundi, Liang xifeng, Zhong mu. Optimization of wind-break wall based on Kriging model[J]. Jour-

nal of Central South University (Science and Technology),2006,42(7):2152-2155.
[23] 杨斌,刘堂红,杨明智.大风区铁路挡风墙合理设置[J].铁道科学与工程学报,2011,8(3):67-72.
[24] 高广军,段丽丽.单线路堤上挡风墙高度研究[J].中南大学学报(自然科学版),2011,42(1):254-259.
[25] 靖洪淼,廖海黎,周强,等.一种山区峡谷桥址区风场特性数值模拟方法[J].振动与冲击,2019,38(16):200-207.
[26] 王旭.建筑室外风环境和室内通风的试验和数值模拟研究[D].杭州:浙江大学,2011.
[27] 陈小明.湖南丘陵地区农房周边环境要素对自然通风设计的影响[D].长沙:湖南大学,2016.
[28] 胡伟成,杨庆山,张建.湍流边界层中三维山丘地形风场大涡模拟[J].工程力学,2019,36(4):72-79.
[29] 周荣卫,何晓凤.新疆哈密复杂地形风场的数值模拟及特征分析[J].高原气象,2018,37(5):1413-1427.
[30] 张华,彭燕祥,牛栋.复杂地形区域近地层风场的 WRF 模拟研究[J].中国水利水电科学研究院学报,2018,16(2):98-104.
[31] 邓喜.粗糙元几何参数对地表风场阻风效果的数值模拟研究[D].兰州:兰州大学,2019.
[32] 郝帅锋.高速公路区域风场及压调制方法研究[D].北京:北京交通大学,2019.
[33]王家主.热管在沥青混凝土内部传热效率的影响因素分析[J].公路,2015,60(9):26-31.
[34] 杨德源.矿井风流热交换[J].煤矿安全,2003(1):94-97.
[35] 王东屏,贾颖,栾志博.计算流体动力学(CFD)在流体力学教学中的应用[J].教育现代化,2016,3(34):146-147,154.
[36] Forneris Arianna, Marotti Flavio Bellacosa, Satriano Alessandro, et al. A novel combined fluid dynamic and strain analysis approach identified abdominal aortic aneurysm rupture,2020,6(2):172-176.
[37] Jiachao Li, Guozhu Liang. Simulation of mass and heat transfer in liquid hydrogen tanks during pressurizing[J]. Chinese Journal of Aeronautics,2019,32(9):2068-2084.
[38] Peyman Rostami, Mohammad Shari, Babak Aminshahidy, et al. The effect of nanoparticles on wettability alteration for enhanced oil recovery: micromodel experimental studies and CFD simulation[J]. Petroleum Science,2019,16(4):859-873.
[39] Neda Hashemipour, Javad Karimi-Sabet, Kazem Motahari, et al. Numerical study of n-heptane/benzene separation by thermal diffusion column[J]. Chinese Journal of Chemical Engineering,2019,27(8):1745-1755.
[40] Xing-long Xiong, Feng-tian Xu, Zi-bo Zhuang, et al. Numerical Simulation of Wind Field Based on Topography of Lanzhou Zhongchuan Airport[P]. International Conference on Modeling, Simulation and Analysis (ICMSA 2018),2018.
[41] Chu Tang, Libo Wang. Numerical Simulation of Wind Field over Complex Terrain and its Application in Jiuzhaihuanglong Airport[J]. Procedia Engineering,2015,99(8):89-105.
[42] Zhipeng Zhou, Guangbiao Jiang. Numerical Simulation of Static Wind Coefficient and Flow Field of Box Girder of High Pier and Large Span Continuous Bridge[P]. Proceedings of the 2017 3rd International Forum on Energy, Environment Science and Materials (IFEESM 2017),2018.
[43] 张洁,刘堂红.新疆单线铁路土堤式挡风墙坡角优化研究[J].中国铁道科学,2012,33(2):28-32.
[44] 何建新,杨武,柴龙胜,等.沥青心墙与混凝土基座连接材料研究[J].水资源与水工程学报,2017,28(5):219-222,231.
[45] 吴建民.高等空气动力学[M].北京:北京航空航天大学出版社,1992.

[46] 王福军. 计算流体动力学分析[M]. 北京:清华大学出版社,2004.
[47] 张亮亮,吴波,杨阳,等. 山区桥址处 CFD 计算域的选取方法[J]. 土木建筑与环境工程,2015,37(5):11-17.
[48] P. J. Richards, R. P. Hoxey, L. J. Short. Wind pressures on a 6m cube[J]. Journal of Wind Engineering & Industrial Aerodynamics, 2001, 89(14):38-65.
[49] 何星星,苏波,石启印. 计算流场尺寸对风压系数影响的研究[J]. 钢结构,2014,29(9):5-8.
[50] T. Kubwimana, P. Salizzoni, E. Bergamini, et al.. Wind-induced pressure at a tunnel portal[J]. Environmental Fluid Mechanics, 2018, 18(3):53-74.
[51] 孙晓颖. 钝体绕流中的计算域设置研究[C]//中国土木工程学会桥梁与结构工程分会风工程委员会. 第十三届全国结构风工程学术会议论文集(下册). 中国土木工程学会桥梁与结构工程分会风工程委员会:中国土木工程学会,2007:215-220.
[52] 杜鹤强,韩致文,王涛,等. 新月形沙丘表面风速廓线与风沙流结构变异研究[J]. 中国沙漠,2012,32(1):9-16.
[53] 韦朝. 兰新铁路柳树泉至十三间房段改造工程研究[D]. 成都:西南交通大学,2003.
[54] 姜瑜君,桑建国,张伯寅. 高层建筑的风环境评估[J]. 北京大学学报(自然科学版),2006(1):68-73.
[55] 张昆. 基于 CFD 方法的高速直升机共轴刚性双旋翼的气动特性研究[D]. 南京:南京航空航天大学,2012.
[56] 闫国臣,李先立,李小荷. 风力等级、风速与风压的对应关系研究[J]. 门窗,2014(8):56-57.
[57] 吐鲁番市高昌区大河沿引水工程初步设计报告[R]. 湖南省水利水电勘测设计总院. 2015.
[58] 吐鲁番市高昌区大河沿引水工程抗震设计报告[R]. 湖南省水利水电勘测设计总院. 2015.